W0257167

Bill Gates: *Dunque c'è un Dio in questa religione?*
Ray Kurzweil: *Non ancora, ma ci sarà.*

Roberto Manzocco

Esseri Umani 2.0

Transumanismo, il pensiero dopo l'uomo

 Springer

Roberto Manzocco

Collana *i blu – pagine di scienza* ideata e curata da Marina Forlizzi

ISSN 2239-7477 e-ISSN 2239-7663

Springer nel rispetto dell'ambiente ha stampato questo libro su carta proveniente da foreste gestite in maniera responsabile secondo i criteri FSC® (Forest Stewardship Council®).

ISBN 978-88-470-5207-9   ISBN 978-88-470-5208-6 (eBook)
DOI 10.1007/978-88-470-5208-6

Coordinamento editoriale: Barbara Amorese
Progetto grafico e impaginazione: Ikona s.r.l., Milano
Stampa: Grafiche Porpora S.r.l., Segrate (MI)

Springer-Verlag Italia S.r.l., via Decembrio 28, I-20137 Milano
Springer-Verlag fa parte di Springer Science+Business Media (www.springer.com)

Indice

Introduzione
Il Paradiso della Tecnica

1. Gilgamesh contro il Drago Tiranno

Vi piacciono i miti e i poemi antichi? La storia ne è piena. Il nostro preferito è senz'altro l'Epopea di Gilgamesh. Si tratta del poema più antico dell'umanità, anteriore persino ai poemi omerici e a quelli – meno noti in Occidente, ma altrettanto affascinanti – dell'antica India.

La stesura dell'Epopea di Gilgamesh è cominciata durante il Terzo Millennio prima di Cristo, in epoca sumera, ed è andata incontro a svariate rielaborazioni successive, che l'hanno poi fatta diventare, con il passare del tempo, il poema epico nazionale babilonese.[1]

La facciamo breve. Il poema in questione racconta la storia di Gilgamesh, re di Uruk, un sovrano potente e temuto, nelle cui vene scorre sangue divino. A causa della prestanza sovrumana garantitagli dalle sue origini, l'antico re opprime la propria città, obbligandola a continue guerre. Il lamento delle mogli e delle fidanzate dei giovani di Uruk arriva fino agli dèi, i quali decidono di risolvere la faccenda creando un "uomo primordiale", Enkidu, che sfidi – e dunque tenga occupato – Gilgamesh. I due si scontrano duramente; poi diventano amici, e a tale amicizia seguiranno mirabolanti avventure, tra cui l'uccisione di un potente mostro, Khubaba.

Le cose non vanno per il verso giusto, però. A un certo punto l'amico Enkidu muore, gettando Gilgamesh nello sconforto. Il re ha scoperto il comune destino mortale di tutti gli esseri umani, che è anche il suo – a nulla gli servirà infatti l'essere in parte divino. Proprio per questo Gilgamesh si lancerà in una nuova impresa, disperata e solitaria: trovare l'immortalità. Al re di Uruk è giunta voce infatti che un uomo avrebbe la risposta al suo problema. Stiamo parlando di Utanapishtim, ossia il

---

[1] G. Pettinato, *La saga di Gilgamesh*, Rusconi, Milano 1992.

Noè sumero, l'unico uomo che sia riuscito a vincere la morte. Gilga-mesh parte allora alla ricerca di quest'immortale, esplorando il mondo in lungo e in largo e incontrando diverse strane creature – ve lo consigliamo davvero, questo poema, soprattutto per il taglio quasi cinematografico che i suoi ignoti autori sono riusciti a infondergli.

Alla fine Gilgamesh giunge al cospetto di Utanapishtim, il quale gli rivela però la triste verità. L'immortalità gli è stata data dagli dèi, che hanno voluto in questo modo compensare le sofferenze patite dall'umanità a causa del Diluvio Universale. Ci vorrebbe un'altra "assemblea plenaria" di tutti gli dèi – e quindi un altro Diluvio – per dare a Gilgamesh quello che vuole. La paura della morte e il desiderio di trascendere i limiti umani erano dunque ben radicati anche in un popolo così distante da noi come i sumeri, e questo poema ci illustra come, lungi dall'essere il frutto delle nevrosi del mondo moderno, il desiderio in questione è vecchio quanto l'uomo.

C'è poi un'altra storiella, che gira in Rete da qualche anno; si tratta della Favola del Drago Tiranno. Con un tono volutamente infantile, essa ci racconta la storia di un mondo afflitto da un feroce drago, che chiede con regolarità ingenti sacrifici umani. La gente reagisce in vari modi al dominio di questa creatura, ma in genere nelle persone alberga la consapevolezza che il potere del drago sia immutabile. La storiella si dilunga nella descrizione dei mali che il mondo patisce a causa del mostro, e dei tentativi degli abitanti di questo mondo di fare di necessità virtù, accettando e razionalizzando la violenza del Drago Tiranno. Nel corso dei secoli – perché si tratta appunto di un dominio secolare – diverse persone hanno cercato invano di sconfiggere il drago, fallendo e soprattutto venendo derise dagli altri per la loro follia. A un certo punto però le persone che non accettano più il dominio del Drago Tiranno e che non si accontentano delle razionalizzazioni loro insegnate dalla tradizione cominciano a diventare sempre più numerose. L'idea che il Drago Tiranno sia un essere intrinsecamente malvagio comincia a essere sussurrata senza più tanti imbarazzi, e alla fine la consapevolezza della sua malvagità – fino a quel momento tenuta nascosta dalle giustificazioni razionali di cui sopra – diventa universale. Morale della storia: gli abitanti di questo mondo uniscono i propri sforzi, riescono a mettere a punto un arma capace di uccidere una volta per tutte il Drago Tiranno.

Favoletta molto lineare – anche se in realtà è piuttosto lunga e articolata, e ve l'abbiamo riassunta. Non può di certo rivaleggiare con l'Epopea di Gilgamesh – ma quanti lo possono fare? Non è nemmeno molto antica, visto che è stata pubblicata nel 2005.[2] Si tratta di una favola transumanista, che – ma lo avrete senz'altro capito – riassume in sé il senso fondamentale di questo movimento: dare una seconda chance a Gilgamesh.

2. Scopriamo le carte

Nel libro che avete tra le mani si parla del transumanismo, un movimento che, tra le altre cose, vuole togliere di mezzo il Drago Tiranno o, se vogliamo, vuole costringere gli dèi a organizzare una nuova assemblea plenaria. Fuor di metafora, vuole l'immortalità, e non in un immaginario aldilà, ma qui e ora, sulla Terra, tramite gli strumenti che la scienza e la tecnologia ci metteranno a disposizione tra alcuni anni o alcuni decenni. I transumanisti vogliono, in buona sostanza, un lieto fine senza fine. E se magari nel frattempo si riuscisse pure a trasformare la Terra nel Paradiso della Tecnica, cioè in un mondo molto migliore di questo, tanto meglio.

Nei capitoli che seguiranno potrete scoprire come è nato e che cosa vuole questo movimento, quali siano i suoi predecessori, come i transumanisti intendano procurarsi l'immortalità, in che modo vogliano ricostruire il proprio corpo e il resto del mondo e, alla fine, cosa abbiano in programma di fare con tutto il tempo libero – probabilmente infinito – che avranno a disposizione se i loro piani avranno successo.

Ora però dobbiamo scoprire le carte – o, come dicono nei convegni scientifici, fare una *disclosure*. Cosa ne pensiamo dei transumani-

---

[1] N. Bostrom, *The Fable of the Dragon-Tyrant*, «Journal of Medical Ethics», 2005, vol. 31, n. 5, 2005, pp 273-277. http://www.nickbostrom.com/fable/dragon.html.

sti, dopo più di un anno che li frequentiamo assiduamente? Oppure, per metterla in un altro modo, magari un po' brutale: sono gente fuori di testa?

Può darsi. All'inizio di questo viaggio siamo partiti con l'idea che gli aderenti a questo movimento fossero gente "un po' strana", se non proprio pazzi scatenati. Un po' lo pensiamo ancora, ma la nostra opinione è cambiata, e in modo notevole. Proviamo allora a riformulare questo interrogativo, e chiediamoci: chi sono questi transumanisti? Sono fanatici? Sognatori? Pragmatisti? E che chance hanno di vedere realizzate le proprie aspirazioni? I loro progetti sono scientificamente fondati? E se sì, i transumanisti sono destinati ad avere un'importanza crescente nella nostra società? Finiranno col plasmare l'agenda politica dell'Occidente e/o del mondo che verrà? Sono solo l'aspetto più visibile di una realtà più diffusa nel mondo della ricerca scientifica e tecnologica?

Seconda *disclosure*: vi diciamo fin da subito che vogliamo trattarli bene, questi transumanisti, e – anche se con un tono un po' scherzoso – mostrare gli aspetti più interessanti delle loro idee. A parlarne male sono già in molti, e non vogliamo essere aggiunti alla lista.

Terza *disclosure*: ci consideriamo semplici simpatizzanti e curiosi, piuttosto che attivisti. Le ideologie – e alla fine anche il transumanismo è un'ideologia – non ci fanno sentire a nostro agio. Nondimeno molte delle idee dei transumanisti ci affascinano, e ci piacerebbe vederle realizzate. Abbiamo però l'impressione di essere un po' stretti coi tempi; ossia, ci pare che molti dei progetti del transumanismo richiederanno periodi decisamente molto lunghi.

Quarta *disclosure*: questo non è un pamphlet, né una monografia tecnica. È un libro divulgativo, ma è anche un'opera che cerca di vederci chiaro, cioè di provare a capire che cosa, tra le proposte del transumanismo, sia fattibile, e che cosa invece sia da considerarsi – al momento – pura fantascienza. A ogni modo speriamo che questo viaggio tra i transumanisti vi sia utile: meglio studiarli bene già adesso, perché è possibile che, in futuro, il loro diventi un paradigma dominante.

1. Scale verso il Cielo

1. Dove il futuro è iniziato

Che il desiderio di superare i propri limiti – e in particolare quello della mortalità – sia implicito nella natura umana ci pare un dato di fatto. A prescindere dai miti prometeici di cui la storia e la letteratura sono cosparse, quali sono i luoghi – della filosofia e della cultura in generale – in cui si è riflettuto consapevolmente su tale caratteristica?

Tra i punti di partenza più antichi del pensiero transumanista potremmo senz'altro citare l'alchimia occidentale – anzi, volendo, pure la pratica egizia della mummificazione del corpo del faraone, quale garanzia di vita eterna – e il pensiero taoista, ossessionato fin dagli inizi della storia cinese dalle pratiche mediche, ginniche e igieniche atte a procurare ai suoi seguaci immortalità e poteri sovraumani. Per non parlare della magia *tout-court*.[1]

Rischieremmo però di perderci nei meandri della storia, e magari di andare fuori tema; cerchiamo quindi di isolare due o tre punti della storia del pensiero che gli stessi transumanisti considerano come "eventi fondativi" della propria visione del mondo. In particolare uno dei massimi pensatori transumanisti contemporanei, lo svedese Nick Bostrom – docente all'Università di Oxford – considera il transumanismo l'espressione moderna dell'umanesimo rinascimentale e, ancor di più, dell'Età dei Lumi.[2] Bostrom cita nella fattispecie *L'orazione sulla dignità*

---

[1] Dal punto di vista linguistico, è a Dante – e in particolare alla *Divina Commedia* – che dobbiamo l'origine del termine "transumanista", o meglio della sua radice, il verbo "transumanare"; una volta giunto in Paradiso, il padre della lingua italiana incontra Beatrice e, guardandola negli occhi, "si transumana", cioè si purifica e supera i limiti umani. Nel Novecento invece ritroviamo un termine simile nel dramma del 1949 *The Cocktail Party* di Thomas Stearns Eliot; in esso l'autore parla degli sforzi dell'uomo di ottenere l'illuminazione come di un processo in cui l'umano viene transumanizzato.

[2] Cfr.N. Bostrom, *A history of transhumanist thought*, in: «Journal of Evolution and Technology», Vol 14, n.1, 2005 http://www.nickbostrom.com/papers/history.pdf.

dell'uomo (1486) di Pico della Mirandola; in essa l'autore nega che l'individuo abbia una forma predefinita, e sostiene che l'uomo debba essere il libero creatore di se stesso, rinascendo "in forme più alte, divine".

Nel Pantheon transumanista Bostrom accoglie pure Francis Bacon, che nel *Novum Organum* proponeva una metodologia scientifica basata sull'empiria, e affermava che la scienza dovesse essere usata per sottomettere la natura e migliorare la vita degli uomini, perseguendo il progetto di "rendere ogni cosa possibile". Gli ideali rinascimentali, la scienza e il razionalismo costituirebbero dunque gli ingredienti fondamentali della mentalità transumanista.

Tra gli antenati spirituali del movimento in questione annoveriamo quindi il Marchese di Condorcet, che – nell'opera del 1822 *Esquisse d'un tableau historique des progrès de l'esprit humain* – speculava sulla possibilità di un prolungamento indefinito – anche se non infinito – della durata della vita, tramite il miglioramento della razza umana; e poi ancora Benjamin Franklin, che sognava di annegare ed essere conservato con qualche amico in un barile di Madera, e di essere poi risvegliato dopo un secolo, per vedere quale sarebbe stato il destino del paese che aveva contribuito a fondare.

2. Il nodo nietzscheano...

Quando si parla di un movimento culturale, intellettuale e politico articolato come il transumanismo, è difficile stabilire con precisione un punto di partenza, o individuare una data o una figura che fungano da spartiacque tra il prima e il dopo. Soprattutto per il fatto che – problema classico nella storiografia della scienza – si tenderà a classificare tutti coloro che presentano idee analoghe a quelle in esame, ma che hanno agito prima della data fatica, come "precursori", una categoria cioè fondata sul senno di poi – di cui, come è noto, sono piene le fosse.

Purtroppo di tratta di un'impresa dalla quale non possiamo esimerci: volendo tracciare una storia del movimento transumanista, siamo costretti gioco forza a rintracciare un punto d'origine, una figura di riferimento che possa portare con *nonchalance* il titolo di "padre nobile".

Questa operazione ci è resa poi ancora più difficile dal fatto che i transumanisti non sono filosofi e pensatori d'altri tempi, ma vivono e agiscono ora, e nel loro certosino lavoro di puntellatura teoretica delle proprie concezioni, si sforzano di arruolare figure *mainstream* del passato, in modo da acquisire un'indispensabile certificazione accademica.

In ogni caso un tale personaggio crediamo di averlo individuato ma, prima di chiamarlo in causa – tra un paio di paragrafi –, dobbiamo affrontare una questione aperta proprio dall'operare retroattivo dei transumanisti: il sempre molto citato, e spesso poco compreso, Friedrich Wilhelm Nietzsche, e in particolare l'"oltreuomo" nietzscheano, hanno qualcosa a che vedere con il transumanismo?

Il filosofo tedesco Jürgen Habermas ha definito i transumanisti più o meno come un gruppo di intellettuali eccentrici che rifiutano quella che loro considerano l'illusione dell'eguaglianza e che intendono seriamente mettere le biotecnologie al servizio delle loro fantasie superomistiche di origine nietzscheana.[3] È vero tutto questo? Ma soprattutto: c'è un qualche legame storico e filosofico tra il transumanismo e il pensiero di Nietzsche?

Vissuto nella seconda metà dell'Ottocento, Friedrich Nietzsche è un filosofo troppo famoso perché ci si dilunghi a descrivere nel dettaglio il suo pensiero; vi forniamo dunque solo un paio di accenni. Filologo di formazione, Nietzsche è considerato da buona parte del mondo filosofico – per lo meno da quello cosiddetto "continentale", che al momento fa riferimento soprattutto alla Francia – un pensatore "epocale", che rappresenta un punto di rottura con tutta la tradizione precedente, da Platone in qua. La sintetica e inappellabile affermazione fatta da Nietzsche ne *La Gaia Scienza*, "Dio è morto", costituisce la prima diagnosi mai compiuta di quella che è la condizione in cui si trova attualmente immerso l'Occidente, ossia il nichilismo. Il quale consiste nel processo storico-metafisico per cui "tutti i valori supremi si svalutano".

---

[3] J. Habermas, *Die Zukunft der menschlichen Natur. Auf dem Weg zu einer liberalen Eugenik?*, Suhrkamp, Francoforte 2001, p. 43.

In altre parole le fedi consolidate, e in particolare il cristianesimo, tramontano, e con esse tramonta la fiducia nell'esistenza di un aldilà in cui il male venga punito e il bene premiato. Non solo: svanisce pure l'idea di un Dio e più in generale di una realtà metafisica superiore che fungano da garanti della validità del nostro sapere. In pratica, la morte di Dio non consiste solo nella constatazione della non-esistenza di Dio o dell'Aldilà, ma anche nella presa d'atto che non esiste alcun criterio oggettivo di conoscenza – ossia che non esiste alcuna verità, e che tutto è interpretazione – e alcun principio morale o linea guida che diano significato alla nostra vita e ci permettano di affrontare il nulla che tutti attende.

Ora, a tutto questo Nietzsche risponde con le sue note e controverse dottrine dell'Eterno Ritorno dell'Eguale e dell'Oltreuomo. L'uomo è qualcosa che dev'essere superato, e l'Oltreuomo è un tipo antropologico nuovo, capace di incarnare una visione etica aristocratica, di guardare oltre le secche del nichilismo e di accettare, anzi, di accogliere con gioia la vita così com'è, con le sue bellezze e le sue brutture, al punto da desiderare che essa si ripeta eternamente. Quella che vi abbiamo fornito è, ovviamente, una semplificazione; in Nietzsche i punti controversi e aperti a molteplici interpretazioni sono numerosissimi, anche a causa dello stile aforistico e volutamente inorganico del filosofo. Non è chiaro per esempio cosa intenda veramente Nietzsche per Eterno Ritorno – si tratta di un dispositivo "ironico", finalizzato a istituire una nuova tavola di valori post-nichilista, oppure il pensatore ritiene realmente che il tempo abbia una natura circolare? Ma la nozione più controversa è forse quella di Oltreuomo, in quanto ha dato adito a interpretazioni in senso eugenetico e razzista – basti vedere la lettura e l'uso propagandistico che ne hanno fatto i nazionalsocialisti –, oltre che di tipo esistenzialista – l'Oltreuomo come persona che riesce a guardare in faccia il nulla, accettandolo e anzi imprimendo su di esso i valori da lei liberamente creati.

Insomma, Nietzsche deve essere o meno considerato il capostipite del transumanismo, dell'idea cioè che gli esseri umani debbano prendere in mano la propria evoluzione biologica, orientandola liberamente tramite la tecnologia, fino a raggiungere uno stadio post-umano? Sì, secondo lo studioso tedesco Stefan Lorenz Sorgner. Esperto del pensiero nietzscheano, il pensatore – che lavora presso l'Università di Erlangen-Norimberga – ha voluto lanciare una provocazione nel 2009 sulla rivista transumanista online *Journal of Evolution and Technology*. Nel suo articolo *Nietzsche, the Overhuman, and Transhumanism*[4], Sorgner ha appunto sostenuto tale parentela, sottolineando tra l'altro l'assimilabilità di alcuni tipi di potenziamento genetico auspicati dai transumanisti al concetto neitzscheano di educazione. In buona sostanza, mentre Bostrom esclude senza indugi Nietzsche dal novero degli antenati del transumanismo, Sorgner cerca di individuare somiglianze significative tra tale movimento e la filosofia nietzscheana. Entrambi promuoverebbero una visione dinamica della natura e dell'etica e la nozione nietzscheana di Volontà di Potenza si sposerebbe più che bene con i propositi dei transumanisti. In particolare l'impulso all'automiglioramento e il "sentimento della potenza che cresce" cari a Nietzsche si incarnerebbero nel "potenziamento tecnologico" delle facoltà umane voluto dai transumanisti. Sorgner cerca di istituire un parallelo tra il processo educativo – che Nietzsche vede come lo strumento principe per la realizzazione dell'Oltreuomo – e alcuni tipi di potenziamento genetico auspicati dai transumanisti, che il filosofo tedesco non poteva conoscere ma che, stando all'autore, avrebbe apprezzato o perlomeno considerato come una modalità accettabile di educazione.

Di contro, Bostrom riaggancia il transumanismo al pensiero utilitarista e pragmatista tipico della tradizione filosofica anglo-americana. L'intento e le preoccupazioni di quest'ultimo sono chiare: sottolineare la natura democratica e attenta ai diritti umani del transumanismo e prendere le distanze da qualunque tradizione di pensiero – il nietzscheanesimo e l'eugenetica classica *in primis* – abbia avuto un qualche legame con le tragedie del Novecento. Per Bostrom

---

[4] S. L. Sorgner, *Nietzsche, the Overhuman, and Transhumanism*, «Journal of Evolution and Technology», Vol. 20, n. 1, marzo 2009, pp. 29-42, http://jetpress.org/v20/sorgner.htm.

si tratta di promuovere una concezione liberale dell'eugenetica, ossia di vedere il transumanismo come un insieme di offerte di cui il singolo individuo si può avvalere o meno, a proprio piacimento.

Per Sorgner il transumanismo non ha le idee chiarissime in materia di etica, mentre Nietzsche potrebbe fornire ai transumanisti un'occasione di riflessione e di maggior auto-conoscenza; di contro, il lavoro di questi ultimi potrebbe rendere più concreta la figura dell'Oltreuomo – che ovviamente Sorgner non intende in termini metaforici o ironici, ma proprio come un uomo potenziato.

A dar man forte a Sorgner arriva il filosofo transumanista Max More, stando al quale tra nietzscheanesimo e transumanismo non ci sarebbero meri parallelismi, ma il primo avrebbe influenzato direttamente il secondo. La prova? Lui stesso, Max More, la cui riflessione sarebbe stata ispirata proprio dalla lettura di Nietzsche.[5] Secondo More il pensiero nietzscheano conterrebbe diverse concezioni in contrasto l'una con l'altra, e alcune di esse – come quella dell'Eterno Ritorno – non sarebbero compatibili con il transumanismo. Altre però sì, e sono queste ultime – in particolare quella di Oltreuomo e quella di auto-superamento e di Volontà di Potenza – ad aver ispirato More.

More ci racconta che è stato proprio lo studio del pensiero di Nietzsche a spingerlo a scrivere nel 1990 il suo saggio *Transhumanism: Towards a Futurist Philosophy* e a elaborare i suoi "Principi Estropici" – di cui riparleremo. Insomma, magari non tutti i transumanisti si sono ispirati a Nietzsche, ma alcuni lo hanno fatto senz'altro – la correttezza o meno della loro lettura di Nietzsche è, com'è ovvio, un altro paio di maniche. Allo stesso modo, altri autori – come Bostrom – si sono ispirati a tradizioni filosofiche del tutto diverse, come il razionalismo di marca illuminista.[6]

Il vivace dibattito sul rapporto tra Nietzsche e il transumanismo ha poi arricchito le pagine del *Journal of Evolution and Technology*

---

[5] M. More, *The Overhuman in the Transhuman*, «Journal of Evolution and Technology» – Vol. 21 n. 1, Gennaio 2010, http://jetpress.org/more.htm.

[6] N. Bostrom, Op. cit.

con molti altri interventi. È così per esempio Bill Hibbard – studioso dell'Università del Wisconsin – ha cercato si stabilire una lettura in termini fisici della concezione nietzscheana dell'Eterno Ritorno, mostrando che, se le cose stessero realmente così – cioè se il tempo avesse realmente una struttura circolare, e se tutti gli eventi fossero destinati inevitabilmente a ripetersi –, ciò istituirebbe un parallelo ancora più forte tra la visione scientifica del mondo dei transumanisti e il pensiero nietzscheano.[7]

Dato che Sorgner appartiene al "giro" dei netzscheani, potevano questi ultimi esimersi dall'intervenire nel dibattito? Certo che no; infatti nel 2011 sulla rivista di studi nietzscheani *The Agonist* sono apparse in contemporanea alcune analisi – di altrettanti studiosi del pensiero di Nietzsche – relativamente al rapporto tra transumanismo e nietzscheanesimo.

Pur con alcuni distinguo, i responsi dei nietzscheani alle analisi di Sorgner sembrano essere abbastanza negativi, a partire da quello di Keith Ansell Pearson[8] – studioso dell'Università di Warwick –, che ha sottolineato la distanza tra il pensiero di Nietzsche e il transumanismo anche in un libro.[9] A essere in disaccordo con Sorgner è pure Babette Babich, della newyorkese Fordham University, per la quale l'accettazione gioiosa della vita da parte dell'Oltreuomo nietzscheano riguarda ogni singolo aspetto dell'esistenza, inclusi gli aspetti più crudeli, banali o tristi, una cosa ben diversa quindi dall'ambizione dei transumanisti di ridisegnare la vita umana a partire dall'aspetto che maggiormente la caratterizza – e a loro più sgradito –, cioè la nostra mortalità.[10] In altre parole, per la Babich i sogni transumanisti sarebbero "umani, troppo

---

[7] B. Hibbard, *Nietzsche's Overhuman is an Ideal Whereas Posthumans Will be Real*, «Journal of Evolution and Technology» – Vol. 2, n. 1, gennaio 2010 – pp. 9 – 12, http://jetpress.org/v21/hibbard.htm.

[8] K. Ansell Pearson, *The Future is Superhuman: Nietzsche's Gift*, in: «The Agonist», vol. IV, n. 2, autunno 2011.

[9] K. Ansell Pearson, *Viroid Life: Perspectives on Nietzsche and the Transhuman Condition*, Routledge, New York 1997.

[10] B. Babich, *Nietzsche's Post-Human Imperative: On the "All-too-Human" Dream of Transhumanism*, in: «The Agonist», vol. IV, n. 2, autunno 2011.

umani", mentre tale visione si configurerebbe come nient'altro che una forma di quella rinuncia al mondo reale tanto criticata da Nietzsche. Paul S. Loeb, dell'Università di Puget Sound, esprime invece per il transumanismo una certa simpatia, ritenendo che l'avvento di una nuova specie post-umana richiederebbe proprio l'incorporazione nel transumanismo dei concetti nietzscheani di Oltreuomo e di Eterno Ritorno – visto che il cuore del pensiero transumanista sarebbe costituito dal desiderio di controllare in qualche modo il tempo, proprio come l'Oltreuomo nietscheano abbraccia l'Eterno Ritorno allo scopo di *volere* il passato.[11] Secondo Loeb la concezione nietzscheana dell'Eterno Ritorno andrebbe presa molto sul serio, cioè essa descriverebbe per Nietzsche il mondo proprio così com'è; essa costituirebbe anzi l'unico modo possibile per l'Oltreuomo di *assumere un reale controllo sul tempo*, in quanto se il tempo fluisce sul serio circolarmente, allora la nostra volontà, diretta verso il futuro, finirebbe appunto per includere nella propria sfera d'influenza gli eventi passati – che non ci si imporrebbero quindi come necessari, inevitabili e imposti alla nostra volontà, ma ne sarebbero una conseguenza.

Alla fine del dibattito Sorgner ribadisce lo scopo del suo lavoro, ossia quello di evidenziare alcune somiglianze strutturali tra il pensiero nietzscheano e quello transumanista.[12] Morale della storia? Nietzsche non è proprio un transumanista *ante litteram*, ma chi vuole può farlo diventare tale, può farsi ispirare da lui nelle proprie speculazioni transumaniste e può pure innestare il transumanismo sul pensiero nietzscheano, creando così una sorta di cyborg filosofico.

Volendo, possiamo metaforicamente considerare il transumanismo una sorta di "scala" protesa verso il Cielo – una Torre di Babele 2.0, insomma – e tutti i "precursori" di questo movimento prometeico come altrettanti tentativi di dare la scalata all'Olimpo. In quest'ottica Nietzsche potrebbe essere considerato, se così ci piace, una

---

[11] P. S. Loeb, *Nietzsche's Transhumanism*, in: «The Agonist», vol. IV, n. 2, autunno 2011.
[12] S. L. Sorgner, *Zarathustra 2.0 and Beyond. Further Remarks on the Complex Relationship between Nietzsche and Transhumanism*, in: «The Agonist», vol. IV, n. 2, autunno 2011.

prima scala. Una scala ambigua, però, e pure un po' traballante, che possiamo puntellare subito, con un altro movimento culturale che ha aperto la strada ai transumanisti: il futurismo.

3. ... e quello futurista

L'accostamento tra transumanismo e futurismo ci viene già più facile, se non altro per il fatto che, avendo studiato quest'ultimo a scuola, ci viene in mente, anche se in modo un po' vago, l'entusiasmo che i futuristi provavano nei confronti della velocità, delle macchine, della tecnologia e dell'ingegno umano, capace di asservire le forze della natura. Se scaviamo tra le nozioni apprese alle superiori, ci ricorderemo che quello fondato dal poeta Filippo Tommaso Marinetti era un movimento artistico nato in contrapposizione al culto della tradizione – tanto da chiedere provocatoriamente la distruzione dei musei e delle università, colpite dalla pesante accusa di "passatismo".

Ufficialmente il futurismo viene lanciato nel 1909, con la pubblicazione del *Manifesto futurista* – primo di una lunga serie – in cui Marinetti espone i principi alla base della sua visione dell'arte, dal disprezzo per il passato all'adorazione per la tecnica e le macchine, alla ricerca di uno stile che rappresenti una rottura radicale con tutto ciò che è stato fatto fino ad allora. Al movimento aderiscono numerosi pittori – Umberto Boccioni, Carlo Carrà, Giacomo Balla, Gino Severini, Lucio Russolo –, ma in realtà il futurismo si estende a ogni ambito dell'arte, dall'architettura alla musica, e persino all'abbigliamento e alla cucina.

Si occupano anche di politica, i futuristi, coltivando posizioni contraddittorie e alternando l'attrazione verso il fascismo a quella verso il comunismo. E così, a seconda della fase in cui si trova, il futurismo è patriottico e interventista oppure vicino alla classe operaia e animato da sentimenti internazionalisti – favorito in ciò dal fatto che le sue idee arrivano fino in Russia. Vicino al fascismo, il futurismo se ne allontana quando il primo opta per il culto del passato e per rapporti di buon vicinato con la Chiesa Cattolica – vista come fumo negli occhi da Marinetti e colleghi.

È interessante notare come il futurismo si sviluppi in concomitanza con un periodo di forte sviluppo tecnologico svoltosi soprattutto all'insegna della potenza e della velocità, mentre il transumanismo prenda piede in un'epoca caratterizzata da un progresso ancora più radicale, cioè quello delle biotecnologie – che, come vediamo quotidianamente, ci consentono un po' alla volta di entrare nella "stanza dei bottoni" della vita. Ma, aldilà di questa analogia superficiale, l'ideologia transumanista e il movimento artistico futurista hanno in comune qualcosa di più profondo? Insomma, se Nietzsche rappresenta la prima, traballante "scala verso il Cielo" filosofica del mondo attuale, il futurismo può essere considerato la seconda?

Il problema qui sta nel fatto che, per il modo in cui ci è stato insegnato a scuola, il futurismo non rappresenta altro che un movimento artistico, e non una concezione totalizzante – e soprattutto proattiva – della realtà. Oppure sì?

A sostenere quest'ultima versione dei fatti – e cioè che il futurismo sarebbe una filosofia a 360 gradi – è Riccardo Campa, sociologo dell'Università Jagellonica di Cracovia e soprattutto fondatore e presidente dell'Associazione Italiana Transumanisti. Nel suo interessante *Trattato di filosofia futurista*, Campa ha cercato di individuare la filosofia sottostante al futurismo, che per lui rappresenta una forma di transumanismo *ante litteram* bella e fatta.[13] In particolare il futurismo sarebbe una vera e propria filosofia della tecnica, un pensiero però che non vede in quest'ultima qualcosa di disumanizzante, ma anzi che deve essere accolto in modo estatico – e non esageriamo, facendo riferimento alla nozione di estasi, perché in ambito storiografico c'è chi ha parlato di "sublime tecnologico" del futurismo, ossia del fatto che, nell'ottica di questo movimento, la potenza della tecnica provocherebbe nell'animo del futurista quel misto di meraviglia e di terrore che le forze della natura scatenavano nell'animo dei poeti romantici. Le tendenze superomiste e demiurgiche del futurismo le possiamo notare – fin dal titolo – in un testo del 1915 di Giacomo Balla e Fortunato

---

[13] R. Campa, *Trattato di filosofia futurista*, Avanguardia 21 Edizioni, Roma 2012.

Depero: *Ricostruzione futurista dell'universo*; ma è lo stesso Marinetti che, in *Fondazione e manifesto del futurismo*, dichiara di auspicare "un violento assalto contro le forze ignote, per ridurle a prostrarsi davanti all'uomo".[14] Anticipatori della moderna cultura della pubblicità, i futuristi coniano svariati slogan a effetto, da "scagliare la sfida alle stelle" a "ricostruire l'universo", da "dare la scalata al cielo" a "creare l'uomo meccanico dalle parti intercambiabili".

Non si può negare che nel futurismo ci sia una dose elevatissima di auto-esaltazione, che sembra sconfinare nel delirio di onnipotenza – anche se in realtà non si capisce quanto seriamente si prendano i futuristi. La chiave di lettura che ci offre Campa è piuttosto chiarificatrice, però: per lo studioso il pensiero sottostante al futurismo è una filosofia del divenire, un po' come quello di Eraclito – forse ve lo ricordate, dai tempi del liceo. Come tutte le filosofie del divenire, anche il futurismo sarebbe consapevole dell'inconsistenza delle cose, del fatto che tutto viene trascinato via e corroso dal fluire del tempo; nel caso di Marinetti e soci, la soluzione atta a contrastare questo irresistibile processo di annichilimento sarebbe quella di abbracciare il divenire, accoglierlo, intensificandolo in ogni modo possibile. Non tramite l'adozione pura e semplice di uno stile di vita dionisiaco, però, ma tramite uno sviluppo della tecnica tale da portarci ad assumere un ruolo demiurgico.

E a ben vedere, nel futurismo il desiderio di creare un essere postumano è più che esplicito. Per esempio, nel 1910 Marinetti scrive ne *L'Uomo Moltiplicato ed il Regno della Macchina* che l'obiettivo dei futuristi è proprio la creazione di un "tipo non umano" e l'"identificazione dell'uomo con il motore", che incalcolabili trasformazioni umane siano possibili, e che, dato che il mondo futuro sarà caratterizzato dalla velocità, l'uomo si doterà di "organi inaspettati, adatti alle esigenze di un ambiente fatto di urti continui". Non solo: l'uomo moltiplicato "non conoscerà la tragedia della vecchiaia". Molto transumanista, come idea.

---

[14] F. T. Marinetti, *Fondazione e Manifesto del futurismo*, in A.A. V.V., *I manifesti del futurismo*, Edizioni di «Lacerba», Firenze 1914.

Il poeta Paolo Buzzi parla dei "Figli impossibili del Futuro", Fedele Azari sostiene che la chirurgia e la chimica produrranno un tipo standardizzato di uomo-macchina "resistente, illogorabile e quasi eterno", e i futuristi in generale aspirano alla concreta realizzazione di un "antropoide meccanico" che coniughi istintualità dionisiaca, velocità e progresso tecnologico all'ennesima potenza. Proprio la velocità è la cifra principale del post-umano futurista, nel senso che la tecnica, sempre più veloce, garantisce all'uomo una sorta di immortalità *sui generis*: in particolare Azari sottolinea – nel manifesto *Vita simultanea futurista* – come la vita quotidiana si consumi per la maggior parte in attività banali, dall'igiene personale alla cura dell'aspetto, dall'alimentazione agli spostamenti, dal cambio d'abiti al disbrigo delle faccende domestiche; proprio la velocità garantita dal progresso tecnologico ci libererà da tali esigenze, compattandole da un punto di vista temporale, e liberando molto più tempo di quello di cui ora disponiamo per l'intuizione, per l'arte, per lo sport e per le attività creative.

Questa dunque la "scala" italiana verso il Cielo, che fa seguito a quella nietzscheana. Dal punto di vista della storia del transumanismo, si tratta di personaggi e temi ambigui, il cui ruolo come antesignani di tale movimento merita ulteriori approfondimenti. Se cerchiamo però un gruppo di pensatori che sia apertamente collegabile al transumanismo, è alla Russia che dobbiamo guardare, e in particolare ai cosmisti.

4. Il "Progetto"

Pensando alla storia russa le prime cose che vengono in mente sono i fasti degli Zar o la settantennale dittatura comunista che attraversò il Ventesimo Secolo, polarizzandone la seconda metà; chi desse invece un'occhiata meno superficiale a quel paese si accorgerebbe subito della spiritualità forte e a volte eccentrica – almeno dal nostro punto di vista occidentale – che ne permea la cultura.

Cultura *sui generis* anche da un punto di vista filosofico, visto che una tradizione filosofica russa vera e propria non è mai esistita, o meglio, in Russia la filosofia ha sempre formato un tutt'uno con la letteratura e con la riflessione teologica – basti pensare a Dostoevskij, a Tolstoj, a Solov'ev, a Bulgakov, a Florensky, a Berdyaev, tanto per nominare solo gli autori più noti agli occidentali. Caratterizzato da un forte interesse per l'etica e l'escatologia, il pensiero russo è stato sempre ossessionato dalla domanda "che cosa bisogna/si deve fare?" La vita individuale e quella collettiva sono sempre state per i russi qualcosa di cui "bisogna farsene qualcosa", che devono essere animate da uno scopo superiore e superindividuale. Ossessionati da una concezione lineare del tempo, questi pensatori hanno da sempre atteso alla fine di esso un'esperienza metafisicamente eccezionale – il Regno di Dio sulla Terra, la società perfetta promessa dal marxismo, e così via.

La spiritualità russa è qualcosa di peculiare, abbiamo detto; in particolare per il fatto che, dopo la caduta dell'Impero Bizantino, la Russia divenne il centro nevralgico del cristianesimo ortodosso. E, come è noto, la vita spirituale della Chiesa d'Oriente includeva anche forme d'ascesi mistica, e in particolare l'esicasmo, una pratica meditativa che mirava a procurare all'asceta una forma di pace interiore e di comunione con Dio. Proprio come avvenne per i mistici di altre tradizioni religiose, anche a quelli cristiano-ortodossi vennero attribuiti poteri magici di vario genere. Per esempio a San Sergio di Radonezh – vissuto nel quattordicesimo secolo – la tradizione assegnava la capacità di operare miracoli, guarire gli infermi, riportare in vita i morti e, molto francescanamente, di pacificare lupi e orsi. Un altro di questi mistici russi, Seraphim di Sarov – vissuto a cavallo tra Settecento e Ottocento – poteva levitare, essere presente in più posti contemporaneamente ed emettere una luminosità così potente da accecare gli astanti – che poi lui guariva.

In realtà quella fiorita in Russia non era semplice mistica d'importazione; o meglio, il misticismo derivato dal cristianesimo ortodosso si innestò su una ricca tradizione sciamanica autoctona, di origine slava. Proprio questa spiritualità sincretistica offrì un ottimo terreno di coltura per la crescita di un ulteriore elemento peculiare del pensiero russo, cioè l'esoterismo. Non parliamo qui della magia popolare, casalinga – di origine appunto sciamanica, e molto amata dai ceti più umili –, ma del notevole interesse dimostrato dalle classi sociali più elevate per la tradizione massonica, le scienze occulte, i Rosacroce, l'alchimia e in generale per il pensiero esoterico più "alto" venuto dall'Europa. Per non parlare delle dottrine esoteriche cronologicamente più vicine a noi: la Teosofia di Helena Petrovna Blavatsky e l'Antroposofia di Rudolf Steiner, che in Russia conosceranno un'ampia diffusione.[15] E sarà questo il contesto culturale in cui si troverà a operare il capostipite del cosmismo russo: Nikolai Fedorov.

Nato vicino a Tambov – nella Russia meridionale – nel 1828, morto nel 1903, Fedorov predilesse sempre l'oscurità, non pubblicò quasi nulla ed elaborò un pensiero originale e visionario, che oggi conosciamo abbastanza bene solo grazie alla pubblicazione postuma di molti dei suoi scritti, in una raccolta – curata da tre dei suoi discepoli – dal titolo *La Filosofia del Compito Comune*. Severo, alto, magro, con occhi spiritati e una barba incolta, il pensatore lavorò per venticinque anni come bibliotecario presso il Museo Rumiantsev di Mosca, che comprendeva la principale biblioteca della città; nonostante le sue idee radicali, Fedorov andava regolarmente a messa, pregava e seguiva il calendario religioso ortodosso. Lo stile di vita era più rigido di quello di un monaco: beveva solo tè, era parco nel mangiare, dormiva in una piccola stanza in affitto, su una superficie di legno e con un libro al posto del cuscino, coprendosi a volte con alcuni giornali; disprezzava il denaro e se ne sbarazzava non appena poteva, donandolo ai poveri. Conosciuto in modo diretto o indiretto da alcuni dei principali intellettuali e letterati russi dell'epoca – da Tolstoj, a Dostoevskij, a Solov'ev – questo bibliotecario moscovita condusse in sostanza una vita ascetica, durante la quale elaborò un piano d'azione – da lui battezzato il "Progetto" o "il nostro Compito Comune" – con un obiettivo a dir poco ambizioso: la resurrezione fisica dei morti tramite mezzi scientifici.

---

[15] Per un'accurata disamina della storia e delle origini culturali del cosmismo, cfr.: G. M. Young, *The Russian Cosmists. The esoteric futurism of Nikolai Fedorov and his followers*, Oxford University Press, Oxford 2012.

Al di là di questa ambizione – che qualcuno potrebbe pure etichettare come sfrenata –, il pensiero di Fedorov rappresenta uno strano connubio di idee pre-transumaniste e cristianesimo ortodosso, di una mentalità reazionaria mescolata con idee rivoluzionarie. Preoccupato – giustamente, si potrebbe dire – che le sue idee fossero troppo radicali per i suoi contemporanei, Fedorov suscitò comunque l'interesse di personaggi come Dostoevskij, che si disse pienamente d'accordo con lui, e Solov'ev, che dichiarò di accettare pienamente il Progetto, letto come un grande passo in avanti dello spirito umano verso Cristo. Dal canto suo, Tolstoj si disse orgoglioso di aver vissuto nella stessa epoca di Fedorov.[16] Come ci racconta il massimo studioso occidentale di Fedorov, George M. Young:

Fedorov era un pensatore con una grande idea. Lui credeva che tutti i problemi noti all'uomo fossero radicati nel problema della morte, e che nessuna soluzione di un qualunque problema sociale, economico, politico o filosofico si sarebbe dimostrata adeguata fino a quando gli uomini non avessero risolto il problema della morte. Ma se si fosse trovata una soluzione al problema della morte, allora le soluzioni a tutti gli altri problemi sarebbero seguite.[17]

Quindi il vero, unico nemico dell'umanità è per Fedorov la morte, e con essa la natura, causa prima della nostra mortalità; bisogna quindi organizzare tutte le risorse possibili in quella che è la più vasta impresa mai concepita, la sconfitta della triste mietitrice. Tutti gli esseri umani, non importa di che partito, ideologia, nazione o religione, devono unirsi come fratelli e sorelle nella lotta contro la morte. Cristallino, si direbbe.

Se la regola universale è la morte, la disintegrazione, allora il Compito Comune di tutti gli esseri umani sarà la reintegrazione, che non deve coincidere con la fusione, ma con la formazione di una totalità, in quanto la fusione – in cui ogni unità perde la propria individualità

---

[16] Per un'introduzione al pensiero di Fedorov e ai rapporti da lui intrattenuti con gli intellettuali a lui contemporanei, si veda: G. M. Young, *Nikolai F. Fedorov: An Introduction*, Nordland Publishing Company, Belmont 1979.

[17] Ibid. p. 13, traduzione nostra.

e la propria particolarità – è per Fedorov solo un altro tipo di morte. In pratica qui il pensatore si scaglia contro le filosofie che vorrebbero ridurre l'individuo a un'entità super-individuale, sia essa la Società, la Storia, lo Spirito e quant'altro. Il mondo così come è ora oscilla tra disintegrazione e fusione, i due principi che lo governano, e tutto viene disconnesso in particelle o amalgamato in entità collettive senza vita. Lo scopo dell'uomo è allora quello di capovolgere il naturale flusso della vita verso questi due poli opposti della morte e restaurare ovunque una totalità che assicuri l'integrità dell'unità. Il modello o "icona" dell'Universo come dovrebbe essere è, manco a dirlo, la Trinità, perfetta sintesi superiore e contemporanea di Tre e di Uno; la morte è indesiderabile, mentre è desiderabile un'unità nel contempo indivisibile e infusibile.

Il progetto di resurrezione universale auspicato da Fedorov ha una connotazione a un tempo politica, religiosa, scientifica, artistica e, come è ovvio, filosofica. La visione politica di Fedorov – che era un sincero patriota slavofilo – si concretizza in un'autocrazia illuminata e russocentrica, in cui lo zar, da bravo padre-autocrate, deve assumersi il compito di unire Asia ed Europa. Compito dell'arte è quello di offrire agli uomini rappresentazioni dell'idea di resurrezione; essa deve dunque mutarsi, in collaborazione con la scienza e la teologia, in un'attività di riordino del cosmo.

Fedorov dà alla propria visione del mondo il nome di "supramoralismo", da intendersi come sintesi universale dei tre oggetti di conoscenza e azione, cioè Dio, l'uomo e la natura; l'uomo è uno strumento della ragione divina ed è lui stesso la ragione dell'universo. Pensiero e azione formano un'unità superiore, mentre la religione si fonde con la scienza e l'arte. Il sapere non è né soggettivo né oggettivo, ma "proiettivo"; tutto il mondo naturale non è un oggetto, ma un "progetto", che dobbiamo riuscire a dirigere. Il "progettivismo" – che potremmo definire un'epistemologia per artisti piuttosto che per critici, per ingegneri piuttosto che per teorici – vuole essere un ponte tra materialismo e idealismo; le idee esistono nella nostra mente come progetti da realizzare nel mondo materiale.

Per quanto riguarda la natura del mondo, Fedorov sembra considerare quest'ultimo un meccanismo talmente semplice da riuscire a venire all'essere senza bisogno di un Dio creatore; il suo sarebbe dunque un sistema materialista che accetta Dio ma non lo ritiene strettamente necessario; l'uomo sarebbe composto da atomi come tutto il resto e sarebbe l'unica entità dotata di razionalità.

Anche la visione della storia universale di Fedorov si sviluppa all'insegna del sincretismo; essa è in particolare una mistura di leggende russe medioevali, del folklore relativo all'altopiano del Pamir – che sarebbe stato la culla dell'umanità e in cui si troverebbe la tomba di Adamo –, di speculazioni di tipo fantascientifico, il tutto disposto in un'architettura concettuale basata su una versione modificata della dialettica hegeliana. Fedorov paga in pratica un omaggio a Hegel, e si ispira a lui nello sviluppo di un progetto onnicomprensivo, che includa tutto, così come lo Spirito hegeliano sussumeva ogni cosa. Per lui Hegel è l'ultimo filosofo pensatore, e da Fedorov in poi ci devono essere solo filosofi-attivisti. Il pensatore russo conosce anche Nietzsche, di cui apprezza le considerazioni sulla volontà e sulla potenza, ma ne critica la mancanza di un obiettivo; per lui il pensiero nietzscheano è da considerarsi una glorificazione dell'adolescenza.

Pur non essendo espressamente un mistico, Fedorov insiste sul fatto che la mente umana, finita, avrebbe potenzialmente un raggio d'azione infinito e un'infinita capacità di apprendimento – c'è però da aggiungere che, frammentario e disorganico com'è, il pensiero di Fedorov presenta diverse contraddizioni e punti oscuri.

Dal punto di vista pratico, il Progetto è un'unica idea, molto complessa, composta da sotto-progetti che vanno dallo sviluppo di piccoli musei locali all'unificazione di tutti i popoli sotto la guida di un autocrate russo. Tutti i progetti sono interconnessi. Non solo: tutti i tipi di lavori, anche quelli più umili, possono – anzi, devono – essere visti come contributi al Progetto, che nell'atto dell'incorporarli li nobilita. Quando tutti vedranno ogni singola attività come un semplice aspetto del Compito Comune, allora e solo allora si manifesteranno le soluzioni per tutti i problemi. Esso ha quindi le caratteristiche di una "mobilitazione generale" – una forma di arruolamento universale, ma su base volontaria, che riguarderà tutti i popoli della Terra –, tanto che l'aspetto militare viene sottolineato dallo stesso Fedorov. I soldati useranno le loro abilità nella guerra contro la natura, e per impedire ai militari di usare il sapere disinteressato raccolto dai sapienti per farsi la guerra gli uni con gli altri, questi ultimi dovranno diventare una temporanea task force con lo scopo di sviluppare di proposito mezzi pratici per regolare la natura; alla fine dei giochi le forze armate si trasformeranno quindi in una "forza sperimentale".

E in quella che sarà una vera e propria "guerra contro la natura", tutti gli eserciti del mondo dovranno collaborare per liberare l'umanità dal dominio delle forze naturali e tutte le armi dovranno essere trasformate in strumenti per il benessere dell'uomo. Come esempio Fedorov cita la scoperta di alcuni scienziati americani per cui sparando con i cannoni verso le nuvole si può alle volte scatenare la pioggia. In parole povere – e sia in senso metaforico che in senso concreto – si tratta di cambiare l'orientamento delle armi, puntandole in senso verticale. Quello della verticalità e dell'orizzontalità sono categorie che ritorneranno più volte nel pensiero fedoroviano: l'orizzontale è la morte – i cadaveri giacciono in quella posizione –, l'arte e l'architettura dovrebbero celebrare la verticalità, così come bisognerebbe muoversi in verticale, lanciando veicoli nello spazio. L'impresa spaziale ha, nel contesto del Progetto, un ruolo fondamentale. Parte del piano di Fedorov consiste nel rintracciare le "particelle" delle persone morte tanto tempo fa e disperse nell'universo, ricreando questi esseri umani – chiaramente qui per "particelle" Fedorov non intende le particelle elementari che conosciamo noi, ma si riferisce a corpuscoli non meglio definiti che, in omaggio alla concezione m[s]ticheggiante e olistica implicita nel suo pensiero, conserverebbero ancora un qualche legame con i defunti a cui sono appartenuti. Squadre di ricerca si avventureranno nel cosmo, sia per recuperare tali particelle in ogni angolo dell'universo, sia per colonizzare gli altri pianeti, a uso e consumo dei resuscitati – i cui corpi verranno costruiti in modo da vivere in condizioni per noi proibitive.

Pur non sapendo come concretamente i biologi del futuro riusciranno a sintetizzare i corpi umani, Fedorov ritiene che il potenziale creativo dell'uomo sia illimitato; basta volerlo, sforzarsi a sufficienza, e una soluzione si troverà. La gente imparerà a creare e ri-creare la vita, e di conseguenza il sesso non sarà più necessario – la nostra cultura ipersessualizzata non sarebbe d'accordo, ma ai tempi di Fedorov la castità godeva ancora di una certa popolarità. Anche i corpi degli esseri umani in vita dovranno essere modificati, in modo da non aver più bisogno di trarre nutrimento dalla materia organica – onde non cibarsi delle particelle degli antenati. Inoltre il recupero di queste ultime potrà avvenire grazie all'uso di animali invisibili a occhio nudo, dotati di potenti microscopi, che ci permetteranno di vederle e raccoglierle. Il Progetto include poi la proposta di regolare la natura per assicurarsi raccolti adeguati e quella far diventare la cristianità un progetto di figliolanza universale e uno sforzo di resuscitare i padri.

L'obiettivo fedoroviano di creare il paradiso sulla Terra si concretizza quindi in una serie di idee decisamente futuribili, dai viaggi spaziali all'ingegneria genetica, e non c'è da stupirsi che il pensatore russo si fosse sempre rifiutato di pubblicarle: sarebbero sembrate folli a chiunque. Oggi però molte delle sue proposte non appaiono più così eccentriche, a partire dalla sostituzione degli organi naturali con organi artificiali, fino alla ricerca di sostituti al cibo che mangiamo, alla visione della natura intesa come un sistema che dobbiamo sostenere e regolare e di cui abbiamo la responsabilità, fino all'utilizzo diretto dell'energia solare.

Data forse la sua professione, Fedorov si fa promotore del ruolo dei musei nell'ambito del Progetto; tali istituti, soprattutto nelle loro varianti locali, avranno un ruolo centrale nella resurrezione scientifica dei morti. Nei musei non ci si limita ad archiviare e trasmettere informazioni, ma si ricrea rappresentazioni intere di molti aspetti della vita. Oggi i musei raccolgono oggetti inanimati, ma in futuro assumeranno un ruolo molto più attivo; in questo caso Fedorov pensa a musei-templi-scuole-laboratori per lo studio e la pratica dell'arte sacra e scientifica della resurrezione. In attesa di ciò, i musei locali servono come magazzini per ogni frammento di informazione possibile che si può raccogliere sulle genti che vivono nei loro pressi. In sostanza una rete articolata di musei – destinati a diventare "centri di resurrezione" situati in ogni città e in ogni villaggio – ci consentirà di preservare tutte le informazioni di cui abbiamo bisogno sui defunti che ci appresteremo a riportare in vita; per Fedorov niente di stampato deve essere gettato via, perché, come lui stesso dice – e ciò vale ovviamente anche per il volume che avete tra le mani – "dietro al libro è nascosto un uomo".[18]

In quella che sembra una versione cosmologica della psicoanalisi – ossia illuminare l'inconscio portandolo alla coscienza –, Fedorov promuove l'estensione del pensiero a tutte le forze materiali, fino ad arrivare a quella che lui chiama "psicocrazia". Si tratta comunque di una concezione ambigua; quando per esempio parla di "popolare altri pianeti", Fedorov usa il termine "animazione" – quasi a suggerire che la materia verrà in qualche modo provvista di anima. In ogni caso la psicocrazia è un "instillare" lo spirito in tutte le funzioni materiali; essa consiste inoltre in uno stato di consenso interiore universale per cui tutti vorranno partecipare al Compito Comune liberamente, senza obbligo esterno. Fedorov parla di unificare materia e spirito, ma l'una non è ridotta all'altro e viceversa, né si può parlare di divisione o fusione; a ogni buon conto il pensatore ribadisce con forza di non essere un mistico, e che l'unione in questione non si raggiunge tramite mezzi inconoscibili, sovrarazionali, ma tramite la conoscenza e lo sforzo umani. L'obiettivo finale ci ricorda però quello tipico di alcune forme di misticismo, ossia la teosi, cioè l'ascensione dell'uomo al livello divino – "guardare Dio faccia a faccia", dice Fedorov. Tale ascensione includerà anche il conseguimento dell'onniscienza, cioè l'uomo potrà acquisire un sapere assoluto, svincolato dallo spazio e dal tempo.

L'uomo diventerà finalmente capace di ridisegnare l'universo. Grazie alla scienza potremo liberare tutto l'universo dalla schiavitù

---

[18] G. M. Young, *Nikolai F. Fedorov: An Introduction*, Nordland Publishing Company, Belmont 1979, p. 31.

della forza di gravità, e quindi risistemare tutte le particelle di materia in un ordine determinato non ciecamente e naturalmente, ma consciamente e razionalmente; potremo "sganciare" la Terra dalla sua orbita e muoverla a nostro piacimento, spostare e riordinare le stelle, e così via. Nel descrivere il paradiso futuro generato del Progetto, Fedorov si lascia andare a varie metafore poetiche, e parla di vita sempre nuova, a prescindere dalla sua antichità, primavera senza autunno, mattino senza sera, gioventù senza vecchiaia, resurrezione senza morte. L'oscurità rimarrà, ma solo come rappresentazione, come il lutto che è stato superato, e innalzerà il valore del giorno luminoso della resurrezione.

Un'ultima nota: è stata suggerita da più parti, probabilmente a ragione, l'esistenza di un debito di Fedorov nei confronti della letteratura alchemica ed esoterica importata dall'Occidente; il Progetto fedoroviano di resurrezione universale ha molti punti in comune con l'ideale massonico del ricostruire se stessi ricostruendo il mondo e con quello alchemico della trasmutazione di sé attraverso la trasmutazione della materia.

Se dobbiamo individuare l'eredità di Fedorov, possiamo trovarla in questa idea: la morte non deve essere considerata inevitabile, e l'immortalità non è un dono divino, ma un progetto umano. La morte è il nemico, è presente ovunque e per eliminarla dobbiamo ristrutturare l'universo, e lo dobbiamo fare tutti quanti assieme. Non male, come ambizione – e pensare che gli alchimisti medioevali si sarebbero accontentati di vivere per sempre.

5. Visioni russe

Fedorov è però solo il primo di una serie di visionari pensatori partoriti dalla Madre Russia, i cosiddetti "cosmisti", un gruppo eterogeneo e dai bordi sfumati, che arriva fino ai giorni nostri, e che si presenta sovente come un'alchimia di teorie scientifiche più o meno futuribili, dottrine esoteriche relativamente ben mimetizzate e fantasie utopistiche. Il cosmismo di oggi presenta molti punti di contatto con il transumanesimo, pur possedendo caratteristiche peculiari che ne prevengono l'assimilazione completa a quest'ultimo. Alcuni li abbiamo appena detti; gli altri riguardano l'ossessione per la centralità della patria russa, la sotterranea opposizione al pensiero occidentale in quanto ritenuto individualistico e auto-distruttivo e infine la vicinanza alla spiritualità ortodossa e, in alcuni casi, al mondo del paranormale.

Ad ogni modo, se dovessimo definire l'essenza del cosmismo, ci rifaremmo alla definizione data dalla massima promotrice contemporanea di questo movimento, Svetlana Semenova, e parleremmo di "evoluzione attiva".[19] Al di là della passione dei cosmisti per l'occulto, la loro idea centrale sembra avvicinarli dunque più al transumanismo che alla New Age o alla Teosofia.

Questo per quanto riguarda gli esiti moderni del cosmismo; per quanto riguarda gli inizi, possiamo parlare grosso modo di due fasi, quella fedoroviana e quella più propriamente cosmista. La prima ovviamente fa riferimento ai discepoli diretti di Fedorov; il pensatore infatti teneva seminari informali presso il Museo Rumiantsev, ai quali partecipò, tra gli altri, Konstantin Eduardovic Tsiolkovskii (1857-1935), cioè il padre dell'astronautica – soprattutto di quella sovietica –, scienziato visionario le cui idee portarono nel 1957 al primo Sputnik.

Mentre c'è chi attribuisce all'influenza fedoroviana anche l'iniziativa di conservare il corpo mummificato di Lenin, è certo che vari pensatori ripresero in modo nascosto le idee di Fedorov durante l'era sovietica – epoca in cui ogni allontanamento dall'ortodossia marxista poteva rivelarsi pericoloso. Uno dei centri del fedorovismo era senz'altro la Commissione per lo studio delle forze produttive naturali della Russia, stabilita dall'Accademia delle Scienze nel 1915, presieduta da Vladimir Vernadskii e che propose tentativi di sviluppare fonti d'energia solare ed elettromagnetica. Anche nell'apparato del partito si potevano trovare funzionari che esprimevano pareri fedoroviani – per quanto riguarda gli aspetti non religiosi del suo pensiero –, sebbene il nome di Fedorov non venisse mai pronunciato.

---

[19] Cfr: G. M. Young, Op. Cit., Oxford University Press, Oxford 2012, p. 8.

Cominciamo quindi la nostra rassegna dei fedoroviani proprio con il padre dell'astronautica, che fu anche promotore di un meno noto messianismo cosmico, secondo il quale è nostro destino popolare le stelle.

I lavori dell'"eccentrico di Kaluga" – com'era conosciuto nel villaggio a sud-ovest di Mosca in cui è vissuto – contengono *in nuce* tutto il programma spaziale sovietico, dettagliato passaggio per passaggio. Tsiolkovskii è in sostanza un teorico dell'astronautica; ispirato da Jules Verne, nel corso della sua vita intellettuale sviluppa metodologie per effettuare test aerodinamici su strutture aeree rigide, risolve il problema del volo dei razzi in un campo gravitazionale uniforme, calcola la quantità di carburante necessaria per superare l'attrazione gravitazionale terrestre, inventa la stabilizzazione giroscopica per i razzi spaziali e scopre come raffreddare la camera di combustione tramite sostanze contenute nel carburante stesso. In pratica il suo merito come scienziato è stato quello di tradurre il proposito di viaggiare nello spazio in equazioni matematiche, di promuovere attivamente e divulgare l'idea del viaggio nello spazio e infine di ispirare l'entusiasmo verso la missilistica nelle giovani generazioni. Nel 1903 Tsiolkovskii pubblica il suo lavoro più importante, *L'esplorazione dello spazio cosmico tramite dispositivi a reazione*.

Secondo lui, per sopravvivere, l'umanità deve espandersi nel Sistema solare per evitare i pericoli del suo confinamento sulla Terra; sua è la famosa frase "la Terra è la culla dell'umanità, ma non si può vivere per sempre in una culla". Questa almeno è la versione che si è diffusa fuori dalla Russia, mentre l'originale non parlava di "umanità", ma di "mente". A ogni modo per Tsiolkovskii il genere umano è destinato a colonizzare tutta la Via Lattea.

Meno note sono le teorie occulte a cui aderisce l'eccentrico di Kaluga, che nella Russia odierna lo hanno reso popolare anche tra i cultori della New Age; si tratta di speculazioni di tipo gnostico e teosofico, e in special modo della teoria tsiolkovskiiana del panpsichismo – cioè l'idea per cui ogni cosa nell'universo sarebbe animata. In particolare nell'opera *La Volontà dell'Universo. L'intelligenza sco-*

nosciuta, pubblicata nel 1928, Tsiolkovskii afferma che anche i costituenti fisici fondamentali dell'universo e dello spazio possiederebbero proprietà mentali e che il cosmo stesso disporrebbe di una specie di anima con cui si può comunicare – i raggi di energia cosmica poi sarebbero qualcosa di simile al Pleroma, cioè la "pienezza" dei poteri divini di cui parlava la Gnosi. Lo studioso immagina inoltre esseri incorporei la cui intelligenza supererebbe di molto quella umana e che abiterebbero distanti reami dello spazio. Infine per lui non c'è una vita eterna individuale, ma il destino degli individui sarebbe quello di riunirsi con il cosmo.

Tra i seguaci più o meno diretti di Fedorov citiamo poi Alexander Gorsky (1886-1943), per il quale i corpi umani del futuro saranno androgini e l'eros verrà trasformato in una versione regolata dell'impulso sessuale, una forza per la creazione non più fisica, ma spirituale e culturale. Ricordiamo inoltre Vasily Nikolaevich Chekrygin (1897-1922), artista che, nell'ottica di una nuova estetica cosmista, si propone di realizzare un insieme di affreschi per quella che a suo dire diventerà la Cappella Sistina del cosmismo, la Cattedrale del Museo della Resurrezione, che deve illustrare la reale resurrezione dei morti e la loro ascesa nel cosmo. È un'opera che Chekrygin non realizzerà mai; l'artista lascerà inoltre circa millecinquecento schizzi, la maggior parte dei quali per questo progetto.

Uno dei più interessanti fedoroviani è senz'altro Valerian Murav'ev, figlio del conte Nikolai Murav'ev, ministro degli esteri di Nicola II. Marxista, esoterista, filosofo, diplomatico e poeta, il giovane frequenta i fedoroviani moscoviti, e promuove una trasformazione alchemica totale dell'individuo e del cosmo. Murav'ev scrive e pubblica a proprie spese un libro, *Il Controllo sul Tempo*, in cui propone la sua versione del Compito Comune, mirante a ristrutturare l'essere umano e a sconfiggere la morte tramite l'assunzione del controllo del tempo – tale sottomissione dev'essere effettuata tramite mezzi scientifici e tale potere dovrà essere usato per resuscitare i morti. Murav'ev parte dalle teorie di Einstein sulla relatività del tempo, ma il modo in cui le sviluppa non è molto chiaro, e fa riferimento a una concezione del tempo inteso come subordinato alle nozioni di cambiamento e movimento; in contesti limitati e ristretti sarebbe possibile invertirne il corso – per esempio separando e rimettendo assieme più volte gli elementi che compongono un certo oggetto, e così via. La capacità di invertire il corso del tempo dipenderebbe dalla nostra capacità di gestire il molteplice, cioè più cose contemporaneamente.

Da fan di Pitagora, Murav'ev sostiene che le cose sono, nella loro essenza, numeri, e che anche gli esseri umani sono insiemi multipli di numeri – insiemi altamente complessi, riassumibili in formule a loro volta altamente complesse, ma comunque quantificabili e riproducibili. Siamo multipli e, come per ogni multiplo i nostri componenti possono essere ricomposti e riordinati. Ne consegue che il controllo sul tempo significa anche il controllo su noi stessi.

Murav'ev immagina il passato e il futuro come due linee che si dipartono dall'individuo in direzioni opposte; il passato è la linea del dato, il futuro è la linea del progetto, e quindi sta a noi trovare il modo per decidere quale delle due linee con cui abbiamo a che fare sia da considerare il passato e quale il futuro – proprio come in matematica è possibile cambiare il segno di un'espressione numerica, invertendola. Murav'ev distingue poi tra tempo esterno – quello del calendario e dell'orologio –, che è il tempo della necessità e non può essere invertito e tempo interno, interiore, che può esserlo; in pratica noi esseri umani possiamo cambiare, ripetere o invertire il tempo della psiche. Lo scopo finale è quello di estendere questo tipo di controllo il più possibile nel cosmo, estendendo di conseguenza la coscienza umana.

Citiamo poi di passaggio il coevo poeta cosmista Kraiskii – "Estremo", pseudonimo di Alexei Kuzmin –, che parla di risistemare le stelle e di erigere sui canali di Marte il Palazzo della Libertà del Mondo – altro che la Freedom Tower.

Tra le grandi figure del cosmismo, quella più accademica – cioè più attenta agli aspetti teoretici e alla coerenza delle proprie concezioni – è senz'altro Vladimir Ivanovich Vernadsky (1863-1945). Come geochimico è noto per l'idea di "noosfera" – anche se il termine in questione non è stato coniato da lui, ma dal paleontologo francese Teilhard de Chardin, dopo aver seguito le lezioni dello scienziato russo in Francia. Il punto di partenza è per Vernadsky la geosfera, cioè la superficie terrestre composta da materia inanimata, sulla quale si innesta la vita, che forma un tutt'uno battezzato dallo studioso "biosfera" – titolo dell'omonimo libro del 1926. Dalla biosfera si evolve la noosfera, uno "strato" ulteriore di vita penetrato e governato dalla mente umana. Si tratta del terzo stadio dello sviluppo della Terra e, come l'emersione della vita ha trasformato in modo fondamentale la geosfera, così l'emersione della cognizione ha trasformato in modo fondamentale la biosfera. La noosfera, questo strato emergente di materia pensante, dev'essere vista in un certo senso come un nuovo fenomeno geologico, in cui per la prima volta l'umanità assume il ruolo di grande forza naturale. Secondo Vernadsky poi nessun organismo è veramente "libero", ma tutti sono costantemente e inestricabilmente collegati – innanzitutto per il loro bisogno di cibo e aria da respirare – con l'ambiente materiale ed energetico che li circonda; osservazioni queste che anticipano il concetto di "Gaia" teorizzato molti anni dopo da James Lovelock.

Un concetto vernadskyiano per noi molto più interessante è quello di esistenza autotrofica, che lo studioso mutua da Fedorov. Per Vernadsky infatti l'umanità, dato il futuro esaurimento delle risorse, non può continuare a vivere nel modo corrente; deve invece trasformarsi, passando dallo stato eterotrofico a quello autotrofico, vivendo come fanno le piante e i batteri, cioè di aria e luce solare – e sostanze minerali assorbite dal terreno, aggiungeremmo noi –, piuttosto che a partire da altra materia vivente.

Botanico e naturalista, il cosmista Vasily Feofilovich Kuprevich (1897-1969) è un sostenitore della longevità illimitata e dell'immortalismo scientifico. Secondo lui la morte non è necessaria, anzi, è contro la natura umana. Per l'ottimista Kuprevich relativamente presto, forse già entro il Ventunesimo secolo, la scienza scoprirà i mezzi per prolungare la vita indefinitamente. Nella Russia di oggi le riflessioni di Kuprevich sono tornate in auge tra gli immortalisti che vogliono puntellare le proprie teorie ed elaborare piani d'azione atti ad adattare la società e l'economia ai drastici cambiamenti apportati dall'eventuale conseguimento collettivo dell'immortalità fisica.

Messe giù così, le teorie dei cosmisti sembrano essere appannaggio di pochi, isolati visionari privi di contatto con la realtà; stupisce dunque scoprire che, relativamente all'evoluzione dell'uomo, una visione analoga è condivisa anche dal compagno Trotskij.[20]

In particolare Leon Trotskij crede nell'evoluzione autodiretta consapevole, ispirandosi in ciò allo stesso Marx; infatti, al contrario dei comunisti occidentali moderni – tendenzialmente ecologisti e sospettosi della moderna tecnologia, quando non espressamente primitivisti –, per il filosofo tedesco le conquiste della società industriale non erano da eliminare *in toto*, ma da usare per costruire una società migliore. Trotskij però và oltre le posizioni marxiane e parla espressamente di creazione del superuomo. L'uomo è una creatura disarmonica sia sul piano fisico che su quello psichico; cerca il benessere materiale, ma teme la morte e, per fugare tale paura, si rifugia nella credenza in una realtà ultraterrena. I miglioramenti proposti da Trotskij sono quindi di tipo fisico, psichico e pure estetico; il superuomo sarà dunque più bello di noi comuni mortali; in particolare l'uomo del futuro garantirà al movimento dei propri organi una maggior precisione, funzionalità e sobrietà, e dunque la bellezza. Non solo: il superuomo trotzkiano assumerà il controllo dei processi inconsci del proprio organismo, come la respirazione, la circolazione del sangue, la digestione e la fecondazione, sottoponendo il tutto, nei limiti del possibile, alla direzione della volontà e della razionalità. Il processo sociale dovrà dunque essere legato all'evoluzione biologica, e dovrà affrontare l'umanissima paura della morte. A questo proposito Trotskij sostiene – senza chiarire maggiormente – che lo sviluppo uniforme dei nostri tessuti ci consentirà di ridurre la paura della morte a una

---

[20] Cfr. l'interessante articolo di R. Campa, *L'utopia di Trotsky: un socialismo dal volto postumano*, in: «Divenire. Rassegna di studi interdisciplinari sulla tecnica e il postumano», n. 1/2008, Sestante Edizioni, Bergamo 2008, pp. 55-74.

normale reazione dell'organismo contro il pericolo; per lui la disarmonia anatomica e fisiologica del nostro corpo e lo sbilanciamento tra lo sviluppo e il logorio degli organi interni conferiscono all'istinto vitale quella forma angosciata, isterica e morbosa tipica della paura della morte – la quale a sua volta addormenta l'intelletto e stimola le nostre fantasie sulla vita dopo la morte. Nell'ottica trotzkiana l'uomo

> si porrà il compito di diventare padrone dei suoi sentimenti, di elevare i suoi istinti al livello della coscienza, di renderli di una chiarezza cristallina, di portare i fili conduttori della volontà oltre le soglie della coscienza e con ciò di innalzare se stesso a un livello più elevato di tipo socio-biologico o, se si vuole, un superuomo.[21]

Per Trotskij la morte è ineluttabile, e l'unico modo per risolvere la questione è quello di modificare noi stessi in modo da cancellare tale paura. In particolare il superuomo dovrà effettuare apposite "modifiche biomeccaniche" del proprio organismo, superando in questo modo tale angoscia, così come il sentimento religioso. L'accettazione della nostra mortalità non impedisce però al politico sovietico di proclamare che "non esiste l'impenetrabile per il pensiero cosciente! Noi raggiungeremo ogni cosa! Noi domineremo ogni cosa! Noi ricostruiremo ogni cosa!"[22]

Questo per quanto riguarda la Russia; prima di affrontare – nel prossimo capitolo – il transumanismo vero e proprio, ci mancano ancora due "scale verso il Cielo", quella rappresentata da Teilhard de Chardin e quella sviluppatasi nella prima metà del Novecento in Gran Bretagna.

6. Il superuomo cristiano

Gesuita e Paleontologo, il francese Pierre Teilhard de Chardin (1881-1955) oggi lo si ricorda soprattutto per le sue opere postume, in cui

---

[21] L. Trotskij, *Letteratura, arte, libertà*, Swarz, Milano 1958, p. 107.
[22] Ibid. p. 193.

mescola con grande originalità teologia e teoria dell'evoluzione. Da questo punto di vista la sua opera principale è senz'altro *Il fenomeno umano*, alla quale si aggiungono *L'apparizione dell'uomo*, *L'avvenire dell'uomo* e *L'energia umana*.

Nel 1920 Teilhard de Chardin diventa docente di geologia e paleontologia presso l'Istituto Cattolico di Parigi, ma il suo tentativo di conciliare la dottrina cristiana del peccato originale e la teoria dell'evoluzione gli inimicano le gerarchie ecclesiastiche, che lo rimuovono e lo trasferiscono in Cina, dove vive dal 1926 al 1946, partecipando a varie spedizioni scientifiche. Passa gli ultimi anni della sua vita a New York.

La concezione per la quale è più noto è quella del Punto Omega; stando a essa, l'evoluzione universale consisterebbe nella crescita costante del grado di complessità e di coscienza di tutte le cose – processo che lui chiama "complessificazione". Uno slogan usato di frequente dal pensatore è "tutto quello che ascende deve convergere", a indicare il fatto che l'evoluzione tenderebbe appunto all'unificazione universale alla fine del tempo – un'idea battezzata appunto da Teilhard de Chardin "Punto Omega" e da lui identificata con il *Logos* cristiano – in altre parole, il Cristo. Insomma, l'evoluzione attraversa vari stadi, dalla geosfera alla biosfera alla noosfera, e viene letteralmente attratta dal Punto Omega, che ne costituisce quindi a un tempo la causa e l'effetto – e che rappresenta il grado massimo di unificazione psichica, di complessità e di coscienza raggiungibili dall'evoluzione. La Chiesa lo accusa di panteismo, ma per Teilhard de Chardin questa interpretazione è dovuta a un fraintendimento del suo pensiero; il centro unificatore alla fine del tempo deve essere infatti concepito come pre-esistente e trascendente, non come immanente.

Per il gesuita i gradi di complessità evolutiva corrispondono a gradi di coscienza; di conseguenza si può dire che ogni cosa possegga un grado minimo di coscienza, una concezione nota come panpsichismo. Un altro fenomeno da lui sottolineato è quello della cosiddetta "involuzione", che consiste nel rivolgimento della coscienza verso il proprio interno – in pratica, l'auto-coscienza, o la capacità di riferirsi a se stessi. Anch'essa apparirebbe per gradi e raggiungerebbe il massimo grado di sviluppo – al momento – nell'uomo.

Per quanto riguarda la natura umana, l'uomo non è il centro del creato, ma la freccia che punta verso l'unificazione finale dell'universo; esso è l'ultimo e il più complesso di una serie di strati successivi della vita. L'evoluzione è arrivata dunque alla noosfera, e la tecnica rappresenta un aspetto fondamentale di quest'ultima, quasi un organismo dotato di arti, di sistema nervoso, di organi sensoriali e di memoria. Le macchine hanno un ruolo anche nella creazione di una vera coscienza collettiva – e in questo Teilhard de Chardin si riferisce esplicitamente alle trasmissioni radio e televisive, oltre che ai computer, che liberano i cervelli dai lavori mentali più noiosi e consentono la velocizzazione del pensiero. Tutte le macchine della Terra, prese assieme, tendono a formare un unico, vasto meccanismo organizzato, una singola rete gigantesca che avvolge il pianeta. In questo momento si assiste a una crescita rapida della "temperatura psichica" della Terra, causata dall'attività di una rete economico-tecnologica che sta accelerando di continuo. L'intelligenza umana stessa è destinata a crescere; emergeranno quindi esseri umani super-intelligenti, e nascerà quella che Teilhard de Chardin chiama una "super-vita". La tecnosfera diventerà la noosfera, un organismo senziente pan-terrestre. L'umanità si sta avvicinando a un punto critico in cui entrerà nel super-umano – il gesuita usa il termine "Trans-Umano".

Eric Steinhart, filosofo della William Paterson University, ha cercato di arruolare il pensiero di Teilhard de Chardin per le finalità del transumanismo. Se questo movimento conoscerà una diffusione molto ampia, ragiona Steinhart, allora è probabile che le organizzazioni religiose cristiane presentino una crescente resistenza; a questo scopo il pensiero del gesuita potrà essere utilizzato come punto di partenza per dialogare con i settori del cristianesimo più aperti al nuovo.[23]

---

[23] Eric Steinhart, *Teilhard de Chardin and Transhumanism*, «Journal of Evolution and Technology», Vol. 20, n. 1, dicembre 2008, pp. 1-22. http://jetpress.org/v20/steinhart.htm.

7. Il sogno Anglo-Americano

Sarà per i successi della scienza vittoriana, sarà per il fatto che l'Inghilterra è stata l'epicentro della rivoluzione industriale, sarà perché la fantascienza ha conosciuto il suo massimo sviluppo negli States; in ogni caso, è proprio in questo contesto linguistico e culturale che il pensiero transumanista è ufficialmente nato e ha vissuto il suo sviluppo maggiore.

Il trasumanismo non è piovuto dal cielo, però: la strada gli è stata aperta sia dalla sotto-cultura degli appassionati di fantascienza e di fumetti, sia dal mondo dei nerd e degli "smanettoni" del pc, sia – molti anni prima – da scienziati e pensatori che, con grande coraggio intellettuale, hanno osato immaginare come sarebbe stato il nostro lontanissimo futuro.

Li troviamo nel Regno Unito, questi intellettuali, e li vediamo agire soprattutto nella prima metà del Novecento. Ci riferiamo qui nella fattispecie a John B. S. Haldane, a Julian Huxley e a John D. Bernal.

Haldane (1892-1964) è stato un noto biologo britannico. Di lui – meriti scientifici a parte – ci interessa soprattutto un articolo – in realtà il testo di una *lecture* – pubblicato nel 1924: *Daedalus, or Science and the Future.*[24] Nel breve saggio Haldane legge il mito greco di Dedalo come un simbolo della natura rivoluzionaria della scienza, con particolare riguardo alla disciplina della biologia.

Nel campo della fisica o della chimica l'inventore è sempre una sorta di Prometeo, che si parli di fuoco – rubato appunto da Prometeo agli dèi – o di volo – realizzato da Dedalo. In quest'ambito non c'è invenzione che, prima o dopo, non sia stata vista come un insulto a una qualche divinità. Se le invenzioni della fisica e della chimica sono bestemmie, secondo Haldane l'invenzione biologica è invece percepita come una perversione. In particolare lo studioso analizza nel suo testo il possibile sviluppo futuro della biologia, contemplando tra l'altro la possibilità di giungere un giorno all'ectogenesi – cioè la gene-

---

[24] John B. S. Haldane, *Daedalus, or Science and the Future*, E. P. Dutton and Company, New York 1924.

razione di esseri umani in laboratorio, al di fuori dell'utero materno. Un'altra possibilità presa in esame è quella del controllo della nostra evoluzione tramite mutazione diretta – in termini odierni, tramite l'ingegneria genetica. La riflessione di Haldane si sofferma poi sullo sviluppo di non meglio specificati metodi per il controllo delle passioni e per la stimolazione dell'immaginazione molto superiori a quelli attuali, così come sulla possibile nascita di nuove tossicodipendenze – l'autore parla di "vizi" – più profonde di quelle consentite dalle scoperte farmacologiche dell'Ottocento. Haldane non è però un promotore dell'immortalità: per lui la morte continuerà a esistere, e l'abolizione della malattia la renderà un fenomeno fisiologico simile al sonno. In pratica tutti avranno la stessa aspettativa massima di vita e una generazione che è vissuta assieme morirà assieme. Lo scopo di tale "livellamento" cronologico verso l'alto è presto detto: per lo scienziato il desiderio umano dell'aldilà è dovuto a due cause, cioè la sensazione di aver vissuto una vita incompleta e il dispiacere per gli amici morti prematuramente. In pratica la soluzione di Haldane, cioè vivere a lungo e morire assieme, le eliminerà entrambe. Questo articolo influenzerà anche l'opera dell'amico Aldous Huxley, che in *Brave New World* – pubblicato nel 1932 – descriverà una società distopica in cui alcune idee di Haldane, tra cui l'ectogenesi, sono state messe in atto – tra l'altro questo romanzo verrà usato come spauracchio proprio dagli oppositori del transumanismo.

E ora è il turno del fratello di Aldous, Julian Huxley (1887-1975), celebre biologo evoluzionista, che per noi ha un ruolo fondamentale: suo è infatti il merito di aver usato per la prima volta il termine "transumanismo".

In uno scritto del 1927, *Religion without revelation*, Huxley ci dice che, a causa dello sviluppo della visione scientifica del mondo

È come se l'uomo fosse stato improvvisamente nominato amministratore della più grande impresa di tutte, l'impresa dell'evoluzione – nominato senza che gli fosse chiesto se lo voleva, e senza un appropriato avvertimento e preparazione. In più, non può rifiutare il lavoro. (...) è un destino inevitabile, e prima se ne rende conto e comincia a crederci, meglio per tutti quelli che vi hanno a che fare.

La prima cosa da fare quindi è esplorare la natura umana, scoprire quali sono le sue possibilità e i suoi limiti. Ma tale esplorazione è appena iniziata, in quanto – dice Huxley – "un vasto Nuovo Mondo di possibilità inesplorate attende il suo Colombo".

E così

La specie umana può, se lo vuole, trascendere se stessa – non solo sporadicamente, un individuo qui in un modo, un individuo là in un altro modo, ma nella sua interezza, come umanità. Abbiamo bisogno di un nome per questo nuovo credo. Forse transumanismo andrà bene: l'uomo che rimane uomo, ma trascende se stesso, realizzando nuove possibilità della e per la sua natura umana.

"Credo nel transumanismo": quando ci saranno abbastanza persone che possono dire sul serio ciò, la specie umana sarà sulla soglia di un nuovo tipo di esistenza, tanto differente dalla nostra quanto la nostra lo è da quella dell'Uomo di Pechino. Finalmente compirà consciamente il suo vero destino.[25]

Eccola, quindi, la nuova fede laica propugnata da Huxley e dai suoi contemporanei a lui spiritualmente affini; e tra questi ultimi ci manca solo l'ultimo nome della nostra lista, Bernal.

John D. Bernal (1901-1971) è stato un pioniere dell'uso della cristallografia a raggi X nell'ambito della biologia molecolare; marxista e simpatizzante filo-sovietico, ma cittadino britannico, offrì diversi contributi scientifici in ambito militare, in particolare per la realizzazione del D-Day.

Per quanto riguarda il nostro discorso, lo scritto di Bernal che ci

---

[25] J. Huxley, *Transhumanism*, in: *Religion without revelation*, E. Benn, Londra 1927. Edizione riveduta in: *New Bottles for New Wine*, Chatto & Windus, Londra 1957, pp. 13-17, traduzione dell'autore.

[26] http://www.santafe.edu/~shalizi/Bernal/

interessa di più è *The World, The Flesh and the Devil. An Enquiry into the Future of the Three Enemies of Rational Soul*,[26] pubblicato nel 1929 e definito da Arthur C. Clarke "il più brillante tentativo di previsione scientifica mai fatto".

E profetico lo è, in effetti, il libro di Bernal: in esso l'autore propone, tra le altre cose, l'utilizzo di vele spaziali, la creazione di un habitat spaziale per la residenza permanente – battezzato "Sfera di Bernal" – e l'idea che lo sviluppo tecnologico stia accelerando – una concezione molto cara ai transumanisti, come vedremo.

La sua proposta di colonizzazione del cosmo è lungimirante; non si tratta di un'idea vaga, ma di un progetto articolato basato sulla costruzione di stazioni spaziali, che consentirebbero tra l'altro di trasferire le attività industriali nello spazio, restituendo alla Terra il suo aspetto primigenio. In più le colonie di Bernal consentirebbero alle persone di associarsi liberamente in comunità di proprio gradimento. L'autore è decisamente un visionario e, in ambito speculativo, non si fa mancare niente: secondo Bernal l'uomo colonizzerà l'universo, ma non si accontenterà di un ruolo parassitario nei confronti delle stelle, ma le invaderà e le organizzerà per i propri scopi.

In Bernal troviamo inoltre diversi spunti relativi a quella che in seguito verrà chiamata "ingegneria astronomica", un insieme di speculazioni riguardanti la possibilità – per una tecnologia incredibilmente più avanzata della nostra – di spostare o modificare stelle, pianeti o porzioni di materia ancora più grandi. L'uomo futuro di Bernal riorganizzerà la materia del cosmo, ottimizzandola, e potrà quindi prolungare la vita di quest'ultimo di diversi milioni di milioni di volte.

Anche l'uomo stesso si modificherà; nella fattispecie l'umanità inizierà a interferire attivamente con la propria conformazione e a farlo in un modo altamente innaturale. In particolare gli strumenti tecnologici che oggi utilizziamo, che sono esterni a noi, potrebbero cominciare a essere innestati dentro di noi, tramite la chirurgia; non solo, ma il nostro corpo potrà essere alterato anche tramite la chimica. Negli arti Bernal vede appendici che requisiscono il grosso dell'energia e del nutrimento di cui disponiamo e che obbligano gli organi interni a logorarsi al fine di fornirglieli – al che si può immaginare facilmente il tipo di modifiche che secondo lui sceglieranno gli esseri umani del futuro.

Le proposte di Bernal in ambito sensoriale farebbero invidia a Superman: l'uomo del domani disporrà di un piccolo organo di senso per rintracciare le onde radio; occhi con vista a raggi infrarossi, ultravioletti e raggi x; orecchie super-soniche; detector per le alte e le basse temperature; organi capaci di percepire il potenziale elettrico e organi chimici di molti tipi.

L'evoluzione umana rappresenterà anche un adattamento ai dispositivi che svilupperemo in futuro: disporremo infatti di macchine per maneggiare le quali due mani non saranno sufficienti; si potranno inoltre avere macchine controllabili con la semplice volontà. I nostri nervi deputati al dolore potranno essere tarati in modo da percepire malfunzionamenti e problemi dei nostri dispositivi.

La proposta di Bernal per una società post-umana è piuttosto interessante. Lo studioso ritiene che in futuro gli esseri umani saranno prodotti per via ectogenetica, e che disporranno di un'esistenza larvale, non specializzata, che durerà dai sessanta ai centovent'anni. In pratica nella prima fase della loro vita gli esseri umani potranno vivere come noi uomini del presente – una clausola forse inserita da Bernal allo scopo di tranquillizzare i tradizionalisti e i sostenitori di uno stile di vita più "naturale". Durante la fase larvale l'uomo potrà dedicarsi alle arti, ai piaceri e, volendo, alla riproduzione nel modo classico. Nello stadio successivo, quello di "crisalide", l'uomo subirà l'innesto di nuovi organi e di nuovi sensi, a cui seguirà un periodo di rieducazione, da cui riemergerà sotto forma di organismo efficace e integrato.

È difficile, secondo Bernal, identificare uno stadio evolutivo finale della nostra specie, sia perché essa rimarrà fluida e migliorabile, sia perché non tutti dovranno trasformarsi allo stesso modo; sarà possibile quindi un gran numero di variazioni individuali, al punto che – aggiungiamo noi – non avrà più senso parlare di "nuova specie" o di evoluzione unidirezionale, ma piuttosto di possibili evoluzioni individuali, potenzialmente tante quante sono gli individui.

Saremo cyborg biomeccanici, ipotizza lo scienziato, e disporremo di organi che non possediamo ora, che ci consentiranno di manipolare e riparare gli altri organi; disporremo anche di organi tele-motori per manipolare cose a distanza e che potremo scambiare con quelli di altre persone – insomma, un po' come i micronauti, i robottini giapponesi con arti magnetici intercambiabili con cui alcuni di noi giocavano da bambini. Comunque sia, tali organi potranno essere estesi e separati sempre più dal corpo, raggiungendo quelle regioni in cui il corpo organico non può giungere o sopravvivere, come l'interno della Terra o quello delle stelle, il cui movimento potrà essere diretto proprio grazie a tali dispositivi. Insomma, gli esseri del futuro potrebbero estendersi in aree molto ampie di spazio e di tempo, mantenendo l'unità tramite una non meglio precisata "comunicazione eterea"; allora il palcoscenico della vita non sarebbe più l'atmosfera densa e calda dei pianeti, ma il freddo vuoto dello spazio. Inoltre i nostri remoti discendenti potrebbero essere occupati più con la pura ricerca che non con la soddisfazione dei bisogni fisiologici e psicologici odierni. In altre parole, un giorno potremmo arrivare a vivere per pensare invece che – come accade perlopiù oggi – a pensare per vivere.

Bernal non manca di notare gli sconvolgimenti psicologici che tale trasformazione creerà in coloro – e potrebbero essere tanti, forse la maggioranza – che decideranno di non avvalersene: gli umani normali vedranno questi uomini robotizzati come creature strane, mostruose e inumane. Non c'è altra soluzione però, secondo lo studioso: per lui l'uomo normale è un vicolo cieco evolutivo, mentre l'uomo meccanico è il futuro. A ogni modo tale evoluzione non potrà essere messa in atto fino a quando non si supererà il disgusto che l'umanità proverà per la meccanizzazione del corpo; potremo forse assistere a una divisione radicale – anzi, la più radicale tra le divisioni – in seno all'umanità: da un lato ci saranno gli "umanizzatori" – coloro che vorranno conservare l'aspetto umano il più possibile inalterato –, e dall'altro i "meccanizzatori" – favorevoli alla nostra trasformazione in cyborg. È possibile per Bernal che gli scienziati e pochi altri decidano di proseguire la propria evoluzione tecnorganica nello spazio, e che l'umanità classica rimanga sulla Terra, finendo col guardare agli abitanti delle sfere celesti con un misto di curiosità e di reverenza. La Terra potrebbe inoltre diventare uno "zoo umano" gestito dagli abitanti dello spazio in un modo così intelligente e astuto da non essere nemmeno percepibile da chi rimarrà quaggiù.

La progressiva "cyborghizzazione" umana andrà oltre il corpo, e riguarderà la mente e il cervello: si potranno infatti connettere i cervelli, anche più di due, e tale connessione potrà diventare una condizione permanente. Gli individui "multipli" saranno a tutti gli effetti immortali, nel senso che i vecchi membri della "comunità" verranno progressivamente rimpiazzati da quelli nuovi – un po' come succede con le piante clonali, cioè quegli organismi vegetali che formano "collettivi" che si rigenerano di continuo. Il livello di connessione sarà per noi inimmaginabile: i cervelli individuali si sentiranno parte di un Tutto molto di più di quanto si sentano i membri di una setta. Difficilmente comprensibile, una tale condizione potrebbe assomigliare a uno stato di estasi.

Per quanto possa sembrare poco attraente – non tutti gradirebbero la perdita della propria individualità, a tutti gli effetti comparabile a una forma di decesso personale –, tale condizione potrebbe avere un vantaggio: chi si unirà a una siffatta mente collettiva potrà comunicare veramente, in modo diretto, le proprie sensazioni e i propri sentimenti, senza che essi siano bloccati o deformati dal muro del linguaggio. Per non parlare del fatto che tutti i ricordi saranno messi in comune. Le menti collettive si potranno strutturare in modo gerarchico, con capacità di comprensione che trascenderanno quelle di noi comuni mortali. Di passaggio, confessiamo che la fascinazione di Bernal per le menti collettive non ci è molto chiara; volendo partecipare a questo gioco speculativo, si può infatti immaginare anche di potenziare ed estendere le menti individuali, fino a far raggiunger loro livelli paragonabili a quelli delle menti collettive. Ma si tratta di un parere personale.

A prescindere dalla scelta di evolversi o meno verso una mente collettiva, per lo scienziato anche le emozioni, o meglio le tonalità emotive, che ci accompagnano nella quotidianità saranno sotto il nostro controllo consapevole; una certa tonalità emotiva sarà indotta volontariamente in modo da favorire la realizzazione di un particolare tipo di compito. Ora come ora sarebbe pericoloso per noi disporre di una tale capacità, visto che la maggioranza degli esseri umani potrebbe scegliere di vivere in uno stato di apatica estasi perpetua; la psicologia dell'uomo meccanico potrebbe essere però diversa e quindi in grado di gestire tale capacità.

Nel mondo post-umano di Bernal, anche il senso del tempo potrà essere alterato: si potrà rallentare o accelerare gli eventi, facendo sì che intere ere geologiche passino in un istante o che si possa discriminare eventi di durata ridottissima. Inoltre le facoltà temporali dell'uomo meccanico potrebbero essere molto diverse dalle nostre; mentre da un punto di vista fisiologico per noi esseri umani l'apprensione istantanea del tempo – che include la memoria immediata e l'anticipazione dell'istante successivo – si estende lungo un secondo o giù di lì, per l'uomo meccanico potrebbe includere anni o secoli di passato e futuro. Gli istanti post-umani potrebbero durare quindi interi periodi storici.

Gli esseri umani potranno infine essere completamente "eterealizzati", tramutandosi prima in masse di atomi che comunicano tramite radiazioni, e poi diventando completamente luce; Bernal sottolinea che questo per l'umanità potrebbe essere una fine o un principio, comunque per noi impossibile da immaginare.

Le speculazioni dell'immaginifico scienziato si spingono però più in là; per Bernal è possibile che nel lontano futuro cambi anche il nostro rapporto metafisico con il tempo, e che i nostri discendenti post-umani – esseri umani 3.0? 4.0? – imparino a muoversi in modo pluridirezionale nel tempo, così come noi facciamo nello spazio.

Finiamo con alcune osservazioni di Bernal piuttosto interessanti e attuali. Per lo scienziato tutte le persone, anche quelle meno religiose, quando pensano al futuro accolgono nella propria mente – magari in modo semi-conscio – l'idea di una sorta di *deus ex machina*, di un qualche evento trascendentale superumano che porterà l'universo alla perfezione o alla distruzione. Hanno una mentalità inconsciamente escatologica, si potrebbe dire. Noi vogliamo che il futuro sia misterioso e pieno di una potenza soprannaturale. Ora però, ragiona Bernal, per la prima volta possiamo intravedere in modo relativamente distinto il futuro, iniziando a interpretarlo come una funzione delle nostre stesse azioni. Come gestiremo questo cambiamento? Ci allontaneremo dalla nostra mentalità cripto-religiosa o rimarremo ancorati a essa? Qui il concetto centrale è che la natura umana possa includere una "religiosità costituzionale". È questo un tema che negli ultimi anni sta venendo studiato con crescente interesse; si pensi per esempio alla cosiddetta "neuroteologia",[27] agli esperimenti di Persinger sui sentimenti religiosi,[28] o ancora – qui in Italia – al lavoro di Girotto, Pievani e Vallortigara.[29]

In pratica i sentimenti religiosi, il senso di inferiorità e di dipendenza nei confronti di una forza superiore, onnipotente, potrebbero essere inscritti nel nostro cervello; la religiosità potrebbe avere per noi un valore adattativo, di sopravvivenza. Se il pensiero scientifico contemporaneo propende per un'origine evolutiva di tale fenomeno, Bernal è meno chiaro – cioè non specifica se, secondo lui, tali sentimenti siano di origine culturale o biologica. In ogni caso la sua domanda rimane valida: gli esseri post-umani, se mai esisteranno, faranno in modo di sbarazzarsi di tali sentimenti religiosi – mediante le biotecnologie o comunque manipolazioni tecnologiche –, raggiungendo così una sorta di "maturità metafisica"? E per riprendere un po' il discorso che faceva Trotskij, arriveremo forse a super-uomini "geneticamente senza Dio"? Ateismo genetico, dunque, con in più un bonus: l'assenza della fede in una divinità superiore non verrebbe più percepita come una mancanza.

Con queste speculazioni fanta-teologiche si conclude la nostra analisi dei precursori anglosassoni del transumanismo. Tutto questo, e

---

[27] Cfr. A. B. Newberg, *Principles of Neurotheology*, Ashgate Publishing, Farnham 2010.
[28] Cfr. M. Persinger, *Neuropsychological Bases of God Beliefs*, Praeger, Westport 1987.
[29] Cfr. V. Girotto, T. Pievani e G. Vallortigara, *Nati per credere. Perché il nostro cervello sembra predisposto a fraintendere la teoria di Darwin*, Codice Edizioni, Torino 2008.

molto altro ancora, finirà per innestarsi in un terreno di coltura fertilissimo, e particolarmente adatto al germogliare di idee innovative e a volte, ammettiamolo pure, decisamente folli: gli Stati Uniti d'America.

Lo storico della tecnologia Thomas Hugues definisce l'America della prima metà del Ventesimo Secolo "una nazione di creatori di macchine e costruttori di sistemi".[30] Per lo studioso "i notevolmente prolifici inventori del tardo diciannovesimo secolo, come Edison, ci persuasero che eravamo coinvolti in una seconda creazione del mondo. I costruttori di sistemi, come Ford, ci fecero credere che noi potessimo organizzare razionalmente la seconda creazione per servire i nostri scopi."[31]

L'America è stata dunque fin dagli inizi un paese profondamente affascinato dalla tecnologia, un fatto confermato dai progressi tecnici e realizzati in quel paese, dalle sue conquiste scientifiche e pure dalla cultura popolare, impregnata di immaginario fantascientifico – anzi, proprio lì la letteratura fantascientifica ha vissuto il suo massimo sviluppo. Non dimentichiamo poi che, forse perché fisicamente e simbolicamente separati dal passato pluri-millenario dei loro antenati Europei, gli Americani hanno preferito rivolgere la propria attenzione al futuro; per non parlare del fatto che, essendo gli States un paese costruito da immigrati per immigrati, ha attirato da sempre persone desiderose di costruire qualcosa, di innovare, e di cercare un'opportunità – il famoso "Sogno Americano", il quale, seppur tra alti e bassi, continua a esistere. Non c'è dunque nulla di cui stupirsi se un contesto culturale di questo genere abbia finito col partorire il transumanismo.

---

[30] Thomas Hugues, *American Genesis: A Century of Invention and Technological Enthusiasm, 1870-1970*, Penguin, New York 1989, p. 1.
[31] Ibid. p. 3, traduzione nostra.

2. Una nuova Torre di Babele

1. La più radicale delle rivolte

Ed eccoci arrivati al transumanismo vero e proprio; questo strano movimento ibrido che vuole espressamente ripercorrere le orme dei costruttori della celebre torre biblica, con la consapevolezza che tanto questa volta a confondere le lingue non verrà nessuno. Considerata da qualcuno un'ideologia o una filosofia, da altri una vera e propria fede, da altri ancora un miscuglio di teorie in attesa di una convalida o di una smentita scientifica, questa corrente – proprio per la sua interdisciplinarietà e per il modo in cui mescola agende politiche e speculazioni teoretiche – è ancora difficile da definire. Wikipedia considera il transumanismo "un movimento culturale e intellettuale internazionale che ha come obiettivo finale quello di trasformare in modo fondamentale la condizione umana, sviluppando e rendendo ampiamente disponibili tecnologie in grado di potenziare grandemente le capacità intellettuali, fisiche e psicologiche umane".[1] Non male, come programma, ma d'altronde nemmeno i precursori che abbiamo trattato poco fa scherzavano.

Quanto a noi, ci piace considerare il transumanismo un sistema coerente di fantasie razionali para-scientifiche che fungono da risposta laica alle aspirazioni escatologiche delle religioni tradizionali. Si tratta quindi non di teorie pseudo-scientifiche – cioè non hanno nulla a che fare con il mondo della parapsicologia e del paranormale in generale –, ma para-scientifiche: utilizzano e assorbono in sé l'enorme quantità di conoscenze accumulate dalla scienza contemporanea, ma quest'ultima non le accetta né le rifiuta, ma piuttosto le lascia in sala d'attesa. In pratica molte idee del transumanismo – come la crionica

---

[1] Cfr. http://en.wikipedia.org/wiki/Transhumanism. Traduzione nostra.

o il longevismo radicale – non sono considerate né anti-scientifiche, né scientifiche; si trovano nell'anticamera della scienza, e potrebbero essere accettate pienamente in un prossimo futuro – oppure no.

Comunque sia, il suddetto processo di trasformazione dovrebbe portare, a detta dei transumanisti, a uno stadio evolutivo post-umano. È tuttavia difficile stabilire se i nostri eventuali discendenti post-umani siano da considerare semplici esseri umani potenziati, una nuova specie – oppure, se è per questo, un insieme variegato di nuove specie, molto diverse l'una dall'altra –, o infine qualcosa di oramai non più biologico, e che per tanto sfugge alla classica tassonomia come ci viene insegnata nei corsi di biologia. Ma cosa intendono i diretti interessati per "post-umano"? Con questo termine si indica un possibile essere futuro le cui capacità fisiche e mentali superino le nostre a un livello tale da non poter essere più classificato come "umano". Un eventuale essere post-umano dovrebbe possedere quindi un'intelligenza superiore a quella di qualunque genio umano passato o presente, oltre che resistere molto più di noi alle malattie e all'invecchiamento. Accanto a queste qualità – che sono mere versioni potenziate di ciò che già vediamo tra gli esseri umani –, un essere post-umano dovrebbe disporre pure di un controllo diretto sui propri desideri e stati d'animo; della capacità di evitare stanchezza, noia, emozioni e sensazioni sgradevoli; di regolare a proprio piacimento le proprie inclinazioni sessuali; di accentuare le proprie esperienze edonistiche ed estetiche; di provare stati di coscienza nuovi di zecca, inaccessibili ai nostri limitati cervelli di *Homo sapiens*. Insomma, dal nostro punto di vista è molto difficile immaginare cosa voglia dire essere post-umano; in tali esseri potrebbero albergare pensieri per noi inconcepibili.

È possibile inoltre che i post-umani decidano di abbandonare i propri corpi biologici, o addirittura quelli artificiali non-organici, per vivere come pure entità elettroniche in potentissime reti di computer – in un mondo virtuale ben più realistico di Second Life. Tali menti sintetiche potrebbero disporre di architetture cognitive del tutto diverse dalle nostre – al punto da sembrare aliene – ed essere dotate di modalità sensoriali qualitativamente diverse da quelle umane. I post-umani potrebbero plasmare se stessi e il proprio mondo in modi fantastici e inimmaginabili, tanto che qualunque nostro tentativo di visualizzare tale realtà futura potrebbe essere destinato a fallire.

Questo quindi per quanto riguarda la definizione di "post-umano". E per quella di "trans-umano"? Con questo termine si indica chiunque si trovi in una fase di passaggio dallo stadio umano a quello post-umano; noi uomini del presente, tanto per capirci, con le nostre pratiche ginniche, dietetiche e mediche atte a forzare i limiti impostici dalla natura, con la nostra chirurgia estetica, le operazioni per il cambio di sesso, i nostri integratori di vitamine e minerali, con i nostri occhiali e apparecchi acustici – per non parlare degli arti e degli organi artificiali.

Attenzione, però: il transumanismo non vuole solo promuovere certe tecnologie; esso ritiene infatti che, sotto certi aspetti, a queste tecnologie prima o poi ci si arriverà, e che molte di esse sarebbero già in dirittura d'arrivo – un'attesa quasi "messianica" non condivisa da tutti i transumanisti, a onor del vero. Tale movimento si propone quindi di pensarle a fondo, in modo da valutare gli aspetti etici e suggerire strategie per prevenire danni o catastrofi globali.

Se incontrate un transumanista, state attenti a non nominargli l'eugenetica; se c'è una cosa infatti che i transumanisti fanno con veemenza, è quella di prendere le distanze da questo movimento. Lungi infatti dal voler creare – in modo più o meno coercitivo – una "razza superiore" in stile hitleriano, magari con pratiche di selezione, incrocio, sterilizzazione ed eliminazione dei soggetti non giudicati "idonei", i transumanisti voglio lo sviluppo di tecnologie potenzianti che consentano ai normali esseri umani – a prescindere dalle loro condizioni fisiche o dal gruppo etnico di appartenenza – di migliorarsi fisicamente e mentalmente, e di vivere vite più lunghe e più felici. Il discorso verte insomma non attorno a un inesistente e insensato "miglioramento della razza", ma attorno alla libertà per chiunque di scegliere di quali tecnologie avvalersi o meno. Tra le possibilità c'è ovviamente quella di diventare per esempio più belli – quello che Nick Bostrom chiama un "vantaggio posizionale", in quanto ha senso solo se inserito in un contesto di comparazione interindividuale – o di aumentare il proprio intelletto – che per il filosofo è invece un vantaggio in termini assoluti.

Se c'è però una cosa che fa uscire il fumo dalle orecchie ai transumanisti, è l'idea che la morte debba essere accettata in quanto "naturale". Chi se ne frega, rispondono piccati; la naturalità non ha niente a che vedere con il fatto che essa sia o meno desiderabile. Come dargli torto? D'altronde – ribadiscono i nostri pensatori – l'aspettativa di vita contemporanea, molto più lunga di quella del paleolitico, è stata ottenuta secondo modalità che hanno ben poco di naturale, e niente ci impedisce di immaginare che un'ulteriore prolungamento sia possibile e auspicabile. L'ineluttabilità della morte ha portato gli esseri umani a elaborare una serie di razionalizzazioni, le quali – sebbene utili agli uomini del passato per rendere accettabile la loro vita limitata – oggi rappresentano un ostacolo sulla strada dell'immortalità terrena. Al punto che i transumanisti hanno ben pensato di attribuire a tutte le filosofie e le concezioni che in qualche modo razionalizzano e accettano la morte l'etichetta – vagamente spregiativa – di "mortalismo". Non che i transumanisti vogliano obbligare tutti a vivere per sempre; l'idea sarebbe piuttosto quella di abolire la morte involontaria, consentendo a tutti di scegliere se e quando esalare l'ultimo respiro. Tecnofili all'ennesima potenza, gli alfieri del transumanismo utilizzano un termine – anch'esso piuttosto negativo – per indicare i disprezzatori della tecnica e del progresso scientifico, in particolare in ambito biologico: "neo-luddita".[2]

---

[2] Ned Ludd è un personaggio semi-storico – nel senso che la sua esistenza non è certa – vissuto nel XVIII secolo e proveniente dal villaggio di Anstey, vicino a Leicester. A quanto si racconta, nel 1768 questo operaio ruppe, in un impeto di rabbia, un paio di telai meccanici nell'opificio presso cui lavorava. Gli anni Venti dell'Ottocento videro in Inghilterra la nascita, tra gli operai, di un movimento di protesta ispirato proprio alla figura di Ned Ludd, il luddismo appunto, la cui strategia di lotta principale consisteva nel sabotare la produzione industriale e nel distruggere i macchinari di lavoro. Con il termine "neo-luddismo" o "bio-luddismo" i transumanisti indicano tutti quei pensatori che, a loro dire, in-

Per quanto riguarda l'etica, il transumanismo sembra compatibile con un gran numero di sistemi etici diversi; ci sono tuttavia alcuni principi che sembrano condivisi da tutti i transumanisti, e che riguardano la libertà individuale di scegliere di avvalersi o meno di qualunque tecnologia riproduttiva o potenziante mano a mano che esse vengano rese disponibili; il desiderio di prolungare la vita, o almeno di avere la possibilità di scegliere se, quando e come morire; il rifiuto dello specismo – ossia l'esigenza di considerare sullo stesso piano tutte le creature senzienti, siano esse esseri umani, post-umani, animali potenziati cognitivamente o intelligenze artificiali. Non solo diritti umani, dunque: i transumanisti vogliono assicurare anche la tutela giuridica di entità non ancora esistenti, ma secondo loro prossime venture.

È senz'altro possibile che l'avvento di tecnologie transumaniste generi ulteriori disparità sociali, in particolare tra i paesi del Primo e del Terzo Mondo. Ma ciò non rappresenterebbe una novità, ma semplicemente la ripetizione di un ciclo già visto. Non bisogna essere pessimisti, però: come le tecnologie attuali – per esempio la telefonia mobile, o gli antibiotici – hanno raggiunto o stanno raggiungendo il terzo mondo, così potrebbe succedere anche per quelle potenzianti. Non solo: i transumanisti mirano proprio ad affrontare il problema della disparità, e a proporre soluzioni possibili.

Arrivati a questo punto, in genere qualcuno alza il ditino e solleva una critica: cari transumanisti, invece di cercare – in modo molto infantile – l'immortalità o il potenziamento, non sarebbe meglio dedicare i vostri sforzi a risolvere il problema della fame nel mondo, dell'analfabetismo, delle scarse condizioni igieniche in cui vivono molti popoli, e così via? Risposta: si possono fare entrambe le cose. In-

---

carnerebbero una visione delle cose anti-scientifica e anti-tecnologica. Il realtà il neoluddismo è un movimento composto, o meglio un termine che funge da ombrello per figure e posizioni molto diverse tra di loro, dagli ecologisti ai conservatori, dalle destre religiose ai no global. Di particolare interesse – per le critiche portate al transumanismo da una prospettiva conservatrice – è la rivista quadrimestrale *The New Atlantis*, a cura di tre think tank americani, il Center for the Study of Technology and Society, l'Ethics and Public Policy Center e il Witherspoon Institute. Cfr. http://www.thenewatlantis.com/.

nanzitutto, molte delle cose promosse dai transumanisti sono *già* in fase di sviluppo, quindi pensarci e rifletterci su sarebbe senz'altro d'aiuto per affrontare il futuro. Inoltre lo studio di tecniche potenzianti sarebbe molto utile nel campo dell'istruzione, della salute e altro ancora. In terzo luogo il desiderio dell'immortalità è antico quanto l'uomo, condiviso durante tutto l'arco della storia da studiosi e pensatori di tutto rispetto – per non parlare dei miliardi di fedeli di questa o quella religione, che ritengono di essere *già adesso* immortali. Se infantilismo deve essere, allora siamo in presenza di un tratto psicologico comune a tutta l'umanità – così almeno risponderebbero i transumanisti, a quanto ci è parso di capire.

E che ne è dei problemi ecologici del nostro pianeta, nell'ottica dei transumanisti? Secondo loro l'attuale civiltà industriale è senz'altro ecologicamente insostenibile, e l'unica soluzione è un "salto in avanti", verso nuove tecnologie – sia quelle in fase di sviluppo, sia quelle da loro espressamente caldeggiate, come le nanotecnologie – in grado non solo di mantenere e anzi potenziare la nostra crescita economica, ma anche di salvaguardare pienamente l'ambiente.

Queste le idee generali del transumanismo. Ora però vogliamo sapere un'altra cosa: al di là del discorso relativo ai precursori, come è nato e come si è sviluppato questo movimento?

2. Come tutto è iniziato

Abbiamo visto la difficoltà insita nello stabilire un punto di partenza preciso per un determinato fenomeno storico-culturale, soprattutto se quest'ultimo è vivo e attivo; possiamo però identificare con sufficiente certezza il brodo di coltura in cui si è sviluppato il transumanismo. Nella fattispecie i transumanisti vengono fuori dai circoli americani di appassionati di fantascienza, dal mondo dei nerd e in generale degli esperti di informatica, dai cultori di tutto ciò che è tecnologico – i cosiddetti *techno-geek* – e dai fan dell'astronautica spuntati come funghi dopo i successi del programma spaziale Usa; non solo, ma un ruolo importante ce l'ha avuto la sotto-cultura alternativa e psichedelica della California degli anni Sessanta, con annesso il cosiddetto Movimento del Potenziale Umano[3] – non dimentichiamo per esempio che Timothy Leary, il noto studioso americano degli stati alterati di coscienza, fu per un certo periodo sostenitore della crionica.

E, appassionati di letteratura fantascientifica a parte, è proprio attorno al mondo della crionica che le idee del transumanismo cominciano a coagularsi. Anche se poi vedremo che le cose sono un po' più complesse, tale movimento "di confine" è nato ufficialmente nel 1964, quando Robert Ettinger ha pubblicato *The Prospect of Immortality*, in cui si promuove appunto la pratica decisamente eterodossa di congelare le persone clinicamente morte per garantire loro una possibile rianimazione futura. Nel 1972 Ettinger pubblica un altro libro, *Man into Superman*, in cui l'autore propone un certo numero di miglioramenti all'essere umano standard, in quella che è a tutti gli effetti una proposta transumanista.[4] Proprio in questi anni uno scrittore "mainstream", Alan Harrington, pubblica un saggio dedicato all'universo all'epoca poco noto della crionica, *The Immortalist*, i cui ideali l'autore sintetizza nello slogan "la morte è un'imposizione sulla razza umana, e non è più accettabile".[5]

A parte Ettinger, il transumanismo ha un altro padre nobile, Fereidoun M. Esfandiary, studioso iraniano di *future studies* che ha insegnato durante gli anni Sessanta presso la New School for Social Research di New York e che ha originato una corrente di futurologi ottimisti noti come Up-Wingers.

---

[3] Il Movimento del Potenziale Umano è nato in America negli anni Sessanta, a partire dall'idea che gli esseri umani disporrebbero dentro di sé di un grandissimo potenziale non sfruttato. Per certi aspetti questo movimento rappresenta il lato più "serio" della New Age; il nocciolo di tale corrente può essere visto però nella cosiddetta "Psicologia Transpersonale", una corrente ai bordi dell'accademicamente accettato, che prende in esame aspetti dell'animo umano come le esperienze mistiche, aprendosi in ciò anche al pensiero orientale e a forme di psicoterapia eterodosse. Una delle fonti d'ispirazione del Movimento del Potenziale Umano è senz'altro Aldous Huxley, soprattutto nella sua fase "lisergica" e spiritualistica – quella dei libri *Le Porte della Percezione* e *Paradiso e Inferno*, per intenderci. Dal lato pratico, questo movimento gravitò attorno all'Istituto di Esalen, fondato in California nel 1962 da Dick Price e Michael Murphy.

[4] Cfr. http://www.cryonics.org/book2.html.

[5] Cfr. A. Harrington, *The Immortalist*, Random House, New York 1969.

Gli anni Settanta e Ottanta hanno visto la nascita e la crescita di una vera e propria sottocultura futurista, che ha dato origine a diverse organizzazioni – decisamente "ai margini" della cultura dominante, si potrebbe dire, ma d'altronde anche i cristiani si sono fatti la gavetta nelle catacombe – composte da appassionati privi di specifiche qualifiche scientifiche e di credenziali accademiche. Tali gruppi tendevano a essere piuttosto isolati l'uno rispetto all'altro e, per quanto ideologicamente affini, non disponevano di un'ideologia organica comune.

I primi attivisti auto-proclamatisi transumanisti iniziano a incontrarsi in modo formale presso l'Università della California, a Los Angeles, durante gli anni Ottanta – tale ateneo diventerà di lì a poco il centro principale del pensiero transumanista. I militanti locali fanno propria l'ideologia futurista di Esfandiary, che si propone come una "Terza Via" alternativa a destra e sinistra – niente *right* e *left*, ma *up*, cioè verso l'alto. In quel contesto l'artista Natasha Vita-More presenta, nel 1980, il proprio film sperimentale *Breaking Away*, che ruota attorno all'idea che gli esseri umani debbano superare i propri limiti biologici e gravitazionali, dirigendosi nello spazio. A Los Angeles Esfandiary e la Vita-More iniziano a tenere raduni regolari di transumanisti, che includono gli studenti del primo e il pubblico della seconda.

Il 1986 è un altro anno epocale, per i transumanisti: Eric Drexler pubblica infatti *Engines of Creation* – "Motori della Creazione" –, opera in cui si ipotizza per la prima volta la possibilità di costruire le cosiddette "nano-macchine", robot computerizzati grandi come virus o proteine e in grado di manipolare la materia a livello atomico e molecolare. Se ciò fosse possibile, allora le nano-macchine drexleriane consentirebbero ai transumanisti di realizzare tutti i loro sogni, dall'immortalità fisica alla ricostruzione e rianimazione dei corpi conservati nell'azoto liquido.

Nel 1988 lo studioso di robotica e transumanista Hans Moravec pubblica *Mind Children*, in cui parla dello sviluppo prossimo venturo di macchine intelligenti – altro cavallo di battaglia del transumanismo. Sempre nello stesso anno il filosofo inglese – trapiantato in

California – Max More pubblica il primo numero dell'*Extropy Magazine* – per la cronaca "estropia" rappresenta un concetto contrario a quello di "entropia", a indicare che i transumanisti perseguono una crescita dell'ordine piuttosto che del caos – a cui farà seguito, nel 1992, la fondazione dell'Extropy Institute. Rivista e istituto fungeranno da punto di riferimento per la corrente libertaria del transumanismo, ossia l'estropianesimo.

Gli anni Novanta assistono inoltre all'esplosione di internet, e saranno proprio strumenti come i forum e le mailing list che consentiranno ai transumanisti di stringere l'uno con l'altro contatti sempre più stretti, prendendo finalmente piena coscienza di sé come movimento.

Nel 1998 due filosofi britannici, Nick Bostrom e David Pearce, fondano la WTA – World Transhumanist Association –, la prima organizzazione mondiale finalizzata alla diffusione delle idee transumaniste in ogni angolo del globo e attraverso tutto lo spettro politico – con la consapevolezza della peculiarità politica del transumanismo, cioè un'ideologia che non si presta facilmente a essere inquadrata secondo le categorie tradizionali di "destra", "centro" e "sinistra", ma che si presta anche a essere liberamente mescolata con qualunque ideologia politica attualmente esistente. L'importanza della WTA non sta tanto nella sua vasta diffusione, ma nel fatto che i fondatori ne hanno focalizzato fin dall'inizio l'azione sul mondo accademico, cercando cioè di presentare il transumanismo come una disciplina "seria" e meritevole di studio in ambito universitario. A questo scopo è stata lanciata anche una rivista tecnica di studi transumanisti, il *Journal of Evolution and Technology*, che pubblica articoli sottoposti alla pratica della *peer-review*.

Considerando la propria missione "essenzialmente completata", nel 2006 l'Extropy Institute chiude; lo stesso anno una lotta politica interna alla WTA si conclude con la vittoria della sinistra liberal-democratica, i cui ideali ne caratterizzeranno da lì in poi l'attività. Nel 2008 la WTA cambia il proprio nome in Humanity+, lanciando anche la rivista ufficiale del movimento, *h+ Magazine*.

A partire dalla seconda metà degli anni Duemila il transumanismo inizia a radicarsi sempre di più nella Silicon Valley[6]; per esempio nel 2007 la WTA stabilisce il proprio quartier generale a Palo Alto, mentre diverse altre organizzazioni con idee simili fioriscono in quella zona. Piaccia o meno, quella che era un'ideologia marginale e riservata a nerd appassionati di fantascienza sta finendo sotto i riflettori, grazie anche al fatto che a entrare in gioco ora sono i milionari high tech di quell'area. E dove poteva attecchire il transumanismo, se non in California? Basti pensare alla sua natura composita, che mescola ottimismo tecnologico, Sogno Americano, letteratura fantascientifica e religiosità quasi settaria, tutte cose che si inseriscono perfettamente nel ecosistema locale. Non dimentichiamo infatti che gli anni Novanta hanno assistito allo sviluppo inarrestabile della *California Ideology*, un fenomeno sociale che ha interessato soprattutto i *knowledge workers* dell'area e che rappresenta un miscuglio di ribellismo *hippy*, fantasie lisergiche, neoliberismo economico e tecno-utopismo. E se negli ultimi anni i numeri della Alcor – la più importante compagnia crionica in circolazione – sono cresciuti è proprio grazie all'arrivo di nuovi membri dalla Silicon Valley. Per non parlare del fatto che il massimo teorico transumanista dell'immortalità biologica, Aubrey De Grey, tiene spesso meeting negli uffici di Yahoo e Google. Anche la metafora centrale di tanta parte del transumanismo, cioè quella che vede il corpo come una macchina e il cervello come un computer – e come tali perpetuamente riparabili e aggiornabili, almeno in linea di principio – non poteva non piacere ai milionari tecno-ottimisti californiani. Tra i sostenitori più generosi del transumanismo spicca senz'altro Peter Thiel. Non sapete chi sia? Cofondatore ed ex-amministratore delegato della PayPal, attualmente amministratore di Clarium Capital – un hedge fund da due miliardi di dollari – e uno dei primi a credere in Facebook, Thiel è un personaggio molto ascoltato lungo tutta la Silicon Valley. E interviene regolarmente agli incontri dei transumanisti.

---

[6] D. Gelles, *Immortality 2.0: A Silicon Valley Insider Looks at California's Transhumanist Movement*, in: «The Futurist», gennaio 2009.

E oramai nella Silicon Valley ritroviamo praticamente tutti i think tank principali che gravitano attorno agli ideali transumanisti, dal Foresight Institute alla Lifeboat Foundation, dalla Methuselah Foundation al Singularity Institute – li vedremo tutti tra poco. Nella Bay Area si può inoltre trovare una ricca rete sociale *transhumanist-friendly* – facilitata in ciò dalla presenza di numerosi luoghi di ritrovo di ogni genere –, la quale, grazie a quotidiane lezioni, conferenze, mostre e quant'altro, riesce ad attirare sempre nuovi giovani nerd ambiziosi e tecnologizzati.

La recente diffusione del movimento transumanista, lo sdoganamento e il restyling che sta subendo a opera di questo o quel membro della comunità accademica e l'attenzione che sta guadagnando agli occhi dei media e del mondo del business high-tech stabiliranno nel giro di pochissimo tempo se tale ideologia/filosofia sia destinata a incidere pesantemente sulla cultura contemporanea o se invece debba rimanere un fenomeno bizzarro e marginale – fermo restando che, se si verificasse quest'ultima eventualità, non abbiamo dubbi che tra qualche decennio qualcun altro si presenterà a raccoglierne eredità e ideali.

3. I cento fiori del transumanismo

Magari le correnti interne al pensiero transumanista non saranno numerose come i metaforici fiori filosofico-culturali caldeggiati da Mao Tse-tung, tuttavia – come ogni movimento politico e intellettuale che si rispetti – anche il transumanismo conta un certo numero di correnti interne, non necessariamente in contrapposizione, ma più che altro focalizzate su obiettivi e aspetti diversi dell'impresa transumanista. Diamoci un'occhiata, a partire dalla prima di esse, l'"immortalismo".

Non facciamoci ingannare: per quanto nei circoli transumanisti si faccia un gran parlare di potenziamento delle capacità umane, intelligenza artificiale e simili, e per quanto non tutti i seguaci di questo movimento siano a favore dell'immortalità vera e propria[7], il nemico

---

[7] Secondo un sondaggio svolto dal transumanista Hank Pellissier tra 818 transumanisti ha rivelato che ben il 23 per cento di questi ultimi non desidera l'immortalità. La ragioni ad-

numero uno del transumanismo è sempre lei, la triste mietitrice – e, data la crescente presenza mediatica di cui gode questo movimento, speriamo che quest'ultima si stia per lo meno innervosendo. A ogni modo, l'immortalismo – o meglio, la più modesta ricerca di un'estensione radicale della durata della vita – ha assunto all'interno del transumanismo una personalità propria, che negli ultimi anni è sfociata nella nascita di veri e propri gruppi politici – poco più che gruppi di discussione online, in realtà, ma piuttosto attivi – dediti a questa causa, sulla falsariga di quei movimenti politici coagulatisi attorno a un unico obiettivo, o attorno a un numero limitato di essi, come il Pirate Party. Abbiamo per esempio un'organizzazione internazionale, la International Longevity Alliance[8], voluta da Ilia Stambler, studioso israeliano, transumanista e membro dell'Institute for Ethics and Emerging Technology. La Longevity Alliance rappresenta il culmine di un processo che ha portato nel corso degli ultimissimi anni alla nascita di svariati Longevity Party, in Europa, negli States, in Israele e in Russia – e ora pure in Italia; chi vuole può dare un'occhiata su Facebook e, se gli garba, iscriversi.[9]

Interessante è poi l'"abolizionismo", una corrente che ha come punto di partenza l'idea che la scienza e la tecnologia vadano utilizzate per abolire qualunque tipo di sofferenza involontaria. Tale eliminazione dovrebbe riguardare poi tutta la vita senziente, inclusi quindi gli animali. Ovviamente la tecnologia principe che ci permetterà di conseguire questo obiettivo è quella biotecnologica, con la quale modificheremo i nostri corpi in modo da sradicare la sofferenza. Scopo finale dell'abolizionismo è il cosiddetto "Paradise Engineering", la costruzione del Paradiso qui e ora, sulla Terra, e in particolare nella nostra mente. Seguaci dell'etica utilitarista del filo-

---

dotte sono le più varie: da chi teme di annoiarsi a chi si preoccupa per la sovrappopolazione, a chi vorrebbe andare nell'Aldilà – in cui dunque, in fin dei conti, crede. Cfr. H. Pellissier, *Do all Transhumanists Want Immortality? no? Why Not?*, «The Futurist», vol. 46, n. 6, 2012. http://www.wfs.org/blogs/hank-pellissier/do-all-transhumanists-want-immortality-no-why-not.

[8] http://longevityalliance.org

[9] Cfr. http://ieet.org/index.php/IEET/more/stambler20120823.

sofo sette-ottocentesco Jeremy Bentham, ma anche animalisti e sovente vegani, gli abolizionisti[10] vedono la felicità individuale come il fine ultimo della vita, e partono dal presupposto che, lungi dall'avere una natura spirituale, le emozioni umane hanno una base fisica, e come tali sono manipolabili – e migliorabili – tramite la scienza del futuro. Che poi in realtà le speculazioni degli abolizionisti non sono così campate in aria: ci basti pensare agli antidepressivi e agli altri psicofarmaci sempre più mirati immessi regolarmente sul marcato, così come alla TMS – la stimolazione magnetica transcraniale, che usa un campo magnetico applicato alla testa del paziente per alterare il funzionamento del cervello, in modo da trattare molte patologie della mente – o alla "deep brain stimulation", una tecnica basata su una sorta di "pace-maker" del cervello che al momento viene usata per trattare i sintomi di varie patologie neuro-degenerative. Si tratta di tecniche ancora rozze, ma che, se adeguatamente finanziate, potranno senz'altro raffinarsi sempre di più, rivoluzionando anche la vita delle persone sane. Un'ultima nota: il termine "abolizionismo" è stato coniato originariamente dallo studioso americano Lewis Mancini, in un articolo pubblicato nel 1986 sulla rivista «Medical Hypotheses», in cui si proponeva appunto l'idea di cui sopra, poi rapidamente adottata – avevate dubbi? – dai transumanisti.[11]

Ora passiamo a una corrente transumanista *veramente* radicale, il "post-genderismo". Come si potrà intuire dal nome, i post-genderisti mirano all'eliminazione del genere sessuale tramite l'uso delle biotecnologie e di avanzate – non ancora esistenti – tecnologie riproduttive, come l'utero artificiale e simili. Francamente si tratta di un passo che non ci sentiamo pronti a compiere – nonostante le critiche che il genere maschile ha subito negli ultimi decenni, siamo affezionati al nostro genere sessuale, e per il momento preferiamo

---

[10] Cfr. http://www.abolitionist.com/.

[11] L. Mancini, *Brain stimulation to treat mental illness and enhance human learning, creativity, performance, altruism, and defenses against suffering*, in: «Medical Hypotheses», Vol. 21, n. 2, ottobre 1986, pp. 209–219, http://www.sciencedirect.com/science/article/pii/0306987786900125.

lasciarlo così com'è. In ogni caso il post-genderismo è una corrente che mette assieme le riflessioni tipiche del transumanismo con quelle del pensiero femminista. Secondo alcuni postgenderisti le finalità riproduttive del sesso diventeranno obsolete, mentre per altri tutti gli esseri post-umani potranno cambiare sesso a piacimento e assumere sia il ruolo paterno – con annesse le funzioni fecondative –, sia quello materno – portando cioè a termine una gravidanza. Tra i postgenderisti abbiamo in sostanza chi promuove l'androginia – con la conseguente mescolanza dei tratti "migliori" degli uomini e delle donne –, chi la capacità di cambiare liberamente e facilmente sesso e inclinazioni, chi la possibilità di riprodursi a proprio piacimento con o senza dispositivi tecnologici e con o senza partner[12], e chi infine promuove la possibilità di avere più di due generi sessuali. Tra i transumanisti il principale promotore del postgenderismo è George Dvorsky.[13]

L'"estropianismo" lo abbiamo già incontrato, e qui lo approfondiamo un po'. Si tratta di una filosofia iper-ottimistica creata tra la fine degli anni Ottanta e l'inizio degli anni Novanta dal filosofo britannico Max More. Essa ruota attorno a un sistema di valori che punta al superamento di ogni limite, e in particolare a quello della mortalità. Il pensiero estropiano – o estropico che dir si voglia – ha un atteggiamento pragmatico nei confronti della realtà naturale e sociale e proattivo nei confronti del progresso e dell'evoluzione umana. Esso sposa inoltre una concezione neo-liberista e anti-statalista della società.[14] Il termine "estropia" è stato adottato nel contesto transumanista da Tom Morrow – al secolo Tom Bell – e da Max More, i quali hanno scelto di utilizzarlo per indicare il grado di intelligenza, ordine funzionale, vitalità ed energia di un sistema vivente o comunque or-

---

[12] In pratica tramite partenogenesi, ossia quel fenomeno per cui, in determinate condizioni, le femmine di alcune specie animali riescono ad auto-ingravidarsi senza l'utilizzo dello sperma maschile.

[13] G. Dvorsky e J. Hughes, *Postgenderism: Beyond the Gender Binary*, 2008. http://ieet.org/archive/IEET-03-PostGender.pdf.

[14] Qui in Italia il sito di riferimento dell'estropianismo è senz'altro Estropico, che tra l'altro è documentatissimo e provvisto di diversi classici del pensiero transumanista gratuiti e tradotti in italiano. Cfr. http://www.estropico.org/.

ganizzato, così come la sua capacità e il suo desiderio di crescita e di ulteriore miglioramento. More ha sintetizzato la propria visione delle cose nei suoi *Principles of Extropy*[15], che si riassumono in: progresso perpetuo, auto-trasformazione, ottimismo pratico, tecnologia intelligente, società aperta, auto-direzione, pensiero razionale.

All'estropianismo ha fatto seguito una corrente derivata molto simile, l'"estropismo", che ne riprende le tematiche, associandole al tecno-gaianismo e alla singolaritarianesimo. Da notare che, tra le altre cose, la società futura sognata dagli estropisti riuscirà finalmente a liberarci completamente – grazie ai robot e all'intelligenza artificiale – dalla schiavitù del lavoro, che diventerà irrilevante per la sopravvivenza. Il movimento in questione è stato lanciato nel 2010 da Breki Tomasson e Hank Hyena, attraverso un apposito Manifesto Estropista.

Il "singolaritarianesimo" è un'ideologia che gravita attorno al concetto di Singolarità tecnologica, in parole povere una progressiva accelerazione del progresso tecnologico che porterà alla nascita di un'intelligenza artificiale superiore a quella umana, con tutto quel che ne consegue in termini sociali e di progresso tecnologico. Per i sostenitori di questa visione la Singolarità non è solo possibile o probabile, ma altamente desiderabile, per cui gli istituti e le organizzazioni che fanno riferimento a tale idea operano in modo da facilitare – a loro dire, almeno – l'avvento di tutto ciò. Inutile negare che la mentalità incarnata da tale corrente ha molti punti in comune con quella che anima diversi gruppi di fondamentalisti cristiani in attesa dell'Apocalisse prossima ventura. A questo proposito Robert M. Geraci – docente di studi religiosi presso il Manhattan College di New York – ha recentemente pubblicato un interessante saggio, *Apocalyptic AI*, in cui analizza l'idea di Singolarità tecnologica proprio da questo punto di vista.[16]

David Correia, giornalista della rivista di sinistra radicale *Coun-*

---

[15] http://www.maxmore.com/extprn3.htm.
[16] R. M. Geraci, *Apocalyptic AI: Visions of Heaven in Robotics, Artificial Intelligence, and Virtual Reality*, Oxford University Press, Oxford 2012.

terpunch, sottolinea come il movimento dei singolaritariani sia costituito da accademici, imprenditori e finanziatori legati all'esercito e al mondo delle multinazionali, e rappresenterebbe – secondo lui – una "foglia di fico" che nasconde gli interessi economici e strategici di questi soggetti e l'intenzione di questi ultimi di perpetuare le disuguaglianze sociali. Il DARPA – Defense Advanced Research Products Agency, l'agenzia federale Usa preposta alla ricerca militare – finanzierebbe decine di progetti ispirati proprio dai sogni high-tech dei singolaritariani.[17] Comunque sia, il termine "singolaritariano" è stato coniato in origine nel 1991 da un pensatore estropico, Mark Plus – al secolo Mark Potts[18]; le origini di quest'idea sono però più complesse, e le affronteremo a tempo debito.

Il "tecnogaianismo" rappresenta un'incarnazione del cosiddetto "ambientalismo verde smeraldo", termine coniato dallo scrittore e futurista americano Alex Steffen per indicare un approccio ai problemi ambientali attualmente in crescita, basato soprattutto sullo sviluppo di nuove tecnologie e sul miglioramento del design – in senso eco-compatibile – di quelle esistenti. Scopo dei tecnogaiani è quello di utilizzare le tecnologie prossime venture di tipo transumanista per *restaurare attivamente* l'ecosistema. In particolare, oltre che essere fan delle energie alternative – idrogeno e simili – i tecnogaiani vorrebbero utilizzare bio- e nanotecnologie per riparare i danni ambientali causati fino a ora dall'uomo. Contrariamente agli ambientalisti radicali, che propongono in misura diversa l'abbandono della tecnica, il tecnogaianismo ne promuove un utilizzo ancora maggiore, fermo restando che l'obiettivo dev'essere la tutela dell'ecosistema. Una delle

---

[17] Cfr. D. Correia, *If Only Glenn Beck Were a Cyborg*, «Counterpunch», 15 settembre 2010, http://www.counterpunch.org/2010/09/15/if-only-glenn-beck-were-a-cyborg/.

[18] Il movimento fondato da Max More si contraddistingue per alcuni aspetti molto "americani", tipici cioè di una cultura affascinata dalle società segrete, dalle parole d'ordine e dalle simbologie associative. In particolare tra le usanze ascrivibili agli estropici c'è quella di assumere nomi fittizi – come appunto Max More, Tom Morrow e Mark Plus – e una particolare stretta di mano che simboleggia il loro entusiasmo per il futuro. Cfr. E. Regis, *Meet the Extropians*, «Wired», ottobre 1994, http://www.wired.com/wired/archive/2.10/extropians.html.

tecnologie più care ai tecnogaiani è senz'altro quella delle biosfere, cioè tutti quei progetti che mirano a costruire ecosistemi chiusi utili per la sperimentazione scientifica – è il caso per esempio del progetto "Biosfera 2", gestito dall'Università dell'Arizona. I transumanisti, si sa, tendono però a pensare in grande, ed è per questo che i tecnogaiani sono innanzitutto fan del cosiddetto *terraforming*, un insieme di pratiche tecnologiche – al momento attuale tutte puramente teoriche – che in un futuro più o meno lontano dovrebbero consentirci di modificare l'atmosfera e tutti i parametri fisico-chimici della superficie di questo o quel pianeta del Sistema solare, rendendolo così in grado di ospitare la vita – importata dalla Terra, ovviamente – e in particolare gli esseri umani. In passato diversi studiosi si sono divertiti a ideare – sulla carta, ben inteso – una o più procedure di *terraforming*, soprattutto per quanto riguarda Marte e Venere, e a questo gioco intellettuale si è prestato pure Carl Sagan. Secondo il pensatore transumanista James Hughes un esempio di tecnogaianismo è il Viridian Design Movement, fondato nel 1998 dallo scrittore di fantascienza cyberpunk Bruce Sterling e che mescola appunto design ambientalista, tecno-progressismo e l'ideale di cittadinanza globale. Tra gli altri aderenti al Viridian Design Movement ricordiamo il già citato Alex Steffen e il transumanista Jamais Cascio. A ogni modo nel 2008 Sterling ha ufficialmente chiuso il movimento, in quanto le sue idee sarebbero oramai divenute una parte consolidata del pensiero ecologista. Sempre Hughes annovera tra i punti di riferimento dei tecnogaiani Walter Truett Anderson, studioso americano di ecologia e autore di *To Govern Evolution: Further Adventures of the Political Animal*, e Michael L. Rosenzweig, ecologo dell'Università dell'Arizona e autore di *Win-Win Ecology: How The Earth's Species Can Survive In The Midst of Human Enterprise*, testo fondamentale della cosiddetta "ecologia della riconciliazione" – un approccio che mira a promuovere la biodiversità all'interno degli ecosistemi controllati dall'uomo.

Abbiamo citato James Hughes; quest'ultimo è promotore del cosiddetto "transumanesimo democratico", termine con cui si riferisce a tutti quei pensatori transumanisti che, come lui, aderiscono a una visione politico-sociale genericamente di sinistra – liberale, socialista o democratica in senso americano. Per i transumanisti democratici l'ideale sommo è quello della felicità individuale e collettiva, conseguibili tramite l'assunzione del controllo razionale delle forze naturali e sociali che normalmente determinano le nostre vite. Tra le idee del transumanismo democratico ricordiamo la teoria non-antropocentrica della personalità – che attribuisce uguale status ontologico a qualunque tipo di mente, incluse quelle artificiali post-umane – e il sostegno allo stato sociale, e in particolare alla sanità pubblica, intesa come la via migliore per democratizzare i potenziamenti tecnologici auspicati dai transumanisti. In termini più generali il transumanismo democratico vuole restituire dignità – almeno nelle intenzioni di Hughes – alle tendenze utopiche presenti in tanta parte del pensiero politico e messe in quarantena alla fine del Ventesimo Secolo dopo gli esiti sanguinari e autoritari di questa o quella ideologia. A questo proposito Hughes fa un'osservazione interessante, cioè quella per cui storicamente è accaduto in più di un'occasione che opere di fantasia abbiano ispirato altrettanti movimenti politici: e così il romanzo utopico di Edward Bellamy *Looking Backward* ha ispirato molti gruppi socialisti attivi negli Stati Uniti di fine Ottocento, mentre *Atlas Shrugged*, romanzo fanta-filosofico di Ayn Rand, ha funto da fonte d'ispirazione per il libertarianismo di marca anglosassone. Allo stesso modo il transumanismo utopistico può lasciarsi ispirare dalle opere di fantascienza più complesse e articolate, utilizzandole per elaborare scenari e valutare opzioni.[19] Al momento il transumanismo democratico è la corrente dominante all'interno della WTA; tra i principali aderenti a esso annoveriamo Jamais Cascio, George Dvorsky, Mark Alan Walker, Martine Rothblatt, Ramez Naam e gli italiani Riccardo Campa e Giulio Prisco. E, sebbene abbia dichiarato di non essere di destra né di sinistra, in realtà – dal punto

---

[19] J. Hughes, *Rediscovering Utopia*, in: «Betterhumans archives», 2003, http://web.archive.org/web/20070927204653/http://archives.betterhumans.com/Columns/Column/tabid/79/Column/232/Default.aspx.

di vista delle sue idee progressiste – potremmo includere in questo elenco anche Esfandiary.

Il "transumanismo libertario" mette infine assieme, come si può immaginare, gli ideali transumanisti con quelli libertari – e in questo ci ricorda molto gli estropici, che all'inizio della loro storia utilizzavano una nozione di "ordine spontaneo" in salsa anarco-capitalista. I transumanisti libertari basano la propria visione delle cose, un po' come i loro "cugini" non transumanisti, sull'idea che l'individuo sia il centro della realtà e su una conseguente etica di tipo egoistico e razionale, che vuole ridurre al minimo l'intervento dello stato nella vita sociale. I teorici dei media Richard Barbrook e Andy Cameron – dell'Università di Westminster – associano i transumanisti libertari a quella che loro hanno battezzato *California Ideology*, che abbiamo già incontrato più sopra, e le cui posizioni sarebbero ben rappresentate – ma è un'opinione di Barbrook e Cameron – dalla rivista *Wired*.[20] Un'altra critica che colpisce i transumanisti libertari – che in molti casi sono esperti di computer science e nutrono un forte interesse per il *mind uploading* – è quella per cui essi sarebbero animati da una forma di "disgusto per il corpo", un termine coniato dal critico e giornalista Mark Dery per indicare appunto il loro presunto desiderio di voler fuggire dal proprio "pupazzo di carne" verso un mondo virtuale.[21] Tra i principali transumanisti libertari citiamo Ronald Bayley, che lavora per la rivista libertaria *Reason*[22], e Glenn Reynolds, docente di diritto presso l'Università del Tennessee e titolare del noto blog *Instapundit*.[23]

Abbiamo detto prima che il transumanismo può essere mescolato con qualunque tipo di ideologia che ne accetti i principi; questo vale soprattutto per ideologie di tipo progressista, ma non necessariamente. È il caso per esempio dei "sovrumanisti" italiani, che si rifanno alla *Nouvelle droite* di Alain de Benoist, al pensiero di Giorgio

---

[20] Cfr. http://www.imaginaryfutures.net/2007/04/17/the-californian-ideology-2.

[21] Cfr. M. Dery, *Escape Velocity: Cyberculture at the End of the Century*, Grove Press, New York 1997.

[22] http://reason.com/.

[23] http://pjmedia.com/instapundit/.

Locchi e all' "archeofuturismo" di Guillaume Faye – in pratica alla destra radicale.[24] Oppure pensiamo ai conservatori, il cui punto di vista è difeso dallo stesso Nick Bostrom, cioè un progressista; per lui è possibile immaginare modifiche o potenziamenti di stampo transumanista atti a promuovere valori tradizionali come il rapporto di coppia e la famiglia. C'è stato pure il tentativo di una proposta politica in tale senso, battezzata "Conservatism Plus".[25] E nell'elenco ci sono pure gli anarchici, che – tramite l'anarco-transumanismo – vogliono prepararsi per "l'insurrezione sociale e tecnologica".[26] Infine a quanto pare i transumanisti sono riusciti pure a "piazzare" un loro uomo nel parlamento italiano – fino al 14 marzo 2013, data di cessazione del suo mandato –; stiamo parlando nella fattispecie di Giuseppe Vatinno, eletto nelle liste dell'Italia dei Valori di Di Pietro.[27]

Nel concreto, al di là di tutti i dibatti teorici e delle correnti politiche, i transumanisti hanno creato un certo numero di associazioni, istituti e think tank, che ora vediamo.

4. Viaggio nella galassia transumanista

È articolatissimo, l'universo associativo del transumanismo, al punto da far invidia ad Al-Quaeda; qui ci limiteremo a elencare i gruppi e gli istituti più importanti, oppure quelli più curiosi, lasciando a voi il piacere di perdervi nella complicata rete di siti, blog, pagine Facebook, forum e associazioni virtuali che i transumanisti sono riusciti a mettere in piedi nel corso degli anni.

Humanity+. La più celebre e diffusa organizzazione transumanista è la World Transhumanist Association – ora nota come Humanity+.[28] Fondata come associazione non a scopo di lucro nel 1998 da Nick Bostrom e David Pearce, con l'obiettivo di promuovere la pre-

---

[24] http://ieet.org/index.php/IEET/more/hughes20091004.

[25] http://conservatismplus.ning.com/.

[26] http://anarchotranshumanism.com/.

[27] Tra l'altro Vatinno è autore di una delle poche introduzioni alla filosofia transumanista disponibili al momento sul mercato italiano. Cfr. G. Vatinno, *Il transumanesimo. Una nuova filosofia per l'uomo del XXI secolo*, Armando Editore, Roma 2010.

[28] http://humanityplus.org/.

senza del transumanismo in ambito politico e accademico. A differenza dell'ottimismo estremo di altri transumanisti, quelli di Humanity+ vogliono comprendere e gestire le forze sociali che potrebbero opporsi allo sviluppo e alla diffusione delle tecnologie potenzianti da loro auspicate. Assieme all'associazione, nel 1998 è stato lanciato anche il *Journal of Transhumanism*, rivista di tipo accademico, ribattezzata poi nel 2004 *Journal of Evolution and Technology*.[29] A essa si è aggiunta *H+ Magazine*, una rivista-contenitore quadrimestrale di idee e notizie transumaniste.[30] Non mancano poi i convegni annuali, battezzati TransVision e tenuti in diverse città del mondo: in Olanda nel 1998, a Stoccolma nel 1999, a Londra nel 2000, e così via. Tra i membri più noti abbiamo Natasha Vita-More – l'attuale presidente –, Ben Goertzel – vice-presidente –, Nick Bostrom, David Pearce, George Dvorsky, Giulio Prisco, James Hughes, Aubrey de Grey, Max More e Michael Anissimov. Humanity+ consta di decine di gruppi locali sparsi su tutti e cinque i continenti, inclusi due in Italia, l'Associazione Italiana Transumanisti[31] e il Network dei Transumanisti Italiani[32] – ovviamente i gruppi nazionali includono diverse sezioni locali. Dal punto di vista numerico l'associazione comprende attualmente circa seimila soci, distribuiti in cento paesi – incluse nazioni come l'Egitto e Afghanistan. Infine c'è pure un'associazione giovanile e studentesca, il Transhumanist Student Network.[33] Se vi volete iscrivere, sappiate che la quota associativa ammonta a quattro dollari e novantanove al mese.

Extropy Institute. Dopo aver contribuito alla fondazione della prima organizzazione crionica europea – la Mizar Limited, poi ribattezzata Alcor UK – Max More si trasferisce nel 1987 alla University of Southern California, a Los Angeles, dove l'anno successivo pubblica *Extropy: The Journal of Transhumanist Thought*, rivista attorno alla quale si concentrano studiosi e appassionati di longevismo, ingegneria gene-

---

[29] http://jetpress.org/.
[30] http://hplusmagazine.com/.
[31] http://www.transumanisti.it/.
[32] http://www.transumanisti.org/.
[33] http://www.transhumanism.org/campus/.

tica, nanotecnologie, robotica e idee transumaniste in generale. A partire da *Extropy*, More e Tom Morrow fondano poi l'Extropy Institute, un'organizzazione no profit nata con lo scopo di fungere da centro di informazioni e di aggregazione per i simpatizzanti del transumanismo. Dal punto di vista politico e filosofico l'obiettivo dell'istituto è quello di elaborare un set di principi e valori che favoriscano il progresso tecno-scientifico verso il post-umano. Nel 1991 l'Extropy Institute lancia una mailing list, e nel 1992 inizia a organizzare le prime conferenze sul transumanismo. In seguito in varie parti del mondo nascono gruppi locali affiliati all'istituto, che organizzano le proprie conferenze, feste, dibatti e altro ancora. L'Extropy Institute ha modo di avvalersi ampiamente della nascita e della diffusione globale di internet. In seguito l'istituto fondato da Max More intreccia le proprie attività con quelle di analoghe associazioni transumaniste e, come si è già accennato, nel 2006 il direttivo decide di sciogliere l'organizzazione, in quanto considera gli obiettivi dell'Extropy Institute sostanzialmente raggiunti.[34]

Terasem Movement. A giudicare dalla filosofia ufficiale, dallo stile comunicativo e dall'estetica del sito, il Terasem Movement ricorda una qualche organizzazione para-religiosa *New Age*.[35] In realtà l'organizzazione in questione ha come scopo quello di educare il pubblico alla necessità di estendere la vita umana tramite le nanotecnologie e la "cyber-coscienza personale" – ed è quest'ultimo il punto forte del movimento, come spiegheremo tra poco. Il Terasem Movement è stato lanciato nel 2002 – con sede a Melbourne Beach, In Florida – e a esso si è affiancata nel 2004 un'organizzazione parallela, la Terasem Movement Foundation[36]; a fondare entrambi è stata Martine Rothblatt – nata Martin Rothblatt –, avvocatessa e imprenditrice americana. In realtà gli aspetti mistici e religiosi non mancano, in Terasem, che tra l'altro si definisce una "trans-religione" e parla esplicitamente di una "fede". Fede che consiste in realtà non tanto nel adorare e pregare Dio,

---

[34] http://www.extropy.org/.
[35] http://www.terasemcentral.org/.
[36] http://www.terasemmovementfoundation.com/.

ma, in parole povere, nel crearlo. L'idea sarebbe quella di creare macchine auto-replicanti dotate di coscienza e spargerle nel cosmo, di modo che esse accumulino conoscenze con una velocità esponenziale e le utilizzino per convertire materia ed energia distribuite e organizzate in modo casuale in materia ed energia intelligenti e distribuite omogeneamente; questo porterebbe alla creazione di una rete cosmica capace di agire come una forza in grado di controllare l'universo fisico. Questa vera e propria "coscienza collettiva" dovrebbe progressivamente avvicinarsi all'onnipotenza, all'onniscienza e all'onnipresenza, creando in pratica il nostro tradizionale Dio benevolo. Un'ambizione che rivaleggia con quella di Fedorov, insomma. Per il momento Terasem si concentra però sulla preservazione della coscienza umana, ed è qui che entra in gioco il progetto CyBeRev. Tutto si basa sul concetto di "beme", creato dalla Rothblatt sulla falsariga del gene e del meme. Esso indica un'unità fondamentale d'essere – dall'inglese *being*. A differenza dei memi, che sono culturalmente trasmissibili e mutabili, i bemi sono elementi altamente individuali, come gli aspetti della personalità, i tratti e i gesti abituali, i sentimenti, i ricordi, gli atteggiamenti, i valori e le credenze. Ovviamente ora come ora i bemi non mutano né si evolvono, ma non è detto che nel mondo post-umano sognato da Terasem ciò non cambi. Il progetto in questione mira allora a testare la comparabilità della coscienza reale di un singolo essere umano con una rappresentazione digitale della medesima persona creata da un apposito software che utilizza un database contenente il profilo psicologico della persona originale – appositamente elaborato da psicologi professionisti. L'obiettivo finale è quello di preservare le informazioni relative a una certa persona con un grado di affidabilità tale da consentirne il recupero o la replica nel futuro. I partecipanti al progetto possono immagazzinare le informazioni che li riguardano in molte forme diverse, foto, video, testi, registrazioni audio, liste, e possono anche sottoporsi in modo intensivo a test della personalità.

Institute for Ethics and Emerging Technologies. A lanciare – nel 2004 – l'Institute for Ethics and Emerging Technologies sono stati Nick Bostrom e James Hughes, con l'obiettivo di realizzare un think tank tecno-progressista che contribuisca alla comprensione dell'impatto che le tecnologie emergenti avranno sugli individui e sulla società. A ciò si aggiunge una finalità più ambiziosa, cioè quella di influenzare lo sviluppo di politiche pubbliche in grado di favorire la distribuzione democratica dei benefici delle suddette tecnologie. L'Institute for Ethics and Emerging Technologies è affiliato a Humanity+, e come tale cura la pubblicazione del *Journal of Evolution and Technology*. I fronti su cui opera l'istituto sono: l'ampliamento del concetto di "diritti umani", l'identificazione delle minacce al futuro della nostra civiltà, la gestione – detto tra noi, lo smantellamento – delle obiezioni al logevismo, la lotta all'ageismo e all'ableismo – cioè le discriminazioni basate sull'età o verso le persone disabili – e infine lo sviluppo di scenari positivi, negativi e neutri in relazione alla post-umanità e alle intelligenze non-umane che forse creeremo.

Future of Humanity Institute. Afferente alla Facoltà di Filosofia dell'Università di Oxford e alla Oxford Martin School – un istituto dedicato agli studi previsionali e alle tecnologie futuribili fondato nel 2005 – il Future of Humanity Institute[37] è diretto da Nick Bostrom e ha come obiettivo lo studio interdisciplinare di alcune questione di fondamentale importanza per l'umanità, come gli effetti delle tecnologie future sulla condizione umana o il possibile verificarsi di catastrofi globali.

Methuselah Foundation. Fondata nel 2000 da Aubrey De Grey e David Gobel, la Methuselah Foundation – letteralmente, Fondazione Matusalemme – è un'organizzazione no profit che mira a mettere a punto metodi per estendere, e di molto, la durata della vita umana.[38] Sita a Springfield, in Virginia, l'organizzazione ha come attività principale la gestione dell'MPrize – noto anche come Methuselah Mouse Prize, "Premio Topo Matusalemme" –, un premio attribuito a chi fornisca un contributo sostanziale alla lotta al processo d'invecchiamento. In particolare il premio comprende due categorie: la prima è aperta a

---

[37] http://www.fhi.ox.ac.uk/.
[38] www.methuselahfoundation.org.

chi riesca a estendere in modo sostanziale l'aspettativa di vita *totale* di un classico topo da laboratorio, la seconda riguarda invece coloro che riescano a manipolare geneticamente un topo con un'età paragonabile alla mezz'età umana, facendogli manifestare segni di gioventù. Si tratta ovviamente di una competizione tutt'ora aperta, in quanto ci si aspetta sempre che qualche nuovo gruppo di ricerca riesca a superare i record precedenti. Attualmente a detenere il titolo è Andrzej Bartke, ricercatore della Southern Illinois University, a Carbondale, il quale – spegnendo geneticamente i recettori per l'ormone della crescita, che a sua volta ha un ruolo anche nel processo d'invecchiamento – è riuscito a far raggiungere alla propria cavia i 1819 giorni di vita – quasi cinque anni. La Methuselah Foundation partecipa anche ad altri progetti, uno dei quali coinvolge la Organovo, Inc.[39], una compagnia biotech di San Diego, specializzata in medicina rigenerativa; assieme a essa, la Fondazione di De Grey spera di riuscire a creare – a partire dal DNA dei pazienti – nuovi organi tramite stampa tridimensionale. Tra i generosi finanziatori della Methuselah Foundation ricordiamo il già citato Peter Thiel, che nel 2006 ha donato tre milioni e mezzo di dollari.

SENS Research Foundation. Nel 2009 De Grey crea un'altra fondazione, la SENS Research Foundation, sita a Mountain View, in California.[40] La nuova organizzazione rileva buona parte dell'attività di ricerca della Methuselah Foundation, e mira a promuovere attraverso il mondo della ricerca *mainstream* il progetto SENS. Come vedremo, quest'ultimo rappresenta la proposta più organica dei transumanisti per sconfiggere l'invecchiamento e – benché lo dicano a bassa voce, onde non innervosire il grande pubblico – la morte. La SENS Research Foundation ha dunque un duplice scopo, educativo e di ricerca. Quest'ultima, oltre che essere svolta nell'istituto, viene anche realizzata in collaborazione con varie università americane e non, come l'Università di Yale, quella di Harvard e quella di Cambridge. L'attività di ricerca della fondazione è suddivisa in sette diverse iniziative, una

---

[39] http://www.organovo.com/.
[40] http://www.sens.org/.

per ognuno dei tipi di danno biologico in cui, secondo De Grey, consisterebbe il processo d'invecchiamento; per ognuna di queste la fondazione mantiene sempre attivi almeno uno o due progetti. Una curiosità: tra i finanziatori della SENS Research Foundation c'è Justin Bonomo, noto giocatore di poker professionista, che ha deciso di devolvere all'organizzazione il cinque per cento delle proprie vincite.

Foresight Institute. Importante pezzo di storia del transumanismo, il Foresight Institute è un'organizzazione che promuove le nanotecnologie, o meglio la creazione e l'utilizzo dei *molecular assembler*, le nano-macchine capaci di manipolare la materia a livello atomico e molecolare teorizzate da K. Eric Drexler.[41] Ed è stato proprio quest'ultimo a fondare nel 1986 questo istituto, fissandone la sede a Palo Alto e dando inizio all'abituale attivismo delle associazioni transumaniste, dalle conferenze alle pubblicazioni, alle mailing list. Tra i premi attribuiti dal Foresight Institute ci sono i Feynman Prize, che comprendono diverse categorie teoriche e sperimentali, più il Feynman Grand Prize – che ammonta a 250mila dollari, destinati a chi riuscirà a creare due macchine molecolari capaci di posizionamento nanometrico accurato e di computazione. All'epoca della fondazione vennero create anche due organizzazioni gemelle, l'Institute for Molecular Manufacturing e il Center for Constitutional Issues in Technology.

Center for Responsible Nanotechnology. Situato a Menlo Park, in California, il Center for Responsible Nanotechnology[42] è un think tank fondato nel 2002 da Mike Treder, biologo, e Chris Phoenix, nanotecnologo californiano, allo scopo di analizzare le implicazioni sociali e soprattutto i rischi legati alle nanotecnologie – con l'idea che le nano-macchine teorizzate da Drexler siano destinate ad arrivare molto prima di quanto si creda e che sia fondamentale non lasciarsi trovare impreparati. Attualmente a dirigere il think tank sono lo stesso Phoenix e Jamais Cascio.

---

[41] http://www.foresight.org/.
[42] http://crnano.org/.

Machine Intelligence Research Institute. L'idea che il progresso tecno-scientifico stia accelerando e che ciò porterà il nostro mondo verso una Singolarità tecnologica ha prodotto anche alcuni think tank appositamente dedicati. Tra di essi spicca senz'altro il Machine Intelligence Research Institute.[43] Fondata nel 2000 – a Berkeley, in California –, l'organizzazione mira a sviluppare un'intelligenza artificiale che non presenti rischi per l'uomo – per esempio che non possa portare a uno scenario "alla *Terminator*". L'istituto si basa sul modello di Intelligenza Artificiale amichevole elaborato dal co-fondatore Eliezer Yudkowsky. Inizialmente noto come Singularity Institute for Artificial Intelligence, il think tank ha come direttore esecutivo Luke Muehlhauser, e tra i suoi membri Nick Bostrom, Aubrey De Grey, Peter Thiel e Ray Kurzweil – a sua volta direttore esecutivo dal 2007 al 2010. In particolare l'idea su cui lavorano Yudkowsky e colleghi è quella della cosiddetta Seed AI, un'intelligenza artificiale capace di migliorare progressivamente il proprio design, fino ad arrivare a un'intelligenza super-umana che, nelle intenzioni dell'Istituto, dovrebbe essere già tarata per esserci costituzionalmente amica. Ogni anno l'istituto tiene un convegno, il Singularity Summit[44], un evento svoltosi per la prima volta nel 2006, presso l'Università di Stanford – la quale era anche tra gli sponsor.

Singularity University. A dispetto del nome, la Singularity University[45] non è un ente accademico accreditato, ma un ente benefico – così almeno è registrato – che mira a erogare corsi che vadano a completare il tradizionale percorso accademico americano – in senso transumanista, *of course*. Fondata nel 2009 da Peter Diamandis – creatore della X-Prize Foundation – e da Ray Kurzweil, si trova a Moffett Field, in California, all'interno delle strutture del NASA Research Park – in pratica nella Silicon Valley. L'offerta dei corsi – spesso di tipo introduttivo – è piuttosto ricca, dai *future studies* al management, dalle

---

[43] http://intelligence.org/.
[44] http://singularitysummit.com/.
[45] http://singularityu.org/.

bio – alle nanotecnologie, dalla robotica alla medicina. Il corpo docente include esperti dei vari settori e molti dei transumanisti più quotati. I programmi accademici vanno da un corso post-laurea di dieci settimane – da giugno ad agosto, per la modica cifra di venticinquemila dollari – a un programma intensivo per manager, assieme a molte altre iniziative. A ciò si aggiungono i Singularity University Labs, una start-up connessa alla Singularity University che vuole fungere da incubatrice e da punto d'incontro per le locali start-up, offrendo loro percorsi di formazione imprenditoriale e luoghi d'incontro che stimolino l'avvento e l'utilizzo delle tecnologie futuribili in dirittura d'arrivo. Niente male, la lista dei finanziatori dell'istituto: da Google a Nokia, da Autodesk a LinkedIn, dalla X-Prize Foundation – quelli che voglio promuovere il viaggio privato nello spazio, per intenderci – alla Genetech.

Acceleration Studies Foundation. Creata dal futurologo americano John Smart e sita a Mountain View, in California, la Acceleration Studies Foundation è un'organizzazione no profit che, partendo dal presupposto che l'evoluzione tecnologica della nostra società stia accelerando, si propone di mappare tale processo, sviluppando strategie per favorire le tecnologie più promettenti e positive e per rallentare o comunque controllare quelle potenzialmente pericolose. Tra i finanziatori c'è l'onnipresente Peter Thiel.

La Alcor e le sue sorelle. E poi ci sono le organizzazioni crioniche, che qui ci limitiamo solo a nominare, perchè di esse ci occuperemo a fondo nel quarto capitolo. Se vi piace l'idea di vivere per sempre, ma non credete di fare in tempo a raccogliere i frutti della ricerca scientifica dei prossimi decenni, allora potete optare per un "contratto di sospensione crionica", in cui in pratica scegliete di farvi congelare al momento della vostra morte clinica, nella speranza che, in un futuro più o meno lontano, la scienza post-umana vi possa riportare in vita. A Scottsdale, in Arizona, abbiamo quindi la Alcor Life Extension Foundation[46] – la più grande organizzazione del genere –, mentre nel

---

[46] http://www.alcor.org/.

Michigan c'è il Cryonics Institute[47] – fondato nientemeno che da Robert Ettinger, il padre di tutto il movimento crionico. A Cupertino, in California, ha sede l'American Cryonics Society[48]; associata al Cryonics Institute, essa si propone innanzitutto finalità educative e di ricerca. Sempre in California, a San Leandro, ha sede la Trans Time Inc.[49], mentre dalle parti di Mosca si trova l'unica struttura per la sospensione crionica al mondo al di fuori degli Stati Uniti, la KrioRus[50]. Accanto alle organizzazioni crioniche vere e proprie ci sono poi altre associazioni collaterali, come l'Immortalist Society[51], sempre creata da Ettinger, sempre sita nel Michigan e sempre con finalità educative e di ricerca. Un'altra organizzazione collaterale, con finalità di tipo informativo – ossia la raccolta e la distribuzione di informazioni relative alla crionica e al longevismo, nonché la costituzione di rapporti strutturali con tutte le organizzazioni transumaniste che lavorano alla life extension – è l'Immortality Institute[52], fondato nel 2002 da Bruce Klein. L'istituto in questione ha anche sponsorizzato esperimenti su piccola scala – tramite la raccolta di fondi tra i soci – e ha promosso un preparato multivitaminico, Vimmortal, elaborato tramite *crowdsourcing* – in pratica raccogliendo tutti i suggerimenti dei partecipanti al forum associativo. Nonostante la *mission* piuttosto esplicita – "sconfiggere la sventura della morte involontaria" –, nel 2011 l'associazione ha scelto di cambiare nome in LongeCity, per impedire che il riferimento all'immortalità produca scetticismo nella comunità scientifica e nel grande pubblico. Infine abbiamo l'interessante Brain Preservation Foundation[53], fondata da Kenneth Hayworth, studioso di connettomica – in pratica l'esplorazione e la mappatura delle connessioni delle cellule nervose – presso lo Howard Hughes Medical Institute, e da John Smart. In questo caso l'obiettivo è quello di

---

[47] www.cryonics.org.
[48] americancryonics.org.
[49] http://www.transtime.com/.
[50] www.kriorus.ru/en.
[51] http://immortalistsociety.org/.
[52] http://www.longecity.org/forum/page/index.html.
[53] http://www.brainpreservation.org/.

promuovere la ricerca scientifica relativa alla preservazione dell'intero cervello nel lungo periodo, conservandone la struttura a livello nanometrico. Come in altri casi, anche qui c'è un premio, il Brain Preservation Technology Prize, dedicato a chi svilupperà una procedura chirurgica poco costosa, affidabile e utilizzabile in ambito ospedaliero per la preservazione del 99,9 per cento delle connessioni strutturali delle sinapsi del nostro cervello.

Ascender Alliance. Un'organizzazione che ci ha incuriosito è poi l'Ascender Alliance – a cui era dedicato un gruppo di discussione su Yahoo, ora però scomparso. Fondata dal futurologo ed estropiano britannico Alan Pottinger, si tratta della prima associazione transumanista dedicata alla persone disabili, la cui *mission* consiste nella rimozione dei limiti politici, culturali, biologici e psicologici all'auto-realizzazione e al potenziamento. L'Ascender Alliance si oppone però con forza non solo all'eugenetica classica – rifiutata anche dagli altri transumanisti –, ma anche a qualunque modifica permanente del genoma umano. In sostanza Pottinger vuole il rispetto della specificità delle persone portatrici di handicap, e vuole che qualunque modifica o potenziamento siano il frutto di una scelta consapevole di ogni singola persona, non di una decisione altrui imposta prima dello stesso concepimento – o, per dirla con lui, il diritto all'autodeterminazione comincia prima del concepimento. L'unico caso in cui la manipolazione pre-natale è accettabile è quando si presenta la necessità di prevenire deficit fisici e mentali che mettono a rischio la vita del nascituro. Se la disabilità dev'essere cancellata, lo deve essere secondo le modalità scelte dai diretti interessati. Si tratta di questioni spinose, come si può vedere, sulle quali non ci pronunciamo. È comunque interessante notare, come sostiene Dvorsky, che le persone disabili che vengono messe in condizione di compensare la propria disabilità tramite la tecnologia possono essere viste come un primo esempio di post-umani; o meglio, dal punto di vista del potenziamento si trovano all'avanguardia, in quanto hanno verso la commistione uomo-macchina una mente più aperta e potrebbero quindi essere in futuro tra i più grandi sostenitori del potenziamento umano high-tech. Inoltre i portatori di handicap, abituati come sono a utilizzare dispositivi articolati, potrebbero essere più favorevoli della media a modifiche corporee che si allontanano sensibilmente dai normali canoni estetici comunemente accettati.[54]

Transtopia. Avete mai sognato di ritirarvi su un'isola tutta vostra, dove vivere in santa pace? No? Bene, i transumanisti lo hanno fatto. Utopistico per natura, il transumanismo non poteva ignorare il pensiero utopico tradizionale e tutti i pensatori che, storicamente, hanno cercato di ideare una società perfetta, così come tutte quelle persone che tali comunità hanno concretamente cercato di realizzarle in varie parti del mondo. Il Transtopia Island Project[55] prevede in sostanza il raggruppamento di un certo numero di volontari e l'acquisto collettivo di un'isola nelle Bahamas o da qualche altra parte, allo scopo di creare una comunità internazionale transumanista – sia per divertimento, sia per guadagnarci qualcosa, sia infine per garantirsi un luogo di sopravvivenza nel caso che il resto del mondo precipiti nel caos. Se le cose andranno bene, si potrà poi pensare a espandere la comunità, creando un'isola galleggiante – in pratica una piattaforma artificiale – che porti alla formazione di una "micronazione", termine con cui si indicano piccolissime entità territoriali – alle volte semplici piattaforme petrolifere dismesse – proclamatesi a un certo punto indipendenti e normalmente non riconosciute dalla comunità internazionale.[56] In alternativa a questa micronazione isolana, il Transtopia Island Project ha pensato alla cosiddetta "Freedom Flotilla"; il piano in questo caso prevede l'acquisto di diverse navi e la loro registrazione sotto la bandiera di qualche paradiso fiscale che ne garantisca la libertà d'azione. In pratica si mira a realizzare una sorta di "base mobile permanente". Non siamo riusciti a raccogliere molti dati sui transumanisti che aderiscono

---

[54] G. Dvorsky, *And the Disabled Shall Inherit the Earth*, 15 settembre 2003, in: «Sentient Developments http://www.sentientdevelopments.com/2003/09/and-disabled-shall-inherit-earth.html».

[55] http://www.transtopia.net/.

[56] Di micronazioni ce ne sono o ce ne sono state moltissime – pure in Italia abbiamo avuto negli anni Sessanta l'Isola delle Rose e, più di recente, il Principato di Filettino – e alcune di esse hanno anche emesso una propria valuta. Un elenco delle micronazioni lo trovate su Wikipedia o, se preferite, al seguente indirizzo: www.dmoz.org/Society/Issues/Micronations/.

a questo progetto; ci è parso di capire che si tratti di un movimento relativamente marginale rispetto al transumanismo *mainstream* e che per sé ha scelto il nome di "prometeismo".[57] A occhio è croce tale gruppo è vicino ai *survivalist* o *prepper*, un movimento internazionale molto variegato, presente soprattutto in Gran Bretagna e negli Stati Uniti – sebbene ora ci sia pure un sito italiano[58] – e focalizzato sulla sopravvivenza a ogni sorta di catastrofe di origine naturale o umana. Sviluppatosi soprattutto nel corso degli anni Sessanta – in corrispondenza della minaccia nucleare – questo movimento include diverse riviste, corsi, tecniche, libri, autori di riferimento – tra cui lo scrittore di fantascienza Jerry Pournelle. Vari sono gli aderenti a quella che è una vera e propria filosofia di vita: si va dai libertari più estremi – avversari di ogni forma di stato e amanti dell'isolamento – ai gruppi della destra americana, ai cristiani fondamentalisti in attesa della fine del mondo prossima ventura, ai complottisti. Particolarmente ricca è la manualistica, che include libri – sovente piuttosto politicamente scorretti – che spiegano come falsificare i propri documenti, come sfuggire a questa o quella tecnologia di sorveglianza, come prepararsi a un disastro nucleare e molto altro ancora.[59] Comunque sia, l'idea di una comunità utopica isolana deve piacere anche ai transumanisti più ortodossi, visto che a promuoverla è un transumanista "mainstream" come Ben Goertzel; quest'ultimo ha infatti proposto recentemente di riunire quindicimila transumanisti, organizzare una consistente raccolta di fondi e utilizzarli per ripagare i debiti di Nauru, piccola isola indipendente del Sud del Pacifico. In cambio – almeno nelle intenzioni di Goertzel – gli abitanti dell'isola accetteranno di ospitare i transumanisti in questione, i quali potranno così risistemare la piccola nazione e trasformarla appunto in Transtopia.[60]

---

[67] www.prometheism.net.

[58] http://www.prepper.it/.

[59] Chi volesse saperne di più può consultare il Survival Preparedness Index, sito che raccoglie molte informazioni su questo tema. Cfr. http://www.armageddononline.org/disaster-prep-help.html.

[60] B. Goertzel, *Let's Turn Nauru Into Transtopia*, 13 ottobre 2010. http://multiverseaccordingtoben.blogspot.it/2010/10/turning-nauru-into-transtopia.html.

Biocurious & Co. Quando nacquero, i computer erano dispositivi enormi, che riempivano stanze intere e potevano essere gestiti solo da persone dotate di competenze specifiche. Poi il progresso tecnologico li ha non solo rimpiccioliti, ma li ha anche resi più facili da usare, tanto che oggi praticamente chiunque sa come maneggiare, almeno a livello rudimentale, un pc. E ora sembra che lo stesso stia accadendo per le biotecnologie: il prezzo degli strumenti di laboratorio è crollato – specie nel caso di quelli di seconda mano, che si possono pure reperire su e-bay o su siti appositi – e le tecnologie di manipolazione genetica – per lo meno quelle più elementari – si sono semplificate e standardizzate a tal punto che c'è chi ha deciso di trasformarle in un hobby. E così diversi privati cittadini hanno deciso di allestire nel proprio garage un laboratorio biotech più o meno attrezzato, per effettuare questa o quella operazione – come per esempio la creazione di batteri fluorescenti, da utilizzare per opere d'arte "viventi" e sentirsi parte della rivoluzione biotech in corso. È nato così un movimento – quello della "garage biology", detta anche DiyBio, *Do-It-Yourself Biology*: persone senza particolari titoli accademici – alle volte studenti universitari di biotecnologie – che, da sole o in piccoli gruppi, modificano semplici forme di vita, magari accarezzando il sogno di fare prima o dopo business. L'anno "ufficiale" di nascita del movimento è, se vogliamo, il 2008, quando due praticanti di garage biology, Mackenzie Cowell e Jason Bobe, creano a Boston DiyBio, un network che riunisce amatori, artisti e imprenditori; l'organizzazione si è poi diffusa a livello globale, portando tra l'altro alla nascita di diverse altre sezioni americane, come i Biocurious[61] a San Francisco e la DiyBio NYC a New York. La garage biology intrattiene chiari legami con il mondo e il linguaggio degli hacker – basti pensare al termine che i praticanti di DiyBio usano per indicare se stessi, cioè "biopunk", sulla falsariga del cyberpunk. Alcuni di questi biotecnologi da garage mirano a creare un giorno una versione biotech del file-sharing – tipo E-mule o Torrent, ma centrato sulla manipolazione del genoma –, mentre altri lavorano alla creazione di strumenti di la-

---

[61] http://biocurious.org/.

boratorio open-source. Non mancano ovviamente i pericoli – anche se non vanno esagerati, visto che i virus pericolosi non sono di certo accessibili agli hobbisti – e proprio per questo i Biocurious di San Francisco hanno chiesto e ottenuto la creazione di spazi comuni e controllati in cui gli amatori della biologia fai-da-te possono dedicarsi alle proprie semplici manipolazioni in tutta sicurezza, tenendo lontani i potenziali bioterroristi. Al momento gli amatori possono testare il DNA prelevato dalla propria saliva o modificare semplici microrganismi – non aspettatevi quindi che da questi laboratori amatoriali esca la cura per il cancro o simili –; in futuro è però possibile che essi siano in grado di fare cose più utili, come prelevare e conservare le proprie cellule staminali in vista di qualche terapia. Vi chiedete che cosa centrino i biologi da garage con i transumanisti? Centrano per il fatto che i due movimenti tendono sovente a sovrapporsi – cioè i membri dell'uno spesso sono in contatto o si identificano con quelli dell'altro – e perché la biologia fai-da-te rappresenta il desiderio tutto transumanista di non lasciare il proprio destino biologico in mano agli altri, ma di cercare in qualche modo di prenderne il controllo.

Order of Cosmic Engineers. Questa è senz'altro la più visionaria – qualcuno la definirebbe "folle" – organizzazione transumanista. L'Order of Cosmic Engineers[62] è un gruppo di attivisti che mira a "trasformare l'universo in un reame magico", o meglio, a "ingegnerizzare la magia in un universo attualmente privo di Dio o dèi". Atei, insomma, ma desiderosi di creare un Dio in un futuro più o meno lontano. L'idea sottostante è in realtà quella di difendere la radicalità del transumanismo contro qualunque tentativo di farlo "volare basso", di renderlo politicamente corretto, moderato, focalizzato solo sui problemi del presente. Insomma, più che un gruppo che cerca *seriamente* di creare Dio e diffondere la magia nell'universo, questi Ingegneri Cosmici sembrano piuttosto intenzionati ad alimentare e mantenere vivo e vitale l'aspetto visionario e immaginifico del transumanismo. E il loro punto di partenza concettuale è la fin troppo spesso citata

---

[62] http://cosmeng.org/. Attualmente (2013) il sito non pare però essere più attivo.

"terza legge" di Arthur C. Clarke: "qualunque tecnologia sufficiente-mente avanzata è indistinguibile dalla magia".[63] Apparentemente pessimistica – anzi proprio nichilista – la loro visione della condizione umana: per gli Ingegneri gli esseri umani si trovano abbandonati in un piccolo angolo acquoso di un cosmo freddo, crudele, indifferente – quando non apertamente ostile. Ambiziosissimi invece gli obiettivi – quelli dichiarati, almeno –: l'infusione dell'intelligenza nella materia inanimata, in tutto l'universo, che verrà ottimizzato per la computazione; la risposta a tutte le questioni finali sull'origine, la natura, lo scopo e il destino della realtà; la creazione di nuovi universi con parametri fisici controllati. A dispetto del fatto che il linguaggio adottato dai nostri Ingegneri Cosmici ricorda quello di un gruppo iniziatico sulla falsariga dei Rosa Croce o della Massoneria – per esempio i membri del direttivo hanno assunto il titolo di "architetti", quasi a voler ricordare il "Grande Architetto dell'Universo" massonico –, essi ribadiscono di non essere né una religione, né una fede o una credenza, un culto o una setta. Al contrario si definiscono una via di mezzo tra un'associazione transumanista, un movimento spirituale, un gruppo di pressione per l'impresa spaziale, un salotto letterario e un think tank. E pure una "non-religione", che offre i medesimi vantaggi della religione, senza gli aspetti negativi e oscurantisti.[64] Il tutto online, ovviamente: l'istituzione ufficiale dell'Ordine degli Ingegneri Cosmici è infatti avvenuta nel corso del convegno dedicato a *The Future of Religions/Religions of the Future*, tenutosi tra il 4 e il 4 giugno 2008 su Second Life. Tra i fondatori – "architetti" – citiamo gli italiani Riccardo Campa e Giulio Prisco, Ben Goertzel, Max More, David Pearce, Martine Rothblatt e Natasha Vita-More.

---

[63] Cfr. A. C. Clarke, *Hazards of Prophecy: The Failure of Imagination*, in: *Profiles of the Future: An Enquiry into the Limits of the Possible*, Harper & Row, New York 1973, pp. 14, 21, 36.

[64] Tra l'altro la nascita di questo gruppo è stata ispirata da un vecchio e discusso articolo – presentato nel corso del diciannovesimo Goddard Memorial Symposium dell'American Astronautical Society, tenutosi a Pentagon City, in Virginia, nel 1981 – scritto da uno dei suoi fondatori, il sociologo e transumanista William Sims Bainbridge. Cfr. W. S. Bainbridge, *Religions for a Galactic Civilization*, in: E. M. Emme (a cura di), *Science Fiction and Space Futures*, American Astronautical Society, San Diego 1982, pp. 187-201.

5. Il transumanismo, cioè mai lasciare nulla di intentato

Che senso avrebbe lavorare tanto per procurarsi la vita eterna, se poi ci capita un asteroide tra capo e collo, o un qualunque altro evento in grado di farci fare la fine dei dinosauri o, peggio ancora, di cancellare il nostro fragile pianeta? Una riflessione di questo tipo non poteva non venire in mente anche ai transumanisti, gente che non ama le brutte sorprese e tende a essere più previdente della media, valutando ogni possibilità. Ed ecco la loro risposta: la Lifeboat Foundation – letteralmente "fondazione scialuppa di salvataggio". Abbiamo deciso di dedicare a questa organizzazione un paragrafo a parte, perché ci pare rappresentativa di un aspetto tipico della mentalità transumanista, che vale la pena di sottolineare: l'abitudine a *pensare proprio a tutto.*

La Lifeboat Foundation[65] è un think tank che, sebbene non espressamente transumanista, in realtà include nei propri ranghi praticamente tutta la "crema" del movimento – oltre che un grandissimo numero di ricercatori più o meno noti in ogni campo delle scienze e della tecnologia. Tra i transumanisti abbiamo Michael Anissimov, José Luis Cordeiro, Aubrey de Grey, Robert A. Freitas Jr., George P. Dvorsky, Terry Grossman, J. Storrs Hall, Ray Kurzweil, David Pearce, Michael Perry, Giulio Prisco, Martine Rothblatt, Eliezer S. Yudkowsky, Natasha Vita-More, Riccardo Campa. La lista degli scienziati, filosofi e studiosi "mainstream" include, tra gli altri, Cristiano Castelfranchi, Patricia S. Churchland, Robert Cialdini, Daniel Dennett, Stanislav Grof, il premio Nobel Daniel Kahneman, Louise N. Leakey, Michael Shermer, Peter Singer e Stephen Wolfram. Nutrito è anche l'elenco degli scrittori di fantascienza, con nomi come Catherine Asaro, Greg Bear, Gregory Benford, David Brin, David Gerrold, James Gunn, Ian MacDonald, Jerry Pournelle, Robert J. Sawyer, Allen M. Steele, Fred Alan Wolf.

A fondare quest'organizzazione – dopo gli eventi dell'11 settembre 2001 – è stato l'americano Eric Klien. Da molti anni sostenitore della crionica e membro della Alcor, Klien ha lavorato a lungo come

---

[65] http://lifeboat.com/ex/main.

operatore di borsa, accumulando una certa fortuna, che gli ha consentito di ritirarsi in parte dagli affari. Sostenitore di una visione libertaria del mondo e della politica, Klien ha varato negli anni Novanta l'Atlantis Project, con lo scopo di creare una città galleggiante indipendente nel Mar dei Carabi, la quale si sarebbe dovuta chiamare Oceania; dopo aver suscitato inizialmente un forte interesse mediatico, l'Atlantis Project è finito nel dimenticatoio, e Klien ha deciso di abbandonarlo.[66]

E arriviamo così alla Lifeboat Foundation, un'organizzazione no-profit che mira a incoraggiare la ricerca scientifica e la riflessione nei confronti dei "rischi esistenziali" teorizzati da Bostrom, di modo da mettere a punto protocolli adeguati per prevenire qualunque tipo di catastrofe. Il quartier generale si trova a Minden, nel Nevada, ma la Lifeboat Foudation dispone di numerose sedi staccate praticamente ovunque – e c'è pure una pagina web in italiano.[67]

Non si fanno mancare niente, i membri di questo think tank, e infatti l'organizzazione consta di un numero enorme di programmi di ricerca, che vanno a coprire *qualunque* tipo di rischio, da quelli più noti – guerra nucleare, distruzione dell'ecosistema, asteroide killer e così via – a quelli paventati specificatamente dai transumanisti – come una Singolarità tecnologica ostile all'uomo – a quelli più classicamente fantascientifici – invasioni aliene, buchi neri di passaggio, e chi più ne ha più ne metta. Nella fattispecie i programmi si dividono in due gruppi, gli "shield", cioè scudi che mirano a evitare o fermare catastrofi varie, e i "preserver", che mirano invece a garantire la sopravvivenza della vita e della nostra civiltà nel caso che una catastrofe non possa essere impedita. Vediamoli assieme.

AIShield è il programma specificatamente dedicato a prevenire l'avvento di una super-intelligenza artificiale ostile; non sappiamo se ciò sia possibile ma, nel caso che lo fosse – e visto che la Legge di Murphy ha quasi lo statuto di una legge fisica – meglio essere preparati,

---

[66] http://oceania.org/.
[67] http://italian.lifeboat.com/ex/.

lavorando alla prevenzione di uno scenario alla *Terminator* o alla *Matrix*. Non si può poi escludere la possibilità che una società completamente automatizzata e gestita da intelligenze artificiali finisca con il portare la nostra specie a un livello di pigrizia mai visto fino a ora – e anche questo è un tema discusso dai membri di questo programma.

AsteroidShield, come si può immaginare, mira a impedire che un corpo celeste simile a quello che distrusse i dinosauri ci colpisca di nuovo. Non è un rischio da sottovalutare: se infatti un asteroide anche relativamente piccolo e diretto verso la Terra sfuggisse si nostri sistemi di rilevamento, non sarebbe solo Huston ad avere un problema. Tant'è vero che la Lifeboat Foundation non è l'unica organizzazione a preoccuparsi di questo rischio. BioShield mira a proteggere l'umanità da armi biologiche e dalle pandemie che colpiscono regolarmente il pianeta; dato che la Rete sta assumendo un'importanza fondamentale per qualunque tipo di attività, InternetShield vuole invece sviluppare procedure per difenderla da eventuali attacchi o da un possibile collasso.

Il programma LifeShield Bunkers mira, come si può intuire, a sviluppare rifugi a prova di bomba – anzi, a prova di tutto. Molto articolato, questo programma mira a sviluppare possibili bunker sullo stile di Biosfera 2, capaci di ospitare in modo permanente famiglie con bambini. Non è finita qua, però: LifeShield bunkers prevede anche lo sviluppo di accorgimenti e procedure in grado di trasformare edifici pubblici di vario genere – soprattutto gli ospedali –, uffici e case in strutture in grado di sopravvivere a possibili catastrofi. Insomma, si torna un po' alla moda tutta americana – tipica della Guerra Fredda – del bunker antiatomico in cantina. Con l'aggiunta di altre proposte, come l'utilizzo della terapia genica per potenziare la nostra resistenza alla radioattività.

ScientificFreedomShield riconosce l'importanza che, storicamente, gli scienziati con idee radicali e controverse hanno avuto per la storia della scienza e della tecnologia, e si propone proprio di promuovere tale fonte di innovazione, proteggendola dai blocchi che una mentalità di tipo burocratico – tipica di molta ricerca odierna – potrebbe imporre. NeuroethicsShield serve a prevenire l'abuso – soprattutto di tipo politico – nell'ambito della neurotecnologia e della neurofarmacologia, ossia ambiti che potrebbero dimostrarsi in un prossimo futuro sempre più intrusivi e pericolosi per la libertà e l'auto-determinazione.

NanoShield rappresenta la risposta dei transumanisti a una delle minacce che derivano dalle tecnologie futuribili da loro proposte, cioè quella delle nanomacchine; dispositivi che un bel giorno potrebbero sfuggirci di mano, iniziando letteralmente a divorare e riplasmare l'intero pianeta. Le soluzioni proposte vanno dallo sviluppo di un sistema immunitario nanotech da inserire in noi stessi – in modo da renderci invulnerabili a tale minaccia –, alla creazione di filtri nanotecnologici in grado di setacciare e ripulire l'atmosfera.

Mentre NuclearShield propone di mettere a punto nuovi sistemi di protezione ed evacuazione per proteggere il più possibile le nostre città dalle esplosioni nucleari, ClimateShield mira non solo a monitorare il cambiamento climatico, ma anche a sviluppare quell'ambito di ricerca di frontiera noto come "ingegneria climatica", cioè un insieme di procedure atte letteralmente a controllare il clima. Il che significa imparare a produrre pioggia a comando, dissolvere i cicloni, deviare gli uragani, gestire l'idrosfera globale, controllare le stagioni, utilizzare schermi orbitali per controllare la luce solare, impiegare sciami di nano-macchine per ripulire l'aria dai particolati atmosferici. Insomma, al momento si tratta di un obiettivo decisamente fantascientifico, ma non è da escludere che, se l'ingegneria climatica progredirà in modo costante, prima o dopo l'uomo arrivi a una gestione diretta e consapevole del clima terrestre.

Quanto a visionarietà, la Lifeboat Foundation fino a ora non ha di certo scherzato; niente però, in confronto ai seguenti progetti – che, ammettono i membri, sono da considerarsi più a lungo termine. Per esempio AlienShield, che vuole prevenire l'annichilimento dell'umanità a causa di una razza aliena. La distruzione potrebbe essere involontaria: infatti, se una specie aliena riesce a giungere fino a noi, ciò implica che dispone di una tecnologia più avanzata della nostra, e la storia ci insegna che, quando una civiltà umana meno progredita ne incontra una più progredita, la prima finisce per perdere la propria autonomia culturale ed essere assimilata. Oltre che sviluppare una strategia per prevenire la distruzione bellica e la cancellazione culturale, il programma in questione mira a mettere a punto un protocollo adeguato per gestire un eventuale "Primo contatto".

Come si può intuire dal nome, il ParticleAcceleratorShield punta a prevenire possibili catastrofi legate all'utilizzo degli acceleratori di particelle prossimi venturi, inclusa l'improbabile formazione di mini-buchi neri artificiali e altre amenità connesse alla fisica delle alte energie. AntimatterShield mira a prevenire l'annichilimento del nostro pianeta tramite armi di antimateria; BlackHoleShield vuole invece monitorare i cieli alla ricerca di eventuali buchi neri che ci minacciano, e sviluppare procedure – al momento impensabili – per sventare tale minaccia. Poi abbiamo GammaRayShield, che si occupa dei gamma ray burst, o lampi gamma, potentissime esplosioni di raggi gamma la cui durata va da alcuni millisecondi a svariate decine di minuti; si tratta delle emissioni di energia più potenti dell'universo. Infine abbiamo il SunShield, che ambisce a sviluppare un sistema di monitoraggio permanente del Sole e ideare possibili soluzioni per quando, nel nostro lontanissimo futuro – tra cinque miliardi di anni o giù di lì – esso si trasformerà in una gigante rossa, ingoiando probabilmente i pianeti interni. Anche qui i membri della Lifeboat Foundation non sono privi di idee – da quella di spostare la Terra a quella di trasferire l'umanità altrove –, e il fatto che la minaccia in questione sia così remota dimostra quanto siano lungimiranti i transumanisti. D'altronde è senz'altro possibile che qualcuno di loro progetti di essere ancora in circolazione in quel remoto futuro, per cui – da questo punto di vista – preoccuparsi con largo anticipo ha senz'altro senso.

Infine, come si diceva, abbiamo i preserver. SecurityPreserver vuole prevenire attacchi nucleari, biotecnologici e nanotecnologici di tipo terroristico utilizzando le più moderne forme di sorveglianza high tech. Nel corso poi della sua lunga storia, il nostro pianeta ha assistito a cinque grandi estinzioni di massa, eventi cioè in cui si verifica la scomparsa di una percentuale elevatissima di *specie* viventi. Le cause sono varie e, stando ad alcuni studiosi, la Terra si starebbe avviando verso una sesta grande estinzione, in cui questa volta giocherebbe un ruolo centrale l'uomo.[68] A questo scopo la Lifeboat Foundation ha lanciato il programma BioPreserver.

CommPreserver ha lo scopo di sviluppare nuovi sistemi di comunicazione capaci di sopravvivere a eventi catastrofici che distruggerebbero quelli tradizionali – come è il caso delle esplosioni nucleari. EnergyPreserver mira ovviamente a studiare le soluzioni possibili ai nostri bisogni energetici del futuro. InfoPreserver, un'iniziativa particolarmente meritoria, vuole preservare – sulla falsariga di altre organizzazioni no-profit come l'Alliance to Rescue Civilization[69] e la Long Now Foundation[70] – tutta l'informazione creata dalla nostra civiltà, come l'arte, la cultura, le conoscenze scientifiche. LifePreserver vuole promuovere lo studio di uno dei cavalli di battaglia del transumanismo, la life extension. PersonalityPreserver è invece un programma che prende in esame tutti i modi possibili per preservare le persone – o anche solo le personalità individuali – incluse le tecniche favorite dei transumanisti, cioè la crionica e il mind uploading. SeedPreserver mira a preservare la vita e la bio-diversità, promuovendo iniziative analoghe a quella voluta dalla Norvegia e da altri cinque paesi che si affacciano sull'Artico – cioè la costruzione di un'"Arca di Noè" sita in una miniera in disuso nelle isole Svalbard con il fine di preservare milioni di sementi diverse provenienti da tutto il mondo, messe così al riparo da possibili eventi catastrofici. Il programma Space Habitats vuole infine incoraggiare l'espansione umana nello spazio, sia tramite la colonizzazione di altri pianeti, sia con la costru-

---

[68] R. Leakey; R. Lewin, *La sesta estinzione. La complessità della vita e il futuro dell'uomo*, Bollati Boringhieri, Torino 1998.

[69] Questa organizzazione, fondata dal giornalista William E. Burrows – membro anche della Lifeboat Foundation – e dal biochimico Robert Shapiro, propone la creazione di un sistema di "backup" della nostra civiltà sulla Luna. Cfr. http://arc-space.wetpaint.com/.

[70] La Long Now Foundation, creata nel 1966, mira a promuovere una mentalità basata sul lunghissimo termine. Cfr. http://longnow.org/.

zione di habitat spaziali autonomi. A questo proposito la Lifeboat Foundation sta lavorando ad Ark I, un progetto per lo sviluppo di un habitat spaziale autosufficiente in grado di garantire la sopravvivenza all'umanità nel caso che la Terra diventasse inabitabile.

6. Il *Who's Who* del transumanismo

Dopo questa lunga introduzione teorica e organizzativa, è il momento di un bel giro di presentazioni. Tenendo conto di un fatto, e cioè che tra i transumanisti c'è un po' di tutto: filosofi – soprattutto nella variante analitica –, economisti, imprenditori, futurologi, artisti, giornalisti, scrittori di fantascienza – come Greg Bear e Gregory Benford –, teorici dell'intelligenza artificiale, studiosi di computer science e perfino attori – come William Shatner, che conoscerete senz'altro nel ruolo del Capitano James T. Kirk di *Star Trek*. Il transumanismo è oramai un movimento globale, e include numerosi rappresentanti. Messa in altro modo: i transumanisti sono tanti, molti di più di quanti non pensassimo all'inizio del presente lavoro; alcuni li abbiamo già incontrati, altri li incontreremo. In questo paragrafo indicheremo quindi – a nostro umile, ma insindacabile giudizio – i più importanti. Guardiamoli in faccia, allora, questi teorici dell'evoluzione umana prossima ventura, e cerchiamo di capire che tipo di persone siano.

FM-2030. Cominciamo con un decano del movimento, transumanista fin dal nome: FM-2030. Nato a Bruxelles nel 1930, morto a New York nel 2000, Fereidoun M. Esfandiary si è distinto fin dagli anni Sessanta/Settanta per le proprie posizioni non convenzionali, per le quali ha coniato la definizione di *up-winger* – se in inglese "di destra" e "di sinistra" si rendono con *right-winger* e *left-winger*, l'utilizzo del prefisso *up* rappresenterebbe per Esfandiary la natura veramente radicale del suo pensiero, teso appunto alla promozione dello sviluppo tecnologico umano – tema tra l'altro di un apposito libro, *Up-Wingers: A Futurist Manifesto*.[71] E la scelta, a metà degli anni Set-

---

[71] F. M. Esfandiary, *Up-Wingers: A Futurist Manifesto*, John Day Company, New York 1973.

tanta, di cambiare legalmente il proprio nome in FM-2030, indica l'aspirazione di Esfandiary a festeggiare il centesimo compleanno – un anno in cui, secondo lui, grazie al progresso scientifico tutti godranno della possibilità di vivere per sempre – e a liberarsi dalle convenzioni tribali legate alla tradizionale attribuzione dei nomi propri. Nel 1970 Esfandiary pubblica *Optimism One. The emerging radicalism*[72], in cui sostiene tra l'altro che alla presente Era spaziale sta per succedere un'Era temporale, in cui la morte sarà trasformata da imperativo a problema risolvibile – probabilmente entro trenta/quarant'anni, come dice lui troppo ottimisticamente –, garantendoci così libertà dalla pressione del tempo. A chi gli contesta l'innaturalità dell'immortalità, Esfandiary risponde che "se morire è naturale, allora al diavolo la natura".[73] La sconfitta della morte rappresenta per lui il prossimo passo evolutivo, tramite il quale non saremo più alla mercé del tempo. Del 1989 è *Are You a Transhuman? Monitoring and Stimulating Your Personal Rate of Growth in a Rapidly Changing World*, libro in cui Esfandiary si occupa del nascente tipo antropologico dei transumani, che costituiscono la prima manifestazione di un nuovo stadio evolutivo. Tra i segni della transumanità FM-2030 include l'avvalersi di protesi, della chirurgia estetica e della riproduzione *in vitro*, l'intenso uso delle telecomunicazioni, l'assenza di credenze religiose e così via.[74] Purtroppo per lui il suo sogno di diventare immortale è stato stroncato da un tumore al pancreas, e il suo corpo si trova ora crio-preservato presso le strutture della Alcor. Di sé FM-2030 soleva dire: "sono una persona del Ventunesimo secolo accidentalmente scagliata nel Ventesimo. Ho una profonda nostalgia del futuro". Ci terremmo a sottolineare infine che, lungi dall'essere un visionario privo di legami con la cultura ufficiale, Esfandiary ha insegnato in diversi atenei, tra cui la prestigiosa New School for Social Research di New York e la UCLA, a Los Angeles.

---

[72] Ibid., *Optimism One. The emerging radicalism*, Norton & Company, New York 1970.
[73] Ibid. p. 205.
[74] F. M. Esfandiary, *Are You a Transhuman? Monitoring and Stimulating Your Personal Rate of Growth in a Rapidly Changing World*, Warner Books, New York 1989.

Robert Ettinger. Padre della crionica, Ettinger è nato nel 1918, morto nel 2011 e, in ossequio alla visione da lui promossa, sottoposto immediatamente alle procedure di sospensione crionica. Nutritosi con forti dosi di fantascienza fin da ragazzo, Ettinger crede per un certo periodo che la scienza sia in procinto di sconfiggere l'invecchiamento e la morte. Con l'arrivo della maggiore età, il giovane nerd *ante letteram* comincia a rendersi conto che questa impresa richiederà fin troppo tempo; per fortuna in suo soccorso arriva la letteratura fantascientifica, sotto forma di un racconto da lui letto alcuni anni prima, *The Jameson Satellite*, scritto da Neil R. Jones e pubblicato nel luglio 1931 su *Amazing Stories*, la prima, mitica rivista di fantascienza – fondata da Hugo Gernsback. Il racconto narra delle vicende di un certo professor Jameson, il cui cadavere – lanciato nello spazio e conservato per milioni di anni – viene recuperato e riportato in vita da una potente razza aliena. Nel 1947, mentre si trova ricoverato in ospedale per ferite di guerra, Ettinger viene a conoscenza della criogenia – lo studio della produzione di temperature molto basse e degli effetti di queste su materiali organici e inorganici – , e in particolare delle ricerche effettuate in quel campo dal biologo francese Jean Rostand. Nel 1948 allora pubblica su *Startling Stories* un racconto, *The Penultimate Trump*, in cui propone per la prima volta il paradigma della crionica: i criteri per stabilire la morte di una persona sono parzialmente relativi, i cadaveri di oggi potrebbero essere i pazienti di domani e dunque è importante utilizzare la criogenia per conservarne i corpi fino a quando la scienza medica non avrà trovato il modo di risolvere il problema. Oramai il dado è tratto; tuttavia Ettinger avrà bisogno ancora di qualche anno per collaudare la propria visione e mettersi in movimento. Nel 1962 pubblica privatamente la prima versione di *The Prospect of Immortality*[75], il libro che lancerà il movimento crionico; il noto scrittore di fantascienza e divulgatore scientifico Isaac Asimov legge il libro e comunica a Doubleday – una grossa casa editrice, che gliene ha commissionato la lettura – che le teorie di Ettinger sono scientificamente

---

[75] Scaricabile gratuitamente al seguente indirizzo: http://www.cryonics.org/book1.html.

sensate. Nel 1964 *The Prospect of Immortality* viene quindi ripubblicato, ha successo e viene tradotto in molte lingue. Ettinger – che nel contempo persegue la carriera accademica, diventando docente di fisica e matematica presso la Wayne State University, a Detroit – diventa una celebrità, partecipa a svariati *talk show* e viene intervistato da diverse riviste e quotidiani, americani e non. A dirla tutta, Ettinger contende in realtà il titolo di padre della crionica a un tale Evan Cooper[76], che nel 1962 ha pubblicato a spese proprie *Immortality: Scientifically, Physically, Now*, un testo privo però di rigore tecnico e scientifico.[77] Comunque sia, il 1966 vede la nascita della Cryonics Society della California e di quella del Michigan – ed Ettinger è eletto presidente di quest'ultima. Nel corso degli anni Settanta il padre della crionica trasforma la società da lui presieduta in due organizzazioni, il Cryonics Institute e l'Immortalist Society. Il primo paziente a essere criosospeso da Ettinger – nel 1977 – è sua madre Rhea.

Max More. Ed eccoci a Max T. O'Connor, in arte Max More. Nato a Bristol nel 1964, laureato in filosofia ed economia all'Università di Oxford, addottorato alla University of Southern California, può essere considerato uno dei principali transumanisti contemporanei. È stato lui a re-introdurre, modernizzandolo, il termine "transumanismo", nell'articolo del 1990 *Transhumanism: Toward a Futurist Philosophy*[78]. Nell'ottica di More – vagamente ispirata a quella di Nietzsche – la fine della religione ci ha fatto sprofondare in un nichilismo disperante, e il transumanismo rappresenta un'alternativa a entrambe queste visioni della realtà. Scopo finale è ovviamente quello di abolire il più grande di tutti i mali: la morte. Essa non ferma di certo il progresso degli esseri intelligenti presi collettivamente, ma oblitera l'individuo, privandone di significato l'esistenza. La morte individuale

---

[76] Cooper è un semplice attivista, e a lui si deve la formazione della prima, vera organizzazione crionica, la Life Extension Society; nel 1969 abbandona però l'attivismo crionico e, nel 1983 – in modo poetico, in effetti –, scompare in mare.

[77] Cfr. http://www.evidencebasedcryonics.org/ev-cooper-immortality-physically-scientifically-now/.

[78] Cfr. http://www.maxmore.com/transhum.htm.

rende insensata la vita in quanto ci disconnette da tutto ciò a cui attribuiamo valore, di qualunque cosa si tratti. Visto come un eterno ripresentarsi di enti ed eventi, nemmeno il divenire ha molto significato; lo può avere solo se ha una direzione, cioè se è diretto verso la creazione di un ordine crescente – quello che More chiama "estropia". Da qui il motto degli estropici: "in avanti, verso su e verso fuori". L'umanità dev'essere vista solo come uno stadio temporaneo dell'evoluzione della vita, ed è giunto per noi il momento di prendere in mano questo processo e accelerarlo. Per fare questo dobbiamo però liberarci di un tratto tipicamente umano, cioè il nostro bisogno costitutivo di certezze, che ci porta naturalmente a sottometterci alla religione o comunque a dogmi e ideologie; qui la soluzione prospettata da More – molto transumanista, non c'è che dire – è quella di "re-ingegnerizzare" la nostra coscienza, in modo che faccia a meno del desiderio di certezza dogmatica e possa sopportare l'errore e il dubbio, sbarazzandosi una volta per tutte della fede cieca. Proprio per favorire lo sviluppo tecnologico e scientifico nella direzione da lui auspicata, More elabora a un certo punto il "Principio di Proazione", da contrapporre al classico Principio di Precauzione. Di quest'ultimo non esiste una formulazione univoca, ma ve ne sono alcune particolarmente influenti, come quella contenuta nella Dichiarazione di Rio del 1992 o nella Dichiarazione di Wingspread del 1999, che More utilizza: "Quando un'attività minaccia di danneggiare la salute umana o l'ambiente, è necessario prendere misure precauzionali anche se alcune relazioni di causa ed effetto non sono pienamente fondate scientificamente. In questo contesto l'onere della prova spetta a chi propone un'attività, piuttosto che al pubblico."[79] Per More se il Principio di Precauzione fosse stato applicato in passato, il progresso tecnologico e culturale sarebbe rimasto completamente bloccato – si pensi a pratiche come la clorazione dell'acqua, l'utilizzo dei raggi X, o anche solo lo sviluppo di mezzi di trasporto meccanici. Proprio per questo il Principio di Proazione moriano include non solo l'antici-

---

[79] Cfr. http://www.sehn.org/wing.html. Traduzione nostra.

pazione *prima* dell'azione, ma anche la filosofia dell'*imparare facendo*.[80] More raccomanda inoltre la valutazione dei rischi tramite un metodo d'analisi rigidamente razionale – escludendo quindi qualunque concessione all'emotività. L'onere della prova va a chi propone le misure restrittive; bisogna inoltre considerare non solo i possibili danni, ma anche le perdite dovute all'abbandono di una certa tecnologia o di un certo filone di ricerca. La precedenza va data alla prevenzione di rischi già ben noti, piuttosto che di rischi solo ipotetici; infine i rischi derivati dalla tecnologia vanno trattati alla stregua di rischi naturali, evitando di sminuire questi ultimi o di ingigantire i primi.

Natasha Vita-More. Americana, moglie di Max More – vero nome Nancie Clark –, nata nel 1950, artista e designer, docente presso la University of Advancing Technology di Temple, in Arizona. L'artista ha cominciato a interessarsi di questioni relative al futuro fin da giovanissima, ma ha iniziato a prendere molto sul serio tale interesse solo dopo aver sofferto di una gravidanza ectopica.[81] Tra i suoi titoli accademici c'è un master in *future studies* conseguito all'Università di Houston. Body builder ed esperta di nutrizione, la More rappresenta un interessante incrocio tra il mondo dell'arte, quello del transumanismo e quello della fitness – di cui molti transumanisti sono appassionati, in particolare in funzione anti-invecchiamento. Membro di molte organizzazioni legate al movimento in questione, attualmente è presidente di Humanity+. Lavori artistici e accademici a parte, la Vita-More è molto presente sui media, occasioni in cui non manca di promuovere la causa transumanista. È con Natasha Vita-More che inizia ufficialmente l'arte transumanista. Nel 1982 l'artista lancia il *Transhumanist Arts Statement*, in cui proclama che gli artisti transumanisti voglio estendere la vita e sconfiggere la morte, perse-

---

[80] Cfr. M. More, *The Proactionary Principle*, versione 1.2, 29 luglio 2005, http://www.max-more.com/proactionary.htm.

[81] Condizione patologica per cui l'impianto dell'embrione avviene in una sede diversa dall'utero, in genere con probabilità di riuscita molto basse – e con possibili rischi, anche considerevoli, per la madre.

guendo una trasformazione infinita e l'esplorazione dell'universo.[82] L'anno successivo pubblica il *Transhuman Manifesto* in cui, tra l'altro, promuove una concezione transumanista dei valori – incentrata sulla libertà e sulla diversità – e la cosiddetta "libertà morfologica", un "diritto transumano" relativo alla libertà di modificare a piacimento il proprio corpo.[83] Tra l'altro la sua produzione artistica include l'elaborazione di *Primo Posthuman*, nel contempo opera d'arte e modello teorico di come potrebbe essere ridisegnato il corpo post-umano.[84] Secondo la Vita-More l'essenza della natura umana è costituita dalla soluzione di problemi attraverso lo sviluppo di metodi di design sempre nuovi; su tale idea si basa anche la sua prospettiva artistica, la quale fonde l'Arte Concettuale[85] con le discipline più amate dai transumanisti, ossia le biotecnologie, le nanotecnologie, la robotica, le neuroscienze e la teoria dell'informazione. L'artista riconosce inoltre altre influenze, come il futurismo e il dadaismo. Il movimento artistico da lei lanciato si divide poi in sotto-generi, come l'"Automorph" – l'arte di scolpire in modo consapevole e completo la propria psicologia e fisiologia – "Arte come Essere", in pratica. Il sotto-genere "Exoterra" incorpora nelle opere d'arte –siano esse figurative, musicali o altro – elementi che si riferiscono allo spazio, alla fantascienza, e così via.[86] Nel 1995 301 tra artisti e scienziati firmano lo *Statement*; inoltre nel corso degli anni Novanta l'associazione Transhumanist Arts & Culture – in realtà una comunità fluida di artisti visuali, performer, artisti multi-mediali, registi, video-produttori, scienziati e tecno-entusiasti – diventa un punto di collegamento per coloro che si riconoscono nel movimento. Il primo gennaio del 1997 la Vita-More

---

[82] http://www.transhumanist.biz/transhumanistartsmanifesto.htm.

[83] http://www.transhumanist.biz/transhumanmanifesto.htm.

[84] http://www.natasha.cc/primo.htm.

[85] L'Arte Concettuale è un movimento artistico sviluppatosi negli Stati Uniti a partire dagli anni Sessanta, e che parte dal presupposto che le idee e i concetti incarnati nel lavoro artistico abbiano la precedenza sulle tradizionali considerazioni estetiche e materiali. All'Arte Concettuale è legata la pratica delle "installazioni" – come vengono chiamate le opere artistiche prodotte –, che sovente possono essere costruite da chiunque, seguendo un *set* di istruzioni scritte.

[86] Cfr. http://www.transhumanist.biz/.

lancia un nuovo Manifesto, l'*Extropic Art Manifesto of Transhumanist Arts*, in cui dichiara: "sono l'architetto della mia esistenza. La mia arte riflette la mia visione e rappresenta i miei valori. Comunica l'essenza del mio essere. [...] Mentre entriamo nel Ventunesimo secolo, le arti transumaniste e l'arte estropica pervaderanno l'universo attorno a noi".[87] Nell'ottobre dello stesso anno il Manifesto viene lanciato nello spazio a bordo della sonda Cassini Huygens, in rotta verso Saturno.

Kim Eric Drexler. Americano, ingegnere, classe 1955, Drexler è considerato uno dei massimi guru del transumanismo, e in particolare di quella parte del movimento – assolutamente maggioritaria – che fa affidamento sulle nanotecnologie come da lui intese per realizzare i propri sogni post-umani. Durante gli anni Settanta, mentre si trova come studente al Massachusetts Institute of Technology, Drexler inizia a sviluppare le sue idee sulla nanotecnologia molecolare. In quel periodo – e in ciò influenzato dal celebre rapporto del Club di Roma *Limits to Growth* – si interessa anche al tema delle risorse reperibili al di fuori della Terra, ed entra quindi in contatto con Gerard K. O'Neill, fisico dell'Università di Princeton noto per il suo lavoro teorico sulla colonizzazione dello spazio. Tutto questo porta al coinvolgimento di Drexler nella L5 Society, un'associazione per la promozione della colonizzazione spaziale, che nel 1980 riesce tra l'altro a impedire la ratifica da parte degli Usa del Trattato sulla Luna, che secondo l'associazione in questione prevede restrizioni tali da impedire la creazione di colonie extraterrestri. Saranno le nanotecnologie la vera vocazione di Drexler, e in particolare lo studio teorico delle nanomacchine molecolari e di tutte le loro possibili applicazioni. Questa passione lo porterà a pubblicare nel 1986 il libro *Engines of Creation: The Coming Era of Nanotechnology*[88] – con prefazione di Marvin Minsky –, che illustra appunto i rischi e le opportunità legati alle nanotecnologie, inclusa la famosa *grey goo* – più o meno "poltiglia grigia" –, che consiste nel pericolo che nanomacchine fuori controllo

---

[87] Cfr. http://www.transhumanist.biz/extropic.htm. Traduzione nostra.
[88] http://e-drexler.com/p/06/00/EOC_Cover.html.

divorino il pianeta e lo riducano appunto nello stato in questione. Nello stesso anno Drexler fonda, assieme all'allora moglie Christine Peterson, il Foresight Institute, la cui *mission* è, molto laconicamente, quella di "prepararsi per la nanotecnologia". Nel 1991 pubblica, con la Peterson e Gayle Pergamit, *Unbounding the Future*, in cui approfondisce gli scenari applicativi delle sue nano-macchine molecolari.[89] Nel 1992 esce *Nanosystems: molecular machinery, manufacturing, and computation*, libro molto tecnico tratto – con alcuni adattamenti – dalla tesi di dottorato di Drexler. Del 2007 è *Engines of Creation 2.0: The Coming Era of Nanotechnology – Updated and Expanded*, nuova versione del libro che lo ha reso famoso.[90] Del 2013 è infine *Radical Abundance: How a Revolution in Nanotechnology Will Change Civilization*, che fin dal titolo fa ben sperare per gli umani destini. A questo proposito è interessante notare che Drexler sposa una delle varianti del Paradosso di Fermi – che si chiedeva appunto come mai, se l'universo brulicava di forme di vita intelligenti, nessuno si fosse fatto ancora vivo con noi – e sostiene che probabilmente non ci sono civiltà evolute nei paraggi. Di conseguenza le risorse del vasto universo sono tutte per noi, e combinando i viaggi spaziali con le nanotecnologie si può aggirare i suddetti limiti a una crescita potenzialmente infinita.

Hans Moravec. Austriaco, classe 1948, Moravec lavora presso il Robotics Institute della Carnegie Mellon University, a Pittsburgh. Molto noto per il suo lavoro nel campo della robotica e dell'intelligenza artificiale, è anche uno dei guru del transumanismo, in particolare per i suoi scenari relativi al futuro dei robot. Nel 1988 pubblica *Mind Children*[91], in cui sostiene tra l'altro che i robot si evolveranno in diverse nuove specie a partire dagli anni Trenta e Quaranta del Ventunesimo Secolo. In *Robot: Mere Machine to Transcendent Mind*[92], del

[89] http://www.foresight.org/UTF/download/unbound.pdf.

[90] http://www1.appstate.edu/dept/physics/nanotech/EnginesofCreation2_8803267.pdf.

[91] H. Moravec, *Mind Children: The Future of Robot and Human Intelligence*, Harvard University Press, Cambridge 1988.

[92] H. Moravec, *Robot: Mere Machine to Transcendent Mind*, Oxford University Press, New York 1998.

1998, analizza ulteriormente la possibilità che entro breve si sviluppi un'intelligenza di tipo robotico e che da essa nasca una super-intelligenza in rapida espansione.

James J. Hughes. Sociologo, studioso di bioetica, James Hughes insegna politica sanitaria al Trinity College di Hartford, Connecticut. Ex-monaco buddista, è stato direttore esecutivo della World Transhumanist Association dal 2004 al 2006, mentre ora ricopre un ruolo analogo presso l'Institute for Ethics and Emerging Technologies, che ha fondato con Nick Bostrom. Nel 2004 ha pubblicato *Citizen Cyborg: Why Democratic Societies Must Respond to the Redesigned Human of the Future*, in cui espone la propria visione del "transumanismo democratico".

David Pearce. Filosofo utilitarista britannico, Pearce ha come punto fermo della propria riflessione l'abolizione di qualunque forma di sofferenza in ogni creatura senziente, umana o animale. Per conseguire questo obiettivo, Pearce propone l'utilizzo dell'ingegneria genetica, della farmacologia e della nanotecnologia per cancellare qualunque esperienza spiacevole, nel quadro di quello che lui chiama "Ingegnerizzazione del Paradiso" – concezione esposta nel suo manifesto online *The Hedonistic Imperative*.[93] Animalista e vegano, il filosofo ritiene che i nostri discendenti post-umani dovranno farsi carico dell'eliminazione della sofferenza anche tra gli animali selvatici. Nel 1995 Pearce ha creato un sito web, BLTC Research, in cui raccoglie e propone materiali relativi ai metodi biochimici e biotecnologici per l'abolizione della sofferenza.[94] Nel 2002 ha fondato l'Abolitionist Society, allo scopo di promuovere la propria visione transumanista della sofferenza.[95]

Gregory Stock. Biofisico, imprenditore biotech, Stock è un personaggio complesso e, sebbene non possa essere definito un transumanista *tout court*, è comunque molto vicino alle posizioni dei transumanisti. Un forte simpatizzante insomma, per di più ben posi-

---

[93] http://www.hedweb.com/hedethic/tabconhi.htm.
[94] http://www.bltc.com/.
[95] www.abolitionist-society.com/abolitionism.htm.

zionato a livello accademico e politico. Fondatore ed ex-direttore del Programma di Medicina, Tecnologia e Società della University of California School of Medicine, a Los Angeles, Stock si è occupato a lungo delle implicazioni etico-politiche ed evolutive di settori di ricerca d'avanguardia quali le biotecnologie e la *computer science*. Già amministratore delegato della Signum Biosciences – una compagnia biotech che si occupa di sviluppare terapie per Alzheimer, Parkinson e altre patologie –, è membro del California Advisory Committee on Stem Cells and Reproductive Cloning, oltre che direttore associato del Bioagenda Institute e del Center for Life Science Studies – presso l'Università della California a Berkeley. Un curriculum di tutto rispetto, a cui si aggiunge il fatto che, nel 1998, Stock ha organizzato all'UCLA una fondamentale conferenza sulle scienze della vita – dedicata al tema *Engineering the Human Germline* – a cui hanno partecipato personaggi del calibro di James Watson. Un'altra importante conferenza organizzata nel 1999 all'UCLA dallo studioso, *Milestones on Aging*, ha contribuito a legittimare scientificamente la ricerca per l'estensione significativa della longevità umana. A tale evento è seguita un'altra conferenza da lui organizzata a Berkeley assieme a un noto studioso *mainstream* di biogerontologia, Bruce Ames, e a Aubrey De Grey – il quale, in seguito a questo evento, ha lanciato la Methuselah Foundation. Noto avversario dei principali intellettuali Usa anti-biotech – come Francis Fukuyama, Jeremy Rifkin e Leon Kass –, Stock ha sempre criticato qualunque tipo di restrizione alla ricerca biotecnologica e agli studi anti-aging. Tra le opere da lui pubblicate ricordiamo il libro del 1993 *Metaman: The Merging of Humans and Machines into a Global Superorganism* – che, come potete intuire dal titolo, riguarda la nascita di un super-organismo che comprende l'umanità e la sua tecnologia – e *Redesigning Humans: Our Inevitable Genetic Future*[96], del 2002.

Nick Bostrom. Nato in Svezia nel 1973, docente dell'Università di Oxford, è una delle menti filosoficamente più sofisticate del transu-

---

[96] G. Stock, *Riprogettare gli esseri umani. L'impatto dell'ingegneria genetica sul destino biologico della nostra specie*, Orme, Milano 2005.

manismo e si distingue per i suoi sforzi di dare a questo movimento dignità filosofica e accademica. È un noto sostenitore dello *human enhancement*[97], ma il suo cavallo di battaglia è costituito dai "rischi esistenziali"[98], cioè tutti quei rischi che, una volta realizzatisi, potrebbero cancellare la vita intelligente sulla Terra o ridurne drasticamente e permanentemente le potenzialità.[99] Un altro tema filosoficamente interessante per cui è noto Bostrom è quello relativo al "problema della simulazione", ossia alla possibilità che noi si viva già adesso in una realtà simulata[100] – un po' come capita nel film *Matrix*, diciamo.

Aubrey De Grey. Tra i transumanisti De Grey è una vera e propria leggenda vivente. Britannico, nato nel 1963, è un biogerontologo, ed è anche il promotore del più articolato sistema mai sviluppato per il conseguimento – in un futuro abbastanza vicino, sperano i suoi sostenitori – di un'aspettativa di vita praticamente illimitata. Dell'immortalità scientifica, in pratica – ma non ditelo ad alta voce, perché i bio-conservatori potrebbero spaventarsi; molto meglio parlare di lotta al processo di invecchiamento per ragioni umanitarie. Certo l'aspetto e il modo di presentarsi – magro, alto, nevrotico, con una barba folta e lunghissima che lo fa assomigliare un po' a un profeta – forse non lo aiutano a promuovere la propria causa; nonostante ciò, nel corso degli anni ha acquisito un buon numero di seguaci, alcuni dei quali piuttosto influenti e generosi. Laureato in *computer science* all'Università di Cambridge, De Grey ha lavorato per un periodo come programmatore, aprendo poi una propria azienda di software. Dopo aver incontrato a una festa di laurea la sua futura moglie, la genetista Adelaide Carpenter, inizia a collaborare con il Dipartimento di Genetica dell'Università di Cambridge, come manager del database dei moscerini della frutta studiati in tale sede. Da bravo

---

[97] N. Bostrom, J. Savulescu (a cura di), *Human Enhancement*, Oxford University Press, Oxford 2009.

[98] http://www.existential-risk.org/.

[99] Cfr. N. Bostrom; M. Cirkovic (a cura di), *Global Catastrophic Risks*, Oxford Univiversity Press, Oxford 2011.

[100] N. Bostrom, *Are you living in a computer simulation?* http://www.simulation-argument.com/simulation.html.

autodidatta, De Grey comincia anche a studiare per conto proprio la biologia dei processi di invecchiamento; nel 1999 questi studi personali lo portano alla realizzazione di un saggio, *The Mitochondrial Free Radical Theory of Aging*, in cui De Grey sostiene che la rimozione dei danni subiti dal DNA mitocondriale potrebbe estendere in modo significativo la durata della vita – nonostante tali danni siano una causa importante, ma certo non esclusiva, del processo d'invecchiamento. Sulla base di questo libro, nel 2000 l'Università di Cambridge ha conferito a De Grey il PhD. Avremo modo di parlare approfonditamente delle teorie di De Grey; per il momento ci basti ricordare i passaggi che lo hanno portato a diventare – nonostante il suo vero lavoro sia stato fino al 2006 quello di amministratore di un database – un importante e controverso teorico della biogerontologia, ma soprattutto il massimo promotore contemporaneo della teoria transumanista dell'immortalità scientifica. Nel 2000 fonda la Methuselah Foundation e nel 2009 la SENS Research Foundation. Il 2005 lo vede protagonista di un serrato dibattito pubblicato sulla *Technology Review* del MIT, che vi presenteremo nel dettaglio. Nel 2007 pubblica, assieme a Michael Rae, *Ending Aging*, libro in cui offre un articolato resoconto del suo progetto. Nei suoi scritti De Grey affronta anche le obiezioni di tipo politico e psicologico all'idea di una vita lunghissima o potenzialmente infinita; tra l'altro a questo proposito ha anche coniato un termine, "trance pro-invecchiamento", per indicare la strategia psicologica che la gente utilizza comunemente per venire a patti con il fatto che siamo tutti destinati inevitabilmente a invecchiare e a morire. Per esempio si tende a interpretare automaticamente la life extension come un prolungamento della vecchiaia, piuttosto che come una sua cura – fenomeno che De Grey chiama "l'errore di Titone", in omaggio al personaggio della mitologia greca condannando all'immortalità e alla decrepitezza perpetua. Allo stesso modo si tende a difendere la vecchiaia, razionalizzandola e ritenendola un processo naturale e anzi desiderabile. Vale la pena ricordare infine che, nonostante le sue controverse teorie, De Grey è comunque inserito nel circuito della gerontologia accademica; per esempio è membro della Gerontological Society of America e dell'American Aging Association.

Ray Kurzweil. Ed eccoci arrivati finalmente a Kurzweil, vero e proprio re dei transumanisti e *baby-boomer* supremo.[101] Anche di questo autore riparleremo ampiamente, visto il ruolo da lui giocato nell'elaborazione e nella diffusione di alcune delle principali idee transumaniste contemporanee, come il longevismo e la Singolarità tecnologica. Difficile fare un elenco delle numerosissime imprese compiute da Kurzweil. Nato a New York nel 1948, Kurzweil è figlio di un compositore e di un'artista visuale. Fin da giovanissimo si occupa di computer e sviluppa, tra le altre cose, un programma in grado di analizzare le opere di musica classica, scomporle in schemi e produrre altre opere stilisticamente simili. Agli studi universitari – presso il MIT di Boston – si affiancano le attività di inventore e di imprenditore, che lo portano poi ad aprire diverse società e a sviluppare le sue invenzioni più note: il primo sistema in grado di riconoscere testi scritti con qualunque tipo di carattere, battezzato Kurzweil Reading Machine, il cui primo acquirente è Stevie Wonder; Kurzweil K250, macchina capace di imitare svariati strumenti musicali; il primo programma di riconoscimento vocale dotato di un ampio vocabolario, lanciato nel 1987; la serie Kurzweil VoiceMed, che permette ai medici di redigere le loro cartelle cliniche a voce; la Kurzweil Educational Systems, una linea di prodotti computerizzati studiati per facilitare l'apprendimento in persone affette da cecità, dislessia e altre disabilità; il K-NFB Reader, uno strumento tascabile dotato di telecamera digitale e in grado di leggere qualunque testo. La sua instancabile produttività ha fruttato a Kurzweil nel 1999 la National Medal of Technology and Innovation – in pratica, una sorta di Nobel per la tecnologia – e nel 2002 l'introduzione nella National Inventors Hall of Fame, sotto

---

[101] Con il termine *baby-boomer* si definisce negli States tutti i nati durante il boom demografico seguito alla Seconda Guerra Mondiale – più o meno tra il 1945 e il 1964 – e che sta arrivando ora all'età della pensione. La definizione di "*baby-boomer* supremo" calza a pennello a Kurweil, rappresentando egli il desiderio – incarnato da buona parte della sua generazione – di rimanere in gioco per un tempo indefinito.

l'egida dell'Ufficio Brevetti americano. Per quanto notevoli e destinati senz'altro a essere ricordati, non sono i contributi tecnologici di Kurzweil a interessarci, ma i suoi altrettanto instancabili sforzi di elaborare e diffondere la sua peculiare visione del futuro. Visione che include appunto la possibilità di creare menti artificiali analoghe alla nostra – in *The Age of Spiritual Machines*, del 1999 – e l'avvento di un'intelligenza artificiale superiore a quella umana, la quale a sua volta produrrà un'"esplosione d'intelligenza" e ci consentirà di superare i limiti della nostra umanità – in *The Singularity is Near*, del 2005. Non facciamoci ingannare dalle meraviglie tecnologiche prossime venture promesse da Kurzweil, però: il suo vero obiettivo – neanche tanto nascosto – è quello di riuscire a vivere per sempre, o almeno molto, molto a lungo, saltando appena in tempo sul carro di una rivoluzione tecnologica che, a suo dire, è destinata a esplodere nei prossimi decenni. E, per massimizzare le proprie *chance* di riuscire a vedere tale evento epocale, Kurzweil ha sviluppato un programma che combina tutte le conoscenze mediche attualmente disponibili, più alcune idee prese dal mondo delle medicine alternative, al fine di ottimizzare il proprio stato di salute. Programma concretizzatosi in due libri, *Fantastic Voyage: Live Long Enough to Live Forever*, del 2004, e *Transcend: Nine Steps to Living Well Forever*, del 2009, entrambi scritti con il medico e praticante di medicine alternative Terry Grossman. L'interesse per le tematiche mediche è sorto in lui dopo aver scoperto – all'età di trentacinque anni – di soffrire di una forma precoce di diabete di tipo 2. Assieme a Grossman, l'inventore ha allora sviluppato il suo regime salutistico radicale, che include la quotidiana ingestione di 250 pillole di integratori – poi ridotte a 150 –, periodiche iniezioni di vitamine e altro ancora, con l'obiettivo di minimizzare i rischi di ammalarsi di questa o quella patologia. Nell'eventualità che il suo programma fallisca – cioè che lui non riesca a "vivere abbastanza a lungo da vivere per sempre", raggiungendo un'epoca in cui biotecnologie e nanotecnologie ci garantiranno a suo dire l'immortalità –, Kurzweil ha già pronto un asso nella manica, ossia un contratto di sospensione crionica stipulato con la Alcor. Nel 2009, in un'intervista per la rivista *Rolling Stone*, Kurzweil ha manifestato il desiderio – dopo l'avvento della Singolarità – di riportare in vita suo padre, Frederic Kurzweil, utilizzando un campione di DNA paterno, oltre che il materiale d'archivio da lui conservato in un apposito magazzino e i propri ricordi – tra l'altro è stata proprio la morte prematura del padre a spingere il giovane Kurzweil sulla strada della *life extension* e del transumanismo. Date le sue idee, Kurzweil è entrato a far parte di diverse organizzazioni e iniziative che promuovono il pensiero transumanista e in particolare la Singolarità tecnologica, per esempio il Singularity Institute for Artificial Intelligence e la Lifeboat Foundation. Non solo: nel 2009, in collaborazione con il NASA Ames Research Center e Google, Kurzweil ha creato la succitata Singularity University. La popolarità e i contributi di Kurzweil gli hanno garantito ovviamente l'inserimento in un contesto tecno-scientifico e strategico più ampio, come per esempio l'Army Science Advisory Board, che si occupa tra le altre cose dello sviluppo di un sistema di reazione rapida a eventuali minacce biotecnologiche.

7. I pilastri del transumanismo

Scettici, sovente atei, lontani mille miglia da paranormale, New Age, culti ufologici e quant'altro, i transumanisti non possono che appoggiarsi all'unica cosa che può resistere alla secolarizzazione da loro promossa, ossia la scienza contemporanea. E così, appassionati di scienze naturali e *techno-geek* all'ennesima potenza, i transumanisti seguono con estrema attenzione la ricerca scientifica di frontiera, e in particolare tutto quello che riguarda le discipline biomediche. Nanotecnologie, terapia genica, cellule staminali, chip neurali, ingegneria tissutale: tutto fa brodo, nel calderone in cui i transumanisti cercano di preparare la propria versione contemporanea dell'Elisir dell'Eterna Giovinezza. C'è però un insieme di proposte e ambiti disciplinari che, pur non accolti a pieno titolo nella ricerca scientifica ufficiale, non vengono nemmeno esclusi a priori, e che costituiscono lo *specifico* contributo del transumanismo in materia di idee e progettualità. Si tratta di approcci e proposte che si trovano in un certo senso nell'anticamera della scienza ufficiale: solo il futuro ci dirà, eventualmente, se saranno ammessi o meno. Abbiamo redatto una lista, senza pretesa di completezza – anzi, chi volesse correggere e integrare il nostro elenco lo faccia pure, gliene saremo grati. Questi approcci, che abbiamo voluto battezzare "i pilastri del transumanismo" sono: la life extension; la crionica; lo human enhancement, cioè il potenziamento delle capacità fisiche, psicologiche e mentali umane, tramite ogni misura tecnologica possibile, dalla manipolazione genetica agli impianti neurali; le nanotecnologie, o meglio, le nanomacchine; il mind-uploading, cioè il trasferimento della coscienza umana su un supporto non-biologico; la Singolarità tecnologica. I pilastri del transumanismo saranno al centro di molti dei prossimi capitoli; nel frattempo ci limiteremo a fare un'osservazione relativa alla natura della ricerca scientifica e all'eccesso di ottimismo con cui – a nostro modesto parere – alcuni transumanisti si accostano alla scienza di frontiera.

Una cosa che, al di fuori dell'ambito della ricerca – anche tra persone culturalmente preparate – non è chiara è la differenza fondamentale che intercorre tra scienza acquisita e ricerca in atto. Abbiamo citato le nanotecnologie, e quindi ora le usiamo per fare un esempio. Eric Drexler – il più noto teorico di questo ambito – sostiene la possibilità di realizzare i cosiddetti *molecular assembler*, cioè appunto le nano-macchine di cui sopra. Richard Smalley – premio Nobel per la chimica, morto qualche anno fa – sostiene invece che le nano-macchine non sono possibili, che non stanno in piedi, perché violerebbero alcuni principi fondamentali. Il dibattito tra i due è rimasto molto sul vago, anche perché è di una semplice possibilità che si sta parlando qui. Chi ha ragione? Al momento non possiamo saperlo, creare gli assembler potrebbe essere possibile o impossibile. Solo la ricerca potrà dirlo. Quindi: investire di più nella ricerca per lo sviluppo delle nano-macchine renderà più probabile riuscirci o no? Sì, nel senso che, se è possibile, allora ciò renderà più probabile riuscirci. E no, nel senso che, se non è possibile, possiamo investirci quanto ci pare, e non ci riusciremo mai. In pratica si può parlare solo di una probabilità molto generica e non quantificabile – cioè non si può dire: "se investiamo *tot* è molto probabile che tra *tot* anni si costruiscano le nanomacchine". Si può solo fare una stima generica, non numerica, di buon senso, del tipo: "se è possibile, allora investendo il più possibile aumenteremo la probabilità di realizzare le nanomacchine". Nanomacchine che però potrebbero essere impossibili – un po' come i tentativi di costruire la macchina del moto perpetuo, abbandonati solo dopo che si è scoperto l'impossibilità di principio di realizzarla. Allora, con un tale grado di incertezza, perché investire? Risposta: perché, facendo ricerca verso un certo obiettivo – come nel caso delle nano-macchine – si potrebbe scoprire comunque un mucchio di cose interessanti. È l'esempio classico della ricerca del viaggio nello spazio – poi per fortuna coronata da successo – la quale ha prodotto un mucchio di scoperte "collaterali" che ancora utilizziamo nella nostra vita quotidiana, dalle sedie per paraplegici al nylon.

Certo non tutti gli esempi sono chiari, lineari ed "estremi" come il caso delle nano-macchine o dell'intelligenza artificiale. Chiaramente la terapia genica o le nanotecnologie per la cura del cancro sono ambiti meno "critici" rispetto a quello delle nanomacchine. Tuttavia il ragionamento vale a nostro parere un po' per tutta la ricerca relativa ad ambiti di "punta", molto innovativi e problematici: non si può sapere a priori se un certo risultato verrà conseguito o meno, non si può formulare stime probabilistiche di alcun genere, si può solo dire, molto genericamente e usando il buon senso, che, se e solo se una cosa è possibile – il che sovente non si può sapere a priori –, allora più si investe e più si rende probabile il conseguimento del risultato. Investire vale comunque la pena, se non altro per conoscere i limiti del possibile.

E poi c'è il problema della frequente "artigianalità" di certa ricerca di punta. per esempio, ci sono di fatto casi in cui questo o quello studioso hanno realizzato un dispositivo nanotecnologico specifico – come una pinza nanotech o simili. Si tratta però di strumenti realizzati *una tantum*, in un certo senso in modo artigianale, e non si sa né se possano essere inseriti in una nano-macchina più strutturata, né se possano essere prodotti in serie e a poco prezzo.

Memori del celebre detto dell'*Amleto* – "ci sono più cose in cielo e in terra…" e così via –, ci rendiamo conto che a questo mondo tutto è possibile, e che le previsioni dei transumanisti potrebbero in effetti verificarsi secondo le modalità e le tempistiche da loro stabilite. Ma anche no.

Caso chiuso? Non proprio: avevamo promesso di spezzare una lancia in favore del transumanismo e siamo intenzionati a farlo. Nella fattispecie vogliamo citare – contraddicendo un po' il realismo che abbiamo voluto dimostrare fino a ora – un paio di profezie tecnologiche pessimistiche dimostratesi false. Nel nostro caso abbiamo a che fare con l'aviazione e l'astronautica: è noto infatti che, fino agli inizi del Ventesimo Secolo – in pratica, a ridosso del primo volo ufficiale del fratelli Wright, nel 1903 – si negò la possibilità di far volare velivoli più pesanti dell'aria. Allo stesso modo, fino al lancio del primo Sputnik – nel 1958 – si negò la fattibilità dei viaggi spaziali. Come a dire: mai dire mai.

8. Critica della ragion transumanista

Poteva un movimento con idee così radicali non finire sotto il tiro incrociato di, vediamo un po', tutti? La risposta è ovviamente che no, non poteva. E infatti le critiche sono fioccate un po' da tutte le parti, a cominciare dalle accuse di pazzia, immaturità, ignoranza, *hybris*, pericolosità e chi più ne ha, più ne metta. A noi però – lo confessiamo – questi nerd al quadrato stanno abbastanza simpatici, e quindi cercheremo di presentarli sotto una luce tutto sommato positiva – a parlarne male ci pensano già gli altri.

Impossibilità pratica. La prima critica che viene rivolta ai transumanisti è quella di non essere a contatto con la realtà della ricerca scientifica. Il che può essere in parte vero, dato che molti transumanisti sono studiosi teorici, e peggio ancora non appartengono al mondo della biologia o delle scienze mediche, ma a quello della *computer science*. In pratica – dicono gli accusatori – i transumanisti peccherebbero di una forma di riduzionismo, per cui tratterebbero i complicatissimi sistemi viventi come se fossero sistemi informatici. A questa critica si associa più in generale l'idea della non-fattibilità dei progetti transumanisti: l'immortalità fisica non sarebbe realmente a portata di mano, la Singolarità tecnologica sarebbe un'idea semplicistica o irrealizzabile, e quant'altro. Tali questioni però le affronteremo nei capitoli successivi: ora ci occuperemo invece solo degli aspetti etici e politici.

Hybris. Si tratta della classica posizione religiosa, che vede nei progetti dei transumanisti il desiderio di "giocare a fare Dio"; manipolare i nostri geni, cercare di raggiungere l'immortalità qui sulla Terra, sforzarsi di superare i propri limiti rappresenterebbero una sfida alla morale, all'autorità divina o a un generico "ordine naturale". La dottrina dell'*hybris* ha pure una controparte laica, rappresentata dalle idee di Jeremy Rifkin. Per il saggista ed economista americano l'ideale transumanista del "perfezionamento" tramite l'ingegneria genetica – da lui battezzato "algenia", sulla falsariga dell'alchimia[102] – si scontrerebbe con l'irriducibile complessità degli organismi viventi e con l'imprevedibilità dei risultati di tali manipolazioni. Mentre, essendo i transumanisti per lo più laici, l'obiezione proveniente dalle religioni tradizionali viene sostanzialmente ignorata – a parte alcuni tentativi di mostrare che l'impresa transumanista non sarebbe in contraddizione con i dettami delle fedi classiche –, quella rifkiniana non è altrettanto facilmente eludibile – essendo, in buona sostanza, fondata. I transumanisti non si fanno però spaventare e, notando che ogni ricerca innovativa presenta un certo grado di rischio, cercano di mettere a punto protocolli di ricerca che minimizzino i pericoli. Per esempio James Hughes propone di anteporre alla realizzazione pratica delle suddette manipolazioni genetiche l'utilizzo di modelli informatici – in pratica, virtuali – che consentano di prevenire per quanto è possibile gli eventuali pericoli. In generale poi, dal punto di vista dei transumanisti, il dibattito ruota sul diritto di disporre del proprio corpo e del proprio genoma, sul diritto di cercare di automigliorare la propria natura, e sul diritto dei genitori di disporre di

---

[102] Jeremy Rifkin, *Dall'alchimia all'algenia. Le premesse della manipolazione genetica sull'uomo*, Macro Edizioni, Diegaro di Cesena 1994.

tutti i miglioramenti genetici possibili per i propri figli, nel caso che tali procedimenti risultino essere sicuri e vantaggiosi.

Banalizzazione dell'esistenza umana. Altro punto forte degli anti-transumanisti. Per il pensatore ecologista statunitense Bill McKibben, autore di *Enough: Staying Human in an Engineered Age*[103] –, sarebbe moralmente sbagliato gingillarsi con l'ingegneria genetica allo scopo di superare i limiti umani, in quanto eliminare questi ultimi toglierebbe tutti i punti di riferimento necessari per vivere una vita dotata di significato – la quale riceverebbe tale caratteristica proprio dalla finitezza umana. Di tutto ciò se ne può parlare, ovviamente; bisogna però notare come la posizione di Mc Kibben consista in un "giocare in difesa", un'opzione che è storicamente sempre stata sconfitta: se un qualche nuovo progresso tecnico-scientifico migliora effettivamente la durata e la qualità della vita, esso finirà per essere adottato. È successo così per l'anestesia, per le vaccinazioni e per tutte le pratiche mediche che hanno portato alla nostra innaturalmente lunga aspettativa di vita – ricordiamo infatti che, in un ambiente veramente naturale, la maggior parte di noi non arriverebbe alla fine dell'anno. Inoltre c'è da dire che difficilmente il potenziamento e l'allungamento radicale della vita rappresenterebbero la fine di ogni problema e di ogni sfida: è probabile invece che, nell'eventualità che i progetti dei transumanisti diventino realtà, i nostri discendenti si trovino ad affrontare nuove – e forse ancora più interessanti – sfide, che al momento non possiamo immaginare.

Un pericolo per la democrazia. Anche questo è un "sempreverde" della critica politica, che dobbiamo in questo caso al filosofo tedesco Jürgen Habermas e all'americano Francis Fukuyama. In particolare Fukuyama, meglio noto per la sua teoria della "fine della storia", negli ultimi anni se l'è presa specificatamente con il transumanismo, dedicando al tema un libro apposito.[104] Dimentico forse dei danni provocati da Al-Quaeda, il filosofo e politologo americano ha bollato il

---

[103] Bill McKibben, *Enough: Staying Human in an Engineered Age*, St. Martin's Griffin, New York 2003.

[104] Francis Fukuyama, *Our Posthuman Future: Consequences of the Biotechnology Revolution*, Farrar, Straus & Giroux, New York 2002

pensiero transumanista come "l'idea più pericolosa del mondo", in quanto minerebbe alle basi le nostre istituzioni democratiche, fondate appunto sulla natura umana. La paura qui – riassunta dall'onnipresente esempio de *Il Mondo Nuovo* descritto da Huxley – è che la manipolazione genetica possa portare a uno scenario distopico, caratterizzato da una divisione in classi su base biologica, che farebbe sembrare una barzelletta la divisione in caste della società indiana. Anche Leon Kass, medico e intellettuale americano, è dell'avviso che la manipolazione genetica rappresenterebbe una sfida all'ordine sociale. A questo proposito Kass, che è stato il bioeticista di riferimento di George W. Bush, ha scritto qualche anno fa un noto articolo – molto criticato, tra l'altro –, in cui propone come criterio per stabilire un limite alla sperimentazione genetica il senso di repulsione che l'uomo della strada prova o proverebbe nei confronti di certi temi.[105] Si tratta quindi di un criterio basato sull'intuizione, che presta il fianco a tutte le critiche e le accuse di irrazionalismo normalmente lanciate verso questo tipo di argomentazione.

Anche qui la questione può essere facilmente ribaltata: garantendo – e ciò può essere solo il frutto di una volontà politica consapevole – a tutti l'accesso alle tecnologie sognate dai transumanisti, non solo non si arriverebbe a uno scenario distopico, ma al contrario si favorirebbe ulteriormente il processo di democratizzazione; è questa per esempio la proposta di James Hughes, che vorrebbe che il passaggio alla post-umanità si verificasse in un più generale contesto di democratizzazione e universalizzazione del servizio sanitario – tutt'ora un grosso problema, negli Usa. C'è da dire però che, in effetti, il rischio che il potenziamento genetico – sempre che una cosa del genere sia possibile e a portata di mano – porti a una disuguaglianza sociale su base biologica, e quindi alla fine della democrazia, c'è eccome, e non dev'essere dunque sottovalutato. Questa però è una critica che coincide solo in parte con quella relativa al pericolo per la democrazia.

---

[105] Leon Kass, *The Wisdom of Repugnance*, in «The New Republic», vol. 22, n. 216, Giugno 1997, pp. 17–26, http://www.catholiceducation.org/articles/medical_ethics/me0006.html.

Divisione genetica. Un scenario distopico collegato è infatti quello per cui la democrazia rimane valida o comunque intatta, mentre le differenze individuali si aggravano e il solco che divide quelli che si possono permettere le tecnologie potenzianti e quelli che non se le possono permettere si tramuta in un baratro. Lo scenario in questione è stato ribattezzato "Gattaca", dal titolo del bel film di fantascienza di Andrew Niccol, in cui si dipingeva appunto una società in cui coloro che ricevevano miglioramenti genetici finivano inevitabilmente per avere un percorso di vita nettamente superiore – e più soddisfacente – di coloro che non li ricevevano. In entrambi gli scenari la proposta di Hughes rimane probabilmente la più ragionevole.

Disprezzo del corpo. Critica questa che accosterebbe i transumanisti agli asceti di tutte le religioni, in quanto l'ascetismo è storicamente collegato a una forma di disprezzo non solo per il mondo e le sue ricchezze, ma anche per i piaceri della carne e per il corpo in generale, visto come qualcosa di fragile e soggetto al degrado. Qui l'obiettivo dei critici è l'aspirazione di alcuni transumanisti – come Hans Moravec o Ray Kurzweil – a trasferire la propria coscienza in una macchina, abbandonando così la fragilità del nostro sostrato biologico in favore della solidità dei metalli e della resistenza del carbonio. La critica in questione nasce originariamente in rapporto ai precursori del transumanismo, cioè Haldane e i suoi contemporanei; in particolare alcuni anni fa la filosofa britannica Mary Midgley ha classificato le aspirazioni di questi visionari degli anni Trenta – sostanzialmente identiche a quelle Moravec e soci – come fantasie para-scientifiche connotate da un desiderio di fuga dal corpo.[106] Che dire? Nel caso di alcuni transumanisti è senz'altro vero, anche se – visto che siamo sovente in presenza di atei patentati – la dimensione spirituale è assente, sostituita da una dimensione ultraterrena in versione "Second Life". C'è da dire che non tutti i transumanisti la pensano così e che comunque il disprezzo del corpo non l'hanno inventato di certo loro. Se ciò non bastasse, Bostrom aggiunge che il desiderio di un corpo in-

---

[106] Mary Midgley, *Scienza come Salvezza*, Ecig, Genova 2000.

vulnerabile all'invecchiamento e al danneggiamento – e quindi strutturalmente diverso dalla "spregevole" carne di cui siamo fatti – è un sogno antico come il mondo e presente in tutte le culture, per cui difficilmente esso può essere ridotto al classico disprezzo per il corpo coltivato dagli asceti di ogni paese; insomma, disprezzo per la carne e desiderio di un super-corpo non sono la stessa cosa.

Quarto Reich e dintorni. L'accusa di voler creare un nuovo ordine basato su una razza superiore che schiavizza e stermina le altre non poteva mancare, e infatti è arrivata – come abbiamo visto già nel primo capitolo, a promuoverla esplicitamente è stato, tra gli altri, Habermas. Dal canto loro i transumanisti, molto attenti a evitare qualunque tipo di accostamento con le nefandezze del nazionalsocialismo, hanno sempre sottolineato che il loro lavoro mira a fornire ai singoli individui *più opportunità*, che possono essere liberamente scelte o rifiutate. Non si tratta quindi di creare una razza superiore, ma di offrire a tutti gli esseri umani, a prescindere dalla razza, dalla cultura, dalla classe sociale e dal genere sessuale, la possibilità di migliorarsi e di condurre vite più lunghe, più libere e più felici. D'altronde la stragrande maggioranza dei transumanisti – ma non tutti – aderisce a una visione politica democratica e tendenzialmente di sinistra. Niente Quarto Reich, dunque, ma un dibattito libero e democratico su cosa valga e non valga la pena di fare con le tecnologie potenzianti prossime venture.

Disumanizzazione. E che dire di uno scenario in cui gli esseri umani finiscono per essere tutti omologati, perdendo la propria individualità in favore di canoni di miglioramento decisi dall'alto, socialmente accettati, e che ci renderebbero quindi "meno umani"? Potremmo rispondere in vari modi, del tipo: e ora le cose come stanno? Non siamo già tutti schiavi delle mode? Oppure: basando le manipolazioni dei nostri corpi sulle preferenze individuali, non finiremmo forse per conoscere una varietà ancora maggiore, andando precisamente a contrastare l'umana tendenza all'omologazione?

Rischi esistenziali. Poi ci sono i rischi esistenziali teorizzati dallo stesso Nick Bostrom. In particolare i rischi di cui parlano i critici del transumanismo non sono quelli genericamente legati a catastrofi naturali o artificiali "mainstream", ma proprio quelli ipotizzati dagli stessi transumanisti, e di cui abbiamo parlato poco fa.

Dan Brown, prendi questo. Dulcis in fundo, non possono mancare le teorie della cospirazione; se infatti il grado di successo di una persona o di un gruppo umano si giudica anche dai poteri occulti che gli vengono attribuiti e dalle trame in cui si ritiene sia coinvolto, allora possiamo dire senza tema di smentita che il transumanismo è "arrivato". A questo proposito una menzione speciale va – se non altro per il titolo piuttosto articolato – a *Pandemonium's Engine: How the End of the Church Age, the Rise of Transhumanism, and the Coming of the Übermensch (Overman) Herald Satan's Imminent and Final Assault on the Creation of God*[107], a cura di Thomas Horn; il libro – come potete intuire – sottolinea come tra i circoli transumanisti si percepirebbe un forte odore di zolfo. Sempre Horn ci regala un altro testo di analogo spessore, *Forbidden Gates: How Genetics, Robotics, Artificial Intelligence, Synthetic Biology, Nanotechnology, and Human Enhancement Herald The Dawn Of Techno-Dimensional Spiritual Warfare*.[108] Più curioso è senz'altro il libro di Joseph P. Farrell e Scott D. de Hart, *Transhumanism: a grimoire of alchemical agendas*. Teologo il primo, scrittore e docente di letteratura inglese il secondo, i due si occupano di "cripto-storia" o "storia alternativa" – in pratica quella che qui da noi, grazie ai libri di personaggi come Peter Kolosimo ed Erich von Däniken, divenne nota anni fa come "archeologia spaziale" –, mescolando il tutto con alchimia, ermetismo e massoneria. Erudito e stravagante, il loro libro cerca di stabilire un legame non meramente ideale, ma di affiliazione diretta, tra il transumanismo contemporaneo e tutte le dot-

---

[107] Thomas Horn (a cura di), *Pandemonium's Engine: How the End of the Church Age, the Rise of Transhumanism, and the Coming of the Übermensch (Overman) Herald Satan's Imminent and Final Assault on the Creation of God*, Defender Publishing, Crane 2011.

[108] Thomas Horn, *Forbidden Gates: How Genetics, Robotics, Artificial Intelligence, Synthetic Biology, Nanotechnology, and Human Enhancement Herald The Dawn Of Techno-Dimensional Spiritual Warfare*, Defender Publishing, Crane 2011.

trine in questione – le quali cercavano appunto di realizzare la trasmutazione dell'uomo, la creazione della vita tramite la figura alchemica dell'*homunculus*, e quant'altro –, risalendo in ciò fino alle più antiche civiltà umane.[109]

9. Il nodo del postumanismo

Tra i vari fraintendimenti che insorgono quando si affronta il transumanismo, c'è quella relativa al suo eventuale rapporto con un altro movimento filosofico: il postumanismo. Con questo termine si indica una corrente di pensiero – o meglio, una famiglia di concezioni – che fa grosso modo riferimento a Nietzsche e alla "dissoluzione del soggetto" da lui propugnata, ossia in parole povere all'idea che il soggetto cartesiano – l'Io consapevole, trasparente a se stesso, libero, unitario e autonomo – sia sostanzialmente un'illusione. Al posto dell'individuo classicamente inteso ci sarebbe insomma un insieme di forze istintuali e contraddittorie. A questa idea si aggiunge poi, nel corso del Novecento, quella per cui il confine tra umano e non-umano – cioè l'animale, il meccanico e così via – sarebbe labile, sfumato. La concezione per cui l'uomo come soggetto ben identificato e come oggetto unitario di un sapere fondato sarebbe solo un costrutto storico la lancia il filosofo francese Michel Foucault, che diventa così un altro dei numi tutelari del postumanismo.

Il postumanismo riconosce dunque la disunità interiore e la non-perfettibilità dell'uomo, l'impossibilità di conciliare le eterogenee prospettive individuali sul mondo e la fluidità dell'identità. Uno dei primi intellettuali a utilizzare il termine postumanismo è il teorico della letteratura americano Ihab Hassan, nell'articolo del 1977 *Prometheus as Performer. Towards a Posthumanist Culture?* Il discorso sul cyborg imbastito da Donna Haraway rappresenta poi una delle incarnazioni del pensiero postumanista, in particolare in relazione alla natura ibrida dell'uomo, al suo mescolarsi e rimescolarsi con il

---

[109] Cfr. Joseph P. Farrell e Scott D. de Hart, *Transhumanism: a grimoire of alchemical agendas*, Feral House, Port Townsend 2011.

non-umano e in particolare con il tecnologico.[110] Nel 1988 Steve Nichols pubblica *Post-Human Manifesto*, in cui sostiene che, in rapporto al passato, gli uomini di oggi possono già essere considerati post-umani. Importante è poi il testo di Katherine Hayles, *How We Became Posthuman*. Pubblicato nel 1999, esso rappresenta una critica diretta al pensiero transumanista, che per la Hayles è rimasto intrappolato nella classica ontologia razionalistica e dualistica dell'Occidente, la quale distingue appunto in maniera netta tra mente e corpo, tra soggetto e oggetto, e così via. Nel 2003, in *Cyberfeminism and Artificial Life*, Sarah Kembler include nel discorso postumanista gli studi sull'intelligenza artificiale e la disciplina della "vita artificiale" – cioè il tentativo di costruire simulazioni al computer che riproducano le logiche della vita e dell'evoluzione – sviluppatasi negli anni Ottanta. Da ricordare poi l'opera dell'inglese Robert Pepperell *The Posthuman Condition*, uscita nel 1995. Anche in Italia le tematiche postumaniste – soprattutto in relazione all'ibridazione uomo-macchina – hanno fatto parlare di sé, attraverso le opere di autori come Antonio Caronia[111], Giuseppe O. Longo[112], Roberto Marchesini[113], Teresa Macrì[114] e altri.

Fenomeni diversi, dunque, il transumanismo e il postumanismo. Ciò non significa che nessuno abbia mai provato a mescolarli. È il caso per esempio di Stefan Lorenz Sorgner, il filosofo nietzscheano tedesco che, assieme all'artista e performer Jaime del Val, ha lanciato il suo "metaumanismo" – che rappresenta appunto un ibrido filosofico tra le due correnti, e di cui esiste pure un apposito *Metahumanist Manifesto*.[115]

---

[110] Cfr. D. Haraway, *A Cyborg Manifesto: Science, Technology, and Socialist-Feminism in the Late Twentieth Century*, in: Ibid., *Simians, Cyborgs and Women: The Reinvention of Nature*, Routledge, New York 1991.

[111] A. Caronia, *Il cyborg. Saggio sull'uomo artificiale*, Theoria, Roma-Napoli 1985.

[112] Cfr. G. O. Longo, *Il simbionte. Prove di umanità futura*, Meltemi, Roma 2003, e ibid., *Homo technologicus*, Meltemi, Roma 2005.

[113] R. Marchesini, *Post-Human. Verso nuovi modelli di esistenza*, Bollati Boringhieri, Torino 2002.

[114] T. Macrì, *Il corpo postorganico*, Costa & Nolan, Milano 1996.

[115] http://www.metahumanism.eu/.

10. La questione religiosa

E con la religione, come la mettiamo? A occhio e croce un gruppo che mira all'immortalità terrena e all'assunzione di un potere crescente sulla natura tramite la tecnologia dovrebbe vedere la religione – qualunque tipo di religione – come fumo negli occhi. E in effetti spesso è così: il transumanista medio è infatti una persona iper-razionale, atea, con una forte propensione alle scienze naturali e alla tecnologia. Questa regola presenta però, come spesso accade, alcune eccezioni. E ciò non solo perché a volte singoli transumanisti, qua e là, dichiarano di credere in questa o quella religione tradizionale, ma anche perché vi sono correnti o movimenti interni al transumanismo che coltivano un rapporto stretto con forme religiose tradizionali. È il caso questo della MTA, la Mormon Transhumanist Association.[116] Fondata nel 2006, la MTA non ha rapporti strutturali ufficiali con la "Chiesa dei Santi degli Ultimi Giorni" – come si autodefiniscono appunto i mormoni –, ma ne ha con la WTA – l'Associazione Mondiale Transumanista. Per capire come tale legame sia possibile bisogna dare almeno un'occhiata rapida alla religione dei mormoni.

Secondo i mormoni le celebri tribù perdute di Israele sarebbero finite in America, e tra le loro fila ci sarebbe stato il profeta Mormon – vissuto nel IV secolo –, il quale avrebbe raccontato le loro gesta in alcune tavolette d'oro. Queste ultime sarebbero state poi ritrovate nel 1830 dal fondatore del mormonismo, Joseph Smith, guidato in tale scoperta da un angelo – tra l'altro le tavolette originali, tradotte e trascritte da Smith nel Libro di Mormon, le ha viste solo lui. La dottrina mormone è piuttosto articolata, e qui non ci dilungheremo. Ci basti sapere che, alla fine dei tempi, i mormoni attendono la cosiddetta "trasfigurazione", in cui i morti non solo risorgeranno, ma avranno diritto a un bonus: la trasfigurazione appunto, ossia l'elevazione a livello divino. Tra l'altro quello della deificazione era un tema presente pure in alcune frazioni del cristianesimo delle origini, per cui in ciò i Mormoni non stanno dicendo nulla di nuovo o particolarmente ec-

---

[116] Cfr. http://transfigurism.org/.

centrico. In ogni caso tale dottrina spiega l'interesse di alcuni mormoni per il transumanismo, così come il nome della rivista ufficiale della MTA, «Transfigurist».

Un altro movimento religioso che potrebbe ricordare il transumanismo – ma che, a quanto ci risulta, non vi ha nulla a che fare – è quello dei raëliani, una setta ufologica fondata nel 1973 dal francese Claude Vorilhon e che è in attesa dell'avvento degli Elhoim, un popolo alieno che avrebbe creato l'umanità con l'ingegneria genetica, e che sarebbe in procinto di tornare e donare a tutti noi una forma tecnologica di immortalità. Gli aspiranti transumanisti che ci leggono non si allarmino, però: in realtà il transumanismo, per quanto possa sembrare o essere radicale, è un movimento di pensiero razionalista, e non coltiva legami né con la sotto-cultura ufologica, né con il mondo del paranormale in generale. Anche i legami con l'estetica religiosa sono relativamente superficiali, e sovente sono relegati alla religiosità individuale. Ci vengono qui in mente soprattutto i casi di James Hughes, vicino al buddismo, e il napoletano Giulio Prisco, che ha coagulato la propria personale visione del mondo nella sua Chiesa di Turing – che in realtà, a quanto ci risulta, è solo il nome di un blog.[117]

Per amore di completezza citiamo infine la Chiesa del Venturismo – ora "Società per il Venturismo". Fondata da tale David Pizer, quella venturista è una congregazione religiosa che ha come punto di partenza una delle pratiche più transumaniste – e, in apparenza, meno religiose – che ci siano: la crionica.[118]

Ribadiamo comunque che il grosso dei transumanisti è ateo, agnostico o, più in generale, laico. Se invece c'è un tema che interessa senz'altro ai transumanisti è quello della "neuroteologia", intesa come ambito disciplinare che mira a studiare le basi neurologiche delle esperienze religiose, evidenziando come la religiosità umana avrebbe radici evolutive. Se a inventare il termine è lo scrittore Aldous Huxley – in un romanzo del 1962, *L'isola* –, a mettere in contatto il grande

---

[117] http://turingchurch.com/.
[118] http://www.venturist.info/.

pubblico con questi concetti ci pensa un libro del 1994, *Neurotheo-logy: Virtual Religion in the 21st Century*, scritto dall'americano Laurence O. McKinney.[119] Si tratta di un testo divulgativo, che però ha funto da apripista. In seguito infatti il neuroscienziato americano Andrew Newberg ha dato alle stampe – assieme ad altri libri sul tema – un'opera teoretica, *Principles of Neurotheology*.[120]

E nella neuroteologia non manca di certo la parte sperimentale: ci riferiamo in particolare ai controversi studi svolti a partire dagli anni Ottanta dal noto neuroscienziato americano Michael Persinger, che col suo celebre "elmetto di Dio" – un dispositivo analogo per funzionamento alla stimolazione magnetica transcraniale – ha prodotto nei suoi soggetti sperimentali la sensazione di una "presenza" o comunque sentimenti di tipo mistico e religioso.

Ecco, questo tipo di ricerche costituiscono senz'altro il tipico approccio transumanista alla religione, e non c'è dubbio che ad alcuni transumanisti farebbe piacere gingillarsi un po' con questi dispositivi, in modo da procurarsi esperienze mistiche a comando, raggiungere una coscienza spirituale interiore più profonda o, al contrario, fare trotskianamente a meno del bisogno di Dio.

L'amore dei transumanisti per le idee "di confine" ha portato alcuni di essi ad accogliere, o per lo meno a studiare con interesse, le idee di Frank Tipler, fisico matematico e cosmologo dell'Università di Tulane, noto più che altro per il suo tentativo di giustificare su base cosmologica la fede cristiana nella resurrezione dei morti alla fine dei tempi.[121]

In realtà la questione del rapporto tra religione e transumanismo è piuttosto delicata; senz'altro i suoi aderenti – tutti o in parte – nutrono verso le proprie idee sentimenti di tipo religioso o quasi-religioso e senz'altro il transumanismo offre a chi lo segue una qualche compensazione psicologica che le religioni e le ideologie tradionali non sono più in grado di offrire. E c'è pure chi sostiene che l'ideolo-

---

[119] Laurence O. McKinney, *Neurotheology: Virtual Religion in the 21st Century*, American Institute for Mindfulness (Harvard University), Cambridge 1994.
[120] Andrew Newberg, *Principles of Neurotheology*, Ashgate, Farnham 2010.
[121] Cfr. Frank Tipler, *La fisica dell'immortalità*, Mondadori, Milano 1995.

gia transumanista andrebbe vista come una sorta di fede laica e secolare. Ma è proprio qui che la questione si fa spinosa, in quanto anche altre ideologie – come il marxismo – sono andate a coprire le esigenze esistenziali dei propri aderenti. Si entra insomma nel campo della filosofia e della storia della religione, e della psicologia delle visioni del mondo, per cui l'autopercezione dei membri di un certo movimento non può non influire sulle analisi che ne fanno gli studiosi esterni – soprattutto in un caso come quello del transumanismo, in cui diversi dei suoi membri sono accademici di tutto rispetto, e possono tranquillamente intervenire nei dibattiti ermeneutici che li riguardano. Per metterla giù in modo più semplice: non abbiamo idea di come classificare il transumanismo – religione? Movimento politico? Ideologia? Setta? Corrente filosofica? Gruppo di amici? – e lasciamo volentieri la questione ad altri.[122]

E comunque, se siete atei, se non siete soddisfatti dei limiti che la natura vi impone, se ritenete che la tecno-scienza sia l'unica via, il transumanismo è il massimo – in termini di speranze e di fantasie consolatorie – che la razionalità occidentale vi può offrire.

---

[122] Tanto più che, dal 2009, l'American Academy of Religion organizza un simposio annuale dedicato a "Transumanismo e Religione", in cui svariati accademici si dedicano all'identificazione e all'analisi delle eventuali credenze religiose implicite nel pensiero transumanista. Cfr. http://papers.aarweb.org/content/transhumanism-and-religion-group.

3. Vivere per sempre

1. La chiave di volta

Visto che si tratta di un capitolo sulla morte e sull'umana ricerca dell'immortalità, ci sarebbe venuto spontaneo iniziarlo, in modo un po' retorico, con un riferimento al "sogno della vita eterna che da sempre ha animato gli esseri umani da Gilgamesh in poi", sull'Albero della Vita del Giardino dell'Eden, sul mito di Prometeo e via dicendo. Niente che non sappiate già, comunque; proprio per questo vorremmo invece partire con qualcosa di diverso, e di cui probabilmente non avete sentito parlare, ossia la "gestione del terrore".

La nostra storia inizia nel 1973, con la pubblicazione di un saggio, *The Denial of Death*, a opera di un antropologo americano, Ernest Becker – libro che tra l'altro frutta all'autore il Pulitzer.[1] L'idea di fondo di Becker è piuttosto semplice: il grosso delle azioni umane è finalizzato a dimenticare o ad aggirare l'inevitabilità della morte. Sebbene in modo inconscio, il terrore dell'annichilimento assoluto è presente in tutti gli esseri umani, al punto che essi impiegano le proprie vite a dare un significato a tutto ciò. In buona sostanza Becker sostituisce al sesso, tanto caro a Freud, la nostra mortalità, e la utilizza per spiegare tutto il resto; in particolare gli universi simbolici che noi esseri umani costruiamo, dalle leggi alle religioni, avrebbero come scopo quello di rassicurarci e di dare un significato alla nostra vita e alla nostra morte.

È un'idea semplice, quella di Becker, forse pure un po' semplicistica, ma non priva di fascino e di stimoli, al punto che ha funto da fonte d'ispirazione per tre psicologi sociali americani – Jeff Greenberg, Sheldon Solomon e Tom Pyszczynski –, il quali, a partire dagli

---

[1] E. Becker, *The Denial of Death*, Simon & Schuster, New York 1973.

anni Ottanta, hanno creato appunto la cosiddetta "teoria della gestione del terrore".[2] Si tratta di un approccio articolato, che parte dall'identificazione di quella che gli autori considerano un po' la chiave di volta della psiche umana: un conflitto psicologico di base, frutto dell'incontro tra il desiderio di vivere e la chiara consapevolezza dell'inevitabilità della morte. Questo conflitto non produce paura, ma terrore, una caratteristica che sarebbe esclusiva dell'essere umano. E pure la soluzione a tale conflitto è tipica degli esseri umani: la cultura. Le culture umane sono infatti sistemi simbolici che hanno il fine di attribuire alla vita umana significato e valore. Insomma, se percepiamo la nostra vita come significativa, la morte – di cui nulla sappiamo, se non che colpisce a caso e che non si può evitare – ci fa meno paura. In particolare ciò viene ottenuto tramite l'autostima, che a sua volta sarebbe legata all'adesione alla propria cultura di appartenenza, nel senso che, se aderiamo ai valori del nostro contesto culturale, ciò ci infonde sicurezza e, in un certo qual modo, un certo senso di "invulnerabilità" alla morte. Si tratta di una tesi forte, come si può vedere, non esente da critiche[3]; il modello in sé sembra però reggere, tanto da aver dato vita a un programma di ricerca tutt'ora attivo.

Comunque sia, l'approccio in questione prevede che gli esempi più semplici di valori culturali che consentono di gestire il terrore di fronte alla morte siano quelli che paiono offrire un'immortalità letterale, come la fede nell'aldilà e simili. Anche altri valori culturali, apparentemente non connessi alla nostra mortalità, avrebbero secondo Greenberg e colleghi questa funzione: per esempio il valore dell'identità nazionale – che ci fa sentire parte di un'entità collettiva, che resiste alla

---

[2] Cfr. J. Greenberg, T. Pyszczynski, S. Solomon, *The causes and consequences of a need for self-esteem: A terror management theory*, in: F. Baumeister (a cura di), *Public self and private self*, Springer-Verlag, New York 1986, pp. 189-212. Inoltre: Ibid., *A terror management theory of social behavior: The psychological functions of self-esteem and cultural worldviews*, in: «Advances in experimental social psychology», 24(93), Springer-Verlag, New York 1991, p 159.

[3] Per esempio si potrebbe obbiettare, con Abraham Maslow, che l'individualità si manifesta pienamente proprio nell'atto del resistere al processo di acculturazione messo in atto dal nostro contesto socio-culturale. Cfr. A. Maslow, *Verso una psicologia dell'essere*, Astrolabio-Ubaldini, Roma 1971.

morte –, l'idea che l'uomo sia superiore agli animali, il desiderio di avere figli a cui tramandare il nostro retaggio culturale e così via. In pratica i nostri sistemi valoriali ci offrirebbero in un modo o nell'altro una sorta di immortalità simbolica. Per riassumere: proprio come l'acquisizione del bipedismo – che presenta sia vantaggi che svantaggi, come per esempio il mal di schiena –, così lo sviluppo dell'intelligenza e dell'autocoscienza ci ha fornito benefici ambigui. Da un lato ci ha dotati di un potente strumento di sopravvivenza, dall'altro ci ha dato la consapevolezza della nostra mortalità, per tamponare la quale abbiamo inventato la cultura.

A questo punto ci chiediamo: è possibile classificare un po' meglio le strategie culturali adottate dall'umanità per contrastare la morte? Ma certo che è possibile, e non dobbiamo lavorare neanche più di tanto, perché il grosso del lavoro lo ha già fatto per noi Stephen Cave. Scrittore e pensatore britannico, Cave ha di recente svolto proprio un'operazione di questo genere. In particolare in *Immortality: The Quest to Live Forever and How It Drives Civilization*[4], l'autore – che parte dal presupposto che nessun tipo di immortalità è realmente conseguibile, neanche a livello simbolico – classifica cinque "narrazioni" che tutte le culture umane avrebbero adottato in misura diversa per contrastare o venire a patti con la morte. Che poi in realtà sarebbero quattro, più la quinta, che Cave aggiunge di soppiatto e che secondo lui sarebbe il modo "giusto" – cioè non sarebbe una vera e propria narrazione, ma la via da seguire. Noi non lo seguiamo, però, preferendo metterle tutte sullo stesso piano. Ecco quindi le cinque narrazioni, con relativi slogan: "rimanere vivi", "resurrezione", "anima", "eredità" e "saggezza e accettazione". La prima narrazione è più che ovvia: sforzarsi di non morire, sviluppare tecniche e procedure per allontanare la triste mietitrice. Da essa è derivata tutta la nostra pratica medica, dalle procedure preistoriche per tamponare le ferite o estrarre dal corpo le punte di freccia alla moderna terapia genica; non si tratta solo di me-

---

[4] S. Cave, *Immortality: The Quest to Live Forever and How It Drives Civilization*, Crown Publishers, New York 2012.

dicina però, perché tutte le pratiche atte a coltivare, raccogliere e conservare il cibo, oppure i provvedimenti di sanità pubblica o di illuminazione stradale, così come le misure di sicurezza adottate in ogni contesto storico e sociale hanno questo fine. Buona parte del progresso scientifico e tecnologico può essere inquadrato dunque in questa narrazione, inclusi tutti i tentativi – e sono tanti, nel corso della storia – di procurarsi l'immortalità, dalle pratiche ginniche e salutistiche dei taoisti all'alchimia medioevale. La narrazione della resurrezione può essere fatta iniziare con il cristianesimo – anche se in realtà il mito del dio che muore e risorge, dando speranza agli uomini, è molto più antico –, ma assume anche forme inaspettate, come nel caso del *Frankenstein* di Mary Shelley, che rappresenta appunto un tentativo umanissimo di far risorgere i morti. La narrazione dell'anima riguarda appunto l'idea che nell'uomo esista un elemento eterno, che può sfuggire alla morte e, possibilmente, godere delle beatitudini del paradiso; un'alternativa accettabile è inoltre quella della dottrina della reincarnazione. Poi abbiamo la strategia dell'eredità, che si manifesta in varie forme e prevede che l'individuo si realizzi tramite i figli, ma anche tramite tutto ciò che può essere lasciato in eredità ai posteri: imprese politiche e militari, opere artistiche e letterarie, ma anche il semplice contributo a un'entità super-individuale – morire per la patria e altre retoriche più o meno consunte. In pratica: continuare a vivere nella memoria delle generazioni che verranno. Si tratta in ogni caso di strategie che non possono funzionare: la ricerca dell'immortalità fino a ora non ha avuto successo, idem per la resurrezione, mentre il concetto di anima è stato demolito dalle neuroscienze e dalla filosofia della mente contemporanea; l'eredità è infine una consolazione vaga, vuoi perché noi non saremo presenti alla nostra commemorazione, vuoi perché la memoria collettiva è labile e, per ben che ci vada, finiremo su un libro di storia cordialmente detestato dagli studenti che lo dovranno imparare a memoria. La soluzione di Cave sta nella quinta strategia – che lui riprende dal pensiero di stoici ed epicurei e da quello di Bertrand Russell – la quale si riassume nella serena accettazione dei limiti dell'esistenza. Al di là delle valutazioni sulla bontà di queste strategie – tra l'altro quella proposta da Cave non ci convince più di tanto, visto che seguendola non avremmo inventato nemmeno l'agricoltura –, vale la pena notare che tutte le civiltà umane possono essere viste come una mistura variegata di queste cinque diverse strategie, che possiamo ritrovare anche nella società occidentale contemporanea.

2. Un sorso di vita in più

Qual è il punto di tutto ciò? Che, lungi dal rappresentare una bizzarria ai margini del buon senso e della razionalità scientifica, il transumanismo rappresenta una semplice incarnazione della prima narrazione; è solo di qualche passo più in avanti – o così ama pensare – rispetto alla moderna ricerca bio-medica. Inoltre li possiamo pure classificare come persone eccentriche, ma le loro idee si stanno disseminando anche nel mondo della cultura *manistream* – basti pensare al recente libro di Edoardo Boncinelli e Galeazzo Sciarretta, *Verso l'immortalità*, in cui la possibilità di prolungare in modo radicale la nostra aspettativa di vita in un prossimo futuro viene presa in seria considerazione, anche se magari non con l'iper-ottimismo dei transumanisti.[5] Inoltre il pensiero transumanista tiene i piedi in almeno due staffe, nel senso che da un lato è favorevole al prolungamento della vita con ogni mezzo possibile, dall'altro, in ossequio alla narrazione della resurrezione, ha dato il via al movimento crionico. Onde evitare che pensiate che il desiderio di vivere molto, ma molto a lungo sia una "moda" degli ultimi anni, vi vogliamo fare qualche esempio abbastanza eloquente. Cominciamo citandovi il lavoro di Gerald Gruman, noto storico della medicina americano che, nel classico del 1966 *A History of Ideas About the Prolongation of Life*[6], ricostruisce la storia della ricerca dell'immortalità – o almeno della longevità estrema – fino al 1800. E il desiderio di trovare un modo per prolungare la vita pare esser stato proprio diffuso, nel mondo antico e soprattutto

---

[5] E. Boncinelli e G. Sciarretta, *Verso l'immortalità: la scienza e il sogno di vincere il tempo*, Raffaello Cortina, Milano 2005.

[6] Gerald Joseph Gruman, *A History of Ideas About the Prolongation of Life*, Springer Publishing Company, New York 2003.

in quello orientale. In particolare Gruman divide coloro che si sono occupati di queste questioni in due correnti, i "prolongevisti" e gli "apologeti" – cioè coloro che sono a favore dell'accettazione della mortalità, e che secondo l'autore sarebbero maggiormente presenti in Occidente. Che in Asia la ricerca dell'immortalità non fosse un tabù è dimostrato dal fatto che coloro che si misero a caccia dell'elisir di lunga vita o di qualche altro sistema per farla franca furono molti, anche piuttosto noti; è il caso per esempio del grande alchimista cinese Ko Hung, vissuto nel Terzo Secolo dopo Cristo e convinto della possibilità di conseguire una vita lunghissima mediante mezzi umani, tema al quale dedicò diversi trattati. Prima ancora di lui ci fu Qin Shi Huang, il primo Imperatore storicamente accertato della Cina, che secondo la tradizione era ossessionato dal desiderio di trovare l'elisir dell'immortalità. Per quanto ci riguarda preferiamo però arrivare all'epoca moderna, chiamando in causa personaggi come Metchnikoff, Brown-Séquard e Steinach. Non vi dicono nulla? In realtà si tratta di scienziati otto-novecenteschi, rispettati nei rispettivi campi di ricerca e tutti quanti sostenitori della possibilità di prolungare la vita e il vigore della gioventù con mezzi scientifici. Vissuto tra Ottocento e Novecento, Élie Metchnikoff fu un biologo e zoologo russo ricordato per il suo lavoro sul sistema immunitario e premiato nel 1908 assieme al microbiologo Paul Ehrlich con il Nobel per la Medicina. Pare fosse il primo a utilizzare – nel 1903 – il termine "gerontologia"; oltre a ciò ha sviluppato una teoria per cui l'invecchiamento sarebbe causato da batteri tossici presenti nell'intestino e l'acido lattico potrebbe prolungare la vita – motivo per cui Metchnikoff prese l'abitudine di bere yogurt ogni giorno. Sul tema scrisse un libro, *Il prolungamento della vita: studi ottimistici*, che ispirò le ricerche successive sui batteri probiotici. Charles-Édouard Brown-Séquard, fisiologo e neurologo britannico, divenuto molto noto nel 1889 – all'età di 72 anni – per i suoi esperimenti sul ringiovanimento basati sull'iniezione di liquido estratto dai testicoli di cani e di altre cavie; i risultati furono illustrati nel corso di una presentazione che all'epoca fece scalpore, nel corso della quale Séquard dichiarò che tale terapia lo aveva fatto sentire fisicamente più giovane di trent'anni. Nonostante le critiche ricevute, nel corso degli anni successivi migliaia di medici iniziarono a usare il "fluido" di Séquard; sebbene in seguito i risultati ottenuti dallo studioso fossero spiegati tramite l'effetto placebo, le sue ricerche portarono alla nascita dell'endocrinologia, una disciplina considerata all'inizio ciarlataneria, e poi scienza di tutto rispetto. Anche il fisiologo austriaco Eugen Steinach fu considerato a sua volta un pioniere dell'endocrinologia. Nel 1912 prelevò i testicoli di un porcellino d'India e li impiantò in una femmina della stessa specie; la sostanza secreta dai testicoli, il testosterone, spinse la femmina a manifestare un comportamento sessuale maschile. Ciò lo persuase che le secrezioni di tali ghiandole fossero legate alla sessualità. In seguito sviluppò una procedura – in realtà inefficace –, chiamata "operazione di Steinach", in pratica una vasectomia parziale, che a suo dire avrebbe dovuto ridurre i sintomi dell'invecchiamento e rinvigorire i pazienti; la tecnica, nota anche come "steinachizzazione", divenne molto popolare tra artisti, attori e in generale personaggi di successo. Per tirare le somme: nella scienza contemporanea non sono mancati personaggi – anche di un certo rilievo – che hanno ritenuto per lo meno ragionevole tentare di contrastare gli effetti dell'invecchiamento, nella speranza di incrementare l'aspettativa di vita oltre i limiti conosciuti. I transumanisti sono giusto un filino più estremi, ma la sostanza è quella. Prima di proseguire e valutare in termini scientifici il progetto del transumanismo, dobbiamo però rispondere a un'altra domanda: cosa ne dice la scienza contemporanea a proposito del processo d'invecchiamento?

3. Alcune risposte dalla biologia

Per metterla giù in altri termini: per quale motivo ci tocca invecchiare e, dopo un certo numero di anni, morire? Ovviamente la biologia questa domanda se l'è posta, e le teorie avanzate nel corso degli anni per spiegare l'invecchiamento e la morte sono numerose e articolate; in generale le possiamo dividere in due gruppi, quelle che attribuiscono questi fenomeni a un programma genetico insito nel DNA e quelle che invece li spiegano tramite l'accumulo nel nostro organismo di un certo numero di danni cellulari e mutazioni casuali. Già nel 1889 August Weismann, biologo evolutivo tedesco seguace di Darwin, ipotizzò che l'invecchiamento si fosse evoluto per fare spazio alle generazioni successive, un "repulisti" necessario per l'evoluzione; si tratta di una teoria finalistica, però, cioè che presuppone – consciamente o meno – che la natura possa agire in modo consapevole, tramite "intenzioni". La prima teoria moderna sull'invecchiamento nei mammiferi si deve invece al biologo britannico Peter Medawar; nel 1952 lo studioso ipotizzò che l'invecchiamento fosse una semplice questione di negligenza. Il mondo naturale è caratterizzato da una competizione spietata, e quasi tutti gli animali muoiono prima di fare in tempo a invecchiare. Non c'è dunque motivo per cui la natura debba investire energie e risorse allo scopo di mantenere l'organismo in perfetta efficienza fino a tarda età – o, messa giù in termini meno finalistici, non c'è una pressione selettiva a favore di caratteristiche genetiche atte a mantenere l'animale in vita e salute fino a un'età in cui sarebbe comunque morto a causa di incidenti, malattie o predatori. Quella elaborata da Medawar è nota come "teoria dell'accumulo di mutazioni", e riguarda appunto l'accumulo – nel corso dell'evoluzione – di mutazioni negative i cui effetti si manifestano però solo a una certa età e non possono quindi essere eliminate dalla selezione naturale. Il biologo evoluzionista americano George C. Williams suggerì nel 1957 la teoria della "pleiotropia antagonista", secondo la quale vi sarebbero geni che hanno sull'organismo almeno due effetti, il primo dei quali, benefico, si manifesterebbe in gioventù, mentre il secondo, pernicioso, solo dopo una certa età. Stando così le cose, per Williams alterare il processo d'invecchiamento è del tutto impossibile, in quanto ogni tentativo implicherebbe un'insanabile rottura dei delicati equilibri su cui si regge la vita. Una delle previsioni implicite in questa teoria è quella per cui manipolare geneticamente un organismo in modo da garantirgli un'aspettativa di vita più lunga ne ridurrebbe inevitabilmente la fertilità; tuttavia nel 1994 il biologo americano Michael R. Rose ha selezionato un gruppo di moscerini della frutta particolarmente longevi, notando però che, contrariamente alle previsioni di Williams, erano più fertili delle loro controparti normali. Più in generale possiamo dire che l'approccio di Williams è stato in seguito giudicato troppo rigido, in quanto presuppone che la natura non sia in grado di aggirare – se adeguatamente "motivata" – la regola in questione. Nel 1977 è il turno di Thomas Kirkwood, biologo britannico che avanza la teoria del "soma usa e getta", per la quale il corpo – il soma, appunto – dispone di un quantitativo limitato di risorse, che deve spartire tra metabolismo, riproduzione, riparazioni e manutenzione. A causa di tali limitazioni, l'organismo – quindi l'evoluzione – è costretto a scendere a compromessi, per colpa dei quali esso inizia un po' alla volta a deteriorarsi dopo aver superare l'età della riproduzione – quando quindi non è più utile. Questi sono ovviamente solo alcuni esempi, e le teorie proposte sono le più svariate. Al momento attuale il paradigma dominante sembrerebbe essere – sotto varie forme – quello del accumulo di danni, ossia l'idea che invecchiamento e morte siano semplicemente il frutto della negligenza di una natura poco interessata al destino dell'organismo che ha già avuto modo di riprodursi. Rimane il fatto che siamo ben lontani dal possedere una conoscenza completa dei processi metabolici sottostanti l'invecchiamento. Tuttavia, contrariamente a quello che si può pensare, né l'invecchiamento, né la morte sono fenomeni assolutamente universali: per esempio diversi tipi di pesce e di rettile non manifestano un sensibile declino funzionale e riproduttivo, cioè in buona sostanza non invecchiano. Il che è spesso collegato a un'aspettativa di vita anche più lunga della nostra – come è il caso della tartaruga gigante di Aldabra, nelle Seychelles, che può raggiungere i 255 anni. L'*Arctica islandica*, un mollusco bivalve del Nord-Atlantico, può raggiungere i 507 anni, mentre l'Hydra – un animale marino piuttosto semplice – non manifesta alcun segno d'invecchiamento e sembra non morire di vecchiaia. Un altro concetto che ci sembra interessante introdurre ora è quello di senescenza cellulare. In questo caso tutto comincia con Alexis Carrel, biologo e chirurgo francese che nel 1912 vinse il Nobel per la Medicina; studiando il fenomeno in questione, Carrel si convinse che, se opportunamente nutrite, le cellule allevate in coltura potessero continuare a moltiplicarsi indefinitamente. La sua teoria venne poi smontata nel 1961 dal biologo americano Leonard Hayflick; quest'ultimo scoprì infatti che le cellule in coltura potevano continuare a moltiplicarsi solo un certo numero di volte – una cinquantina, più o meno –, dopodiché diventavano appunto senescenti. Tale fenomeno – noto come "limite di Hayflick" – è legato ai telomeri, ossia a strutture poste alle estremità dei cromosomi, che hanno una funzione protettiva e che si accorciano un po' ogni volta che una cellula si riproduce, fino a quando raggiungono un limite che segna l'inizio della senescenza cellulare. Un enzima specifico, la telomerasi, può però consentirne l'allungamento; nelle cellule cancerose viene prodotto senza sosta causando così una proliferazione illimitata. Comunque sia, i sostenitori dell'idea che vecchiaia e morte siano il frutto di un programma genetico hanno usato il limite di Hayflick come prova dell'esistenza di un apposito "orologio interno". Quindi: l'invecchiamento è ancora un fenomeno misterioso e poco compreso, le teorie che vanno per la maggiore adesso lo considerano frutto dell'incuria di Madre Natura e soprattutto noi esseri viventi non siamo tutti uguali. Stando a tutto quello che abbiamo detto fino a ora, c'è da stupirsi che qualcuno abbia cercato e stia cercando di alterarne il decorso?

4. Prometeo scatenato

Già nel 1965 il sociologo Robert Fulton diceva che in America la morte era trattata come se fosse una malattia contagiosa, come il frutto dell'incuria personale e non della condizione umana[7]; oggi ovviamente tale concezione è, se possibile, ancora più diffusa, ed è anzi entrata a far parte del nostro comune bagaglio culturale, fatto di prevenzione, di campagne contro questa o quella malattia, contro questa o quella cattiva abitudine. È una mentalità che ha portato alla nascita di quello che possiamo considerare un movimento internazionale informale, quello dei longevisti – in realtà un "ombrello" che copre un insieme eterogeneo di gruppi, associazioni, cliniche, ditte e studiosi più o meno seri,

---

[7] Cit. in: B. Appleyard, *How to live forever or die trying*, Simon & Schuster, Londra 2007, p. 108.

tutti interessati a prolungare il più possibile la propria permanenza in questo mondo. I primi della nostra lista – se non altro per la dedizione che ci mettono – sono i sostenitori della restrizione calorica. Si tratta di un regime alimentare per noi comuni mortali semplicemente inconcepibile, che consiste nel garantirsi tutte le sostanze nutritive fondamentali – in particolare vitamine, minerali e quant'altro – mantenendo però l'apporto calorico *un po' al di sotto del minimo*. L'idea di fondo nacque nel 1934, quando due studiosi della Cornell University, Mary Crowell e Clive McCay, sottoposero alcune cavie di laboratorio a un trattamento di questo tipo – con una riduzione dell'apporto calorico molto più drastica di quella ora praticata dagli esseri umani. Incredibilmente, l'aspettativa di vita dei topi superò di gran lunga quella media dei loro simili. La scoperta, oramai acquisita, è stata poi confermata da test effettuati su diverse specie animali, tra cui i primati. In particolare una ricerca condotta a partire dal 1987 dall'americano National Institute of Aging su alcune scimmie rhesus ha evidenziato che la restrizione calorica apporta diversi benefici alla salute, ma non ha ancora dimostrato che ciò che vale per i topi – una forma di longevità estrema – valga anche per animali di taglia maggiore e già di per sé più longevi – ma in questo caso solo il tempo potrà dare la risposta. Il discorso vale ovviamente anche per gli esseri umani, sui quali non è mai stato effettuato uno studio clinico approfondito in rapporto a questo regime alimentare. Comunque sia, gli effetti possibili della restrizione calorica vanno dalla longevità ai benefici per il sistema cardiocircolatorio, a quelli per la memoria; tra i possibili effetti collaterali ci potrebbe essere una riduzione della libido, la perdita di massa muscolare e scheletrica e simili. E, nonostante gli effetti della restrizione calorica siano noti da quasi ottant'anni, non è ancora chiaro quale sia il meccanismo sottostante; una delle ipotesi fa riferimento alla cosiddetta "ormesi"[8], fenomeno per cui in alcuni casi una piccola dose di stress – e la restrizione calorica è senz'altro stressante – potrebbe stimolare l'organismo, met-

---

[8] Fenomeno studiato – e battezzato – per la prima volta dagli americani Chester Southam e John Ehrlich nel 1943.

tendolo sulle difensive. Ciò lo spingerebbe a ottimizzare l'uso che fa delle proprie risorse, a mettere in movimento il proprio sistema immunitario e tutte le proprie difese in generale. In pratica la "percezione" di quello che a tutti gli effetti è uno stato di carestia potrebbe stimolare corpo e mente – ed è probabile che tale meccanismo risalga, come si può ben immaginare, alla preistoria, un'epoca cioè in cui i nostri tre pasti al giorno erano un'utopia. Oppure è possibile che tale fenomeno sia legato alla riproduzione: "percependo" uno stato di carestia cronico, l'organismo potrebbe "decidere" di rimandare la riproduzione a tempi migliori, e quindi si sforzerebbe di prolungare l'aspettativa di vita, potenziando i meccanismi di riparazione – come l'autofagia, cioè il processo per cui le cellule riciclano il proprio contenuto, per esempio eliminando selettivamente gli organelli danneggiati. Lo studioso più noto di questa pratica – nonché vero e proprio idolo dei transumanisti – è stato Roy Lee Walford. Americano, nato nel 1924, nel corso degli anni Ottanta Walford ha compiuto – in collaborazione con Richard Weindruch – svariati esperimenti di restrizione calorica sui topi, riducendone l'introito calorico del cinquanta per cento e arrivando quasi a raddoppiare la durata della loro vita. Lo studioso non si è limitato però alla ricerca, ma ha pubblicato diversi libri divulgativi – in cui promuoveva la restrizione calorica come stile di vita – come *Maximum Life Span* del 1983 e *The 120-Year Diet* del 1986. Purtroppo però, nonostante il regime di restrizione calorica, Walford è deceduto nel 2004 all'età di soli 79 anni, a causa della sclerosi amiotrofica laterale. Improbabile che la patologia sia direttamente connessa al regime alimentare adottato – si tratta dell'unico caso mai registrato –, tuttavia si è ipotizzato che il suo decorso possa esser stato accelerato dalla restrizione calorica, che non viene quindi raccomandata alle persone affette da questa malattia. A ogni modo Walford ha lanciato una vera e propria corrente, tant'è vero che le persone che seguono il suo regime sono molte – soprattutto tra i transumanisti più motivati a guadagnare altro tempo. Anzi, nel 1994 Walford ha lanciato, assieme alla figlia Lisa e a Brian M. Delaney, una vera e propria organizzazione, la CR Society International, che sponsorizza eventi dedicati, raccoglie fondi per la ricerca anti-età e fornisce informazioni pratiche ai suoi membri – tutti rigorosamente snelli, almeno a giudicare dalle foto sul sito.[9]

C'è però chi, all'interno del movimento longevista, ha deciso di andare oltre, ossia di provare a proporre un approccio globale in grado di contrastare l'invecchiamento – il che si addice molto bene ai transumanisti, impegnati come sono a prepararsi in modo maniacale per il mondo di domani. Stiamo parlando della medicina anti-età, una corrente molto discussa, che mira appunto a trattare la senescenza come fosse una malattia tra le altre.

A promuovere questo approccio è l'American Academy of Anti-Aging Medicine[10] – nome in codice: A4M –, un'organizzazione no profit che si incarica anche di tenere simposi e seminari sul tema e di rilasciare apposite certificazioni ai professionisti della salute. Fondata nel 1993 da due medici osteopati, Robert Goldman e Ronald Klatz, A4M vanta ventiseimila membri sparsi in 110 paesi; la loro ricetta anti-età prevede alcune raccomandazioni scientificamente fondate – seguire una dieta sana, fare ginnastica e così via – e altre molto criticate dalla scienza ufficiale – come assumere ormoni ed evitare l'acqua di rubinetto, che a loro dire sarebbe contaminata da pericolose sostanze chimiche. La *mission* ufficiale dell'organizzazione è "sviluppare la tecnologia per identificare, prevenire e trattare le patologie legate all'età e promuovere la ricerca di metodi per ritardare e ottimizzare il processo di invecchiamento umano". Ottimo, no? Sempre secondo la A4M molte delle disabilità connesse all'invecchiamento sono causate da disfunzioni fisiologiche migliorabili per via medica, e ciò può condurre a un allungamento della vita. O, per dirla con Klatz, "il nostro scopo non è quello di invecchiare con grazia. Il nostro scopo è quello di non invecchiare mai"[11]. Insomma, un programma che promette bene. E le speranze si rinfocolano ulteriormente, se diamo un'occhiata alla loro parola d'ordine, nonché loro obiettivo finale, cioè *The Ageless Society* – "La Società

[9] http://www.crsociety.org/.

[10] http://www.a4m.com/.

[11] Cfr. http://www.nytimes.com/1998/04/12/style/anti-aging-potion-or-poison.html.

Senza Età" –, che porrà rimedio all'"apocalisse dell'invecchiamento" – altro buon slogan. Applicare gli interventi previsti dalla A4M dovrebbe condurre a tutti gli effetti all'immortalità. Pescando infatti nell'immaginario transumanista e in quello della ricerca scientifica d'avanguardia, Klatz parla di "tecnologie emergenti", come le nanotecnologie e le terapie a base di cellule staminali, che produrranno un consistente aumento delle nostre aspettative di vita, ben oltre i limiti attuali.[12] Cosa ne dice però la comunità scientifica della "medicina anti-età"? La maggioranza dei ricercatori che si occupano di queste questioni si dissocia dalle idee promosse dalla A4M – ritenute in parte pseudoscientifiche – e ne sottolinea i forti interessi commerciali. per esempio Stephen Coles, medico e studioso della UCLA Medical School che si è occupato a lungo dei centenari, ha dichiarato che "la cosiddetta medicina anti-età non esiste"[13]. E molti altri specialisti guardano alle attività di Klatz con un certo disprezzo, considerandole un miscuglio di pratiche mediche e di interessi commerciali. L'American Board of Medical Specialties – la più importante organizzazione americana deputata alla valutazione della scientificità delle pratiche mediche e alla relativa certificazione – non ha riconosciuto alla A4M lo statuto di organizzazione professionale. Anche la rivista ufficiale dell'organizzazione, l'*International Journal of Anti-Aging Medicine*, è sotto attacco, al punto che, in una lettera pubblicata su *Science* nel 2002, lo stesso Aubrey De Grey ha dichiarato che i contenuti di tale pubblicazione sono solo pubblicità per le offerte dell'industria pseudoscientifica della lotta all'invecchiamento. Una vera e propria doccia fredda, insomma, per di più proveniente da un importante transumanista. Sempre su *Science* è uscito un articolo – a firma di De Grey, Coles, S. Jay Olshansky e altri noti biogerontologi – che bolla la medicina anti-età come pseudoscienza.[14]

---

[12] http://www.worldhealth.net/news/forever_young_the_scientific_fountain_of/.

[13] http://articles.latimes.com/2004/jan/12/health/he-antiaging12. La buona nuova, annunciata nel corso del medesimo evento, è che in venti o trent'anni gli scienziati potrebbero fare scoperte reali, che potrebbero condurci a vite più lunghe e più sane.

[14] AA. VV., *Antiaging Technology and Pseudoscience*, in «Science», Nuova Serie n, 296, 26 aprile 2002.

Nessuna speranza, quindi? In realtà, come abbiamo già accennato, la scienza ufficiale non esclude la possibilità di prolungare in modo radicale la nostra aspettativa di vita, e di riuscire a farlo nel giro di decenni, non di secoli. Uno dei sostenitori di questa possibilità è il noto biologo americano William Haseltine. Accademico, imprenditore e filantropo, Haseltine è uno dei "big" della biotecnologia americana; dopo aver lavorato sull'Aids e sul genoma umano, lo scienziato ha creato diverse compagnie biotech, tra le quali la Human Genome Sciences, azienda finalizzata all'applicazione delle scoperte della genomica alla ricerca medica. Tanto per capirci, nel 2001 la rivista *Time* lo ha indicato come uno dei venticinque uomini d'affari più influenti del mondo.[15] Nel 1999, durante una conferenza sul Lago di Como, Haseltine ha coniato un termine destinato – si spera – a un radioso futuro, "medicina rigenerativa". L'idea dello studioso è che tecnologie tutt'ora in fase di sviluppo, come la terapia genica, quella basata sulle cellule staminali e l'ingegneria tissutale, riescano in un prossimo futuro a restituire una normale funzionalità a cellule, tessuti e organi interi, a prescindere dal fatto che essi siano stati danneggiati da patologie, da traumi o dal semplice processo d'invecchiamento. Dopo aver co-fondato il *Journal of Regenerative medicine* e la Society for Regenerative Medicine, Haseltine ha esposto i principi generali della nuova disciplina in svariati articoli. Non pago di ciò, ha pure coniato un altro nuovo termine, "medicina ringiovanente", per descrivere la prossima rivoluzione che in futuro potrebbe portarci verso l'immortalità. Nel 2002, in un'intervista rilasciata al *Life Extension Magazine*[16], Haseltine ha dichiarato che

---

[15] Un'interessante introduzione alla vita e alle idee di questo personaggio le trovate in: B. Alexander, *Rapture. A raucous tour of cloning, transhumanism, and the new era of immortality*, Basic Books, New York 2003.

[16] La Life Extension Foundation (LEF) è un'organizzazione no profit sita a Fort Lauderdale, in Florida, e fondata nel 1980 da due transumanisti, Saul Kent e William Faloon, con lo scopo promuovere la ricerca e l'informazione relativamente a longevismo, medicina preventiva e *performance* sportiva. Oltre a vendere vitamine e integratori vari, la LEF pubblica una rivista, il *Life Extension Magazine*. Cfr. http://www.lifeextensionfoundation.org/ e http://www.lef.org/index.htm.

> Concordo sul fatto che molte terapie mediche potrebbero essere rese obsolete da una qualche soluzione generale e sistematica all'invecchiamento. Molte delle condizioni su cui stiamo lavorando sono conseguenza dell'invecchiamento. Se l'orologio fondamentale dell'invecchiamento dovesse essere fermato, o addirittura invertito, il bisogno di molte di queste terapie svanirebbe. Questo sarebbe davvero un giorno felice.
>
> (...)
>
> Negli ultimi anni è diventato possible per la prima volta costruire uno scenario in cui gli esseri umani diventano immortali: tramite la sistematica infusione di cellule staminali.[17]

In un'intervista uscita sull'*Espresso* del 4 aprile 2002, Haseltine ha poi dichiarato che

> Nel futuro, circa tra vent'anni, avverrà una transizione con la medicina rigenerativa e quella di ringiovanimento. Ma il nostro primo obbiettivo è curare le malattie e vivere sani e attivi fino al massimo di potenziale di vita umana, cioè 120 anni circa. Il corpo umano ha intrinseche capacità di autogenerazione che però in una persona giovane sono limitate e in un anziano non solo sono limitate, ma anche degradate. Certi segnali nel corpo diventano irregolari, alcune proteine vengono emesse in eccesso, o nel momento sbagliato, oppure sono carenti. Dobbiamo imparare a stimolare questi sistemi o a disattivarli o a modularli per aiutare il corpo a rigenerarsi, dove e quando necessario.
>
> (...)
>
> La prima tappa porterà a riparare i tessuti malconci veicolando speciali proteine: i fattori di crescita. La seconda fase della medicina rigenerativa entra in gioco quando l'organismo non è più in grado di riparare i tessuti danneggiati, neppure se stimolati con fattori di crescita o altre sostanze naturali.

---

[17] http://www.lef.org/magazine/mag2002/jul2002_report_haseltine_01.html. Traduzione nostra.

La parte malata va quindi sostituita. L'obiettivo è ricostruire gli organi in laboratorio, .., per reimpiantarli nel paziente. Se questo accadrà, sarà anche grazie a un'altra grande risorsa: le cellule staminali degli organi adulti. L'impiego delle cellule staminali embrionali è la terza tappa del percorso. E qui che la medicina rigenerativa si fonde con quella dell'eterna giovinezza. Infatti anche le cellule staminali adulte invecchiano, come tutto l'organismo. Le cellule embrionali, invece, sono sempre giovani e vitali.[18]

Il 2013 volge al termine e noi restiamo in attesa della medicina rigenerativa; nel frattempo, ci consoliamo con un altro personaggio che oscilla tra scienza ufficiale e transumanismo, Michael D. West. Mentre però Haseltine si muove e anzi si trova più a suo agio in quell'ambiente sociale finanziariamente ben fornito, elevato e rarefatto che nasce dall'incontro tra biotecnologie, business e politica, West è una vecchia conoscenza del transumanisti, frequenta i loro meeting, li conosce di persona: insomma, a tutti gli effetti è uno di loro.

È un percorso singolare, quello di West: inizialmente sostenitore del creazionismo e risoluto avversario dell'evoluzionismo darwiniano, la morte del padre lo spinge sul versante della ricerca scientifica, infondendogli il desiderio di trovare una soluzione all'invecchiamento e alla morte. Proprio a questo scopo nel 1990 lo scienziato fonda la Geron Corporation[19] – sita a Menlo Park e tutt'ora attiva –, la prima compagnia biotech che mira espressamente a trovare una "cura" per l'invecchiamento. La strategia allora impostata da West ruota in particolare attorno ai telomeri e alla telomerasi – la proteina che può rigenerare i primi, allungandoli di nuovo. La speranza è ovviamente quella di utilizzare la telomerasi per modificare il processo d'invecchiamento.

Nel 1998 diventa amministratore delegato della Advanced Cell Technology[20], compagnia biotech di Santa Monica, in California, spe-

---

[18] http://www.biodomotica.com/longevita/notizia11.htm.
[19] www.geron.com.
[20] http://www.advancedcell.com/.

cializzata in clonazione terapeutica e medicina rigenerativa. Il grosso del lavoro svolto da West all'Advanced Cell Technology riguarda la possibilità di riportare indietro nel tempo – biologicamente parlando – le cellule umane.

West parte dalla classica distinzione tra linea germinale e soma. Con il primo termine si indica tutte le cellule germinali presenti in un organismo: quindi spermatozoi e ovuli, così come le cellule da cui essi derivano – i gametociti e, prima ancora, i gametogoni. Tutte queste cellule formano, in senso metaforico e cronologico, una linea: noi siamo infatti il prodotto delle cellule germinali dei nostri genitori, le quali derivano da quelle dei nostri nonni, e così via più o meno fino all'inizio della vita; idem per i nostri figli e la nostra discendenza. Quindi è possibile parlare in un certo senso di una linea o di una "staffetta" germinale che risale all'alba dei tempi. La linea germinale è – e non in senso metaforico – immortale. Il che non si può dire del soma, ossia dell'insieme di tutte le altre cellule che compongono il nostro corpo. Il soma si ferisce, si ammala, invecchia e muore; la linea germinale invece può durare – almeno in linea di principio – per l'eternità. In modo molto evocativo, West parla del proprio lavoro come di un tentativo di avvicinarsi – e di avvicinare il soma – alla linea germinale, e quindi alla fonte dell'immortalità. Che poi, a livello pratico, questo processo di avvicinamento consiste nel lavorare su un'importante manifestazione della linea germinale, cioè le staminali. Le cellule staminali embrionali sono, come è noto, cellule ancora indifferenziate e perciò in grado di mutarsi in qualunque altro tipo di cellula. Rappresentano un tema "caldo" della ricerca biotecnologica, perché riuscire a manipolarle vorrebbe dire poterle usare per curare un gran numero di patologie degenerative diverse, inclusi il morbo di Parkinson, l'Alzheimer e la distrofia muscolare. E poiché tali cellule non hanno ancora scelto se diventare cellule germinali o cellule somatiche, non sono ancora prigioniere della mortalità del soma, ma anzi posseggono l'immortalità della linea germinale, e quindi la capacità di proliferare indefinitamente. Secondo West in teoria buona parte del processo d'invecchiamento potrebbe essere trattata con le cellule staminali; idealmente si potrebbe ricreare in laboratorio tramite clonazione tutte parti del corpo – organi, tessuti e quant'altro –, e rimpiazzare con esse quelle che già possediamo – una alla volta o in un colpo solo. Nei casi più semplici non bisognerebbe nemmeno effettuare ricerche apposite: le procedure per rigenerare i tessuti senescenti sarebbero le stesse che useremmo per trattare la distrofia muscolare o altre patologie.

Ed è proprio West ad annunciare, nel 2001 – in piena era Bush –, l'intenzione di mettere in atto una procedura di clonazione umana terapeutica. Nel caso non lo sappiate, la clonazione terapeutica consiste nell'inserire il nucleo di una cellula somatica – quindi dotata di tutti e quarantasei i cromosomi – in un ovulo non fecondato; da ciò si ricava poi un embrione – geneticamente identico al donatore del nucleo –, dal quale si possono estrarre cellule staminali da far riprodurre in coltura. Accusato all'epoca di voler giocare a fare Dio, West finisce al centro del dibattito sulla clonazione, tanto che un giornalista lo paragona addirittura a Bin Laden. In seguito a tali polemiche, Bush sollecita il senato ad approvare una proposta di legge per la messa al bando della clonazione riproduttiva e di quella terapeutica, un provvedimento già approvato in precedenza dalla camera dei rappresentanti.

Nel 2003 West pubblica una cronistoria autobiografica delle proprie ricerche, *The Immortal Cell*[21]. Attualmente lo scienziato è amministratore delegato di BioTime[22], una compagnia biotech di Alameda, in California, la quale si occupa di ricerca e sviluppo nell'ambito delle cellule staminali.

Accanto a tutto ciò, Michael West ha ricoperto un altro ruolo, ossia quello di fonte d'ispirazione per il massimo teorico dell'immortalità scientifica contemporanea: Aubrey David Nicholas Jasper de Grey.

---

[21] Michael D. West, *The Immortal Cell: One Scientist's Quest to Solve the Mystery of Human Aging*, Doubleday, New York 2003.
[22] http://www.biotimeinc.com/.

5. L'Araba Fenice 2.0

De Grey ha messo a punto il sistema più completo per la cura dell'invecchiamento che sia mai stato concepito, un insieme di terapie che, se applicate a intervalli regolari, consentiranno agli esseri umani di rigenerarsi periodicamente, risorgendo in un certo senso dalle ceneri della propria senescenza come la Fenice delle leggende del Vicino Oriente. Se funziona, ovviamente, e se qualcuno si deciderà a finanziare questo progetto più che generosamente, a definirne i dettagli e ad attuarlo in ogni sua parte.

Dell'uomo De Grey sappiamo già tutto quello che ci serve[23]; ora è il momento di guardare molto da vicino il suo piano, di assaporarne i dettagli, e di vedere se, scientificamente parlando, sta in piedi. De Grey aderisce a quello che pare essere il paradigma dominante in biogerontologia, all'idea cioè che l'invecchiamento e il declino psico-fisico non siano il frutto di un programma genetico previsto dal nostro DNA, ma il semplice effetto dell'incuria con cui la natura ci tratta dopo che abbiamo superato l'età utile per la riproduzione. L'approccio proposto dal biogerontologo britannico parte dal riconoscimento dell'umana ignoranza: il metabolismo umano è poco conosciuto, dice De Grey, e l'idea di sconfiggere l'invecchiamento – o anche solo di rallentarlo – modificando il nostro organismo alla radice va a cozzare contro il fatto che non possediamo conoscenze esaustive in materia. Inoltre, se per intervenire dobbiamo aspettare di sapere per filo e per segno come e perché il corpo invecchia, stiamo freschi. Se decidessimo di adottare un approccio del genere, le domande a cui dovremmo rispondere sarebbero veramente tante. Per esempio: quali alterazioni metaboliche stanno alla base del processo d'invecchiamento, e quali ne sono gli effetti, o le cause secondarie, che sparirebbero se le cause primarie sottostanti fossero eliminate? Oppure: come potrebbe ogni cambiamento metabolico non avere una cascata di effetti collaterali non previsti, come la famosa farfalla che, sbattendo le ali in Giappone, causa una tempesta in Brasile?

---

[23] Un buon ritratto di De Grey lo trovate in: Johnatan Weiner, *Long for this world. The strange science of immortality*, Harper Collins, New York 2010.

A tutto questo De Grey aggiunge l'idea che il confine tra malattia e invecchiamento sia in realtà illusorio. Il motivo di tale distinzione è apparentemente molto sensato: le malattie non sono universali, mentre l'invecchiamento lo è. A questo il biogerontologo obbietta che le malattie legate all'età sono – sorpresa delle sorprese – legate all'età. Appaiono cioè a uno stadio avanzato perché sono conseguenze di quel processo, o meglio, l'invecchiamento può essere visto come uno stadio iniziale *collettivo* di diverse malattie legate all'età. L'invecchiamento è sempre stato considerato qualcosa di misterioso, di qualitativamente diverso da tutto il resto, e perciò non trattabile; in realtà è solo una "spirale verso il basso". Non c'è – sottolinea De Grey – un orologio biologico dell'invecchiamento, un programma insomma, perché se ci fosse il processo d'invecchiamento dovrebbe essere tanto ordinato quanto quello di sviluppo, e invece è caotico, disordinato, soggettivo. E poi in realtà tutte le malattie legate all'età sono davvero universali, nel senso che siamo senz'altro destinati a prenderne una di un certo tipo, se non ce ne prendiamo prima una di un altro. Non c'è una bomba a orologeria, ma solo un lento accumularsi di danni. Quello che conta – ribadisce De Grey – è che i quarantenni si possono aspettare meno anni di vita e di salute rispetto ai ventenni, e ciò per le loro differenze in termini di composizione molecolare e cellulare, e non per i meccanismi che le hanno prodotte. Quello che conta sono le differenze.

Per aggirare quindi quello che sembra a tutti gli effetti un limite insormontabile, De Grey propone un approccio di tipo "ingegneristico". Perché – si chiede lo studioso – non ci limitiamo invece a classificare i danni prodotti sul nostro organismo dal processo di invecchiamento, e non sviluppiamo strategie adeguate per ripararli mano a mano che si manifestano? Dopo tutto per effettuare la manutenzione di una casa o di un'automobile non abbiamo bisogno di mettere le mani sui disegni dell'architetto o dell'ingegnere; ci basta dare un'occhiata a ciò che non va e prendere provvedimenti. Questo ragionamento vale anche per le questioni ingegneristiche in generale, nel senso che in ingegneria è normale disegnare tecnologie prima di aver conseguito una piena comprensione teorica della fisica sottostante. Gli ingegneri hanno usato elettricità, magneti superconduttori e fissione nucleare prima di una comprensione teoretica coerente e piena delle forze fisiche in gioco. Che poi in realtà questo è accaduto anche in medicina; per esempio l'acido acetilsalicilico è stato usato prima di una conoscenza piena della sua azione chimica. Insomma, in teoria non è necessario disporre di un gran numero di dettagli per mettersi in movimento e *cominciare* a sviluppare questa o quella terapia. Si comincia e basta. Ora, ragiona De Grey, se noi sviluppassimo soluzioni concrete per rimuovere e riparare i danni dell'invecchiamento, potremmo fare a meno di preoccuparci del metabolismo, dell'effetto farfalla e di tutto il resto. Si vede il danno, lo si rimuove con un'apposita terapia, e chi s'è visto s'è visto. La soluzione sarebbe quindi una manutenzione sufficientemente accurata e sufficientemente frequente. Le riflessioni di De Grey non si fermano qui; il teorico dell'immortalità biologica ha infatti stilato una lista – in apparenza esaustiva – dei tipi di danno che il processo d'invecchiamento ci infligge quotidianamente. Vediamoli.

Il primo tipo di danno è quello relativo alle mutazioni nel genoma e nell'epigenoma – quest'ultimo è in pratica l'insieme dei meccanismi che regolano l'attivazione di questo o di quel gene. In sostanza stiamo parlando delle mutazioni che colpiscono il DNA e le proteine sintetizzate a partire dal nostro codice genetico. L'ipotesi "forte" di De Grey è che il processo d'invecchiamento *non* sia globalmente determinato dalle mutazioni genomiche ed epigenomiche, nel senso che esse possono causare solo patologie ben definite e visibili – tipo il cancro. Le altre mutazioni – che pure ci sono – potrebbero avere un effetto su di noi solo se la nostra aspettativa di vita fosse *molto* più lunga di quella attuale. È una questione complessa, per cui vi rimandiamo al saggio – divulgativo ma non troppo – pubblicato da De Grey nel 2007.[24]

Poi abbiamo le mutazioni che colpiscono il DNA dei mitocondri. Questi ultimi sono componenti cellulari – "organuli" – che hanno la

---

[24] Aubrey de Grey, Michael Rose, *Ending Aging. The Rejuvenation Breakthroughs That Could Reverse Human Aging in Our Lifetime*, St. Martin Press, New York 2007.

funzione di produrre energia – producendo nel contempo i famosi radicali liberi, molecole molto reattive e capaci di danneggiare in vari modi il nostro organismo. I mitocondri dispongono appunto di un proprio materiale genetico, e le mutazioni che li riguardano influiscono sull'abilità della cellula di funzionare adeguatamente; in modo indiretto, questo fenomeno può accelerare molti aspetti dell'invecchiamento. Questa almeno è la teoria di De Grey – che gli ha fruttato il PhD presso l'Università di Cambridge. In particolare il biogerontologo sostiene che, con l'invecchiamento, non sono i mitocondri in generale a danneggiare il resto della cellula aumentando lo stess ossidativo; si tratterebbe piuttosto di *alcuni* mitocondri che entrano in un peculiare stato maladattativo, il quale causa e diffonde lo stress ossidativo oltre la cellula direttamente coinvolta, verso le altre cellule.

La terza tipologia di danno è la "spazzatura" all'interno delle cellule – ossia i cosiddetti aggregati intracellulari, un miscuglio di sostanze diverse note collettivamente come "lipofuscina". Le nostre cellule metabolizzano costantemente proteine e altre molecole che non sono più utili o che potrebbero essere dannose. Le molecole che non possono essere "digerite" vengono semplicemente lasciate accumulare come spazzatura all'interno della cellula. L'aterosclerosi, la degenerazione maculare e tutti i tipi di patologie neurodegenerative – come l'Alzheimer – sono associate a questo problema.

A ciò si aggiunge un altro tipo di "spazzatura", quella al di fuori delle cellule – cioè gli aggregati extra-cellulari. Infatti residui proteici dannosi possono accumularsi anche al di fuori delle cellule; le placche amiloidi presenti nei cervelli colpiti dall'Alzheimer ne sono un esempio.

Il quinto problema è quello della "morte cellulare". Alcune delle nostre cellule non possono essere rimpiazzate, o se ciò avviene, avviene molto lentamente. La riduzione numerica delle cellule fa sì per esempio che il nostro cuore si indebolisca con l'età, o che il sistema immunitario perda forza, o che il cervello perda neuroni, a volte con effetti drammatici – come nel caso del Parkinson.

C'è però anche la questione della "senescenza cellulare". È un fenomeno per cui alcune cellule non sono più in grado di dividersi, ma non muoiono né permettono ad altre cellule di moltiplicarsi. Possono anche secernere proteine dannose.

Infine abbiamo i cosiddetti AGE, sigla che sta per *advanced glycation endproducts*, "prodotti avanzati della glicazione". Si tratta di un processo casuale per cui gli zuccheri si legano ad alcuni gruppi di proteine – incluse proteine strutturali come il collagene e l'elastina, che hanno un ruolo centrale nell'architettura dei nostri tessuti. In termini più tecnici, la glicazione – nota anche come glicosilazione non enzimatica – è il prodotto della reazione diretta – in pratica, l'unione – tra uno zucchero, per esempio il glucosio, e una proteina o un lipide – senza l'intermediazione di un enzima. La glicazione è un processo sostanzialmente casuale che riduce o impedisce la funzionalità delle bio-molecole. L'accumulazione di AGE può danneggiare il funzionamento di organi, irrigidire i muscoli, ispessire le arterie, produrre le rughe e altri sintomi dell'invecchiamento biologico. Un fenomeno simile avviene nei cibi sottoposti a cottura, per cui si può dire che, metaforicamente, l'invecchiamento consiste *anche* in un processo di cottura a fuoco lento.

Ecco quindi i sette peccati capitali dell'invecchiamento: mutazioni nucleari cancerose, mutazioni mitocondriali, spazzatura intracellulare, spazzatura extracellulare, perdita o atrofia cellulare, senescenza cellulare, AGE. Tutti in attesa della soluzione "ingegneristica" proposta da De Grey.

Non che sia un compito facile, sia per la complessità del corpo, sia per il fatto che, non avendolo costruito, siamo costretti a fare un po' di retro-ingegneria – anzi, molta – per carpirne il funzionamento. Alla fine però si tratta di usare i nostri sistemi naturali di auto-riparazione, o meglio, di allearci con essi, e di associarli alle nostre terapie. Sì, appunto, ma quali terapie?

De Grey propone un piano articolato, composto da interventi che – ci assicura – sono già in fase di studio, oppure all'orizzonte, o comunque già concepibili. Ecco a voi il SENS, sigla che sta per *Strategies for Engineered Negligible Senescence*, cioè "Strategie per una Senescenza Ingegnerizzata Trascurabile". Con un tipo di terapia genica complessa ma già immaginabile, si potrebbe per esempio spezzare il legame tra invecchiamento e radicali liberi liberamente diffusi dai mitocondri malfunzionanti senza interferire nell'attività di questi ultimi. Secondo De Grey gingillarsi con i mitocondri *potrebbe* – e sottolineiamo *potrebbe* – ridurre il processo d'invecchiamento del cinquanta per cento. Il guaio con i mitocondri è più o meno il seguente. Di tutte le circa mille proteine mitocondriali, solo tredici sono sintetizzate dal DNA mitocondriale – le altre vengono sintetizzate a partire dal DNA e poi trasferite nei mitocondri. Dati infatti i rischi corsi dal DNA mitocondriale in termini di mutazioni, la natura ha fatto in modo di trasferire il maggior numero possibile di geni al sicuro nel nucleo, che è protetto molto meglio. I tredici geni in questione sono rimasti lì perché le proteine da loro codificate sono idrofobe, e quindi non possono essere prodotte al di fuori dei mitocondri e poi importate attraverso il contenuto acquoso della cellula. La soluzione potrebbe essere copiare i geni dei mitocondri all'interno del nucleo; in questo caso però le proteine che questi geni codificano dovrebbero essere modificate in modo tale da poter essere trasportate nei mitocondri. Tali geni fungerebbero dunque da copie di "back up" per i geni situati nei mitocondri. È possibile fare una cosa del genere?

Sì, secondo De Grey; o almeno c'è chi ci sta già lavorando su. Qui il biogerontologo fa riferimento alle cosiddette mitocondriopatie, patologie rare che riguardano i mitocondri e che si manifestano con svariati sintomi e nei tessuti più diversi. Sono malattie spesso fortemente disabilitanti, e diversi studiosi lavorano da tempo allo sviluppo di una terapia genica per le mitocondriopatie. Ovviamente anch'essi si sono scontrati con il problema dell'idrofobicità delle tredici proteine rimanenti. È possibile immaginare alcune soluzioni, però, e a questo proposito De Grey cita il lavoro di Michael P. King, esperto di mitocondriopatie della Thomas Jefferson University a Philadelphia. Nella fattispecie questo studioso ha scoperto negli anni Novanta che, di sei delle tredici proteine incriminate, le alghe verdi posseggono altrettante varianti codificate però dal nucleo. L'idea – su cui si sono messi al lavoro diversi studiosi – sarebbe quella di sviluppare una terapia genica che, utilizzando queste varianti, riesca a inserirle nel nucleo delle cellule umane e utilizzarle per far funzionare i mitocondri danneggiati.

Bene, fuori uno. Ora tocca alla spazzatura intracellulare, cioè la lipofuscina – così chiamata perché composta per lo più da lipidi. Qui la proposta di De Grey è senz'altro molto affascinante, e consiste nel mescolare due settori apparentemente piuttosto lontani l'uno dall'altro, cioè l'ingegneria genetica e il biorisanamento. Quest'ultimo è un campo di ricerca piuttosto interessante, che consiste nel creare batteri geneticamente modificati che possano metabolizzare questa o quella sostanza tossica, contribuendo così a risanare l'ambiente. A questo proposito De Grey ha consultato pure John Archer, ricercatore di Cambridge e autorità riconosciuta a livello internazionale nel campo del biorisanamento. L'idea del biogerontolo è, se non altro, intellettualmente molto coraggiosa. La lipofuscina è fluorescente; ora, il fatto che i corpi in decomposizione non rispendano nel buio dimostra che, tra i batteri che si trovano del terreno – detti anche "geobatteri" –, ve ne sono almeno alcuni che posseggono enzimi in grado di digerire la lipofuscina. Dunque, ecco il piano: identifichiamo questi geobatteri, isoliamo gli enzimi in questione, preleviamo i geni che li codificano e li trasferiamo – tramite terapia genica – agli esseri umani. Questa operazione *potrebbe* rendere i nostri lisosomi – organuli presenti nelle cellule e che fungono da "impianti di smaltimento rifiuti" – capaci di digerire senza problemi la lipofuscina.

E due. Passiamo ora alla spazzatura extracellulare. In questo caso di detriti ce ne sono diversi tipi, come le placche beta-amiloidi – connesse all'Alzheimer –, la transtiretina – una proteina prodotta dal fegato – e altri. La proposta di De Grey qui ruota attorno alla possibilità di aizzare – tramite la manipolazione genetica – il sistema immunitario contro questo tipo di spazzatura, un fenomeno chiamato "fagocitosi". Studi di questo tipo – sottolinea il teorico – esistono già; per esempio la compagnia biotech californiana Elan[25] sta lavorando a un

---

[25] http://elan.com/.

tipo di vaccino in grado di spingere il sistema immunitario dei topi da laboratorio a rimuovere le placche amiloidi. Il sistema potrebbe essere usato anche nel caso della senescenza cellulare; le cellule senescenti esprimono infatti proteine specifiche, che possono essere usate come bersaglio per un'apposita terapia immunologica. In quest'ultimo caso si potrebbe anche studiare una forma di terapia genica atta a indurre nelle cellule incriminate l'apoptosi – in pratica, il suicidio.

Nel caso degli AGE è possibile immaginare una terapia di tipo farmacologico. È il caso questo dell'Alagebrium – nome in codice ALT-711 –, un farmaco studiato dalla Alteon Corporation e capace appunto di sciogliere – seppur entro certi limiti – gli AGE, riportando la situazione al punto di partenza. Pur avendo ottenuto risultati molto promettenti, la Alteon ha chiuso i battenti, e la sperimentazione è stata bloccata. È senz'altro possibile però che in futuro qualcun altro si faccia avanti, riprendendo le ricerche. Per De Grey si potrebbe inoltre andare alla ricerca di appositi enzimi capaci di sciogliere gli AGE.

Il problema della moria cellulare – che si tratti di neuroni, di cellule cardiache, o altro – potrebbe essere affrontato tramite le cellule staminali adulte, che dovrebbero essere estratte dal paziente, fatte proliferare in coltura, adeguatamente manipolate e poi reinserite nell'organismo. Insomma, la medicina rigenerativa già propugnata da Haseltine e West.

Bene, ora non ci resta che sconfiggere il cancro. Che dire, di questa condizione e della sua cura, che non sia già stato detto dai massimi esperti? La cura del cancro è uno dei più vasti settori della bio-medicina, e la gente che ci lavora è molta, ben preparata e molto motivata. La proposta avanzata da De Grey non ambisce però a sostituirsi a tutte le terapie attualmente in fase di studio, ma piuttosto a colpire il cancro impedendogli di nascere. Onde evitare fraintendimenti, vi diciamo subito che l'approccio di De Grey al cancro rappresenta l'aspetto più problematico e controverso della sua proposta complessiva. Lo studioso ha battezzato la propria strategia WILT – che in inglese significa anche "appassire", "avvizzire", "perdere vigore" –, una sigla che sta per *Whole-body Interdiction of Lenghtening of Telomeres*. Cioè "Interdizione in tutto il corpo dell'allungamento dei telomeri". L'obiettivo di De Grey è quello di trovare una terapia che non dipenda da qualche fattore che il cancro potrebbe aggirare tramite una mutazione nella sua espressione genica. Insomma, bisogna privare il cancro di qualcosa di cui esso ha *assolutamente* bisogno per prosperare e diffondersi. Lo strumento va rimosso in modo che il cancro non possa fare assolutamente nulla per riprenderselo, e lo strumento che sceglieremo di rimuovere dev'essere tale per cui i tessuti sani possano anche farne a meno. Perché allora – si chiede De Grey – non eliminare il gene che produce la telomerasi? Le cellule cancerose sono infatti immortali perché dispongono di telomeri che non si accorciano mai, o meglio, che possono rigenerarsi di continuo, grazie appunto a un gene per la telomerasi sempre attivo. Ovviamente le cellule sane che utilizzano l'enzima telomerasi si troverebbero appiedate, ma in questo caso il biogerontologo ha già pronta la soluzione. Non tutto il corpo è composto da cellule che si riproducono abitualmente; tra queste ultime abbiamo per esempio quelle che formano il midollo osseo, gli alveoli polmonari, parte dell'intestino e così via. Si tratta, dice De Grey, di parti del corpo accessibili agli strumenti medici, e che potrebbero essere periodicamente rigenerate tramite cellule staminali coltivate appositamente. Non è ben chiaro come si dovrebbe eliminare il gene della telomerasi e in generale i meccanismi connessi alla crescita del cancro[26] – probabilmente tramite terapia genica –, tuttavia la criticità della proposta è, come potete vedere, un'altra: l'idea di De Grey è infatti quella di causare un danno permanente all'organismo per poi ripararlo tramite interventi periodici a base di cellule staminali. Volendo si potrebbe considerare il WILT una soluzione temporanea, in attesa di un nuovo, ancora sconosciuto, intervento biotech; in attesa di ciò, la criticità della proposta rimane.

Ottimo, comunque. Tutto sembra funzionare – almeno sulla carta. Qual è il prossimo passo? Ma è chiaro, la RMR, cioè la *Robust Mouse Re-*

---

[26] Non c'è infatti solo la questione della telomerasi; De Grey parla anche di un ulteriore meccanismo – pure quello secondo lui arrestabile con la terapia genica – che il cancro usa per riprodursi. Per i dettagli vi rimandiamo però al suo libro.

juvenation – in sostanza, la realizzazione di un forte ringiovanimento murino. In pratica il nostro obiettivo sarà prendere almeno venti topi comuni – specie *Mus musculus* – con due anni d'età e con un'aspettativa totale di vita di tre anni, applicare a essi le terapie in questione e farli vivere almeno cinque anni. Un simile risultato susciterebbe senz'altro un grande scalpore a livello internazionale, perché convincerebbe tutti che sconfiggere l'invecchiamento non è un'impresa impossibile. Non mancherebbero proteste – e magari anche qualche sommossa –, ma la RMR potrebbe convincere politici, imprenditori e scienziati a dare il via a una "Guerra all'Invecchiamento" capace di far impallidire la "Guerra al Cancro" lanciata da Richard Nixon all'inizio degli anni Settanta. L'invecchiamento è sempre stato considerato immutabile, ma se dimostriamo di poterne riparare almeno una parte, ciò darà origine a un effetto valanga, per cui – una volta vinto il tabù – si potranno sviluppare procedure sempre più complete ed efficaci.

Chiaramente le terapie che, secondo De Grey, testeremo tra un decennio sui topi saranno lungi dall'essere perfette; per quanto buone possano essere, ci sarà comunque un accumulo di danno residuale che esse non sono in grado di trattare; pur applicandole con cura e di frequente, avremo sì un allungamento della vita, ma alla fine il processo di invecchiamento avrà la meglio. In ogni tipo di danno, ci saranno aspetti più facili da trattare e aspetti meno facili da trattare – e questi ultimi continueranno ad accumularsi e a esercitare i loro effetti. Mano a mano che i sette tipi di danno saranno rimossi, è probabile che emergano un ottavo tipo di danno fino a ora irrilevante o non visibile, e un nono, e un decimo, e così via. Non solo, ma i sette tipi di danno si riveleranno essere divisi in sottocategorie più o meno facili da trattare. per esempio alcuni AGE si dimostreranno non trattabili se non con nuovi agenti chimici più potenti e ancora da sviluppare.

E comunque non è necessario che queste terapie siano risolutive: basta che facciano guadagnare qualche decennio in più di buona salute a persone che ora si trovano già nella mezza età – come lui, insomma. L'idea sarebbe quella di battere sul tempo il processo di invecchiamento, cioè arrivare a un ritmo di sviluppo che ci faccia guadagnare più anni di quelli che lo scorrere del tempo e l'entropia ci portano via. Con l'obiettivo finale di arrivare a riparare i danni abbastanza bene – cioè il minimo necessario, senza bisogno di andare oltre, di fare di più – da evitare indefinitamente il declino fisico e mentale tipici della senescenza. Questa è quella che De Grey chiama "velocità di fuga della longevità": in pratica raddoppiando ogni quarant'anni circa l'efficacia delle procedure di riparazione – cioè riuscendo, tramite la ricerca scientifica, a dimezzare ogni quaranta anni la percentuale dei danni non riparabili con le tecniche in nostro possesso – si arriverebbe appunto a battere sul tempo l'invecchiamento, arrivando a un'aspettativa di vita di circa cinquemila anni. Cifra dedotta tramite le statistiche che De Grey prende dal ramo assicurativo, per cui si calcola il grado di probabilità che una certa persona ha di incorrere in un incidente. In pratica, secondo i suoi calcoli, una persona resa immortale dalle sue tecniche ha una probabilità elevata di arrivare a cinquemila anni – prima che un incidente se la porti via.

Tutto a posto, dunque? Facciamo questa cosa e diventiamo sostanzialmente immortali? La scienza ortodossa non ha niente da dire? In realtà sì. Nonostante diversi "pezzi" del SENS facciano parte a pieno titolo della ricerca scientifica ufficiale – per esempio la ricerca sulle cellule staminali, quella sulla genetica del cancro e così via – il programma nella sua globalità ha subito critiche severe da diversi membri della comunità scientifica. L'accusa principale fa riferimento all'eccentricità della proposta e al fatto che, visto che la nostra conoscenza del processo d'invecchiamento è ancora ampiamente lacunosa, il progetto di De Grey non potrà essere messo seriamente in atto ancora per molto tempo. In particolare poi la teoria di De Grey per cui gli unici danni al DNA nucleare che contano per il processo d'invecchiamento sono quelli che conducono al cancro, seppur legittima, non è universalmente accettata.[27]

---

[27] Anche la "teoria dell'invecchiamento causato dal danneggiamento del DNA" ha i suoi seguaci, e nel corso degli anni ha raccolto un numero crescente di prove sperimentali. Cfr. per esempio C. Bernstein e H. Bernstein, *Aging, Sex, and DNA Repair*, Academic Press, San Diego 1991.

Nel 2005 la *MIT Technological Review*[28] – una rivista di divulgazione "alta", edita del Massachusetts Institute of Technology di Boston – pubblica un articolo in cui gli autori bollano il SENS come chiaramente irrealizzabile e offrono un'immagine poco lusinghiera di De Grey.[29] L'articolo suscita numerosi commenti e lo stesso De Grey – notoriamente molto polemico – interviene, dando luogo a un forte dibattito. Da questo scontro nasce la "SENS Challenge" – promossa dalla *MIT Technological Review* e dalla Methuselah Foundation –, una competizione che mette in palio ventimila dollari per chi dimostrerà che il SENS è "così sbagliato da non essere degno di un dibattito circostanziato". Quali membri della giuria, la rivista sceglie Craig Venter – il famoso biologo americano che ha sfidato lo Human Genome Project nella corsa alla decifrazione del genoma della nostra specie –, Nathan Myhrvold – matematico, imprenditore, esperto di innovazione tecnologica –, Anita Goel – specialista in nano-biotecnologie –, Vikram Kumar – patologo presso il Brigham and Women's Hospital, a Boston – e Rodney Brooks, esperto di intelligenza artificiale e *computer science* del MIT. La rivista riceve cinque articoli di altrettanti scienziati o gruppi di scienziati che mirano a confutare il lavoro di De Grey, scartandone poi due – in quanto non soddisfano i criteri stabiliti in precedenza. Al biogerontologo di Cambridge è concesso di rispondere, e ai concorrenti di replicare alle osservazioni di quest'ultimo. Alla fine la giuria emette in modo unanime l'ardua sentenza: nessuno degli articoli presentati è riuscito a dimostrare che il SENS è "così sbagliato da non essere degno di un dibattito circostanziato". Dal canto loro però, nemmeno i sostenitori del SENS sono riusciti a mostrare in modo stringente la validità del loro progetto. Soluzione salomonica, quindi, con relativa divisione del premio in due parti. Myhrvold dichiara che "il SENS presenta molte affermazioni infondate e di certo *non* è scientificamente provato. Personalmente mi stupirei se la maggior parte delle affermazioni di De Grey

---

[28] http://www.technologyreview.com/.

[29] http://www.technologyreview.com/featuredstory/403654/do-you-want-to-live-forever/.

risultasse corretta. Tuttavia non penso che Estep e colleghi[30] abbiano provato che il SENS sia falso; ciò richiederebbe più ricerca. In alcuni casi, il SENS fa affermazioni che si affiancano a ricerche esistenti – ma lo fa in modo più clamoroso. Ricerche future in quelle aree dirimeranno la controversia. Fino a quel momento, le persone come Estep e colleghi sono libere di dubitare del SENS. Condivido molti di quei dubbi, ma sarebbe eccessivo dichiarare che Estep e colleghi hanno dimostrato il proprio punto di vista". Riferendosi ai critici del SENS, Rodney Brooks ha dichiarato invece di non credere che essi "capiscano l'ingegneria, e alcune delle loro critiche sono critiche deboli di un processo ingegneristico legittimo". Molto succintamente, Venter afferma che "secondo me Estep e colleghi non hanno dimostrato che il SENS non merita di essere considerato, ma i sostenitori del SENS non lo hanno difeso in modo convincente". Tutti i giudici si sono infine dimostrati concordi nel ritenere che "la proposta di De Grey si trova in una specie di anticamera della scienza, dove resta in attesa – forse invano – di una verifica indipendente. Il SENS non riesce a ottenere l'assenso di molti scienziati esperti del settore; ma non è nemmeno dimostrabilmente sbagliato"[31]. Positiva infine la reazione di De Grey, che ha ammesso senza problemi il fatto che il suo sia un progetto ingegneristico inevitabilmente speculativo, ma comunque degno di considerazione.

Sempre nel 2005 *EMBO Reports* – rivista scientifica del gruppo Nature che si occupa di biologia molecolare – pubblica un articolo firmato da Huber Warner, Julie Anderson, Steven Austad e altri venticinque scienziati, *Science fact and the SENS agenda*[32], in cui si dichiara che De Grey "nei suoi scritti dimentica di dire che nessuno di questi metodi ha mai dimostrato di riuscire a estendere la durata della vita

---

[30] Uno dei gruppi concorrenti, guidato da Preston W. Estep, biologo americano che si occupa appunto del processo d'invecchiamento. Il team in questione ha presentato una critica molto articolata al progetto di De Grey, ma si è anche mostrato piuttosto polemico, criticando molto duramente la decisione della giuria.

[31] http://www2.technologyreview.com/sens/.

[32] http://www.ncbi.nlm.nih.gov/pmc/articles/PMC1371037/.

in un qualunque organismo, tanto meno negli esseri umani". Cosa senz'altro vera, visto che lo stesso De Grey non ha problemi a riconoscerelo.

A questo punto ci chiediamo: ma è poi così strano, così eccentrico, il progetto di De Grey? In fondo non è stata la Modernità a introdurre, già nel Settecento o giù di lì, l'idea che la morte debba essere decostruita e suddivisa in cause isolate, da far poi capitolare una a una? In fondo De Grey non sta facendo altro che portare avanti il progetto scientifico di decostruzione della mortalità, a cui la nostra civiltà sta lavorando oramai da secoli. È interessante a questo proposito dare un'occhiata alla dichiarazione dei principi – in pratica, la *mission* – del SENS, così come è stata sottoscritta dal comitato consultivo della SENS Research Foundation. In essa si dichiara che

> l'invecchiamento è (...) dal punto di vista medico il fenomeno più rilevante del mondo moderno e il principale obiettivo finale della ricerca biomedica. (...) Una volta sviluppato, questo insieme di terapie può fornire molti anni, persino decenni, di vita giovanile in più. (...) In qualità di supervisori della strategia di ricerca della SENS Research Foundation, vi sollecitiamo a fare tutto quello che potete per aiutare la fondazione a portare a termine a sua missione alla massima velocità.[33]

A firmare questa dichiarazione sono ventiquattro scienziati, tra cui Anthony Atala, direttore del Wake Forest Institute for Regenerative Medicine; Maria A. Blasco, studiosa di telomeri e direttrice del programma di oncologia molecolare del Centro Nazionale Spagnolo di Ricerca sul Cancro; Judith Campisi, nota studiosa di biogerontologia e membro del Lawrence Berkeley National Laboratory; George Church, genetista della Harvard Medical School; Irina Conboy, studiosa di bioingegneria dell'Università di Berkeley. E poi ancora Michael West e, a sorpresa, William Haseltine. Insomma, sembrerà anche un tipo un po' strano, questo biogerontologo britannico autodidatta; sta di fatto che è riu-

---

[33] http://www.sens.org/about/leadership/research-advisory-board.

scito a mettere assieme una squadra di tutto rispetto. Ecco che forse allora Aubrey de Grey – il nevrotico, eccentrico, geniale De Grey – un risultato l'ha senz'altro conseguito. Ci ha offerto, anche se magari per un solo istante, la possibilità di cullarci nella più dolce di tutte le illusioni: quella di riuscire una buona volta a ingannare la morte.

6. Tre ponti verso l'eternità

Sì, d'accordo, De Grey forse ci renderà immortali; allora l'unica cosa che ci resta da fare è starcene lì in attesa dei primi risultati, incrociando le dita? Non proprio. O almeno, non secondo Ray Kurzweil. Il *"baby boomer* supremo" ha deciso infatti di prendere in mano il proprio destino biologico, sviluppando un personalissimo piano per massimizzare le proprie *chance* di vivere per sempre. Piano che potete adottare anche voi, leggendo l'apposito manuale che Kurzweil ha scritto nel 2004 assieme a Terry Grossman, *Fantastic Voyage: Live Long Enough to Live Forever*, il cui titolo – "Viaggio fantastico: vivere abbastanza a lungo da vivere per sempre" – esemplifica la filosofia di fondo dei due autori.[34] Nel 2009 i due hanno poi pubblicato *Transcend: Nine Steps to Living Well Forever*, in cui traducono il contenuto del primo libro in uno schema facile da ricordare.[35] L'idea da cui partono è infatti molto semplice: se – come gli autori – siamo persone di mezz'età, se ci sforziamo di tenerci in forma e mantenerci in salute nel miglior modo possibile, se ce la facciamo ad arrivare ai novant'anni – ma meglio ancora ai centoventi – abbiamo ottime possibilità di non dover morire più. Tutto questo perché, così facendo, riusciremo ad approfittare delle nuove terapie biotech attualmente in cantiere, e poi di quelle che ci offriranno le nanotecnologie. È la teoria kurzweiliana dei Tre Ponti, o meglio di "un Ponte verso un Ponte verso un Ponte". Il Ponte Uno consiste semplicemente nel bagaglio di conoscenze mediche e scientifiche accumulate fino a ora in materia di salute e soprattutto di prevenzione.

---

[34] R. Kurzweil, T. Grossman, *Fantastic Voyage: Live Long Enough to Live Forever*, Rodale Books, Emmaus 2004.
[35] Ibid., *Transcend: Nine Steps to Living Well Forever*, Rodale Books, Emmaus 2004.

È la parte più consistente del piano, anche perché è quella messa a punto direttamente da Kurzweil e Grossman. La ricetta offertaci dai due aspiranti immortali è piuttosto articolata, e prende in considerazione le principali condizioni patologiche del mondo moderno, dal cancro ai problemi cardiaci, dal diabete all'Alzheimer. Le soluzioni proposte combinano poi nozioni prese dalla medicina ufficiale e idee che – ahinoi – vengono invece dalle medicine alternative. In particolare il piano prevede attività fisica, restrizione calorica, consumo di cibi a basso indice glicemico – cioè che non fanno alzare più di tanto la glicemia, come fanno invece i carboidrati e gli zuccheri –, ingestione di acqua ionizzata tramite un apposito ionizzatore – una pratica pseudo-scientifica, stando alla quale l'acqua così trattata avrebbe un effetto positivo sulla salute e sul processo d'invecchiamento. Non pago di questo stile di vita punitivo – 1500 calorie al giorno, e solo 80 grammi di carboidrati, in pratica addio pizza e spaghetti –, Kurzweil ha deciso di darci dentro in modo ancora più energico, sottoponendosi a un regime più rigido di quello consigliato ai suoi lettori: in particolare esso prevede iniezioni intravenose settimanali di vitamine – pratica *non* avvallata dalla medicina ufficiale – e una regolare terapia chelante. Quest'ultima è una pratica che consiste nell'iniettare nei pazienti che hanno subito un'intossicazione da metalli pesanti agenti chimici che ne consentono la rimozione. Ideata inizialmente nel corso della Prima Guerra Mondiale, la terapia chelante è stata poi adottata dalle medicine alternative, con l'idea che certe condizioni patologiche – come l'autismo o le patologie cardiache – sarebbero connesse a una forma di intossicazione silente da metalli pesanti, da rimuovere ovviamente tramite gli agenti chimici in questione. Rigettati dalle principali autorità sanitarie americane, gli usi non ortodossi della terapia chelante sembrano invece andar bene a Kurzweil. In ogni caso non è di certo la cosa più estrema che il nostro inventore fa; il suo piano d'integrazione è ben più radicale. Kurweil ingerisce infatti la bellezza di 250 pillole al giorno – poi ridotte a 150 – di integratori alimentari di vario tipo: vitamine, minerali, amminoacidi, erbe di ogni tipo, antiossidanti vari, ma anche piccole dosi di aspirina, melatonina, e così via. Scopo finale di tutto ciò: "riprogrammare la biochimica" del proprio corpo, anche se non è chiaro se Kurzweil intenda tale espressione in senso metaforico o letterale – è più probabile la seconda ipotesi, però. Senz'altro molti degli integratori che assume sono di provata efficacia – per esempio esistono molti studi che confermano la capacità degli integratori vitaminici di aiutare la prevenzione di questo o quel tipo di tumore. Niente miracoli, però; d'altronde l'iper-razionale Kurzweil non è di certo il tipo di persona che crede a queste cose. Altri integratori invece sono ancora in fase di studio – come il resveratolo – o sembrano avere effetti trascurabili – come il gingko biloba. Il programma di Kurzweil comprende poi altre pratiche piuttosto ragionevoli, come l'utilizzo di un dispositivo in grado di limitare l'esposizione ai campi magnetici prodotto dal suo cellulare e di un purificatore d'aria sistemato in camera da letto. Per non parlare dei benefici che l'inventore si procura tramite la meditazione e la pratica dei sogni lucidi.[36] Anche la dieta di Kurzweil *potrebbe* essere abbastanza fondata scientificamente; la restrizione calorica è un tema in fase di studio, mentre la dieta dell'indice glicemico, ora priva di conferme sperimentali, potrebbe riceverne in futuro. A promuoverla è stata infatti Cynthia Kenyon, biogerontologa americana nota per i suoi studi sull'invecchiamento nel *Caenorhabditis elegans,* un piccolo verme nematode; dopo aver scoperto che nutrire questi animali con lo zucchero accorciava la durata della loro vita, e pur riconoscendo che tale connessione potrebbe non valere per gli esseri umani, la Kenyon ha deciso di eliminare dalla propria dieta tutti i cibi ad alto indice glicemico – pasta, pane, riso, dolci, patate. Un rigore simile a quello di Kurzweil, dunque, che nel suo libro riesce pure a consigliare ai suoi lettori – senza battere ciglio, e senza scoppiare a ridere – di aspettare un paio di de-

---

[36] I sogni lucidi sono sogni in cui il soggetto è consapevole di star sognando e può anzi pilotare il proprio sogno, utilizzandolo per vari scopi. Dopo vari resoconti annedotici, l'esistenza dei sogni lucidi è stata provata per la prima volta scientificamente negli anni Settanta da Stephen LaBerge, ricercatore dell'Università di Stanford, il quale ha anche sviluppato tecniche specifiche per facilitare la produzione e la fruizione di tali fenomeni onirici. Cfr. S. LaBerge e H. Rheingold, *Exploring the World of Lucid Dreaming,* Ballantine Books, New York 1991.

cenni prima di mangiarsi un gelato, attendendo dunque le famose terapie salvavita del Ponte Due.

Ecco, appunto, se fate bene i compiti a casa dovreste riuscire ad arrivare fino al Ponte Due. In cosa consiste? In breve: in tutto quello a cui la ricerca scientifica sta lavorando in questo momento e che, secondo Kurzweil, dovrebbe riuscire a produrre risultati entro un paio di decenni. Nel loro libro Kurzweil e Grossman citano – in ordine sparso – una lunga lista. Si va dalla clonazione terapeutica – ossia la produzione e l'utilizzo di cellule staminali per trattare svatiate patologie degenerative – alla terapia genica – la sostituzione di geni difettosi nel nostro organismo tramite virus o altri vettori –, dai test genetici – per valutare la predisposizione a svariate patologie e la nostra sensibilità a questo o quel farmaco – agli impianti neurali – per l'alleviamento dei sintomi di gravi patologie, come il morbo di Parkinson o l'epilessia. E molto altro ancora. Si tratta di tecnologie in corso di studio da molti anni; per esempio il primo intervento di terapia genica – nel tentativo di curare una bambina di quattro anni affetta dalla sindrome di ADA, un grave malfunzionamento del sistema immunitario – è stato effettuato negli Usa nel 1990. Ne è passata di acqua sotto i ponti, da allora, e molti progressi sono stati fatti; difficile dire però come e quanto la terapia genica finirà per rivoluzionare il nostro rapporto con la salute e la malattia. Quello che conta qui è che in tutti i casi si tratta di terapie promettenti, che stanno venendo studiate in modo più o meno aggressivo; l'unico problema con l'approccio di Kurzweil è che il nostro inventore presenta il suo Ponte Due come un insieme di progressi che marceranno verso di noi con passo rapido e regolare – anzi, secondo lui il progresso in ogni campo tenderebbe a sottostare a un processo di accelerazione, come vedremo. È un'idea che non ci convince più di tanto; chi si occupa concretamente di ricerca biomedica sa bene che si tratta di un terreno accidentato e che è molto difficile fare previsioni attendibili. Ma, come al solito, potremmo sbagliarci.

Il Ponte Tre – quello che fa riferimento alla possibilità di curare e rigenerare il nostro corpo con nano-macchine grandi come virus e guidate da nano-computer – è quello più controverso; qui le previsioni di Kurzweil si addentrano in una vera e propria *terra incognita*, come vedremo quando parleremo di nanotecnologie.

Comunque sia, l'ottimismo di Kurzweil sembra essere inossidabile; se la fatidica data da lui prevista per il conseguimento dell'immortalità fisica si attesta attorno al 2045, di recente il futurologo è entrato a far parte dell'ennesima fondazione transumanista, la Maximum Life Foundation, che ha come *mission* l'inversione del processo d'invecchiamento entro il 2033 – o il 2029, a seconda della pagina web che si va a guardare.[37]

Ci sovviene ora un'ulteriore riflessione. Sono già diversi anni che singoli divulgatori e singoli scienziati prendono in considerazione l'idea che l'invecchiamento e la morte siano due processi sui quali, almeno in teoria, si potrà intervenire tramite la medicina e la tecnologia.[38] Negli ultimi anni quest'idea si è diffusa sempre di più, ossia alla vecchiaia e alla morte non si attribuisce più quell'aura sacrale conferitagli dal pensiero umano fin dai primordi. Il solco che separa i transumanisti e la comunità scientifica *tout court* riguarda più che altro le tempistiche; a occhio e croce ci pare però che, lentamente, questo solco si stia riducendo. Più che altro quello che conta ora è che i tempi in cui cercare la Fonte dell'Eterna Giovinezza[39] era un "sogno mostruosamente proibito" sono oramai finiti. Ora di immortalità e di ringiovanimento si può parlare liberamente. Insomma, se vi piace accarezzare questa prospettiva, magari solo per gioco, sappiate che siete in ottima compagnia.

C'è un ultimo punto però, ossia quello che, con un linguaggio poco giornalistico e ancor meno accademico, ci sentiamo di chiamare il "fattore sfiga". Immaginate di essere un aspirante immortale, e di fare tutto quello che Kurzweil e colleghi raccomandano di fare, dieta, esercizio, integratori, meditazione e quant'altro, e che ciò nonostante

---

[37] http://www.maxlife.org/.

[38] Cfr. B. Bova, *Immortality:: How Science Is Extending Your Life Span – And Changing The World*, Avon Books, New York 1998.

[39] Come fece storicamente lo spagnolo Ponce de León nel 1513, tra l'altro scoprendo la Florida.

– tocchiamo ferro – vi capiti di morire. È un'eventualità tutt'altro che rara, in questo mondo. Magari la tecnologia decisiva, quella che vi consentirà di "vivere abbastanza a lungo da vivere per sempre" – insomma, quella che nel gergo informatico si definisce una "killer app" – potrebbe essere lanciata poco dopo la vostra dipartita. Morire un anno, un giorno, o anche solo un minuto prima della partenza della nave dell'immortalità dev'essere intollerabile, per quei Matusalemme in erba che sono i transumanisti. Credete che non ci abbiano pensato, loro che pensano sempre a tutto? Certo che lo hanno fatto. E, per ovviare a questa spiacevolissima eventualità, hanno elaborato un apposito "piano B".

4. Piano B

1. A testa in giù, nell'azoto liquido

Non c'è dubbio che buona parte dei transumanisti sia animata da una dose non comune di ottimismo e di fiducia nel progresso tecnico-scientifico, tanto che molti di essi sperano – anzi, sono profondamente convinti – che l'immortalità fisica sia dietro l'angolo, quasi a portata di mano; insomma, che loro stessi godranno di un'aspettativa di vita senza limiti. Come non ci stancheremo mai di ripetere, a questi pensatori visionari e vagamente "nerd" va tutta la nostra simpatia, e a essi – nonostante il nostro scetticismo di fondo – riconosciamo senz'altro un alto grado di intelligenza e preparazione culturale. Proprio per questo fatto va da sé che, sotto sotto, anche il transumanista più convinto sa bene che la transizione da umano a post-umano – un pacchetto che include anche l'immortalità terrena – potrebbe non arrivare in tempi brevi, che potrebbe cioè metterci qualche decennio o qualche secolo di troppo. E allora che si fa? Come riuscire a ingannare la morte, salendo sull'ultimo treno disponibile per il futuro? C'è bisogno in sostanza di un "piano B", e la soluzione sta in una parola magica: "crionica".

Di crionica se ne sente parlare in modo sporadico, in genere attraverso servizi televisivi che trattano questo tema prestando attenzione soprattutto ai suoi aspetti più folcloristici. Per farla breve, essa consiste nella pratica di congelare il cadavere di persone appena decedute e conservarlo nell'azoto liquido, con la speranza che, in un futuro più o meno lontano, la scienza riesca a trovare il modo di restituire a questi corpi vita, salute e gioventù perpetue. Ottimo, come programma, anche se al momento attuale esso si qualifica più come una tenue speranza che come un'impresa scientificamente fondata. Ciò non ha impedito ai sostenitori della crionica di fondare diverse organizzazioni che offrono a chi lo desideri – e sia disposto a pagare una discreta somma – l'opportunità di farsi congelare al momento della morte clinica. Portando magari con sé anche gli animali da compagnia già deceduti. Sia chiaro: il congelamento – o, come dicono i crionicisti nel loro peculiare gergo, la "sospensione crionica" – può avvenire solo dopo che il cliente è stato dichiarato clinicamente morto dalle autorità competenti; in caso contrario saremmo in presenza di un omicidio o, nel migliore dei casi, di un suicidio assistito. In pratica, in uno scenario ideale, le procedure di sospensione crionica dovrebbero iniziare entro pochi minuti dall'arresto cardiaco che ha ucciso il paziente; avvertiti con tempestività, i membri dell'organizzazione crionica con cui si ha firmato l'apposito contratto avrebbero così la possibilità di impregnare l'organismo – attraverso gli appositi apparecchi per la rianimazione cardio-polmonare – con farmaci anticoagulanti e specifici prodotti anti-gelo, abbassando nel contempo la temperatura del cadavere tramite grossi quantitativi di ghiaccio secco – ossia di anidride carbonica solidificata, con una temperatura di -79 gradi centigradi. A questa fase – detta "di stabilizzazione" – segue poi la sospensione vera e propria, in cui il corpo viene immagazzinato in un apposito contenitore pieno di azoto liquido – alla temperatura di circa -196 gradi centigradi –, che dovrebbe consentire la conservazione del "paziente" per un tempo indefinito. La scelta di posizionare i corpi a testa in giù è dettata dal fatto che, nel caso qualcosa andasse storto e i pazienti iniziassero a scongelarsi in modo imprevisto, il cervello – cioè la sede dei ricordi e della personalità, la parte più importante di noi – sarebbe l'ultimo organo a subire tale processo. Ovviamente – e in effetti con grande onestà – i crionicisti sottolineano di non poter assolutamente garantire che il loro progetto funzionerà, cioè che la loro organizzazione sarà effettivamente in grado di "rianimare" i propri ospiti; l'unica cosa che possono garantire è che essi faranno del loro meglio per conservare in modo impeccabile i propri pazienti, nell'attesa fiduciosa che prima o dopo la medicina possa fare qualcosa. Chi non potesse permettersi i costi di una sospensione crionica completa può optare per la più economica "neuro-sospensione", che consiste nel congelamento della sola testa – in questo caso i tempi di attesa per il ritorno nel mondo dei vivi potrebbero allungarsi notevolmente, dato che la già oberata scienza del futuro dovrebbe farsi carico pure dello sviluppo di tecnologie capaci di far ricrescere corpi interi. E quello della neuro-sospensione è probabilmente l'aspetto più truculento di tutta la crionica, che a fatto sì che, agli occhi del grande pubblico, essa venisse bollata come "raccolta e congelamento di teste tagliate".

Riprendiamo in mano l'elenco delle organizzazioni crioniche sulla piazza. A partire dagli anni Sessanta – cioè il periodo in cui la crionica è nata – diversi sono i provider di servizi crionici che si sono succeduti fino a oggi, passando da una fase "artigianale" a una più "professionale"; attualmente i crionicisti di tutto il mondo possono contare su tre organizzazioni americane – la Alcor,[1] il Cryonics Institute[2] e la TransTime[3] – e una russa – la KrioRus.[4] A ciò si aggiungono altre organizzazioni che non gestiscono locali e vasche per la conservazione dei pazienti, ma che si occupano della promozione della crionica o dell'offerta di servizi aggiuntivi, come l'American Cryonics Society[5] e la Suspended Animation Inc.[6] – che organizzano le procedure di stabilizzazione e trasporto dei corpi verso le loro sedi più o meno definitive. Partiamo allora dalla più grossa, la Alcor appunto, che ha sede a Scottsdale, una ridente città dell'Arizona nota per i suoi numerosissimi nightclub. Mentre scriviamo, la Alcor conta 995 membri e ben 106 pazienti conservati nell'azoto liquido – due terzi dei quali hanno optato per la neuro-sospensione; a ciò bisogna aggiungere una trentina di animali domestici. Da un punto di vista legale la

---

[1] http://www.alcor.org/. La Alcor deve il suo nome all'omonima stella dell'Orsa Maggiore, la cui vista viene resa difficile dalla vicina e più brillante Mizar. Data tale difficoltà, già gli antichi Egizi utilizzavano Alcor come test per verificare le capacità visive dei propri giovani, in modo da determinare se fossero destinati a diventare abili arcieri e bravi cacciatori. Il significato simbolico di tale scelta è quindi chiaro: con essa la Alcor vuole indicare la lungimiranza che attribuisce ai propri membri e fondatori.

[2] http://www.cryonics.org/.

[3] http://www.transtime.com/.

[4] http://www.kriorus.ru/en.

[5] http://www.americancryonics.org/.

[6] http://www.suspendedinc.com/.

Alcor è un'organizzazione no profit, mentre, per quanto riguarda la conservazione dei pazienti, si avvale delle locali leggi dell'Arizona in materia di donazione di organi – in pratica, da un punto di vista legale, la crio-sospensione degli iscritti viene interpretata come un caso di "donazione del proprio corpo alla scienza". A fondarla furono, nel 1972, due crionicisti californiani, Frederick e Linda Chamberlain, e la prima sospensione crionica – il padre di Frederick – venne effettuata nel 1977. La Alcor si è inoltre dotata di un comitato scientifico, che attualmente comprende Aubrey De Grey, i teorici delle nanotecnologie Robert Freitas e Ralph Merkle, Marvin Minky, Bart Kosko – studioso della cosiddetta "logica fuzzy".[7] Tra i sottoscrittori più noti di un contratto di sospensione crionica ricordiamo la stella del baseball Ted Williams e suo figlio John Henry – entrambi già sospesi –, mentre tra i soci attivi citiamo Charles Matthau – figlio dell'attore Walter –, Ray Kurzweil ed Eric Drexler. Fondata inizialmente in California, la Alcor è stata poi trasferita in Arizona onde evitare i rischi sismici connessi alle sede originale – da questo punto di vista si può dire che i crionicisti si sono sforzati di considerare proprio a ogni evenienza.

Passiamo ora al Cryonics Institute, che ha sede a Clinton Township, nel Michigan. L'organizzazione consta di 938 soci, di cui 459 hanno già provveduto a stipulare un contratto di sospensione crionica; al momento la struttura ospita 106 pazienti e 80 animali domestici. Inoltre c'è la possibilità di far conservare anche un campione del proprio DNA. Come abbiamo già detto, a fondare il Cryonics Institute è stato, nel 1976, Robert Ettinger, deceduto a novantadue anni nel luglio del 2011 e tempestivamente sottoposto alle procedure di criostasi da lui propugnate – il che, se non altro, è una garanzia della serietà con cui si è gettato nell'impresa crionica.

Abbiamo poi la Trans Time, situata a San Leandro, in California, la quale, essendo una delle poche organizzazioni crioniche con fini commerciali ancora in circolazione, tende a diffondere il meno pos-

---

[7] Un approccio che privilegia l'approssimazione rispetto alle scelte dicotomiche della logica classica.

sibile dati statistici relativi ai propri pazienti – essa comunque dovrebbe aver crio-sospeso tre pazienti.

Infine c'è la KrioRus, fondata nel 2005 da un gruppo di crionicisti russi ad Alabushevo, a circa trenta chilometri da Mosca; al momento le strutture dell'organizzazione ospitano diciassette pazienti umani e sei animali. Sulla KrioRus c'è da dire purtroppo che, mentre le strutture della Alcor e del Cryonics Institute danno se non altro un'impressione di professionalità e scientificità, quelle dell'organizzazione russa sembrano – per lo meno viste dall'esterno – piuttosto fatiscenti.[8]

2. Come si congela – *pardon,* "si sospende" – un paziente

Vediamo ora più nel dettaglio i protocolli seguiti dai crionicisti per effettuare una sospensione crionica. La nostra storia comincia con lo sviluppo, nel corso del Ventesimo Secolo, di tecnologie e procedure sempre più sofisticate per la rianimazione cardiopolmonare, e con l'invenzione della macchina cuore-polmone, ideata nel 1931 dal chirurgo americano John Gibbon – per non parlare del defibrillatore, realizzato per la prima volta alla fine dell'Ottocento dagli studiosi ginevrini Frederic Batelli e Jean-Louis Prévost. Tutti questi progressi della scienza medica, che hanno senz'altro contribuito a salvare un numero enorme di vite, hanno anche fatto sì che la morte andasse incontro a una trasformazione strutturale, passando da uno status di evento puntuale a quello di un processo prolungato nel tempo e suddivisibile in varie fasi. Nelle epoche precedenti, se il cuore di una persona si fermava c'era ben poco da fare, mentre ora, grazie alle suddette tecnologie e procedure, è possibile letteralmente rianimare pazienti altrimenti condannati. I progressi in questione hanno suscitato, come si può ben immaginare, accesi dibattiti all'interno della comunità scientifica, soprattutto per quanto riguarda la definizione dei criteri

---

[8] Si veda a questo proposito l'edizione online della rivista Wired UK: http://www.wired.co.uk/photos/wired-people/2009-08/01/the-immortalists-russian-cryonics-in-pictures#!image-number=1.

di morte di una certa persona. E così, proprio negli anni Sessanta, nascono alcune importanti distinzioni, come quella tra morte clinica – che consiste nell'arresto cardiaco – e morte cerebrale – che riguarda invece la cessazione completa e irreversibile di ogni attività elettrica del cervello, una definizione elaborata per la prima volta nel 1968 da un apposito comitato dell'Harvard Medical School. Si tratta di un tema molto complesso, anche per il suo legame con la questione della donazione degli organi e quella, ancora più delicata, dell'eutanasia e del suicidio assistito; per le nostre esigenze possiamo però tralasciare tali tematiche, e limitarci a prendere atto del fatto che, nel corso del Ventesimo Secolo, la progressiva medicalizzazione della vita umana ha trasformato la conclusione di quest'ultima in un processo articolato, prolungato nel tempo, aprendo così uno spazio in cui la crionica ha potuto fare irruzione.[9]

La premessa su cui si basano i crionicisti è che, se la scienza medica ha elaborato distinzioni sempre più sottili tra morte clinica, respiratoria, cerebrale e così via, è senz'altro possibile che ulteriori ricerche ci portino in futuro ad altre rielaborazioni ancora più raffinate. E così – ragionano i teorici della sospensione crionica –, come le suddette tecnologie ci hanno spinto alla conclusione che la morte clinica non fosse un evento finale, che insomma fosse possibile ritornare in vita anche dopo un arresto cardiocircolatorio, in futuro pure la morte cerebrale potrebbe essere considerata un fenomeno reversibile, e potrebbe dunque perdere il suo status di "morte definitiva".[10] La scommessa – invero molto azzardata – dei crionicisti è dunque che, se congeliamo un paziente appena deceduto, anche il degrado biochimico del cervello potrebbe essere fermato; inoltre un giorno una scienza più avanzata della nostra potrebbe trovare il modo di ri-

---

[9] Chi volesse approfondire il tema del confine tra vita e morte può rivolgersi a C. A. De Defanti, *Vivo o morto? Storia della morte nella medicina moderna*, Zadig, Milano 1999.

[10] Si veda a questo proposito l'articolo di Benjamin P. Best, attuale presidente e amministratore delegato del Cryonics Institute: B. Best, *Scientific Justification of Cryonics Practice*, «Rejuvenation Research», Vol. 11, n. 2, 1988, http://www.cryonics.org/reports/Scientific_Justification.pdf.

parare i danni subiti dal cervello a causa della morte cerebrale e del successivo congelamento. Tale processo si concluderebbe letteralmente con la rianimazione di quello che, dal punto di vista dei nostri lontani discendenti, non è mai stato un semplice cadavere congelato, ma piuttosto un paziente in attesa di cure adeguate. Per rendere il tutto scientificamente più accettabile, i crionicisti hanno pensato di introdurre una nuova – e, secondo loro, più accurata – definizione di morte, ossia quella di "morte informazionale-teoretica". Qualche anno fa il nanotecnologo e crionicista californiano Ralph Merkle[11] ha fornito una definizione di morte informazionale-teoretica basata sull'idea che l'individuo sia costituito essenzialmente dai ricordi accumulati e dagli schemi comportamentali acquisiti – cioè dalla memoria e dal carattere. Mentre la memoria a breve termine potrebbe essere legata all'attività dinamica del cervello – e quindi scomparire quando cessa quest'ultima –, quella a lungo termine dipenderebbe da micro-cambiamenti strutturali della nostra architettura nervosa – un'idea presente anche nelle neuroscienze *tout court*. Per Merkle ne consegue che, anche a diverse ore dalla morte cerebrale, la nostra memoria a lungo termine potrebbe essere sostanzialmente integra, e una tempestiva sospensione crionica – nonostante i danni provocati dal congelamento – potrebbe permetterci di conservarla. Una tecnologia sufficientemente avanzata – Merkle cita a questo proposito le nanotecnologie prossime venture – potrebbe quindi riparare a livello molecolare il corpo e il cervello del paziente in criostasi, riportandolo in vita con memoria e personalità intatte.[12] Un'alternativa alle nanotecnologie è quella del mind-uploading, che consiste nella possibilità – per ora solo teorica – di trasferire il contenuto della mente del paziente su un supporto non-biologico – in pratica, un computer molto avanzato. Un bel salto nel vuoto, non c'è che dire; consapevoli però delle difficoltà tecniche che gli eventuali scienziati del futuro an-

---

[11] Da un punto di vista scientifico Merkle ha contribuito in passato al campo della crittografia a chiave pubblica, un sofisticato sistema utilizzato nell'ambito della protezione dei dati.

[12] Cfr. R. Merkle, *The Molecular Repair of the Brain*, http://www.merkle.com/cryo/techFeas.html.

dranno incontro nei loro tentativi di rianimare i pazienti in questione, i crionicisti si preoccupano da sempre di sviluppare procedure di sospensione crionica relativamente poco dannose. Ossia, di prevenire il più possibile i danni causati dal congelamento – al contrario di quelli provocati invece dal processo di scongelamento, la cui riparazione ricadrà sulle spalle dei nostri discendenti. Questa è quindi l'idea centrale della crionica: la vera morte non è quella cerebrale, ma quella informazionale-teoretica; fino a quando quest'ultima non sopraggiunge, una certa persona non può essere considerata pienamente morta. Se dunque interveniamo in tempo, possiamo conservarne per un periodo indefinito i ricordi, solidamente incastonati nella microstruttura cerebrale, in attesa che la medicina trovi il modo di rimettere in sesto il nostro paziente.[13]

Vediamo allora come funzionano nel dettaglio le cose per i clienti di queste organizzazioni crioniche. Immaginiamo dunque che una certa persona abbia sottoscritto un contratto di sospensione crionica – per esempio con la Alcor –, seguendo tutte le raccomandazioni dategli dai consulenti messigli a disposizione. E così per esempio questo individuo indossa costantemente il braccialetto e il collare in acciaio inossidabile forniti dall'organizzazione – che riportano i numeri da chiamare in caso di emergenza e le procedure da seguire per chiunque ritrovi il corpo del loro possessore –; si è preoccupato di informare e far capire le proprie ragioni al coniuge e ai propri familiari[14]; ha sempre con sé un documento in cui dichiara la propria obiezione all'autopsia per motivi religiosi[15] e così via. Ecco che

---

[13] Da notare che la stampa americana ha battezzato già da tempo questi soggetti in criostasi *human popsicles*, cioè "ghiaccioli umani", oppure *corpsicles*, giocando così con la parola *corpse*, "cadavere".

[14] Infatti non sono rari i casi in cui le procedure di congelamento di un certo paziente sono state bloccate dai familiari, contrari alla crionica. Tant'è che, visto che sovente i firmatari dei contratti di sospensione sono uomini, tra i crionicisti si parla di "fenomeno della moglie ostile" – e lo stesso Ettinger raccomandava il divorzio nel caso che il proprio partner fosse contrario alla crionica.

[15] Si tratta di un *escamotage* delle organizzazioni crioniche per evitare – per quanto possibile – che il corpo del paziente venga requisito dalle autorità sanitarie e che il suo cervello venga danneggiato dall'intervento dell'anatomopatologo.

all'improvviso la morte – sotto forma di una malattia terminale – bussa alla porta di questa persona. Ora, contrariamente a quanto possa sembrare, quello del male incurabile è uno scenario ideale, in quanto consente al paziente di trasferirsi in una delle case di cura americane che hanno stipulato accordi di collaborazione con la Alcor. Il soggetto è guardato a vista dagli infermieri, e il team di sospensione crionica è lì pronto a intervenire. Non appena il medico di turno – opportunamente avvisato – dichiara il paziente legalmente morto, il team entra in azione. Il corpo e la testa in particolare vengono coperti con del ghiaccio, il soggetto viene collegato alla macchina cuore-polmone e gli vengono inseriti alcuni cateteri venosi. Lo scopo di tale operazione è duplice: da un lato essa mira a immettere nell'organismo farmaci anti-coagulanti, per evitare il verificarsi di un'ischemia cerebrale – in pratica il coagulo del sangue e il conseguente blocco dell'afflusso di sangue al cervello e della circolazione sanguigna in generale. Dall'altro questa procedura consente la rimozione del sangue, e la perfusione del corpo con composti anti-gelo – in particolare il glicerolo. La tossicità di quest'ultimo non costituisce per i crionicisti un problema – se ne occuperanno i posteri –; nell'immediato l'obiettivo è infatti quello di evitare la formazione di ghiaccio. Come è noto il congelamento ha come effetto collaterale una serie di danni piuttosto consistenti alla struttura cellulare del paziente; in particolare, se tale processo è molto rapido, l'acqua non fa in tempo a uscire dalle cellule, e la sua trasformazione in ghiaccio finisce con il romperle. Se al contrario il processo è lento, l'acqua riesce a uscire dalle cellule, ma queste ultime si ritrovano con una concentrazione troppo elevata di sostanze potenzialmente tossiche. Nel corso degli ultimi anni le diverse organizzazioni crioniche hanno iniziato ad adottare una nuova procedura che, tramite l'utilizzo massiccio di composti anti-gelo, riesce a ottenere la vitrificazione del cadavere – e in particolare del cervello –, ossia l'acqua in esso contenuta assume una consistenza analoga a quella del vetro, senza dunque la formazione di ghiaccio. In ogni caso il nostro paziente subisce un ulteriore abbassamento della temperatura – tramite il ghiaccio secco –, fino a raggiungere i -79 gradi centigradi. Così stabilizzato, il corpo viene trasportato presso la Alcor e immerso nell'azoto liquido, fino a che non raggiunge la temperatura di -196 gradi centigradi. Almeno in teoria, a quella temperatura la chimica corporea dovrebbe subire un fortissimo rallentamento. C'è però un altro problema: a tale temperatura, e per ragioni indipendenti dalla cura con cui il soggetto è stato vitrificato, quest'ultimo tende a subire micro-fratture, alle quali per ora non c'è soluzione – se non quella, ormai collaudata, di rimandare il tutto alla scienza del domani. Comunque sia il paziente viene immerso a testa in giù nell'azoto liquido, in un apposito container più o meno simile a un thermos, che a sua volta non si basa su un sistema di raffreddamento elettrico – onde evitare i rischi connessi a un possibile blackout –, ma sulla periodica aggiunta di altro azoto liquido. Come si può vedere i danni subiti dall'organismo in questione – che, lo ricordiamo, secondo i criteri attualmente accettati è, a tutti gli effetti, morto – sono consistenti, e fanno riferimento a una lunga serie di processi fisiologici e chimici che qui non elenchiamo per brevità. In buona sostanza, la crionica si consola con il fatto che, per quanto ne sappiamo, la possibile rianimazione dei pazienti in criostasi non viola alcuna legge fisica conosciuta, e che forse la scienza del futuro riuscirà a manipolare la materia a livello molecolare e atomico, consentendoci di fare praticamente qualunque cosa.

3. Cara crionica, ma quanto mi costi?

Veniamo ora a questioni più pratiche, ossia a quanto ci costerebbe farci congelare – o meglio – vitrificare. Uno dei luoghi comuni – falsi – relativamente alla crionica è che essa sarebbe "roba da ricchi". In realtà il grosso dei soci in attesa di vitrificazione appartiene alla classe media, e dispone di varie modalità di pagamento. Ma prima diamo un'occhiata i prezzi, che oscillano tra i diecimila e i duecentomila dollari, a seconda dell'organizzazione a cui ci rivolgiamo e della tipologia di sospensione che vogliamo. E così la Alcor chiede proprio duecentomila dollari per la sospensione di tutto il corpo e ottantamila per la neuro-sospensione. Il Cryonics Institute chiede molto di meno, ventottomila dollari per i membri e trentacinquemila per i non-membri – cioè coloro che decidono all'ultimo momento o quasi di andare in criostasi. A tutto ciò bisogna però aggiungere tutta una serie di voci collaterali, per esempio il costo delle procedure di vitrificazione e di stabilizzazione tramite ghiaccio secco – che possono o meno essere incluse nel prezzo, a seconda della tipologia di contratto stipulato –, quello del trasporto, le spese funerarie, il sovra-prezzo per l'opzione *last minute*, il trasporto dall'estero e così via. In pratica se scegliete il Cryonics Institute dovrete probabilmente avvalervi dei servizi di stabilizzazione e trasporto della Suspended Animation, che vanno dagli ottantotto ai novantacinquemila dollari, più un extra per un eventuale trasporto aereo. L'organizzazione più conveniente per il vostro viaggio di sola andata nel futuro è senz'altro la KrioRus, che chiede una miseria, trentamila dollari per una sospensione completa e diecimila per la neuro-sospensione – le foto dell'istituto russo riportate da Wired UK non ci hanno fatto una buona impressione, però. Se i costi vi sembrano eccessivi, tenete presente che sono comparabili in media con quelli tipici della sanità americana – notoriamente molto cara, soprattutto a causa della sua natura perlopiù privata.

Comunque sia, potete finanziare la vostra criostasi tramite un'apposita assicurazione sulla vita che veda come beneficiario l'organizzazione crionica presso cui si vorreste essere conservati; in linea di principio, se chi sottoscrive la polizza è relativamente giovane e sano e non ha abitudini dannose può cavarsela con una quota mensile contenuta – più o meno attorno ai cinquanta dollari al mese. In realtà trovare una compagnia disposta a stipulare polizze con tali finalità non è molto facile, e proprio per questo, collegato alla Alcor, esiste un servizio di *financial planning* nato con questo scopo.[16]

Questo per quanto riguarda la parte dell'accordo che spetta ai clienti. E per quanto riguarda le organizzazioni crioniche? Come fac-

---

[16] Chi tra i lettori avesse già cominciato a prendere seriamente in considerazione tale possibilità, può rivolgersi alla Hoffman Planning, l'agenzia americana che offre appunto questo servizio: http://www.rudihoffman.com/.

ciamo a far sì che rispettino la loro parte? Chiaramente esse non possono assicurarci in alcun modo che, una volta giunta l'ora, riporteranno in vita i propri clienti; anzi, se è per questo, non possono nemmeno garantire che continueranno a esistere all'epoca in cui le suddette, ipotetiche tecnologie di rianimazione esisteranno. Anche questo, contrariamente a quanto ci si può aspettare, viene dichiarato esplicitamente dalla Alcor e dalle sue consorelle; per la precisione, esse sottolineano come non ci sia alcuna garanzia che tali tecnologie esisteranno, né che gli uomini del futuro vorranno investire energie per resuscitare quelli del presente. Detto ciò, è senz'altro possibile che i nostri discendenti dispongano di ricchezze illimitate e magari siano curiosi di parlare con persone vissute nel Ventesimo e nel Ventunesimo Secolo; si tratta però di una semplice possibilità.

Per ovviare a tale incertezza, ecco allora che Frederick e Linda Chamberlain hanno ideato già negli anni Ottanta il "Lifepact". L'idea centrale è quella di spingere i crionicisti a firmare veri e propri contratti l'uno con l'altro tramite cui essi si impegnano a fare ogni sforzo per resuscitare i contraenti crio-sospesi prima di loro. In sostanza i contratti elaborati dai Chamberlain fungono da punto di partenza per la creazione di una vera e propria organizzazione – tutt'ora in fase di gestazione – i cui membri si impegnino a ripagare i costi della rianimazione e tutte le cure ricevute dai consociati, così come ad assistere questi ultimi nelle operazioni di resurrezione dei rimanenti pazienti in criostasi. In pratica l'organizzazione Lifepact si basa su uno dei mantra centrali della crionica, ossia *last in first out* – l'ultimo a entrare è il primo a uscire –: visto che le procedure di sospensione dei primi anni erano più rozze di quelle odierne, e che queste ultime sono sicuramente meno perfezionate di quelle del futuro, è probabile che i pazienti in criostasi di domani saranno in condizioni migliori di quelli di oggi o di ieri, e che quindi la loro rianimazione sarà più facile. In altre parole, saranno i primi a uscire dai tank di sospensione, e saranno obbligati dallo statuto dell'associazione Lifepact – una vera e propria "staffetta" simbolica tra generazioni – a riportare in vita almeno i pazienti appartenenti alla generazione precedente alla loro;

questi ultimi a loro volta dovranno rianimare i pazienti crio-sospesi prima di loro e così via, fino ad arrivare alle prime persone congelate. Il metodo Lifepact dovrebbe in sostanza infondere artificialmente nei crionicisti uno sorta di "spirito di comunità" che li faccia sentire obbligati a lavorare l'uno per l'altro. Ma l'idea del Lifepact non finisce qua: è infatti prevista la stipula di contratti Lifepact personalizzati, in cui il paziente elenca le condizioni alle quali vuole essere rianimato. E così possiamo scegliere se far trasferire la nostra mente su un supporto digitale o se aspettare l'avvento delle nanotecnologie; se riteniamo accettabile essere risvegliati nonostante i nostri ricordi siano andati persi in parte o del tutto e così via. La stipula del contratto prevede infine che i contraenti elaborino un elenco dettagliato degli aspetti più importanti della propria vita, nel caso che tali ricordi vadano smarriti e anche per fungere da "libretto delle istruzioni" per coloro che li faranno risorgere. L'idea del Lifepact prevede anche la possibilità di immagazzinare in apposite strutture oggetti e documenti di ogni tipo, allo scopo di consentire il recupero della propria vita passata e un miglior adattamento a quella futura – in questo caso la formula legale scelta per questo obiettivo è quella delle "donazioni revocabili".[17] Sempre per facilitare l'integrazione nel mondo del domani, il Lifepact dovrà infine fungere da gruppo di supporto psicologico – nel caso per esempio che i "resuscitati" siano tormentati dal ricordo di coloro che non ci sono più, e così via.

Sempre in tema di denaro, facciamo ora un'ipotesi. Poniamo per un momento che la crionica riesca veramente a funzionare, e che la scienza del futuro ci riporti in vita. Magari il mondo di domani sarà talmente ricco che non vi sarà più bisogno né di lavorare né di possedere denaro, tanto che quest'ultimo sarà considerato un semplice ricordo di un'epoca oscura – un po' come in *Star Trek*, in cui il denaro non esiste più. È però possibile che i soldi continuino a esercitare un ruolo centrale nella vita quotidiana ancora per moltissimo tempo. In

---

[17] Se questa idea vi sembra interessante potete trovare maggiori informazioni al sito http://www.lifepact.com/, dal quale si può scaricare anche un apposito questionario.

questo caso i resuscitati si ritroverebbero completamente al verde, e per loro si prospetterebbe una vita – infinita – di povertà e di stenti in un nuovo mondo sconosciuto e incomprensibile. Niente paura: la crionica ha pensato anche a questo. In particolare il Cryonics Institute ha istituito nel Lichtenstein la Reanimation Foundation, un fondo d'investimento finalizzato a gestire il denaro che i membri dell'organizzazione crionica vorranno depositare, nella speranza di recuperarli dopo la rianimazione – se vi interessa, sappiate che il deposito minimo consentito è di venticinquemila dollari. C'è da dire che lo Stato del Lichtenstein, pur consentendo questo tipo di operazione, non ha visto di buon occhio l'ingresso nel paese dei crionicisti – ritenuti probabilmente un gruppo di persone piuttosto eccentriche. Attualmente negli States diversi crionicisti stanno lavorando a soluzioni alternative, magari con base in stati come l'Alaska o il South Dakota, i cui sistemi legali interni non sono ostili a iniziative del genere.

4. L'onnipotente scienza del futuro

Eccoci ora alla parte più controversa, ossia quella relativa alla ritorno in vita o rianimazione che dir si voglia.[18] È inutile infatti firmare un contratto di sospensione crionica, stipulare un Lifepact o depositare denaro nella Reanimation Foundation, se poi le *chance* di essere riportati in vita sono pari a zero. Proprio per questo i fautori della crionica hanno cercato fin dagli esordi del movimento di immaginare in qualche modo i sistemi e le tecnologie con cui i loro discendenti del lontano futuro li avrebbero riportati in vita, ossia di dimostrare, almeno a grandi linee, la plausibilità dell'impresa crionica. Il primo a porsi il problema fu, nel 1961, lo stesso Robert Ettinger, che però si limitò a parlare in termini molto generici di "super-robot chirurghi in grado di lavorare per anni o per secoli". Nel 1969 un altro crionicista, Jerome White, parlò di "virus appositamente programmati".

---

[18] In virtù della loro teoria della "morte teoretico-informazionale", i crionicisti sono fermamente contrari a che la crionica venga considerata "resurrezione di persone decedute". In loro presenza è quindi meglio parlare solamente di "rianimazione".

Insoddisfatto di tale vaghezza, così come delle dimensioni eccessive dei robot chirurghi di Ettinger, già negli anni Settanta Michael Darwin[19] – presidente della Alcor dal 1983 al 1988 – ideò gli anabolociti, immaginari microrganismi biotech capaci di muoversi in autonomia e riparare tutti i danni subiti dai pazienti in criostasi. Sarebbe bastato inondare con milioni o miliardi di anabolociti i loro corpi e il problema sarebbe stato risolto.[20] Una soluzione un po' raffazzonata, a dire il vero, anche perché nessuno ha idea di come realizzare un microrganismo che invada un organismo ospite, si nutra, magari si riproduca, e in più riesca a riparare in modo mirato danni cellulari di ogni tipo, da quelli dovuti alla vecchiaia, alla malattia e al decesso fino a quelli prodotti dal congelamento e dai composti antigelo.

In tempi più vicini a noi, a lanciare un'ancora di salvezza teorica alla crionica ci pensa Eric Drexler, con il suo *Engines of Creation: The Coming Era of Nanotechnology* e le nano-macchine da lui ipotizzate. A dispetto dei problemi tecnici e teorici sollevati da questi nano-robot, tra crionica e nano-assembler è amore a prima vista: grazie alle nanotecnologie in salsa drexleriana sarebbe infatti possibile riparare gli organismi del crio-pazienti molecola per molecola, senza alcun limite. Anzi, Merkle e Freitas hanno persino elaborato uno scenario dettagliato su come tale processo di rianimazione potrebbe avvenire.[21] Le prime fasi della rianimazione – anzi, quasi tutto il processo – dovrebbero avvenire prima dello scongelamento del paziente, onde evitare i danni che ciò potrebbe provocare. Per cominciare le nano-macchine dovrebbero liberare il sistema circolatorio, dai vasi maggiori fino ai capillari; tale operazione dovrebbe assomigliare a tutti gli effetti a un'operazione di scavo super-precisa – ossia i vasi sanguigni verrebbero trattati come tunnel completamente intasati da

---

[19] Vero nome è Michael Federowicz, mentre "Darwin" è il soprannome attribuitogli dai compagni di scuola per la sua esplicita contrarietà al creazionismo e per la sua difesa dell'evoluzionismo darwiniano.

[20] Cfr. M. Darwin, *The Anabolocyte: a biological approach to repairing cryoinjury*, in: «Life Extension», Luglio/Agosto 1977.

[21] Cfr. R. Merkle e R. Freitas, *A Cryopreservation Revival Scenario using MNT*, in: «Cryonics», ottobre/dicembre 2008. MNT sta per *molecular nanotechnology*.

materiale solido, anzi, compatto. Il lavoro dei nano-assembler dovrebbe essere guidato da sofisticatissimi computer situati all'esterno dell'organismo e capaci di seguire il procedimento passo a passo, mediante i sistemi di imaging del futuro. Una volta garantito l'accesso ai vari tessuti, le nano-macchine dovrebbero occuparsi della saldatura delle microfratture, "legando" l'una all'altra le parti che le compongo tramite stringhe di un qualche materiale biologicamente inerte. A un certo punto dovrebbe essere possibile iniziare lentamente le procedure di riscaldamento, fino a consentire la presenza di sostanze allo stato liquido. Una volta raggiunto questo stadio, le nano-macchine potrebbero intervenire sulla chimica molecolare, riparando i danni subiti dagli acidi nucleici, dalle proteine e in generale dalle cellule. Fatto ciò, il metabolismo potrebbe essere fatto ripartire e, dopo un po', il paziente verrebbe risvegliato.

Per quanto improbabili e velleitarie, non c'è dubbio che queste "fantasie razionali" elaborate dai crionicisti posseggano un forte fascino; esse vanno considerate a tutti gli effetti una parte della storia della scienza, anche se, come è ovvio, il loro ruolo – pionieristico o marginale – potrà essere stabilito solo dai posteri. Dal canto nostro, senza aspettare gli eruditi saggi accademici degli storici della scienza del futuro, cercheremo ora di tracciare a grandi linee una storia del movimento crionico dalle origini ai giorni nostri.

5. Storia della crionica, da Benjamin Franklin alle nano-macchine

Riprendiamo in mano pure la storia della crionica a cui abbiamo brevemente accennato nel secondo capitolo. Alla ricerca di un padre nobile che conferisca alla crionica uno status rispettabile, i fautori di questa procedura si rifanno spesso a Benjamin Franklin, il quale, in una lettera del 1773 indirizzata allo scienziato Jacques Dubourg, confessava il suo desiderio di poter tornare in vita nel lontano futuro, in modo da osservare il destino degli Stati Uniti; il metodo semiserio proposto dal politico e scienziato americano consisteva nell'immergersi assieme ad alcuni amici in un barile di Madeira, rimanendo in qualche modo imbalsamato, per essere poi riportato in vita dai raggi del Sole.[22]

A parte la letteratura fantastica, la prima vera proposta organica di sospensione crionica ci arriva da un libro pubblicato nel 1961 dal primo crionicista ufficiale, Evan Cooper, che pubblicò a proprie spese un libro, *Immortality: Physically, Scientifically, Now*. In seguito, nel 1964, Cooper fondò la Life Extension Society, con il compito di promuovere le sue idee.

Poco dopo, nel 1962, Robert Ettinger pubblicò – anche a lui a proprie spese – *The Prospect of Immortality*, libro con cui l'autore sviluppava in modo indipendente le stesse idee di Cooper. Attualmente è a Ettinger che viene attribuita la paternità della crionica; ciò dipende probabilmente dal fatto che il suo libro venne ripubblicato con grande successo da una grossa casa editrice americana, la Doubleday, grazie soprattutto alla raccomandazione di due noti scrittori di fantascienza, Frederick Pohl e Isaac Asimov. Il retroterra culturale della crionica è quindi, a quanto pare, il mondo della letteratura fantascientifica che in quegli anni furoreggiava nelle edicole americane.

A partire da Cooper ed Ettinger, il movimento della crionica iniziò lentamente a diffondersi, facendo proseliti un po' ovunque. Tra l'altro a inventare il termine crionica fu, nel 1965, il crionicista Karl Werner; nello stesso anno Curtis Henderson e Saul Kent fondarono la Cryonics Society of New York. Gli anni seguenti assistettero alla nascita della Cryonics Society of Michigan e della Cryonics Society of California, della Bay Area Cryonics Society – poi divenuta American Cryonics Society. Nel 1967 scese in campo lo stesso Ettinger, che creò il Cryonics Institute.

La prima persona a essere crio-sospesa fu, nel 1967, James Bedford, un professore di psicologia settantatreenne – tra coloro che vennero congelati durante questi anni pionieristici, Bedford è l'unico a trovarsi ancora in tale stato, presso le strutture della Alcor.

---

[22] Cit. in: E. Drexler, *Engines of Creation: The Coming Era of Nanotechnology*, edizione online, http://e-drexler.com/d/06/00/EOC/EOC_Chapter_9.html.

Un primo, duro colpo alla crionica venne inferto da quella che i crionicisti ricordano ancora come "la catastrofe di Chatsworth", dal nome della località in cui Robert Nelson – riparatore di televisori e presidente della Cryonics Society of California – aveva immagazzinato i corpi a lui affidati. A un certo punto si scoprì che nove di essi si erano scongelati, a causa dell'esaurimento dei fondi versati dalle famiglie per la crio-sospensione, dopo di che – in alcuni casi – Nelson li aveva mantenuti in tale stato per un altro anno e mezzo a proprie spese. Alcuni di quei corpi si erano scongelati anni prima, e Nelson aveva evitato di segnalarlo ai familiari. Lo scandalo finì in tribunale, e la crionica ne ricavo un'enorme pubblicità negativa.

Negli anni Settanta entrò in scena infine quella che a tutt'oggi è la più grossa organizzazione crionica del mondo, la Alcor, fondata dai Chamberlain nel 1972 – in realtà inizialmente il nome completo era Alcor Society for Solid State Hypothermia, poi cambiato nel 1977 in Alcor Life Extension Foundation.

Un'ulteriore svolta tecnica la crionica la subì tra la fine degli anni Settanta e gli inizi degli anni Ottanta, quando Jerry Leaf – già ricercatore nel campo della chirurgia cardiotoracica all'Università della California – introdusse l'utilizzo della macchina cuore-pomone e altre tecniche provenienti da tale campo, contribuendo così a creare un protocollo di sospensione crionica più sistematico. Sempre Leaf varò assieme a Michael Darwin la pratica dello *standby*, che consiste nell'assistenza – quando è possibile – del paziente nei suoi ultimi minuti di vita, in attesa di dare inizio con tempestività alla stabilizzazione.

Oltre all'avvento delle teorie di Drexler sulle nanotecnologie, gli anni Ottanta assistettero alla nascita di CryoNet, una mailing list che consentì il consolidamento e l'espansione della comunità crionica. Da segnalare inoltre il caso dell'attore e produttore televisivo Dick Clair; malato terminale di Aids, l'uomo fece causa – vincendo – allo Stato della California e all'ospedale in cui era ricoverato per garantirsi il diritto di essere sottoposto a criostasi al momento della morte – avvenuta nel 1988. Nel medesimo anno la Alcor venne messa sotto inchiesta dalle autorità locali a causa della sospensione di Dora Kent. Madre di Saul Kent, allora membro dell'organizzazione crionica in questione, la donna morì nel 1987, e venne crio-sospesa dal figlio – anzi, neuro-sospesa. Al decesso però non assistette alcun pubblico ufficiale che potesse dichiararla legalmente morta, e l'autopsia del corpo decapitato della donna rivelò la presenza delle sostanze chimiche utilizzate per la sospensione – e che, dal punto di vista del medico legale, avrebbero anche potuto esser state usate per ucciderla. Le proprietà della Alcor vennero messe sotto sequestro, e molti membri dell'organizzazione vennero arrestati, ma non prima che fossero riusciti a nascondere la testa crio-sospesa di Dora Kent. La vicenda ebbe una vasta eco sui media, e in seguito la Alcor venne prosciolta da ogni accusa, ricevendo anche un grosso risarcimento.

Il 1993 vide la Alcor colpita da uno scisma, che portò un gruppo di attivisti – tra cui Michael Dawin – ad andarsene e fondare la Cryo-Care Foundation, alla quale si aggiunsero due compagnie a scopo di lucro, la CryoSpan Inc. e la BioPreservation Inc. I transfughi apportarono ulteriori innovazioni al metodo di sospensione, utilizzando quantità molto maggiori di glicerolo e favorendo così un processo di congelamento dei crio-pazienti meno dannoso. Lo scisma non durò però a lungo, e già nel 1999 la CryoCare venne riassorbita dalla Alcor e la CryoSpan dal Cryonics Institute.

In sostanza, le compagnie crioniche a scopo di luco hanno avuto poco successo e, tranne un paio di eccezioni, al momento attuale il no profit la fa da padrone. Dunque, attualmente negli Usa si può trovare la Alcor, il Cryonics Institute e la Trans-Time – che dispongono delle strutture per immagazzinare i pazienti in criostasi –, la Suspended Animation Inc. e l'American Cryonics Society – che effettuano solo le procedure di stabilizzazione e trasporto. Quest'ultima si occupa anche della diffusione del verbo crionicista. Stesso discorso vale per l'Immortalist Society, un'organizzazione collegata al Cryonics Institute che lavora per la promozione culturale e mira a fare ricerca.

Ispirandosi alla ricerca medica *mainstream*, nel 2001 la Alcor inizia a utilizzare una miscela di composti anti-gelo in grado di indurre la vitrificazione del paziente, ossia il congelamento senza però la formazione di ghiaccio.

Gli anni Novanta e Duemila vedono la nascita di diversi gruppi di crionicisti in giro per il mondo – in Italia[23] e in diversi altri paesi dell'Europa continentale, nel Regno Unito, in Canada e in Australia –, tutti più o meno collegati alle organizzazioni americane. A parte la KrioRus, non vi sono altre strutture in grado di ospitare pazienti in criostasi al di fuori del Nord-America, sebbene i crionicisti australiani stiano cercando già da tempo di realizzarne una.[24] A ciò si aggiungono i provider di servizi crionici situati in Europa, e in particolare la britannica Cryonics Uk[25] e la portoghese Eucrio,[26] che consentono anche agli europei di farsi congelare e spedire nelle strutture statunitensi.

L'ultimo progetto crionico in ordine di tempo è la Timeship, la "nave del tempo" voluta dal noto architetto Stephen Valentine. Nelle sue intenzioni tale struttura – ancora da costruire, e alla quale sta lavorando da diversi anni – è destinata a diventare un centro per lo studio della crionica e dell'estensione della vita. L'idea di Valentine è quella di realizzare una sorta di "Fort Knox" per la conservazione dei materiali biologici – DNA, tessuti, organi e esseri umani interi –, e a questo proposito Valentine l'ha progettata in modo che possa resistere a blackout, attacchi terroristici, catastrofi naturali e anche all'innalzamento del livello del mare. Inoltre la nave del tempo in questione dovrebbe conservare anche il DNA delle specie a rischio di estinzione. Insomma, secondo il visionario architetto la Timeship è destinata a diventare la più grande struttura di conservazione crionica mai realizzata,[27] e a questo scopo Valentine ha già acquistato un terreno molto ampio a Comfort, vicino a San Antonio, in Texas.

Recentemente il popolarissimo conduttore televisivo americano Larry King ha confessato in un'intervista la sua profonda paura della

---

[23] http://www.estropico.com/id298.htm.
[24] Cfr. http://www.cryonics.org.au/.
[25] http://www.cryonics.uk.com/index.html.
[26] http://www.eucrio.eu/.
[27] Cfr. http://www.timeship.org/.

morte e il suo desiderio di sottoporsi a sospensione crionica,[28] andando così ad aggiungersi alla breve lista delle celebrità che hanno manifestato un'intenzione analoga – come Paris Hilton.[29]

L'ultimo capitolo – per ora – della storia della crionica riguarda il caso di Kim Suozzi, una ragazza ventitreenne di St. Louis, alla quale nel 2012 è stato diagnosticato un glioblastoma multiforme molto aggressivo – un grave tipo di tumore al cervello. In contrasto con i desideri della famiglia, la ragazza ha lanciato nel settembre dello stesso anno un appello su Reddit – un sito di social news – per raccogliere i settantamila dollari necessari alla suo neuro-sospensione crionica, impresa coronata dal successo. Deceduta il 17 gennaio del 2013, la ragazza ha passato le sue due ultime settimane di vita in un centro per cure palliative di Scottsdale, nei pressi della sede della Alcor.[30]

Può sembrare una battuta ma, a quanto pare, il mondo della crionica è vivo e vitale; tutto questo ovviamente a prescindere dal fatto che tale pratica abbia o meno un fondamento scientifico. Tralasciando le osservazioni più ovvie – come quella per cui la crionica non ha nulla a che fare con il fenomeno dell'ibernazione[31] –, che idea si è fatta di questa pratica la scienza ufficiale?

6. I conti con l'oste

La disciplina che si occupa di studiare gli effetti delle basse temperature sui tessuti e gli organismi viventi si chiama criobiologia; accade-

---

[28] http://www.newsmaxhealth.com/headline_health/Larry_King_freeze/2011/12/07/421500.html.

[29] Quella secondo cui anche Walt Disney si sarebbe fatto congelare è invece solo una leggenda urbana.

[30] http://www.dailymail.co.uk/news/article-2268011/Kim-Suozzi-23-head-cryogenically-frozen-reborn-cure-brain-cancer-found.html.

[31] L'ibernazione è infatti un processo fisiologico naturale nel corso del quale alcune specie animali riducono al minimo le proprie funzioni vitali, in modo da superare – dormendo – la stagione invernale. Un'altra confusione molto comune è quella tra sospensione crionica e animazione sospesa: con quest'ultimo termine si indica una tecnologia ancora tutta da inventare e che consentirebbe di indurre l'ibernazione anche negli esseri umani. In questo caso il rallentamento dovrebbe essere tale che i soggetti ibernati si troverebbero anche a invecchiare molto più lentamente della norma, in modo da poter affrontare viaggi lunghissimi e noiosi nello spazio profondo.

micamente rispettata, essa ha dato origine a diverse società scientifiche nazionali e internazionali, tra cui Society for Cryobiology. E proprio quest'ultima ha preso le distanze in maniera netta dalla crionica, sottolineando già nel 1982 che tale pratica non costituirebbe vera scienza. Anche le organizzazioni scettiche americane – ossia le associazioni di studiosi che si dedicano alla confutazione del paranormale e della pseudoscienza, come lo CSICOP – hanno preso verso la sospensione crionica, e soprattutto verso la possibilità di rianimare tali corpi, una posizione perlopiù negativa.[32] Per esempio, il noto scettico Michael Shermer ha paragonato la crionica a una forma di fede, sebbene di tipo laico.[33] Le autorità legislative Usa interpretano infine la sospensione crionica come una semplice forma di sepoltura, per quanto macchinosa e articolata. Non si pensi però che la scienza *in toto* sia contraria alla crionica; anzi, non sono mancati i personaggi che hanno spezzato una lancia in suo favore. È questo per esempio il caso di Arthur C. Clarke, che in un'occasione ha dichiarato che "sebbene nessuno possa quantificare la probabilità che la crionica funzioni, ritengo che essa ammonti almeno al 90 per cento – e certamente nessuno può dire che essa sia zero".[34]

Concretamente, quali sono i problemi tecnici che i crionicisti non riescono ad affrontare in modo persuasivo? Innanzitutto c'è la questione della memoria a lungo termine. La loro idea è che, vitrificando rapidamente il cervello del paziente, sia possibile conservare le strutture cerebrali sottostanti alla memoria e alla personalità; il che, per quanto possibile, non è affatto certo, né dimostrato. È solo una speranza. Inoltre l'idea di morte teoretico-informazionale non cancella per niente il fatto che, al momento attuale, la morte cerebrale sia a tutti gli effetti da considerare definitiva. È senz'altro possibile che in futuro nuovi studi spostino più in là il confine tra la vita e la morte, spingendoci a classificare la morte cerebrale come un semplice sta-

---

[32] http://www.skepdic.com/cryonics.html.

[33] http://www.michaelshermer.com/2001/09/nano-nonsense-and-cryonics/.

[34] http://www.alcor.org/Library/html/clarke.html. A ciò bisogna però aggiungere che, a quanto ci risulta, Clarke non ha mai pensato di farsi crio-sospendere.

dio, magari reversibile. Ciò potrebbe però anche non accadere, e la morte cerebrale potrebbe risultare essere il vero e unico capolinea della vita umana. A onor del vero, c'è da dire che i crionicisti riconoscono in buona parte tutti questi problemi e, benché animati da un forte entusiasmo per quello che loro chiamano "il secondo ciclo della vita" – ossia l'esistenza infinita che comincerà dopo la loro rianimazione –, dichiarano apertamente che la loro impresa non si inscrive nella scienza ufficiale empiricamente consolidata e che, in poche parole, non possono promettere con certezza nulla a nessuno. Inoltre c'è la questione dei danni cerebrali: anche un danno relativamente contenuto può mettere a repentaglio porzioni intere della nostra memoria, o danneggiare gravemente questa o quella funzione cerebrale; si può ben immaginare quali siano le condizioni di un cervello morto e vetrificato per decenni o per secoli.

A tutto ciò si aggiungono problemi di tipo tecnico – anch'essi riconosciuti dai crionicisti –, come le fratture provocate dalle temperature dell'azoto liquido e altri gravi danni che, prima ancora di risolvere, dobbiamo riuscire a inquadrare scientificamente – e non è detto che ci si riesca, ossia il progresso scientifico è imprevedibile, e potrebbe prendere strade del tutto diverse da quelle in cui i crionicisti confidano.

Ma la difficoltà più grande di tutte sta nei mezzi tecnologici che i crionicisti si aspettano di utilizzare per riportare in vita i propri pazienti; la soluzione miracolosa da loro evocata, cioè quella delle nanomacchine, costituisce al momento poco più che uno slogan. A ciò si sommano i problemi tecnici e concettuali relativi al cosiddetto mind-uploading, cioè la prospettiva di trasferire la mente umana su un supporto inorganico: non è detto che ciò sia fattibile; anche se lo fosse, al momento non abbiamo la più pallida idea di come farlo né da che parte cominciare; non sappiamo se i cervelli congelati della crionica siano "leggibili", cioè se i ricordi dei pazienti in criostasi siano in qualche modo estraibili – posto che siano ancora lì. Per non parlare del fatto che non abbiamo la minima idea di come leggerli concretamente.

Dulcis in fundo, c'è il problema del risveglio. Supponiamo che le procedure di riparazione molecolare abbiano successo: i super-chirurghi del futuro si ritroverebbero tra le mani un cadavere in perfetta salute. Come si fa a farlo ripartire, mettendo in modo contemporaneamente e in modo organico il metabolismo, il battito cardiaco, la respirazione e tutto il resto? In altre parole, come si riporta in vita un morto?

Passiamo ora ai problemi gestionali. Le due strutture crioniche attualmente presenti sul suolo americano sono piccole e relativamente instabili dal punto di vista finanziario – anche se pare che la situazione sia molto migliorata negli ultimi anni, soprattutto per la Alcor –; sono possedute da organizzazioni no profit, amministrate da entusiasti per lo più volontari e hanno sempre bisogno di soldi – tanto che alcune volte la Alcor è riuscita a rimpinguare le proprie casse solo tramite generose donazioni di ricchi sostenitori. In altre parole, le organizzazioni crioniche potrebbero anche non durare a lungo, la rianimazione potrebbe essere troppo costosa o, semplicemente, gli uomini del domani potrebbero non nutrire alcun interesse a riportare in vita un manipolo di persone d'altri tempi.

7. Antropologia del crionicista medio

A questo punto proviamo a tirare un po' le somme, e chiediamoci: che tipo di persone sono i crionicisti? Pazzi, truffatori o pionieri animati da una visione in largo anticipo sui tempi? Innanzitutto notate come abbiamo evitato accuratamente di definirli persone ignoranti o stupide: infatti a nostro parere si tratta in media di persone piuttosto intelligenti, e con una cultura scientifica piuttosto buona; basta leggere i loro articoli o frequentare i loro blog per accorgersi subito che il tenore delle loro discussioni e il loro stile argomentativo li avvicina di più alla categoria dei filosofi e degli uomini di scienza che a quella dei ciarlatani. Se proprio dobbiamo attaccare loro addosso un'etichetta, non possiamo che optare per quella di "nerd", al pari di tutti o quasi gli altri transumanisti – anzi, il transumanismo *tout court* e la crionica si intersecano spesso e volentieri.

È interessante dare un'occhiata al modo di ragionare tipico dei crionicisti, perché ci permette di analizzare il modo in cui essi si autopercepiscono. La crionica viene anche chiamata dai suoi sostenitori "viaggio medico nel tempo", con l'accento sul fatto che esso è di sola andata; i tank per la criostasi vengono paragonati ad autoambulanze che servono per trasportare i loro ospiti nelle strutture ospedaliere della fine del Ventunesimo Secolo e degli inizi del Ventiduesimo. Inoltre i crionicisti hanno sviluppato un gergo simil-medico che utilizzano costantemente – per esempio l'abitudine di definire "pazienti" quelli che, a tutti gli effetti e per quanto ne sappiamo ora, sono solo cadaveri. Per quanto sottolineino il fatto che la loro impresa abbia un carattere eminentemente speculativo, i crionicisti sembrano volersi considerare parte a tutti gli effetti dell'impresa scientifica, tanto da preoccuparsi di sviluppare un codice linguistico attinto a quello della scienza *mainstream*, nei confronti della quale vorrebbero assumere un ruolo di avanguardie.

Ci sentiamo anche di escludere che la crionica rappresenti una frode: leggendo i loro libri e consultando i loro siti web, abbiamo avuto la netta impressione di essere in presenza di "veri credenti", cioè di persone sinceramente e profondamente convinte della giustezza delle proprie scelta e del meraviglioso futuro *high-tech* che li attende.

La natura quasi fideistica e religiosa della crionica è testimoniata indirettamente dalla rielaborazione che Ralph Merkle ha fatto della famosa "scommessa" di Pascal. Desideroso di persuadere se stesso e gli altri che la visione cristiana era vera, il filosofo francese cercò di dimostrare che, se non altro, la fede presentava alcuni indubbi vantaggi. Il ragionamento pascaliano è più o meno il seguente: se crediamo in Dio ed Egli esiste, allora guadagneremo la vita eterna; se invece abbiamo la fede ma Egli non esiste, allora potremo per lo meno vivere un'esistenza lieta e libera dalla paura della morte. Al contrario, se non abbiamo la fede e Dio non c'è, allora finiamo nel nulla – per di più provando angoscia di fronte alla morte –, mentre se Dio c'è siamo destinati a subire la dannazione eterna. Allo stesso modo, se firmiamo per la sospensione crionica ed essa funziona, guadagniamo una nuova vita, magari pure infinita; se invece la crionica non funziona, abbiamo perso solo i soldi che vi abbiamo investito – che avremmo comunque perso morendo. Al contrario, se non stipuliamo un contratto, l'unica cosa che ci attende è la putrefazione, che la crionica funzioni o meno.

A differenza però delle fedi classiche, la crionica tende sempre a mettere le mani avanti, per esempio limitandosi a definire se stessa semplicemente come un esperimento di lunghissimo respiro; anzi, c'è chi, come Merkle, commenta ironicamente che, nel caso della sospensione crionica, il gruppo di controllo non se la sta cavando molto bene.[35]

Per concludere, che cos'è la crionica? A nostro parere si può dire che si tratta di una pratica non – ancora? – scientifica, che presenta però alcuni elementi di scientificità – cioè va a pescare nel mondo della ricerca *mainstream*, e in particolare nella criobiologia. Essa presenta senz'altro alcuni aspetti religiosi: per esempio , lungi dal costituire una semplice "americanata", essa può essere ricollegata a pratiche culturali molto antiche, come la mummificazione realizzata dagli antichi Egizi, che era appunto finalizzata a procurare al Faraone la vita eterna. Data però l'assenza – in buona parte dei crionicisti – di una qualunque fede esplicita nel trascendente, e dato l'utilizzo che viene fatto di diversi concetti presi dalla scienza ortodossa, opportunamente mescolati con speculazioni razionali,[36] potremmo classificare la crionica come un'ideologia. Anche le ideologie – per esempio il marxismo – tendono infatti a partire da fondamenti empirici, sui quali però vengono costruiti castelli di teorie tanto razionali quanto indimostrate, alle quali si finisce per credere per fede – e infatti alle volte i

---

[35] La metodologia della ricerca medica si basa sull'utilizzo dei cosiddetti "gruppi di controllo". Quando i ricercatori devono testare l'efficacia di una certa terapia, affiancano ai soggetti su cui stanno sperimentando quest'ultima un altro gruppo di pazienti, che invece non riceve alcuna terapia. Questa procedura serve per verificare l'efficacia della terapia in questione in rapporto alle normali difese dell'organismo e al normale decorso della patologia sotto esame. Se infatti i vantaggi di una certa terapia sono minimi, allora non vale la pena proseguire tali test ed è meglio concentrarsi su altri farmaci o altre tecniche. Nel caso della battuta di Merkle il gruppo di controllo sarebbero tutti coloro che non hanno sottoscritto un contratto di sospensione crionica, e che sono quindi destinati alla putrefazione piuttosto che alla ben più stabile vitrificazione. Più seriamente, a coloro che valutano l'idea di firmare un contratto di sospensione, i crionicisti presentano tale iniziativa come un esperimento a cui si può partecipare dietro pagamento della somma prevista.

[36] O, per meglio dire, "raziomorfiche", cioè costruite razionalmente a partire da assunzioni non dimostrate, ma comunque sviscerate con cura e coerenza logica.

crionicisti dimostrano un entusiasmo molto elevato, simile a quello che anima i membri di gruppi religiosi numericamente ristretti.

A ciò si sovrappongono altri tre fatti. Il primo è che, a nostro parere, i crionicisti che non credono veramente che tale impresa possa funzionare sono più d'uno. Si tratterebbe quindi di persone letteralmente terrorizzate dalla morte, che nel corso della propria esistenza non sono riuscite a venire a patti con la prospettiva del proprio annullamento finale – del resto, come dargli torto? Mica è facile –, e che sentono il bisogno di fare qualcosa per evitare la propria cancellazione fisica. Il secondo fatto è che, nonostante l'"aria di famiglia" ideologica che tira tra i crionicisti, nel loro movimento non c'è proprio un'ordodossia unica e non-criticabile – come nel caso del "diamat", il marxismo ufficiale sovietico. Il terzo è che, molto probabilmente, la crionica rappresenta un'emanazione estrema della classica concezione del "Sogno Americano", secondo il quale l'America è la terra delle opportunità, dove nessuna idea e nessuna iniziativa sono troppo folli. In quest'ottica la fine della vita viene vista come una frontiera da superare e da abbattere. Non è un caso che, quando parlano delle ambizioni della crionica, sia i suoi sostenitori sia i media che se ne occupano usino spesso un'espressione piuttosto netta: "conquistare la morte".

5. Cornucopia nanometrica

1. L'ABC del nano-mondo

Nel corso di questo libro le abbiamo incontrate spesso, le nano-macchine e le nanotecnologie, ed è arrivato il momento di fare un po' di chiarezza. Innanzitutto una definizione da dizionario: la nanotecnologia consiste nella manipolazione della materia a livello atomico e molecolare. In particolare la versione estesa di questo concetto parla di manipolazione atomica e molecolare *precisa*, con il fine di produrre oggetti d'uso quotidiano – una tecnologia ipotetica nota anche come "nanotecnologia molecolare". La National Nanotechnology Initiative – il programma federale americano per lo sviluppo delle nanotecnologie – definisce la nanotecnologia come la manipolazione di materia in cui almeno una delle dimensioni – ossia lunghezza, larghezza o altezza – sia compresa tra uno e cento nanometri. Un nanometro corrisponde a un miliardesimo di metro – più o meno l'ordine di grandezza delle molecole, per intenderci. Potete già immaginare come attualmente il termine "nanotecnologia" sia un ombrello sotto il quale si riparano idee e pratiche molto diverse. Allora ci chiediamo: di cosa sono fatte le nanotecnologie adesso? Quali campi comprendono, quali dispositivi utilizzano, insomma, che cosa fanno e cosa producono? Vediamolo brevemente.

Fullereni. Un fullerene è una molecola composta interamente da carbonio e con la forma di una sfera cava, di un elissoide o di un tubo; le versioni sferiche sono chiamate anche *buckyballs*, quelle cilindriche invece nanotubi. La prima molecola di fullerene o buckminsterfullerene è stata preparata nel 1985 da Richard Smalley, Robert Curl e Harold Kroto alla Rice University – un lavoro che ha fruttato ai tre il Nobel per la Chimica nel 1996. Il nome è un omaggio all'architetto Buckminster Fuller, autore del design delle cupole geodetiche – strutture architettoniche formate da elementi triangolari. Varie sono le proprietà dei fullereni; per esempio i nanotubi sono tra i materiali più forti e resistenti in circolazione – sia alle azioni meccaniche, sia al calore – e tali proprietà sono utili in molti ambiti tecnologici, per esempio per migliorare le proprietà meccaniche e termiche di questo o quel prodotto.

Nanoparticelle. Esse sono il frutto di tecniche relativamente tradizionali, cioè che costituiscono solo un'estensione dell'attuale scienza dei materiali. Le nanoparticelle si ottengono trasformando questo o quel materiale in polveri ultrafini – in pratica dividendolo in pezzetti di dimensioni nanometriche –, riuscendo così a ottenere miscele di materiali diversi mescolati meglio e per tanto con proprietà – di vario genere, a seconda della miscela – superiori a quelle classiche.

Nanomanipolazione. La microscopia a scansione di sonda è un ramo della microscopia che si basa sulla produzione di immagini di superficie tramite una sonda – ossia un oggetto fisico – che scandaglia il campione che si vuole visualizzare. L'apice della sonda deve essere estremamente acuminato, in quanto è la caratteristica che contribuisce maggiormente alla risoluzione del microscopio. Nel contesto di questa tecnica, di particolare rilievo è il microscopio a forza atomica, che ha una risoluzione elevatissima – in termini di frazioni di nanometro. Il primo prototipo di questo microscopio è stato sviluppato nel 1986 da un team euro-americano composto da Gerd Binnig, Calvin Quate e Christoph Gerber. Il microscopio a forza atomica è uno degli strumenti più importanti per la manipolazione della materia a livello nanometrico; la visualizzazione viene ottenuta facendo interagire la punta della sonda e l'oggetto esplorato – in pratica, la sonda "sente" la superficie con cui entra in contatto. Nel dispositivo sono inclusi elementi piezoelettrici – cioè composti da materiali che possono variare di poco le proprie dimensioni se attraversati da una lieve corrente elettica –, che consentono una grande accuratezza. Ossia, potendo effettuare spostamenti molto piccoli – grazie appunto alle suddette variazioni controllabili dall'operatore –, si può ottenere una risoluzione elevatissima. Quella che vi stiamo offrendo è, ovviamente, solo una semplificazione, e ciò che conta è che, attualmente, grazie a questo tipo di microscopio è possibile manipolare e spostare in modo ultra-preciso singoli atomi.

Wet nanotechnology. E poi ci sono le biotecnologie che, volendo, possono essere considerate una forma particolare di nano-manipolazione, in questo caso di molecole organiche immerse in soluzioni saline – da ciò deriva l'utilizzo dell'aggettivo *wet,* "bagnato". Accanto a questo, bisogna dire che, nel corso degli anni, abbiamo assistito a una crescente convergenza tra biotecnologie e nanotecnologie vere e proprie, al punto che ciò ha portato alla nascita di una disciplina specifica, la bionanotecnologia. In fin dei conti si tratta della semplice applicazione di dispositivi e procedure nanotech – nano-strumenti di vario genere e così via – alla classica ricerca biologica. Discorso a parte lo merita la nanotecnologia del DNA, che riguarda la creazione di nano-strutture a partire dagli acidi nucleici. In questo caso gli acidi nucleici sintetici così ottenuti vengono utilizzati – data la loro versatilità – come materiale da costruzione nanotech, invece che per la normale trasmissione delle informazioni nelle cellule. A lanciare la nanotecnologia del DNA è stato, agli inizi degli anni Ottanta, lo studioso americano Nadrian Seeman, ma questo ambito di ricerca ha iniziato a suscitare un ampio interesse a metà degli anni Duemila – per esempio per la possibilità di utilizzare il DNA per la computazione. Insomma si può parlare, oltre che di una convergenza tra biotech e nanotech, anche di una reciproca contaminazione, con le biotecnologie che cercando di imitare le metodiche "industriali" delle nanotecnologie, e queste ultime che cercano di utilizzare le conoscenze raccolte dalle prime.

Nanomedicina. Anche questo è un termine che funge da ombrello per un'ampia serie di applicazioni delle nanotecnologie. La nanomedicina include l'utilizzo medico dei nanomateriali e di biosensori nanoelettronici e, più in generale, lo sviluppo di nuove terapie, nuovi metodi di somministrazione, nuovi farmaci. Un raporto del 2006 a cura di *Nature Materials* rilevava l'esistenza di centotrenta farmaci e sistemi di somministrazione basati sulle nanotecnologie in corso di sviluppo nel mondo.[1] Il giro d'affari della nanomedicina è in continua crescita, con centinaia di compagnie, numerosi prodotti e vendite per svariati miliardi di dollari. Un esempio dell'utilizzo medico dei nano-materiali può essere quello delle *nano-shells*, nano-gusci d'oro che possono essere utilizzati – per esempio collegandoli a specifici antigeni – per diagnosticare e attaccare un tumore; un altro prodotto nanotech sono i liposomi, sferette lipidiche utilizzabili per somministrare farmaci. In sostanza la nanomedicina mira, tra le altre cose, a sviluppare metodi per immettere nell'organismo farmaci cellula per cellula, aumentandone così l'efficacia e riducendone le dosi necessarie e gli effetti collaterali. Esiste poi un ambito noto come "nanobiofarmaceutica", che si basa sull'utilizzo terapeutico di proteine e peptidi – brevi sequenze di amminoacidi – capaci di esercitare azioni biologiche sul corpo umano e somministrati con apposite nano-particelle. Un altro campo d'applicazione è quello della visualizzazione: per esempio si possono agganciare "punti quantici" – ossia, per farla breve, "atomi artificiali" contenenti solo elettroni – ad appositi antigeni; i primi possono poi esser resi fluorescenti, consentendoci così di vedere per esempio la crescita o il restringimento di un tumore. Infine possiamo citare l'ingegneria tissutale, un ambito di ricerca molto avveniristico, che mira a far letteralmente "crescere" in laboratorio organi adatti al trapianto. Anche qui le nanotecnologie stanno dando il loro contributo, in particolare offrendo impalcature composte da nano-materiali e capaci di favorire la proliferazione cellulare – cioè la crescita numerica delle cellule che andranno a formare l'organo finito.

Volendo potremmo poi citare la micro- e la nano-litografia, cioè un insieme di tecnologie utilizzate per produrre microchip elettronici; oppure la nano-elettronica, che invece lavora alla produzione di transistor. In pratica potremmo andare avanti ancora a lungo, ma vogliamo risparmiarvi altri noiosi tecnicismi; quello che conta è che vi facciate un'idea di quanto il mondo delle nanotecnologie sia articolato. E soprattutto che vi rendiate conto che, per quanto i transuma-

---

[1] Cfr. http://www.nature.com/nmat/journal/v5/n4/full/nmat1625.html.

nisti apprezzino senz'altro ogni progresso delle nanotecnologie, non è questo che intendono quando parlano di tali argomenti. In particolare la loro visione ruota attorno al concetto di "nano-macchina", di *replicator* e soprattutto di *assembler*. Di che cosa si tratta?

La definizione precisa che ne dà Drexler è quella di "un ipotetico dispositivo capace di guidare le reazioni chimiche tramite il posizionamento di molecole reattive con precisione atomica". In altri termini è un tipo di macchina molecolare. Questo non fa che spostare più indietro la nostra domanda. Cosa sono allora le macchine molecolari? Una macchina molecolare è, per definizione, un qualunque insieme discreto di componenti molecolari che produce movimenti quasi meccanici in risposta a uno stimolo specifico. Si tratta di un'espressione che si applica a molecole che compiono azioni somiglianti ad azioni meccaniche che avvengono a livello macroscopico. Insomma, è un termine che nasce in ambito bio-chimico e che può essere applicato a tutte le strutture e le reazioni che presentano le suddette caratteristiche: in pratica molecole che non fanno le molecole, ma che agiscono come ingranaggi o comunque meccanismi. E i chimici si divertono un sacco, con queste cose, tanto è vero che, nel corso del tempo, hanno avuto modo di sintetizzare molte di queste molecole. A volte si tratta di singole molecole, altre volte di strutture più complicate, composte da più molecole interconnesse meccanicamente e in modo piuttosto articolato. Potremmo citarvi per esempio i rotaxani[2] o i catenani[3], ma diverremmo inutilmente tecnici; meglio invece limitarci a una classifica per funzione delle macchine molecolari realizzate fino a ora. Abbiamo i "motori molecolari", cioè molecole capaci di rotazione unidirezionale in seguito a un impulso; le "eliche molecolari", che possono ruotare e spingere fluidi; gli "interruttori molecolari", che possono assumere reversibilmente due stati altrettanto stabili; le "navette molecolari", capaci di trasportare altre molecole da un posto all'altro; le "porte logiche molecolari", che possono essere

---

[2] http://it.wikipedia.org/wiki/Rotaxano.
[3] http://it.wikipedia.org/wiki/Catenano.

usate per computare. Poi abbiamo i "sensori molecolari", che interagiscono con molecole specifiche, producendo un cambiamento percepibile, e le "pinze molecolari", strutture capaci di reggere altre strutture – come se fossero pinze, appunto. C'è un sacco di roba, insomma, di cui uno normalmente non sospetterebbe nemmeno l'esistenza. Ovviamente le macchine molecolari più complesse sono quelle prodotte dalla natura: abbiamo per esempio la miosina, un motore proteico che produce – tra l'altro – la contrazione muscolare; la chinesina, altro motore proteico, che in questo caso sposta materiali lungo i microtubuli – canali interni alle cellule –, e così via. E, a livello teorico, c'è ovviamente chi lavora alla costruzione di macchine molecolari ancora più complesse, sebbene in alcuni casi esse siano destinate a rimanere sulla carta, visto che non sono ancora disponibili adeguati metodi di costruzione. Ecco dunque il punto di partenza, tanto per sottolineare che, per quanto fantasiose, le visioni di Drexler non si sono materializzate dal nulla. E di assembler, ne esistono in natura? Visto che ricevono istruzioni dal DNA, e a partire da esse sintetizzano le proteine, i ribosomi possono senz'altro essere considerati assembler naturali.

A livello terminologico c'è una certa confusione, nel senso che le nano-macchine possono essere viste come macchine di dimensioni nanoscopiche e capaci appunti di spostare singole molecole o singoli atomi; a ciò si potrebbe aggiungere, ma non obbligatoriamente, pure la capacità di auto-replicarsi. La produzione di nano-macchine potrebbe essere poi demandata a degli appositi "replicator", nano-fabbriche che fungono da catena di montaggio per gli assembler; le possibilità insomma sono molteplici, e i nanotecnologi si sono sbizzarriti a immaginare molte nano-macchine diverse.

2. Nano-mania, o le due anime della nanotecnologia

Si fa un gran parlare di nanotecnologie, in questi anni; si potrebbe sostenere addirittura l'esistenza di una forma di "nano-mania" trasversale. Non solo industria, forze armate, centri di ricerca universitari, organizzazioni no profit pro e contro il nano-mondo. Anche la cultura popolare – e in particolare la fantascienza – ha accolto a braccia aperte il lessico nanotecnologico. E così, se i protagonisti di *Star Trek* hanno dovuto affrontare in più occasioni i "naniti" – microscopiche e malevole nano-macchine –, l'Incredibile Hulk nella versione cinematografica dataci nel 2003 da Ang Lee ha potuto diventare il mostro verde che tutti conosciamo solo grazie alle nanotecnologie. E questi sono solo due esempi di penetrazione del nano-mondo a livello di percezione pubblica e "pop". Insomma, se ci nominano le "nanotecnologie", quello che ci viene in mente sono, molto probabilmente, macchine grandi come virus e capaci di fare un sacco di cose, curare i nostri corpi, costruire oggetti di ogni tipo e molto altro ancora. Ed è proprio questa la versione dei fatti prediletta dai transumanisti.

Le nano-macchine però non esistono ancora, né abbiamo modo di sapere se mai esisteranno e se siano possibili in linea di principio. Nel frattempo cosa fanno tutti quelli che si riconoscono nel termine "nanotecnologie"? Un sacco di cose in realtà, come abbiamo appena visto, in quanto al momento attuale questa etichetta può essere usata da tutti coloro che operano – a prescindere dall'ambito disciplinare di appartenenza – a livello nanometrico. Per esempio, negli States i laboratori universitari che si occupano di MEMS[4] hanno prontamente ribattezzato il proprio settore "nano-scienza" allo scopo di attirare i ricchi finanziamenti previsti per le nanotecnologie. Sovente quella che viene presentata oggi come nanotecnologia è in realtà scienza dei materiali, e le attività di centinaia di compagnie nanotech sono spesso il frutto della classica ingegneria chimica associata alla nostra nuova capacità di muoverci a livello nanometrico. Inoltre gli esperti delle nanotecnologie ufficiali considerano generalmente le teorie di Drexler fantascienza o, peggio ancora, pseudoscienza. Comunque sia, le na-

---

[4] Micro-Electro-Mechanical Systems, dispositivi elettronici i cui componenti oscillano tra uno e cento micrometri – un micrometro è un milionesimo di metro. Parliamo di dispositivi composti da un processore circondato da componenti che interagiscono con l'ambiente circostante, per esempio sensori. Spingendo il proprio focus ancora più in "basso" – a livello nanometrico –, coloro che si occupano di MEMS hanno potuto includere nel proprio repertorio il termine "nano".

notecnologie in senso ampio sono o potrebbero presto diventare una GPT – *General Purpose Technology*. Stando a Elhanan Helpman[5] le tecnologie GPT sono definite da caratteristiche quali: la possibilità di ulteriori miglioramenti e la progressiva caduta dei costi; la grande varietà di usi che se ne possono fare; la progressiva invasione delle attività economiche, nel senso che, con il tempo, una percentuale sempre maggiore delle attività economiche ne fa uso; la capacità di associarsi a tecnologie già esistenti, fungendo da complemento. La macchina a vapore, l'elettricità, le ferrovie sono altrettante GPT, e sono state tutte alla base di grandi rivoluzioni economiche; a questo proposito c'è chi sostiene che l'impatto delle nanotecnologie potrebbe essere simile a quello esercitato dalla plastica. Negli anni 2000 in particolare si è cominciato a vedere sul mercato alcune applicazioni delle nanotecnologie, come le nanoparticelle di biossido di titanio e di ossido di zinco nelle creme solari, nei cosmetici e in alcuni alimenti; oppure le nanoparticelle d'argento in vestiti, disinfettanti e nelle confezioni alimentari; nanotubi per tessuti resistenti alle macchie. I nanotecnologi promettono nuovi e più efficaci farmaci, sistemi di manifattura più puliti ed efficienti, migliori sistemi di immagazinamento dell'informazione, e altro ancora. Ci sono poi i potenziali rischi, che vanno dagli effetti – oggi sconosciuti – dei nano-materiali sulla salute umana a quelli sull'ambiente.

L'espansione di questo settore è stato reso possibile dalla National Nanotechnology Initiative, formalmente proposta a Bill Clinton nel 1999 da Mihail Roco, noto esperto di nanotecnologie, esponente di spicco della National Science Foundation e uno dei principali architetti del successivo sviluppo dell'iniziativa. La NNI è in sostanza un programma per la promozione della ricerca e dello sviluppo di tutti gli ambiti nanotech e per l'impiego di tali conoscenze nel settore pubblico e privato. Convinto della validità dell'iniziativa, Clinton l'ha poi promossa ufficialmente con un discorso tenuto il 21 gennaio 2000 al

---

[5] E. Helpman (a cura di), *General Purpose Technologies and Economic Growth*, MIT Press, Cambridge 1998.

Caltech di Pasadena, in cui l'allora presidente ha citato il famoso intervento di Feynman, nominando espressamente la possibilità di "sistemare gli atomi uno a uno nel modo che vogliamo". A quanto pare – e nonostante il diretto interessato sostenga il contrario – la visione di Drexler non ha avuto alcun effetto rilevabile sul discorso di Clinton. Visto comunque che, quando si parla di iniziative di questo tipo, si parla di soldi – di *molti* soldi –, aggiungeremo che, in concomitanza con questa dichiarazione, l'amministrazione Clinton ha stanziato cinquecento milioni di dollari per finanziare queste ricerche. In seguito Bush ha rilanciato, firmando nel 2003 il "21st Century Nanotechnology Research and Development Act", che ha autorizzato – per cinque delle agenzie partecipanti al programma – la spesa di 3,63 miliardi di dollari in quattro anni. E questo è solo l'inizio. Si tratta di molto denaro, come si può vedere, che non poteva sfuggire alle logiche – a volte perverse – che governano i finanziamenti statali alla ricerca.

Quando si trattava di "vendere" la nanotecnologia a Clinton, tra i diretti interessati le iperboli non sono mancate; quando si è trattato però di farsi assegnare concretamente i fondi, le visioni drexleriane sono state completamente ignorate, e si è scelto di "volare basso". Perché? Per varie ragioni. Innanzitutto per la necessità di convincere le agenzie federali a finanziare questa o quella ricerca, presentando progetti credibili e ben dettagliati. In secondo luogo per paura di suscitare l'inquietudine dell'opinione pubblica – facile a innervosirsi, soprattutto se le parlate di nano-macchine capaci di mangiarsi il pianeta – e quindi il blocco delle ricerche, sulla falsariga di quello che è successo con le cellule staminali durante l'era Bush.[6] A ciò si aggiunga che, in un contesto iper-competitivo come quello dei finanziamenti statali alla ricerca, descrivere il proprio lavoro come "nanotecnologia" è un buon modo per farlo prendere in considerazione da chi di dovere – oltre che per attirare gli studenti più brillanti. Così alla fine

---

[6] Per gli interessanti retroscena di questa questione, si veda la seguente, ottima opera: D. M. Berube, *Nano-Hype. The truth behind the nanotechnology buzz*, Prometheus Books, Amherst 2006.

molti ricercatori hanno adottato il termine "nanotecnologia" popolarizzato da Drexler perché fa intravedere future tecnologie molto potenti e capacità rivoluzionarie, ma quello su cui lavorano veramente è, in sostanza, chimica – o comunque discipline più che tradizionali. E poi c'è da dire che molti degli addetti ai lavori non prendono sul serio le teorie di Drexler. Quindi "nanotecnologia" ha a tutti gli effetti due significati. Il primo riguarda tutte quelle tecnologie – e sono tante – che hanno a che fare con dimensioni inferiori ai cento nanometri. La possiamo anche chiamare "tecnologia di scala nanometrica". Il secondo è il significato originale, quello di tecnologia precisa a livello atomico e nano-macchine.

Per riassumere, al momento non è chiara la direzione in cui stanno andando le nanotecnologie, ossia non si sa se questo ambito interdisciplinare sia destinato ad andare verso la chemosintesi a livello nanometrico – in pratica, una forma di ingegneria chimica più sofisticata di quella attuale –, verso la creazione di nano-robot tuttofare o piuttosto verso un livello intermedio a questi due. Di sicuro in giro c'è molto entusiasmo – i maligni parlerebbero probabilmente di *hype*, cioè di eccessiva esaltazione –, ma nel contempo c'è anche la tendenza a tenere un profilo basso, una condizione schizofrenica dettata dalle ragioni di cui sopra. Ora però vorremmo sapere un'altra cosa: com'è nato tutto questo?

3. C'è un sacco di spazio, sul fondo

Il processo di penetrazione nel nano-mondo comincia il 29 dicembre 1959, con un discorso tenuto dal celebre fisico Richard Feynman a un meeting dell'American Physical Society, presso il Caltech di Pasadena. Nel corso dell'intervento – intitolato *There's Plenty of Room at the Bottom*[7], "Cè un sacco di spazio sul fondo" – Feynman prende in considerazione la possibilità di manipolare in modo diretto i singoli atomi, dando così origine a una serie di tecniche di sintesi chimica

---

[7] R. Feynman, *There's Plenty of Room at the Bottom.* http://www.zyvex.com/nanotech/feynman.html.

molto più potenti di quelle al momento disponibili. Lo studioso ipotizza anche la realizzazione di macchine di dimensioni nanometriche che siano in grado di "sistemare gli atomi nel modo in cui vogliamo noi", tramite manipolazione meccanica. Il piano di Feynman prevede di costruire macchine di dimensioni macroscopiche, che poi costruiscano macchine simili ma di dimensioni sensibilmente inferiori – un quarto dell'originale, per la precisione –, le quali a loro volta dovrebbero costruire macchine ancora più piccole, e così via, fino giù nel nano-mondo. Il fisico considera ovviamente anche la necessità di ridisegnare – mano a mano che la "discesa" procede – alcuni strumenti e parti delle macchine, in quanto l'intensità relativa delle varie forze fisiche coinvolte cambia. Così, mentre la forza di gravità diventerebbe meno importante, le forze di Van del Waals – forze attrattive o repulsive tra le molecole – lo sarebbero di più, e cosi via. Le applicazioni pratiche di questo metodo andrebbero dallo sviluppo di circuiti per computer più densi a microscopi più potenti e altro ancora. Un'altra possibilità esaminata è quella di "ingoiare il dottore"; essa consiste nel costruire un piccolo robot chirurgo controllabile da un operatore esterno. Alla fine dell'intervento Feynman offre mille dollari alla prima persona che riesca a creare un motore elettrico funzionante non più grande di un sessantaquattresimo di pollice[8] e altri mille dollari a chi riesca a restringere una pagina di testo a un venticinquemillesimo delle sue dimensioni. Il primo risultato viene conseguito già l'anno dopo da un artigiano, William McLellan, utilizzando strumenti convenzionali. Per il secondo risultato bisogna aspettare il 1985, quando Tom Newman, un laureato di Stanford, riesce a rimpicciolire di venticinquemila volte il primo paragrafo di un romanzo di Charles Dickens, *A Tale of Two Cities*.

Il discorso di Feynman ha un seguito, pronunciato il 23 febbraio 1983 di fronte a un vasto pubblico di scienziati e ingegneri al Jet Propulsion Lab di Pasadena. Titolo: *There's Plenty of Room at the Bottom, revisited*. In esso il fisico sostiene che i piccoli macchinari del discorso

---

[8] Un pollice corrisponde a 2,54 centimetri.

precedente non hanno una particolare utilità, e che da allora non ci sono stati molti progressi in quella direzione. Specula inoltre su particolari usi di queste macchine come trivelle e macine; smonta infine alcuni problemi teorici legati alla loro costruzione e al loro utilizzo, come la fonte d'energia, il controllo, il movimento e il problema della frizione.

Una considerazione finale: per quanto esistente, l'influsso di Feynman sullo sviluppo delle nanotecnologie non va esagerato, come dimostra il fatto che molti di coloro che hanno concretamente elaborato tecnologie di manipolazione a livello nanometrico non hanno mai sentito parlare del discorso in questione prima dello scoppio della "moda" delle nanotecnologie, e in particolare prima del celebre discorso con cui Bill Clinton ha lanciato la National Nanotechnology Initiative.

Sempre in tema di "padri fondatori", citiamo inoltre lo scienziato tedesco-americano Arthur R. von Hippel e lo studioso giapponese Norio Taniguchi. Il primo ha coniato nel 1959 il termine "*molecular engineering*"[9], mentre al secondo si deve – nel 1974 – la definizione di "nanotecnologia". Taniguchi, ricercatore dell'Università della Scienza di Tokyo, così definisce tale termine: "La nanotecnologia consiste principalmente nell'elaborazione della separazione, del consolidamento e della deformazione di materiali di un atomo o di una molecola"[10].

4. I motori della creazione

Il punto di riferimento di tutti i nanotecnologi di area transumanista è però il super-classico *Engines of Creation. The Coming Era of Nanotechnology*[11], pubblicato appunto nel 1986 da Drexler, con prefazione di Marvin Minsky. In questa vera e propria pietra miliare del transumanismo – e che all'epoca ha fatto molto parlare di sé –, Drexler parte da una distinzione, quella tra i due diversi stili o modi d'agire della tecno-

---

[9] A. R. V. Hippel, *Molecular Science and Molecular Engineering*, MIT Press, New York 1959.

[10] N. Taniguchi, *On the Basic Concept of 'Nano-Technology'*, Proc. Intl. Conf. Prod. Eng. Tokyo, Part II, Japan Society of Precision Engineering, 1974.

[11] K. Eric Drexler, *Engines of Creation. The Coming Era of Nanotechnology*, Anchor Books, New York 1986.

logia, ossia il modo "antico", e quello prossimo venturo. La tecnologia antica – in pratica, tutto quello che noi esseri umani abbiamo fatto fino a oggi – è definita da Drexler *bulk tecnology*, "tecnologia di massa" o, se vogliamo, "all'ingrosso". Essa consiste in buona sostanza nel manipolare grossi quantitativi di atomi, in modo relativamente preciso, ossia quello che facciamo oggi, in fabbrica e non solo, tramite azioni come tagliare, saldare, fondere, montare e così via. A questo vecchio metodo si contrappone la *molecular technology*, una procedura che consiste nel fabbricare quello che ci serve assemblandolo dal basso verso l'alto, sistemando tutti gli atomi necessari in modo ultra-preciso. La tecnologia molecolare – garantisce Drexler – cambierà il nostro mondo in più modi di quanti se ne possano immaginare. Porterà a una "nuova rivoluzione industriale" e a un'era di estrema abbondanza, in cui il concetto stesso di "scarsità" – alla base dell'economia come la conosciamo – perderà di significato. Bella, la tecno-utopia dello scienziato transumanista. Come ci si arriva? Ma è ovvio, attraverso le nano-macchine, o *assembler*, macchine cioè di dimensioni nano-metriche e capaci di manipolare con precisione assoluta la materia a livello atomico e molecolare. In pratica si tratta di dispositivi, tutti ancora da costruire, capaci non solo di sistemare atomi e molecole secondo uno schema definito – guidate in questo da appositi "nano-computer" –, ma anche di produrre a volontà altre nano-macchine, quasi si trattasse di forme di vita vere e proprie. Secondo i calcoli di Drexler "sul fondo" ci sarebbe spazio a sufficienza per farci stare tutte le strutture necessarie a far funzionare una nano-macchina. La prova che questi assembler sono possibili verrebbe dalla vita stessa: non sono infatti i virus, i batteri, le cellule viventi o anche solo le proteine già splendide nano-macchine perfettamente funzionanti? A prescindere dal luogo in cui si trovano – dentro o al di fuori di una cellula, per esempio – o dagli elementi di cui sono fatte – biologici o meno –, le nano-macchine obbediscono alle leggi della fisica; legami chimici ordinari tengono assieme gli atomi, e reazioni chimiche ordinarie – guidate da altre nano-macchine – li assemblano. Il primo stadio della nanotecnologia è dunque per Drexler legato a filo doppio alla biotecnologia, ossia alla manipolazione di molecole organiche, proteine, geni, enzimi e quant'altro. I biochimici del futuro potranno per esempio usare le proteine per costruire motori e parti mobili, in modo da costruire nano-braccia e nano-mani capaci di maneggiare singole molecole. È qualcosa di simile a quello che oggi possiamo vedere nella cosiddetta "biologia sintetica", una disciplina nuova di tipo bioingegneristico che mira a isolare parti di sistemi viventi – come virus o batteri –, ridisegnarli e ottimizzarli, imparare a produrli in serie, e infine assemblarli, creando forme viventi nuove di zecca, magari con funzioni mai viste in natura.[12] Nano-macchine biologiche insomma, partendo dalle quali si potrebbe arrivare alla "nanotecnologia di seconda generazione", ossia un tipo di tecnologia che non si basa più sulle proteine, ma su materiali non-organici. Come i ribosomi, le nano-macchine vere e proprie potranno lavorare seguendo istruzioni pre-programmate ma, a differenza di essi, potranno maneggiare molti tipi diversi di molecole, assemblandoli con un grado di libertà maggiore. Gli assembler riuniranno in sé la capacità degli enzimi di dividere e unire le molecole con la programmabilità dei ribosomi. La versatilità delle nano-macchine ci permetterà di costruire oggetti solidi, fatti di metallo, ceramica o diamante, tutti materiali che possiamo assemblare atomo per atomo – alla fine la costruzione di qualunque tipo di struttura è solo questione di come se ne sistemano gli atomi, e con gli assembler tale procedura non è certo un problema. Non solo versatilità, ma anche resistenza: a differenza degli organismi viventi, le nano-macchine non-organiche potranno lavorare in ambienti di ogni tipo, molto caldi o molto freddi, utilizzando come "strumenti" quasi tutti i tipi di molecole reattive normalmente usate dai chimici, sistemando gli atomi in qualunque tipo di schema stabile e aggiungendone un po' alla volta fino al completamento della struttura. Insomma, quelli che Drexler ha battezzato *universal assembler*, e che a suo dire ci permetteranno di costruire ad alta velocità tutto ciò che è consentito dalle leggi di natura,

---

[12] Si pensi per esempio al tentativo di Craig Venter di creare la prima cellula con un genoma sintetico. Crf. http://www.newscientist.com/article/dn23266-craig-venter-close-to-creating-synthetic-life.html#.UgjpoaxJxSo.

oltre che – tanto per aggiungere un po' di melodramma – di rifare il nostro mondo o di distruggerlo.

E come le costruiamo, queste nano-macchine? L'approccio proposto da Feynman, quello *top-down* – "dall'alto verso il basso" –, non dev'essere semplice come sembra, altrimenti sarebbe stato fatto già da tempo. È già difficile – dal punto di vista tecnico-progettuale – produrre macchine capaci di fabbricare parti di se stesse precise quanto basta – cioè quanto la macchina stessa che le costruisce. Figurarsi farle grandi un quarto mantenendo la precisione – in pratica la macchina che le fabbrica dovrebbe essere in grado di produrre parti più precise delle stesse parti che la compongono. Poi bisognerebbe trovare un design che sia insensibile alla scala, o un modo di cambiare il design mano a mano che le leggi di scala rendono inefficace una certa tecnica. La macchina dovrebbe avere la capacità di auto-correggersi, perché a livello nanoscopico l'operatore umano avrebbe un potere d'intervento limitato. Drexler propone invece un approccio *bottom-up*, "dal basso verso l'alto", cioè creando le condizioni adeguate per far sì che sistemi semplici si auto-assemblino, per poi farli auto-assemblare in sistemi ancora più complessi, e così via.

Le manipolazioni a livello nanometrico ci consentiranno di ridurre progressivamente le dimensioni e i costi dei circuiti, aumentandone nel contempo la velocità, fino ad arrivare agli agognati nano-computer, che ci permetteranno di fare un salto di qualità nella gestione degli assembler. I nano-computer – dotati di appositi "dispositivi di memoria molecolare" – forniranno a questi ultimi un flusso costante e scorrevole di istruzioni necessarie alla costruzione di oggetti complessi. Oltre agli assembler, disporremo inoltre dei *disassembler*, strumenti che, come dice il nome, consentiranno – sempre grazie alla "memoria molecolare" – di analizzare gli oggetti, se necessario smontandoli un atomo alla volta. In pratica una sorta di "corrosione controllata" a scopo esplorativo. Prima però che le nano-macchine – assembler, disassembler e nano-computer – emergano, ci vorrà molto tempo; per Drexler però è inevitabile che ci si arrivi, visto che, sotto la dicitura di "ingegneria genetica", i primi passi sono stati già intrapresi.

Drexler si lancia anche in speculazioni molto più ardite, relativamente a dove l'evoluzione delle nanotecnologie ci porterà. In particolare lo sviluppo di nano-macchine sempre più sofisticate fornirà assembler capaci – in modo del tutto automatico – di assemblare copie di se stessi[13], di costruire strumenti di ogni tipo, di gestire miniere e generatori di energia e di fornire tutto questo alle altre nano-fabbriche. Le quali a loro volta finiranno per fondersi in un unico sistema produttivo nanotecnologico in espansione e auto-replicantesi – questo sistema potrà poi esser reso altamente eco-compatibile, quindi non temete di ritrovarvi con complessi industriali fumosi e inquinati. È possibile a questo proposito immaginare nano-replicatori che non assomiglieranno a cellule, ma a fabbriche rimpicciolite a livello cellulare, e costituiti da impalcature molecolari con incastonate varie nano-macchine – nano-catene di montaggio, insomma. Le onnipotenti nano-macchine del futuro potranno costruire tutto, ma proprio tutto, anche oggetti di dimensioni ragguardevoli – come un grattacielo. Dopotutto, le nano-macchine prodotte dalla natura hanno costruito pure le balene, sebbene ciò abbia richiesto un po' di tempo. Per procedere abbastanza in fretta sarà necessario che molti assembler lavorino assieme, ma essi potranno essere prodotti alla bisogna dai nano-replicatori nell'ordine delle tonnellate. Possiamo allora immaginare un tank pieno d'acqua in cui sono disciolte numerose nano-macchine, che si aggregano attorno a un nano-computer che contiene il programma di costruzione – e che funge dunque da "seme" dell'oggetto che noi faremo "crescere" nel tank, per esempio un razzo o, se è per questo, un grattacielo. Dunque: fine delle fabbriche, fine dell'economia, fine del lavoro. Abbondanza senza limiti. Se poi aggiungiamo l'intelligenza artificiale, non c'è proprio limite a quello che si potrebbe fare. Si potranno creare nano-macchine grandi come virus da usare per studiare la struttura e il funzionamento del cervello cellula per cel-

---

[13] In realtà l'idea di macchine capaci di auto-riprodursi non la dobbiamo a Feynman o a Drexler, ma a John von Neumann. Von Neumann elaborò concettualmente queste macchine – da lui battezzate "costruttori universali" – negli anni Quaranta, e i dettagli vennero poi pubblicati nel 1966 nell'opera postuma *Theory of Self-Reproducing Automata.*

lula e, se necessario, molecola per molecola. Così si potranno poi costruire strutture analoghe al cervello, ma molto più efficienti e più piccole – secondo i calcoli di Drexler, un cervello complesso come quello umano composto da nano-computer collegati da nano-cavi dovrebbe occupare meno di un centimetro cubico. I sistemi di intelligenza artificiale con accesso a reti di nanomacchine potranno effettuare molti esperimenti con gran rapidità. Disegneranno apparati sperimentali in secondi, e gli assembler li costruiranno senza i problemi logistici che affliggono la ricerca contemporanea. A livello cellulare e molecolare sarà possibile condurre in parallelo anche un milione di esperimenti in un colpo solo.

Le nano-macchine ci consentiranno poi di espanderci nello spazio, abbattendo i costi di costruzione delle astronavi e di trasporto tra i pianeti e aprendo quindi il Sistema solare alla colonizzazione umana. A questo proposito Drexler immagina pure un'apposita tuta spaziale nanotech: imbottita di nano-macchine, una simile tuta potrebbe essere "sistemata" in modo da essere soffice, leggerissima e trasparente; potrebbe consentire – tramite l'intermediazione di appositi strati di nano-macchine – di percepire le sensazioni tattili provenienti dall'esterno – in pratica come se toccassimo le cose a mani nude. Le nano-macchine interne alla tuta potrebbero – grazie alla luce solare e l'anidride carbonica – rigenerare l'aria respirata; anzi, comportandosi come un vero e proprio ecosistema interno, esse potrebbero decomporre i prodotti di rifiuto – non serve che specifichiamo meglio – e assemblare alimenti freschi. Ci sarebbero – anche se non l'avremmo mai detto – alcuni limiti: la nostra tuta delle meraviglie non potrebbe resistere indefinitamente a velocità enormi o a temperature molto basse e molto alte; non potrebbe farci attraversare i muri; non potrebbe resistere a forti esplosioni.

Torniamo ora agli aspetti economici. La parola d'ordine delle nanotecnologie drexleriane è: abbondanza. Tante sono infatti le cose che la nostra utopia nanotech toglierà di mezzo: il lavoro – fan tutto le nano-macchine e, volendo, pure le intelligenze artificiali prossime venture –; l'esaurimento delle materie prime – tutto sarà riciclabile o ricavabile tramite manipolazione nanometrica –; il problema dell'energia – il Sole ci basterà e ci avanzerà –; l'occupazione di terreni e i danni al paesaggio – le nano-fabbriche occuperanno pochissimo spazio –; l'eliminazione dei rifiuti – basterà disassemblarli –; la necessità di organizzare il lavoro e la distribuzione – le nano-macchine faranno tutto, *of course*, e visto che tutti potranno avere la propria nano-fabbrica domestica, che senso avrà andare al supermercato o da Ikea? Quindi fine della società a somma zero – in cui se qualcuno vince, qualcun altro deve per forza perdere – e avvento di una società a somma positiva – in cui vincono tutti. Infine i costi di produzione e di manutenzione dei beni pubblici scenderà a tal punto da essere quasi nullo. E così, dopo che De Grey ha tolto di mezzo la morte, Drexler ci libera pure delle tasse.

Passiamo alla medicina. Anche il nostro corpo è fatto di atomi e molecole, ed è ovvio pensare che dalle nanotecnologie discenderà una nuova nanomedicina, in cui, interpretando le malattie, i traumi e l'invecchiamento in termini di disposizioni di atomi sbagliate, i nano-robot di Drexler potranno porre rimedio praticamente a tutto. Quindi: distruggere virus, batteri e cellule cancerose, riparare i danni causati da qualunque tipo di malattia degenerativa, curare lesioni di ogni genere – incluse quelle che oggi ci porterebbero in coma o su una sedia a rotelle. Anche qui dunque di limiti non se ne vedono: grazie ai nano-computer si potrà riparare danni a livello cellulare, restituendo la gioventù e prolungando la vita umana indefinitamente. I farmaci scompariranno, sostituiti da nano-macchine molto più precise e prive di effetti collaterali. Non solo, ma cambierà del tutto il modo di curare mali e malanni che abbiamo sempre adottato dalla preistoria in qua. Fino a ora ci siamo limitati a intervenire in condizioni acute o comunque più o meno pesanti, con trattamenti chirurgici e farmacologici in grado di tamponare i danni, lasciando il resto ai nostri naturali meccanismi di riparazione. La nanomedicina ci consentirà invece di effettuare interventi di riparazione o manutenzione a livello molecolare, in modo del tutto preciso e battendo sul tempo i sistemi di riparazione messici a disposizione dalla natura, che non saranno più strettamente necessari. Non dovremo far altro che "ingoiare" un dottore – o, se è per questo, un intero ospedale – sotto forma di un piccolo grumo di nano-macchine e aspettare tranquillamente che compia il suo lavoro. Dato il livello di controllo molecolare garantitoci dalle nanotecnologie, Drexler immagina anche un nuovo tipo di anestesia, che lui chiama "anestesia plus". Essa consiste nel bloccare completamente il metabolismo – niente reazioni chimiche vitali di qualunque tipo, ma neanche segni di degrado, come nel caso di un decesso – per minuti, ore, giorni, anni e, se è per questo, secoli. Tale situazione di "biostasi" potrebbe fornire ai medici – umani o artificiali – un sistema per lavorare con moltissima calma e agli astronauti un modo per viaggiare per secoli nello spazio, senza consumare risorse e senza annoiarsi. La biostasi sarebbe anche un'ottima procedura di pronto soccorso, per mettere al riparo dal decesso il paziente. Essa può essere considerata anche una tecnica di sospensione crionica più avanzata di quelle disponibili ora. E, a proposito di questo, possiamo aggiungere che è lo stesso Drexler a suggerire la possibilità di usare le nano-macchine per riparare i danni molecolari dei pazienti crio-sospesi, riportandoli in vita – questo suggerimento e il fatto che il nanotecnologo citi espressamente Ettinger non hanno di certo contribuito a renderlo popolare tra gli scienziati più ortodossi. Non solo le nanotecnologie ci garantiranno l'immortalità, ma ci permetteranno anche di riparare tutti i danni inflitti fino a ora all'ecosistema, facendo in modo che l'impatto ecologico della nostra civiltà si riduca moltissimo[14] – nonostante appunto la popolazione sia destinata a crescere in modo esponenziale. Drexler nota inoltre che quest'ultima caratteristica si avrebbe in ogni caso, immortalità o meno – quindi a nulla vale usare l'argomento della sovrappopolazione contro l'immortalità nanotech.

---

[14] Le nano-macchine potranno infatti ripulire l'atmosfera, le acque e i terreni da ogni tipo di sostanza tossica e, nel caso dell'aria, pure dai gas serra; con esse si potrà recuperare tutti i materiali radioattivi sparsi nell'ambiente e seppellirli per sempre – sulla Terra o, perché no, sulla Luna.

L'ingegnere americano affronta poi il suo nemico numero uno, quello che lo ha spinto sulla strada delle nanotecnologie, ossia il discorso sui limiti della crescita imbastito dal Club di Roma e sfociato appunto nel 1972 nel rapporto *The Limits to Growth*.[15] Il nanomondo rappresenta una via d'uscita da questa *impasse*, in quanto ci permetterà di abbattere i costi di produzione, eliminare gli sprechi, ottimizzare all'inverosimile le materie prime e le fonti d'energia di cui disponiamo e, infine, di espanderci nello spazio, andando così incontro a una crescita di durata indefinita, ma comunque lunghissima.

E poi c'è la *gray goo*, "la poltiglia grigia". È uno scenario in cui alcune nano-macchine impazziscono e iniziano a riprodursi senza freni, divorando a questo scopo tutto il carbonio su cui riescono a mettere le loro nano-mani, noi compresi – una possibilità battezzata "ecofagia". Si tratta di una possibilità puramente teorica, in quanto basata su tecnologie non ancora esistenti; nonostante ciò, Drexler prova a proporre un rimedio, ossia quello di basarsi sulla nozione di "ridondanza", che in questo caso consiste nell'immettere in ogni replicatore e assembler molteplici copie delle istruzioni, in modo che tali nano-macchine resistano alle mutazioni nocive.

Insomma, gray goo a parte, alla fine arriveremo a nano-macchine che si prenderanno totalmente cura di noi, dalla pulizia della casa al rinfresco dell'aria domestica, che mangeranno lo sporco, che produrranno cibo fresco – carne vera, grano, verdure e così via, un po' come il generatore di cibo dell'astronave Enterprise. E ancora: sarà possibile formare connessioni neurali – tramite trasduttori e segnali elettromagnetici – tra cervelli, creando la telepatia. Le nanotecnologie permetteranno alla gente di cambiare i propri corpi secondo modalità che vanno dal triviale al sorprendente e al bizzarro. Certe

---

[15] Il Club di Roma è un think tank formato da economisti, scienziati e imprenditori e fondato nel 1968 dall'imprenditore italiano Aurelio Peccei. Il rapporto, commissionato dal Club al MIT di Boston, prevede le conseguenze decisamente negative che subirà il nostro pianeta – e noi con lui – se la crescita della popolazione e dei relativi consumi continuerà ai ritmi di allora. Il rapporto – a cura di Donella H. Meadows, Dennis L. Meadows, Jørgen Randers e William W. Behrens III – è diventato poi un libro, uscito anche in Italia. Cfr. AA.VV., *I limiti dello sviluppo*, Mondadori, Milano 1972.

persone potranno abbandonare la forma umana come fa il bruco che si trasforma in farfalla; altri si limiteranno a raggiungere una forma umana perfetta.

Mentre *Engines of Creation* continua a suscitare entusiasmi e critiche, sotto la guida di Minsky Drexler consegue nel 1991 il dottorato in nanotecnologia molecolare al MIT – il primo del genere mai conferito. E, se il suo primo libro viene considerato fastidiosamente al confine tra realtà e fantasia, la tesi di dottorato di Drexler – poi pubblicata con il titolo di *Nanosystems*[16] – venne accolta decisamente meglio; più di un chimico – Leo Paquette della Ohio State, Roald Hoffman della Cornell, Clark Still della Columbia e altri – trovano diverse idee di Drexler interessanti; si tratta in sostanza di un lavoro di scienza e ingegneria. Ci sono anche diverse critiche, relative soprattutto al modo concreto per realizzare quei sistemi. Per esempio Philip Bart della Hewelett-Packard sostiene che, nel testo drexleriano, i buchi sono più grandi della sostanza e che, nonostante ci siano argomentazioni plausibili per ogni cosa, non ci sono dettagli su nulla.

Comunque, a partire dal 1992 Drexler affianca all'idea di assembler quella di *molecular manufacturing*, cioè "fabbricazione molecolare", che lui definisce come "la sintesi chimica programmata di strutture complesse tramite il posizionamento meccanico di molecole reattive, e non la manipolazione di singoli atomi". Dal molecular manufacturing discendono poi le "nano-fabbriche", sistemi di nano-macchine organizzate su più livelli gerarchici, e in grado di assemblare oggetti di ogni tipo. Dal punto di vista delle dimensioni, una nano-fabbrica potrebbe tranquillamente stare su una scrivania, come spiega lo stesso Drexler in *Nanosystems* – opera che lui definisce di "ingegneria esplorativa". A dare man forte a Drexler arrivano a questo punto altri nanotecnologi di area transumanista, come Ralph Merkle, J. Storrs Hall, Forrest Bishop, Chris Phoenix e Robert Freitas, i quali propongono a loro volta altrettante versioni di nano-fabbrica.

---

[16] K. E. Drexler, *Nanosystems: molecular machinery, manufacturing, and computation*, John Wiley & Sons, New York 1992.

La parola d'ordine ora diventa "meccanosintesi", con cui si definisce qualunque sintesi chimica in cui i risultati di una certa reazione siano determinati da vincoli meccanici che dirigono le molecole reattive in specifici siti molecolari. Nel 2000 poi Freitas e Merkle lanciano la Nanofactory Collaboration, un progetto che coinvolge ventitré ricercatori allo scopo di sviluppare un programma di ricerca per lo sviluppo di una nano-fabbrica basata sulla meccanosintesi di diamantoidi – strutture fisicamente simili ai diamanti –, possibilmente abbastanza piccola da stare su un tavolino.[17] Dunque niente operai nano-robotici per Freitas e Merkle, almeno per il momento.

5. Nano-scisma. Il dibattito Drexler-Smalley, e oltre

Come abbiamo detto, le critiche a Drexler non sono mancate, e il più celebre dibattito in materia è stato quello tra lui e Richard Smalley, che si è svolto tramite una serie di lettere pubblicate tra i 2001 e il 2003 sulle riviste *Scientific American* e *Chemical & Engineering News*. Il pomo della discordia riguarda la fattibilità degli assembler, che per Smalley è impedita da alcune leggi fisiche fondamentali, e in particolare dal fatto che, essendo gli atomi sensibili alla presenza l'uno dell'altro, non potrebbero essere manipolati nel modo "pulito" auspicato da Dexler. In particolare, per lavorare l'assembler dovrebbe disporre di diversi bracci, i quali dovrebbero essere costituiti da più atomi; non ci sarebbe dunque abbastanza spazio per tutti i bracci di cui l'assembler ha bisogno per controllare precisamente una certa reazione – difficoltà che Smalley battezza "problema delle dita grasse". Inoltre i bracci finirebbero a volte per aderire agli atomi che vorrebbero manipolare e non li potrebbero più rilasciare – "problema delle dita appiccicose".

Per tutta risposta, Drexler avanza l'esempio dei ribosomi, gli organuli cellulari che fanno proprio ciò che Smalley dice essere impossibile, cioè producono proteine in modo preciso. A questo esempio affianca inoltre quello dei microscopi high tech di cui sopra. Le "dita grasse" non sarebbero un problema, perchè in realtà molte reazioni ri-

---

[17] Cfr. http://www.molecularassembler.com/Nanofactory/.

chiederebbero solo due reagenti. Le "dita appiccicose" sarebbero inoltre un problema solo per certe reazioni, non per tutte.

Lo schermaglie successive tra Smalley e Drexler vertono invece sulla questione dell'acqua. È vero che enzimi e ribosomi sono al centro di una chimica molto complessa, ammette Smalley, ma le reazioni che li riguardano sono consentite dalle soluzioni acquose in cui sono immersi. Enzimi e ribosomi non possono quindi costruire nulla che sia chimicamente instabile in acqua e dunque non potrebbero creare i materiali che la tecnologia moderna usa. In pratica, affinché le nano-macchine drexleriane siano possibili, dovrebbe esistere una chimica altrettanto complessa di quella organica, ma non basata sull'acqua – una chimica che, in secoli di ricerca, dovremmo aver già incontrato. Drexler ribatte che la sua idea è quella di "aumentare" la chimica basata sulle soluzioni, partendo quindi con l'auto-assemblamento di assembler basati sulla chimica delle soluzioni per poi utilizzarli per andare oltre, costruendo assembler più complessi e di altro tipo. Alla fine il dibattito – che ha sempre avuto un tono piuttosto polemico, a dire il vero – si trasforma in una sorta di "dialogo tra sordi", in cui Smalley sostiene che gli assembler sono impossibili perchè le reazioni chimiche sono molto più sottili di quello che pensa Drexler e perché poche reazioni soddisferebbero le sue esigenze, mentre Drexler lo rimanda ai principi contenuti in *Nanosystems*. A ciò si aggiunge l'accusa – mossa da Smalley a Drexler – di "spaventare i bambini" con le sue storie sulla gray goo. Le affermazioni di Smalley vanno oltre il dibattito scientifico, lasciando intendere una loro natura strategica. All'epoca il chimico – ora deceduto – aveva grossi interessi finanziari in ambito nanotecnologico; in particolare ha creato la Carbon Nanotechnologies, Inc., leader mondiale nella produzione di nanotubi e detentrice di più di cento brevetti. Smalley è stato inoltre un grande promotore della NNI; stando così le cose, si capisce come mai abbia avuto così poca pazienza con i nano-bot. Infatti, se – dal punto di vista del Nobel per la Chimica – le fantasie drexleriane possono essere etichettate come tali, non c'è ragione di temere impossibili nano-macchine, e il lavoro più serio può continuare – generosamente sostenuto da un contribuente americano tranquillo e soddisfatto.

Smalley è stato il più acceso critico di Drexler, ma di certo non l'unico. Tra gli altri citiamo George Whitesides, notissimo chimico di Harvard che, tra le altre cose, ha inventato una tecnica di microfabbricazione nota come litografia soft. Secondo lui le nanomacchine di Drexler non potrebbero essere alimentate e non è sicuro del modo in cui i legami molecolari possano essere rotti con la forza bruta. Stando ai suoi calcoli i complessi nano-sommergibili drexleriani dovrebbero essere così grossi da impedire il flusso sanguigno; non è infatti è un caso che i batteri si misurino in micron. Per David Berube[18] ci sono poche ragioni fisiche e chimiche per dire che la meccanosintesi sia impossibile, ma ci sono ancora molti passaggi positivi che mancano. Mentre è vero che le cellule viventi provano che la fabbricazione molecolare può avvenire, il passaggio dai ribosomi e dagli enzimi alla fabbricazione molecolare nanotecnologica è – almeno per ora – al di fuori del reame della chimica. Gary Stix, collaboratore dello *Scientific American*, ha dichiarato che per dare una chance alla nanotecnologia bisogna abbandonare del tutto i nano-bot e l'idea di riportare in vita i cadaveri.[19]

Non è solo la leadership della NNI a rifiutare il drexlersimo, ma anche i leader del settore privato, in particolare negli States. Christine Peterson, ex-moglie di Drexler e presidente del Foresight Institute, ha cercato di far includere nel 21st Century Nanotechnology R&D Act di Bush l'autorizzazione a finanziare un singolo studio di fattibilità sulla meccanosintesi drexleriana. A quanto pare però all'epoca la Nano-Business Alliance – la principale associazione di imprenditori nanotech – ha avvicinato l'allora senatore John McCain per far rimuovere tale proposta dal testo definitivo. Insomma, i finanziamenti per lo studio della fabbricazione molecolare sarebbero stati tagliati senza un pubblico dibattito e senza motivazioni scientifiche.[20] Drexler ha poi incolpato pubblicamente di ciò Mark Modzelewski – ex-direttore ese-

---

[18] Cfr. D. M. Berube, Op. Cit., 2006.

[19] Gary Stix, *Little Big Science*, «Scientific American», 16 settembre 2001, www.ruf.rice.edu/~rau/phys600/stix.htm.

[20] Cfr. L. Lessing, *Stamping out good science*, «Wired», n.7 luglio 2004. www.wired/archive/12.07/view,html?pg=5.

cutivo della NanoBusiness Alliance –, il quale ha negato le accuse, ma ha continuato a manifestare una forte animosità verso i sostenitori della nanotecnologia drexleriana – un'ostilità dovuta a suo dire alle affermazioni iperboliche di questi ultimi.

Nel 2006 la U.S. National Academy of Sciences ha pubblicato *A Matter of Size: Triennial Review of the National Nanotechnology Initiative*, un rapporto che prende in esame tra l'altro il concetto di fabbricazione molecolare, analizzando anche il contenuto di *Nanosystems* e concludendo che, nonostante sia possibile effettuare molteplici calcoli teorici, su moltissimi aspetti di questi nano-sistemi – per esempio la velocità operativa, l'efficienza termodinamica e così via – è impossibile trarre conclusioni definitive; bisognerebbe piuttosto passare all'azione, ossia perseguire ricerche di tipo sperimentale.[21]

Ma ecco un nano-colpo di scena. Nel 2008 il governo britannico decide di finanziare con un milione e mezzo di sterline una ricerca quinquennale proprio sulla meccanosintesi tanto cara a Drexler, Freitas e Merkle. In particolare Philip Moriarty, ricercatore del Nanoscience Group dell'Università di Nottingham lavorerà sulla meccanosintesi utilizzando tecniche di microscopia a effetto tunnel. Il progetto, intitolato *Digital Matter? Towards Mechanised Mechanosynthesis*, è finanziato dallo U.K. Engineering and Physical Sciences Research Council. Il focus del progetto sarà in particolare lo sviluppo di nuovi protocolli per una manipolazione con sonde a effetto tunnel – i soliti super-microscopi, in pratica – capace di assemblare un atomo alla volta in modo automatico, con il fine di arrivare a nano-strutture tridimensionali. Non male insomma. Chi lo sa, forse ora Drexler – con un po' di fortuna – le sue nano-macchine riuscirà ad averle.

6. La carne e il computronio

Abbiamo citato di sfuggita la "materia programmabile" e adesso ne vogliamo parlare un po' meglio. Se vi è capitato di vedere *Terminator 2* vi ricorderete senz'altro del T-1000, l'avversario di Schwarzenegger, un

---

[21] http://www.nap.edu/catalog.php?record_id=11752.

androide fatto di uno strano "metallo liquido" – una sostanza che gli permetteva di assumere qualunque forma e qualunque consistenza. E uno degli obiettivi delle nanotecnologie – di quelle *mainstream*, ma soprattutto di quelle più immaginifiche – è proprio quello di produrre materiali analoghi, ossia composti altamente strutturati a livello molecolare e capaci di mutare forma e proprietà fisiche, tramutandosi in tutto ciò che desideriamo. La storia della materia programmabile ha inizio nel 1991, quando due studiosi del MIT, Tommaso Toffoli e Norman Margolus, hanno ipotizzato la possibilità di manipolare la materia a livello molecolare e di renderla capace – tramite uno specifico software – di modificare a comando ogni sua proprietà fisica: densità, forma, elasticità, proprietà ottiche e altro ancora. In seguito gli studi teorici e sperimentali si sono moltiplicati; tanto per fare un esempio, vi citiamo una recente ricerca di un team del MIT e di Harvard, diretto da Robert Wood e Daniela Rus.[22] Questi studiosi hanno sviluppato speciali fogli nanotecnologici in grado di ripiegarsi automaticamente, cambiando la propria struttura e trasformandosi in una barchetta o in un aeroplanino di carta. Tale materiale è costituito da piccole sezioni triangolari, ed è attraversato da sottili strisce di metallo "a memoria di forma", una speciale lega di nichel-titanio che può appunto mutare forma quando viene attraversata da una lieve corrente elettrica. È solo un inizio, ma è intenzione di questi studiosi miniaturizzare progressivamente le sezioni triangolari, fino ad arrivare a un materiale nanostrutturato capace di assumere numerose configurazioni diverse. In pratica quasi una "sostanza" che si comporta come se fosse semi-liquida, e con la quale si potrà produrre molti tipi di oggetti, da "super-coltellini svizzeri" – cioè strumenti in grado di tramutarsi in moltissimi utensili – a piatti e bicchieri capaci di modificare la propria capienza, e altro ancora. Prima di loro, nel 2002, Seth Goldstein e Todd Mowry – ricercatori della Carnegie Mellon University – hanno dato inizio a una nuova disciplina, da loro battezzata *claytronics* – da *clay*, cioè "argilla",

---

[22] http://www.zdnet.com/blog/emergingtech/mit-harvard-researchers-create-programmable-self-folding-origami-sheets/2293.

ed *electronics*. Obiettivo della "claytronica" è quello di mettere a punto l'hardware e il software necessari a creare materia del tutto programmabile. Scopo finale: creare robot modulari di dimensioni sub-millimetriche – ribattezzati "atomi claytronici", o "catomi" – capaci di unirsi l'uno all'altro in molti modi, generando qualunque tipo di oggetto – semovente o no. Le prospettive aperte dalla materia programmabile sono tantissime, e a questo proposito citiamo uno degli elementi che più hanno colpito la fantasia di ricercatori, scrittori di fantascienza e – manco a dirlo – transumanisti, ossia il computronio, un materiale teorico anch'esso ipotizzato negli anni Novanta da Toffoli e Margolus. Esso consiste in una forma di materia i cui atomi sono stati risistemati in modo da fungere da sostrato ideale – e ottimizzato – per qualunque tipo di processo computazionale. Si tratta in pratica di una possibile tecnologia computazionale futura capace di produrre una computazione intensa e sostenuta "verso il basso", cioè ottimizzando la materia e utilizzando gli stessi atomi – o addirittura le particelle subatomiche – come elementi del processo di computazione. Tutto sta in sostanza nel disporre atomi e particelle subatomiche in modo che forniscano la massima quantità di computazione possibile. Si attribuisce a ciascun atomo un valore logico – per esempio "sì" e "no", come nel caso del codice binario, ma si può scegliere sistemi di valori più complessi – e lo si utilizza per la computazione. Nessun atomo viene sprecato. Se in un futuro più o meno lontano il computronio diventasse realtà, ciò porterebbe alla sostituzione dei computer classici con una vera e propria forma di "materia intelligente". Anzi, nelle intenzioni del transumanisti tale materia, adeguatamente programmata, potrebbe essere utilizzata per costruire qualunque cosa, così che tutti gli oggetti con cui abbiamo a che fare sarebbero, in un certo senso, animati. Ma non è finita qua: visto che uno degli obiettivi di molti transumanisti è quello di "caricare" la propria mente su un supporto diverso da quello biologico, alcuni di essi hanno ben pensato – nel caso ne avessero l'occasione – di sintetizzarsi un bel corpo post-umano fatto appunto di computronio, il che li renderebbe entità intelligenti fino a livello atomico, oltre che molto più versatili di noi esseri umani tradizionali, ancora fatti di mera carne.

Ora magari penserete: "Basta, no? Dopo esser diventati di computronio, questi transumanisti saranno finalmente soddisfatti". E invece no. Non paghi di essere arrivati a controllare la materia a livello molecolare e atomico, i nostri beniamini hanno deciso di *andare oltre*. E cosa c'è più in là – o meglio, più in giù – della nanotecnologia? È ora di fare conoscenza con la "picotecnologia" e con la "femtotecnologia". La prima lavora al livello dei picometri – un picometro è un millesimo di un nanometro – e riguarda la manipolazione della materia atomica; essa consiste nell'alterazione della struttura e delle proprietà chimiche di singoli atomi, in genere tramite la manipolazione dei livelli energetici degli elettoni. Fenomeni di questo tipo si verificano sia in natura, sia in laboratorio – ma ovviamente con risultati al momento ben lontani dalle aspettative dei transumanisti. L'idea di una picotecnologia non dev'essere però così balzana, visto che un gruppo di ricercatori americani e indiani vi ha dedicato un articolo apposito su *Nature*[23], esplorandone le potenzialità.

Più sotto ancora ci sta, come abbiamo detto, la femtotecnologia – un femtometro corrisponde a un quadrilionesimo di metro, in pratica ci troviamo al livello delle particelle sub-atomiche. Per esempio è possibile immaginare – ma è fantascienza – organismi auto-replicanti composti da "molecole" fatte di protoni e neutroni, invece che di atomi interi – si tratta di entità fisiche che alcuni teorici ritengono possibili a certe condizioni. A questo proposito l'astrofisico Frank Drake si è divertito a giocare con l'ipotesi che creature fatte di queste "molecole" esistano sulla superficie di una stella di neutroni super-densa, e quindi dotata di caratteristiche fisiche che, in linea teorica, consentirebbero l'esistenza di entità così.[24] Come potete vedere, si tratta di fenomeni che, ammesso siano possibili, richiederebbero comunque condizioni di pressione e gravitazionali estreme, ben lontane da quelle ordinarie. Sempre desiderosi di trovare nuovi limiti da superare, i transumanisti hanno ben pen-

---

[23] R. Sharma, A. Sharma e C. J. Chen, *Emerging Trends of Nanotechnology towards Picotechnology: Energy and Biomolecules*, http://precedings.nature.com/documents/4525/version/1.
[24] F. D. Drake, *Life on a Neutron Star*, «Astronomy», p. 5, dicembre 1973.

sato di buttarsi a pesce sulle femtotecnologie. E così, nel 2011, Hugo de Garis ha pubblicato un articolo dal titolo *Searching for Phenomena in Physics that May Serve as Bases for a Femtometer Scale Technology*[25] e dedicato proprio a questo tema. Dopo che Drexler ha cercato concettualmente di lavorare in modo ultrapreciso con gli atomi, ora De Garis fa lo stesso con le particelle, tentando di assemblarle in configurazioni stabili – che non siano atomi, ovviamente. Chiaramente De Garis non ha problemi ad ammettere che il suo è un tentativo altamente speculativo, amatoriale e, probabilmente, sbagliato. Il suo obiettivo è, in sostanza, quello di trovare una qualche scappatoia che renda possibile la femtotecnologia. A questo proposito il transumanista ne ha parlato – alla fine degli anni Novanta – pure con Murray Gell-Mann – lo scopritore dei quark, per capirci. Quest'ultimo, pur non sapendo rispondere ai questiti di De Garis, gli ha raccontato di aver considerato in un'occasione le possibili applicazioni industriali di una particolare particella, il kaone neutro. La domanda ora però è: che ce ne facciamo delle femtotecnologie? Secondo De Garis esse sarebbero un trilione di trilioni di volte più performanti delle nanotecnologie; un "blocco" organizzato di protoni, neutroni o quark "femtotecnologizzati" sarebbe mostruosamente più denso di un suo analogo fatto di atomi e costruito con le nanotecnologie, e quindi la velocità dei processi interni sarebbe un milione di volte più veloce. Chi lo sa, forse una delle applicazioni potrebbe essere una bella femto-bomba, molto più potente di quelle attuali e capace di distruggere una nazione intera. Oppure si potrebbe arrivare a una femto-fonte d'energia, molto più efficiente di quella nucleare. O ancora a un'intelligenza artificiale dotata di interruttori a livello femtometrico, e pertanto capace di concepire nuove femto-strutture molto meglio di quanto faremmo noi. Quali fenomeni fisici renderebbero possibile questa tecnologia? E qui De Garis si sbizzarrisce: si potrebbero usare mini-buchi neri, le superfici delle stelle di neutroni – o magari una mini-stella di neu-

---

[25] Hugo de Garis, *Searching for Phenomena in Physics that May Serve as Bases for a Femtometer Scale Technology*, http://hplusmagazine.com/2011/01/10/searching-phenomena-physics-may-serve-bases-femtometer-scale-technology/.

troni a scala femtometrica –, molecole nucleari, e molto altro ancora – vi rimandiamo al suo articolo per una lista completa. A questo punto però De Garis diventa inarrestabile. Se si può immaginare una femtotecnologia (10^{-15} m), perché non parlare di un'attotecnologia (10^{-18} m), una zeptotecnologia (10^{-21} m) e giù fino a una plancktecnologia[26] (10^{-35} m)? Se queste tecnologie sono possibili – ma ribadiamo che per lo stesso De Garis si tratta di un mero gioco speculativo – allora si potrebbe immaginare intere civiltà situate all'interno delle particelle elementari, che magari comunicano tra di loro usando le leggi della meccanica quantistica – che consentono di trasmettere segnali in modo letteralmente istantaneo.

Non pago del lavoro del collega e amico, Ben Goertzel rilancia, e pubblica – sempre nel 2011 – un articolo eloquentemente intitolato *There's Plenty More Room at the Bottom: Beyond Nanotech to Femtotech*.[27] Il punto di partenza di Goertzel è quella che in fisica è nota come "materia degenere", un tipo di materia caratterizzata da una densità elevatissima. Non entriamo nei dettagli, basta che ricordiate che questo tipo di materia – che si trova tra l'altro sulle stelle di neutroni e sulle nane bianche – ha proprietà strane, e che Goertzel vorrebbe usarla per farci le sue femtotecnologie. L'unico problema, ammette il transumanista, è che non c'è modo di sapere se la materia degenere può essere mantenuta in condizioni stabili anche in un ambiente a bassa gravitazione come la Terra.

L'autore si rifà a questo punto al lavoro di Alexander A. Bolonkin, un fisico russo trasferitosi in America, il quale – in un articolo intitolato *Femtotechnology: Nuclear Matter with Fantastic Properties*[28] – immagina un tipo di materia che lui chiama "AB-matter", la quale dovrebbe pos-

---

[26] La lunghezza di Planck è, secondo la fisica contemporanea, la più piccola distanza fisica possibile, al di sotto della quale il concetto stesso di dimensione perde significato.

[27] Ben Goertzel, *There's Plenty More Room at the Bottom: Beyond Nanotech to Femtotech*, http://hplusmagazine.com/2011/01/10/theres-plenty-more-room-bottom-beyond-nanotech-femtotech/.

[28] A. A. Bolonkin, *Femtotechnology: Nuclear Matter with Fantastic Properties*. 2009. http://nextbigfuture.com/2011/10/femtotechnology-ab-needles-fantastic.html. inoltre: ibid. *Femtotechnology: Design of the Strongest AB-Matter for Aerospace*. http://vixra.org/pdf/1111.0064v1.pdf.

sedere le medesime caratteristiche della materia degenere, pur essendo in grado di rimanere stabile in condizioni di gravità simili a quelle terrestri. Bolonkin aggiunge poi – in quello che ci pare un mero gioco intellettuale – che la sua AB-matter disporrebbe di proprietà straordinarie – durezza e resistenza un milione di volte più elevate di quelle della materia ordinaria, super-trasparenza, nessuna frizione, e così via. Il fisico arriva pure a proporre il design di aerei, navi e veicoli di ogni tipo fatti con la sua AB-matter e grazie alla quale essi disporrebbero di capacità incredibili – invisibilità, capacità di penetrare come fantasmi muri e barriere, protezione da esplosioni atomiche e flussi di radiazioni.

Anche Goertzel è andato nel 2011 all'attacco di Murray Gell-Mann, il quale – a quanto pare – gli avrebbe detto di non aver mai pensato seriamente alla femtotecnologia, ma che gli pare ragionevole lavorare su questa idea. Insomma, un "forse". Dal canto suo Ray Kurzweil – iperottimista come sempre – stima che le femtotecnologie saranno cosa fatta nel corso del Ventiduesimo secolo.[29] In attesa di questi sviluppi, noi preferiamo tornare nel nostro più confrotevole nano-mondo.

7. Le mirabolanti nano-macchine bio-mediche del dottor Freitas

Uno dei pilastri delle nanotecnologie transumaniste è senz'altro Robert A. Freitas Jr., ricercatore presso l'Institute for Molecular Manufacturing, una delle fondazioni di aerea transumanista, sita a Palo Alto. Laureato in fisica e in psicologia, nel 1980 ha collaborato a un'analisi di fattibilità di ipotetiche fabbriche spaziali auto-replicanti per la NASA. Freitas sta tutt'ora lavorando alla monumentale opera *Nanomedicine*, una discussione comprensiva delle possibili applicazioni mediche delle nanotecnologie drexleriane. Al momento sono usciti il Volume I e il Volume IIA, entrambi reperibili anche on-line, gratuitamente.[30] Nel 2010 Freitas ha richiesto e ottenuto il primo brevetto legato alla meccanosintesi. Oltre a ciò ha scritto un gran nu-

---

[29] http://www.edge.org/documents/archive/edge107.html.
[30] R. A. Freitas Jr., *Nanomedicine. Volume I: Basic Capabilities*, Landes Bioscience, Austin 1999. Ibid., *Nanomedicine, Vol. IIA: Biocompatibility*, Landes Bioscience, Austin 2003. Cfr. www.nanomedicine.com.

mero di *paper* su vari argomenti; in alcuni di questi ha analizzato i dettagli tecnici – o meglio, i vincoli che i nanotecnologi dovranno rispettare – di alcune ipotetiche nano-macchine molto specifiche e con finalità mediche e biotecnologiche. Vediamole.

Cominciamo con i clottociti, ossia piastrine artificiali meccaniche; in pratica nano-robot specializzati nel chiudere ferite e fermare il sanguinamento.[31] Le piastrine o trombociti sono cellule ematiche di forma più o meno sferica o sferoidale, ampie due micron e prive di nucleo. Vivono tra i cinque e i nove giorni e hanno sostanzialmente il compito di fermare la fuoriuscita di sangue dai vasi sanguigni. In pratica, quando ci feriamo le piastrine accorrono sul luogo del trauma e diventano collose, ammassandosi, dando inizio a una cascata di apposite reazioni chimiche e sigillando la ferita. Un adulto sano dispone in media di un numero di piastrine che va dalle centocinquantamila alle quattrocentocinquantamila per microlitro[32] di sangue. Secondo i progetti di Freitas la velocità d'azione dei suoi clottociti dovrebbe essere tra le cento e le mille volte più rapida delle piastrine, riuscendo a chiudere una ferita all'incirca in un secondo. In termini numerici i clottociti potrebbero essere diecimila volte più efficienti delle piastrine, quindi la concentrazione volumetrica necessaria di queste nano-macchine sarebbe pari allo 0,01 per cento di quella dei trombociti. I clottociti sono inoltre immuni agli effetti avversi che alcuni farmaci – come l'aspirina – esercitano sulle loro controparti biologiche; essi sono inoltre indipendenti dalle fluttuazioni chimiche che avvengono nel flusso sanguigno. Guidati dai soliti nano-computer, utilizzano come fonte energetica ossigeno e glucosio prelevati dal sangue.

Passiamo ora ai microbiovori. Come potete intuire dal nome, queste nano-macchine si occupano di eliminare tutti i tipi di patogeni che si trovano nel sangue.[33] Sferoidi lunghi 3,4 micron e larghi 2, i

---

[31] R. A. Freitas Jr., *Clottocytes: Artificial Mechanical Platelets*, in: «Foresight Update», n. 41, 30 giugno 2000, pp. 9-11. Cfr. http://www.imm.org/Reports/Rep018.html.

[32] Cioè un millesimo di millilitro.

[33] R. A. Freitas Jr., *Microbivores: Artificial Mechanical Phagocytes using Digest and Discharge Protocol*, 2001. Cfr. http://www.rfreitas.com/Nano/Microbivores.htm, http://www.zyvex.com/Publications/papers/Microbivores.html.

microbiovori consistono di 610 miliardi di atomi sistemati in modo preciso in un volume di 12,1 micron cubici. Costruiti sulla falsariga dei fagociti, i microbiovori agiscono ingoiando e scomponendo – tramite appositi enzimi, anche artificiali – gli agenti patogeni; questi nano-bot bio-medici sono mille volte più rapidi delle loro controparti biologiche e sono ottanta volte più efficienti dei macrofagi. In realtà, più che di un singolo tipo di nano-bot, abbiamo a che fare con un'intera classe di nano-macchine, di cui si possono immaginare diverse tipologie. Scopo dello studio di Freitas è solo quello di dimostrare che a bordo di un microbiovoro c'è spazio a sufficienza per tutti i sistemi a esso necessari per funzionare.

I respirociti sono le versioni nanotech dei globuli rossi e – ne dubitavate? – sono molto superiori agli originali.[34] Sfere di un micron d'ampiezza fatte di materiale diamantoide, questi nano-bot sono in grado di trasportare e infondere nei tessuti una quantità di ossigeno 236 volte maggiore di quella dei globuli rossi. Ogni respirocita è composto da diciotto miliardi di atomi e può contenere nove miliardi di molecole. I respirociti possono essere usati come sostituto universale del sangue – per le trasfusioni d'emergenza – e, data la loro natura completamente artificiale, non presentano rischi di contaminazioni virali e batteriche. Possono essere utilizzati per trattare qualunque tipo di anemia, oltre che un certo numero di condizioni patologiche fetali – come l'asfissia *in utero* a causa del distacco della placenta e così via. Questi immaginari nano-bot possono essere usati infine in qualunque tipo di condizione medica legata in vari modi alla respirazione, dall'asma ai morsi di alcuni tipi di serpente. I respirociti dovrebbero inoltre rendere possibile la respirazione in ambienti poveri d'ossigeno o in casi in cui respirare è impossibile – per esempio nel caso dell'affogamento, dello strangolamento, dell'esposizione al gas nervino, del-

---

[34] R. A. Freitas Jr., *Exploratory Design in Medical Nanotechnology: A Mechanical Artificial Red Cell*, in: «Artificial Cells, Blood Substitutes, and Immobil. Biotech.», n. 26, 1998, pp. 411-430. http://www.foresight.org/Nanomedicine/Respirocytes.html. Inoltre: ibid., *Respirocytes: High performance artificial nanotechnology red blood cells*, in: «NanoTechnology Magazine» n. 2, ottobre 1996, pp. 8-13.

l'overdose di anestetici e barbiturici, dell'intrappolamento in spazi molto angusti, del soffocamento e dell'ostruzione delle vie respiratorie da parte di cibo o altro. Insomma, iniettandosi un quantitativo adeguato di respirociti, si potrebbe trascorrere lunghi periodi sott'acqua – o, se è per questo, nello spazio, sempre che si disponga di una tuta d'astronauta – senza respirare e senza correre i rischi tipici legati a una decompressione troppo rapida durante la riemersione. In termini di potenziamento, ovviamente i respirociti fornirebbero agli atleti un'ossigenazione incomparabile dei tessuti, che consentirebbe loro di battere ogni record.

Le nostre nano-macchine mediche preferite sono però i "cromallociti", nano-bot a forma di losanga composti da circa quattro trilioni di atomi. Il loro compito è quello di fungere da vettore per l'effettuazione di operazioni di terapia genica, solo – pure qui, come dubitarne? – con una precisione e un grado di controllo molto maggiori di quelli possibili oggi. In particolare i cromallociti si dovrebbero impiegare per la sostituzione dei cromosomi: il cromallocita penetra le pareti cellulari, naviga fino al nucleo, rimuove la cromatina – ossia il materiale genetico – e, usando una sorta di nano-proboscide, la sostituisce con cromosomi sintetizzati in laboratorio. Un cromallocita è spesso quattro micron e lungo cinque micron. Grazie a queste nano-macchine sarà possibile curare un gran numero di patologie legate a cromosomi o a geni difettosi – ovviamente una terapia completa richiederà l'intervento contemporaneo di molti trilioni di cromallociti. Nel caso che la ricerca scientifica colleghi in modo chiaro l'invecchiamento all'accumulo di errori genetici nel nucleo cellulare, questi dispositivi potrebbero rappresentare il sogno di ogni longevista.[35]

Dulcis in fundo, è ora il turno dell'dispositivo più complesso proposto fino a ora da Freitas: il vasculoide. Ideato assieme al nanotecnologo Christopher J. Phoenix, è un unico sistema robotico nanotecnologico

---

[35] R. A. Freitas Jr., *The Ideal Gene Delivery Vector: Chromallocytes, Cell Repair Nanorobots for Chromosome Replacement Therapy*, in: «Journal of Evolution and Technology», vol. 16, n. 1, giugno 2007, pp. 1-97. http://jetpress.org/volume16/freitas.html.

macroscopico capace di espletare tutte le funzioni del sangue. Composto da circa cinquecento trilioni di nano-bot, pesa due chilogrammi e si adatta alla forma dell'insieme di tutti i vasi sanguigni presenti nel corpo umano. Proposto inizialmente da Phoenix con il nome di *roboblood* – cioè "sangue robot" –, esso deve in sostanza rimpiazzare completamente il sangue. Si tratta di un'idea apparentemente balzana – come tutte quelle che abbiamo trattato fino a ora, del resto –, tuttavia vogliamo rimandarvi al lungo e interessante *paper* di Freitas e Phoenix per i dettagli.[36] Nello specifico, il vasculoide è un insieme di miriadi di nano-macchine a stretto contatto l'una con l'altra e che ricoprono per intero la superficie interna di tutti i nostri vasi sanguigni. Il sistema adopera una rete di ciglia per trasportare – in appositi nano-tank – tutto ciò che trasporta normalmente il sangue, cellule ematiche, cellule staminali, sostanze nutritive, ormoni e quant'altro. I vantaggi sono: esclusione dal flusso sanguigno di agenti patogeni di ogni genere e di cellule cancerose in metastasi; facilitazione dell'attività dei linfociti e quindi delle nostre difese immunitarie; eliminazione di tutte le patologie cardiocircolatorie; ridotta sensibilità a sostanze tossiche di ogni tipo e a ogni tipo di allergene; trasporto più rapido dei sotto-prodotti del metabolismo, con aumento di durata e resistenza; controllo diretto di tutte le reazioni ormonali e neuro-chimiche individuali; parziale protezione da traumi piccoli e grandi, come punture d'insetti, morsi, pallottole e schegge, cadute da grandi altezze; resistenza estrema al dissanguamento. Ovviamente i due autori propongono anche alcuni scenari relativi alle procedure di installazione del valsculoide, che dovrebbero comunque partire dal dissanguamento completo del paziente – opportunamente sedato.

8. Non succede mai niente, a Fog City

Tra tutte le elucubrazioni del nanotecnologi, quella che ci piace di più è senz'altro la "Utility Fog", un'interessante fantasia ingegneristica

---

[36] R. A. Freitas Jr.; C. J. Phoenix, *Vasculoid: A Personal Nanomedical Appliance to Replace Human Blood*, 1996, http://www.transhumanist.com/volume11/vasculoid.html.

ideata dal nanotecnologo John Storrs Hall.[37] Si tratta di un ipotetico insieme di microscopici robot che possono associarsi e riprodurre una struttura fisica di qualunque tipo. In altre parole, essi rappresentano il frutto dell'incontro tra le nano-macchine classiche e i robot modulari auto-configurabili – cioè robot attualmente in fase di sviluppo composti da moduli che possono assumere forme diverse. Da un punto di vista visivo, la nostra Utility Fog si presenta come una sorta di "nebbiolina magica", che Hall ha ideato inizialmente come un sostituto nanotech per le cinture di sicurezza delle automobili. I robot – ribattezzati "foglet" – sono strutture dotate di bracci estesi in tutte le direzioni, con ganci che permettono loro di unirsi in modo meccanico l'una all'altra, trasmettendosi e condividendo informazioni ed energia e agendo come se formassero una sostanza continua con proprietà meccaniche e ottiche modificabili a nostro piacimento. Più in particolare, ogni foglet è costituita da un esoscheletro di alluminio e ogni braccio ha un motore per l'estensione e la ritrazione e per aprire e chiudere la "mano", cioè una struttura esagonale con tre dita. In sostanza è tutto un gioco di foglet con bracci che si estendono e si ritraggono a velocità altissima, agganciandosi e sganciandosi l'uno all'altro. Ogni singola foglet, da brava nano-macchina, è dotata di capacità computazionali di un certo livello, e può comunicare con i vicini. In pratica normalmente i robot se ne stanno a mezz'aria, sparsi attorno a noi, invisibili, con i bracci rilasciati, consentendo il passaggio d'aria tra di essi. In caso di una collisione, i bracci si agganciano e si bloccano nella loro attuale posizione, come se l'aria attorno al passeggero si fosse solidificata all'istante. L'impatto è distribuito sull'intera superficie del corpo del passeggero. Non solo le foglet occupano una piccola percentuale dello spazio a noi circostante, ma la nostra nebbiolina è talmente fine che può anche entrare nei nostri polmoni, ripulendoli di qualunque tipo di sostanza tossica. Ab-

---

[37] Cfr. J. Storrs Hall, *Utility Fog: The Stuff that Dreams Are Made Of*, http://www.kurzweilai.net/utility-fog-the-stuff-that-dreams-are-made-of. Ibid., *What I want to be when I grow up, is a cloud*, http://www.kurzweilai.net/what-i-want-to-be-when-i-grow-up-is-a-cloud. Ibid., *On Certain Aspects of Utility Fog*, http://www.pivot.net/~jpierce/aspects_of_ufog.htm.

biamo usato il termine "nano-macchina" per comodità, in quanto in realtà la Utility Fog è composta da micro-macchine, visto che, nelle intenzioni di Hall, esse dovrebbero essere ampie cento micrometri. Ogni foglet ha la forma di un dodecaedro con dodici bracci estesi verso l'esterno. Se dobbiamo dare una definizione più tecnica, possiamo dire che la Utility Fog è "un materiale attivo polimorfo composto da un conglomerato di cellule robotiche grandi cento micron, create tramite nanotecnologie e dotate di micro-motori elettrici e capacità computazionali". Il corpo centrale di una foglet è di forma sferica, con un diametro di dieci micron. I bracci hanno un diametro di cinque micron e sono lunghi cinquanta micron. Ogni foglet pesa circa venti microgrammi e contiene circa cinque quadrilioni di atomi. I suoi movimenti sono precisi nell'ordine di un micron; i bracci non hanno giunture, ma sono telescopici. La differenza tra foglet e nano-macchina non sta solo nelle dimensioni; a differenza della seconda, la prima non è in grado di auto-riprodursi. Aldilà della sua funzione di cintura di sicurezza, la nebbia ad alta tecnologia promette senz'altro di rivoluzionare la nostra vita quotidiana. Tanto per cominciare: invece di costruire un qualunque oggetto un pezzo alla volta, non sarebbe meglio farlo usando le foglet, e poi cambiarlo a nostro piacimento? Così, per esempio, un mobile di un certo stile potrebbe trasformarsi in un mobile di un altro stile, e così via, a seconda del programma che immettiamo nella rete di nano-computer che anima le foglet. Inoltre, visto che ogni foglet ha un braccio-antenna che può manipolare le proprietà ottiche e la rifrazione, si potrebbe usare una sottile pellicola di foglet per ottenere schermo televisivo stabile o temporaneo. Un muro coperto da foglet potrebbe cambiare colore ogni giorno, le decorazioni del pavimento potrebbero mutare a nostro piacimento. Riguardo a quest'ultimo, esso non si sporcherebbe mai – addio al lavaggio dei pavimenti, grazie alle foglet – e potrebbe modificare le sensazioni tattili che ci dà – a volte diventando ruvido, a volte morbido. Insomma, potremmo riempire la nostra casa del futuro con un po' di Utility Fog, e utilizzarla per far letteralmente emergere qualunque oggetto o mobile di cui abbiamo bisogno dal muro e dal pavimento – tramite "condensazione" delle foglet, in pratica –, per poi farlo sparire quando non ci serve più. Meglio ancora: vogliamo far visita a un amico? Le nostre rispettive case potrebbero "sincronizzarsi", assumendo lo stesso aspetto; poi una riproduzione foglet del nostro amico appare nella nostra casa, e una nostra nella sua. La "nebbiolina magica" attorno a noi registra le nostre azioni e la nostra copia a casa sua le riproduce, e viceversa. E non sottovalutiamo inoltre le potenzialità protettive della Utility Fog: secondo Hall esse sono enormi, tanto che una casa adeguatamente riempita di Utility Fog potrebbe proteggere i suoi abitanti dagli effetti fisici – cioè la deflagrazione – di un'arma nucleare entro il novantacinque per cento dell'area d'impatto. Oltre a ciò le foglet possono anche rimuovere batteri, pollini, acari e quant'altro. Una casa piena di questa nebbia magica preverrebbe qualunque incidente domestico; anzi, i lavori di casa li potrebbe fare la Utility Fog stessa, eliminando tagli e cadute accidentali dalle scale, scivoloni e così via. Anche gli incidenti che capitano ai bambini verrebbero prevenuti, così come quelli dovuti a oggetti che ci cadono addosso dall'alto, alle scariche elettriche e all'inquinamento domestico. Se invece creassimo una vera e propria *Fog House* fatta di foglet, essa potrebbe auto-ripararsi, cambiare aspetto a nostro piacimento, alimentarsi con l'energia solare e isolarci dal caldo e dal freddo.

Se invece vi fate un'auto con le foglet, potete cambiare modello ogni giorno; inoltre potete riempire l'abitacolo di foglet programmate per comportarsi – da un punto di vista della vostra percezione – come aria, in modo che non la vediate e non la sentiate, così da garantirvi una "cintura di sicurezza" totale che protegga ogni singolo centimetro del vostro corpo. Per Hall, con un sistema così potreste andare a sbattere a cento all'ora senza nemmeno ritrovarvi coi capelli in disordine. Immaginiamo ora una strada coperta di foglet che si parlano l'una con l'altra, si coordinano e impediscono incidenti. Anzi, potremmo fare tutto con le foglet: in questo caso la nostra auto non sarebbe più uno specifico set di nano-robot, ma uno schema che si muove in un flusso/strada di foglet, come un'onda che ci trasporta, un po' come capita nei videogiochi – in cui un'auto è un'immagine che si muove attraverso i pixel fissi di uno schermo. Anzi, l'auto potrebbe pure essere del tutto trasparente, simile all'aria, per cui voi e i vostri passeggeri sembrereste letteralmente volare senza alcun supporto.

Accanto a ciò, l'invenzione di Hall potrebbe dare un nuovo significato al concetto di "telepresenza" e di "lavoro a distanza". per esempio la nostra nuvoletta personale di foglet – niente a che fare con la fantozziana "nuvoletta dell'impiegato", non vi preoccupate – potrebbe raccogliere i dati sui movimenti delle nostre mani e trasmetterli a un'altra nuvoletta anche molto distante, che li riprodurrebbe in tempo reale. Non solo, ma la nostra nuvoletta dell'impiegato potrebbe fungere da vera e propria "armatura invisibile", garantendoci così l'invulnerabilità: grazie a essa potremmo fare a pugni con un alligatore, amplificare i nostri movimenti e pure proteggerci dai denti dell'animale. Una quantità adeguata di Utility Fog potrebbe essere usata per simulare le proprietà fisiche di qualunque oggetto macroscopico, compresa l'aria e l'acqua, tanto da essere indistinguibili dall'originale – solo dal punto di vista ottico, ovviamente. Quindi, se siamo incastonati in una super-nuvoletta possiamo creare o disfare oggetti all'improvviso, farli levitare, levitare noi stessi, dimostrare una superforza, cambiare la nostra forma esterna – assomigliare a una tigre, un rinoceronte, un dinosauro. Per fare questo ci serve ovviamente un programma operativo con un archivio che contenga gli schemi degli oggetti che ci servono. Con una Utility Fog personale potremmo letteralmente tenere tutte le nostre proprietà e i nostri oggetti personali "memorizzati" su un dispositivo simile a un cd, "estraibili" e "attivabili" al bisogno. Magari potremmo anche dotarci di un telecomando per il controllo remoto e, se proprio ne abbiamo voglia, gli potremmo pure dare la forma di una classica bacchetta magica. La Utility Fog ci darà insomma poteri analoghi a quelli dei Krell, gli alieni rappresentati nel film del 1956 *Il Pianeta Proibito*, che disponevano di una tecnologia in grado di materializzare i propri desideri. Anche qui i problemi non mancherebbero, e per evitarli, i nanotecnologi che creeranno la nebbia magica dovranno programmarla affinché obbedisca solo a comandi pienamente consci – e non inconsci come la macchina dei desideri dei Krell – e comunque non a comandi ambigui o equivoci. Con le Foglet potremo fisicalizzare il concetto psicologico di "spazio personale", stabilendo una regola per cui tutte le foglet entro una certa distanza da una data persona sono sotto il suo esclusivo controllo, e che gli spazi personali non si possono fondere se non per mutuo accordo. Questo potrebbe prevenire qualunque tipo di crimine violento, e la nostra utopistica Fog City diventerebbe una città molto più tranquilla delle moderne metropoli. Il furto perpetrato con un atto fisico – con destrezza o meno – sarebbe impossibile, mentre l'hackeraggio e la frode sarebbero ancora possibili. E comunque rubare un oggetto fatto di foglet non avrebbe alcun senso.

Oltre che formare un'estensione dei sensi e dei muscoli individuali e a darci l'invulnerabilità, la Utility Fog può dunque fungere da infrastruttura per la società intera. Fog City non ha costruzioni permanenti, strade asfaltate, auto, bus, camion. Può assomigliare a un parco, una foresta; un giorno può diventare come l'antica Atene e il giorno dopo come Gotham City. Le foglet potrebbero essere prodotte in massa e occupare l'intera atmosfera terrestre, rimpiazzando ogni strumento fisico necessario alla vita umana. Esercitando uno sforzo concertato, le foglet potrebbero trasportare cose e persone "magicamente" ovunque; costruzioni "virtuali" – composte da foglet – potrebbero essere costruite e smantellate in pochi istanti, al bisogno, consentendo così di sostituire le città e le strade con fattorie e giardini.

Se, da bravi transumanisti, decidessimo di trasferire la nostra mente su un computer, poi potremmo anche farci un nuovo corpo di foglet capace di operare in qualunque ambiente terrestre o nello spazio esterno – a esclusione del Sole e di qualche altro ambiente estremo. In un ambiente virtuale potremmo essere qualunque cosa, un animale, un albero, una pozza, lo strato di vernice su un muro, e ciò sarebbe possibile anche nel mondo reale, se il nostro corpo fosse fatto di Utility Fog.

Non che queste foglet siano onnipotenti, e Hall ci dice anche che cosa esse non sono in grado di fare – per esempio non possono svolgere attività che includano manipolazioni chimiche della materia. Possono simulare una fiamma, ma non produrre alte temperature. Possono preparare il cibo come facciamo noi, ma non possono simularlo – mangiare cibo fatto di foglet sarebbe come mangiare sabbia.

Che dire, dell'Utility Fog? Quello che abbiamo detto all'inizio: che si tratta di un'interessante fantasia ingegneristica; a ciò aggiungiamo che ci pare meno problematica degli assembler drexleriani, se non altro perché opera a dimensioni micrometriche. La realizzeranno mai, garantendoci così abilità super-umane? Impossibile dirlo; ma non preoccupatevi però, perché, al di là dei circoli transumanisti, nel mondo molto più ampio della ricerca militare, c'è chi i super-poteri sta già cercando di procurarseli. Sul serio.

6. L'ascesa della Nuova Carne

1. Più che umani

Più veloce della luce, capace di volare, praticamente invulnerabile, Superman è il capostipite di una lunghissima serie di personaggi contraddistinti non solo da un costume più o meno sgargiante e da un'identità segreta, ma anche – e soprattutto – da una nutrita serie di poteri di ogni tipo. A parte infatti alcuni *outsider* – come Batman e Iron Man –, il grosso dei super-eroi si differenzia da noi comuni mortali per capacità intrinseche causate da eventi eccezionali e che li mettono in grado di compiere azioni che un essere umano, per quanto dotato, non sarebbe mai in grado di fare. E così Hulk ha una forza letteralmente mostruosa, può saltare fin oltre l'atmosfera e trattenere il respiro sott'acqua per ore e ore; l'Uomo Ragno aderisce naturalmente alle pareti verticali e dispone un "senso ragno" che lo avverte del pericolo, mentre la Torcia Umana può incendiarsi e raggiungere la temperatura di una nova; e questi sono solo alcuni dei tanti super-eroi che infestano da decenni fumetti, film, videogiochi e serie tv. Insomma, oramai ci siamo abituati a sentir parlare di super-poteri, e non c'è nulla di cui stupirsi se molti si aspettano che, grazie alla scienza del futuro prossimo, tali capacità siano destinate a diventare reali. Al punto che c'è chi, non avendo evidentemente molta pazienza, ha deciso di mettersi al lavoro per procurarseli, questi poteri. Nasce così il concetto – molto transumanista, ma oramai in rapida diffusione al di fuori di tale contesto – di *human enhancement*, di "potenziamento umano", un termine abbastanza neutro che nasconde l'ambizione "umana, troppo umana" di diventare post-umani.

Che cos'è allora questo human enhancement di cui tanto si sente parlare nei circoli transumanisti? E cosa vogliono ancora questi qui? Non gli basta l'immortalità? Evidentemente no; e d'altronde, come dargli torto? L'eternità è lunga da far passare, e qualche ritocchino più o meno radicale alla nostra natura si renderà di certo necessario. Quindi, lo human enhancement si riferisce in buona sostanza a una lunga serie di procedure – alcune decisamente futuribili, forse impossibili, altre all'orizzonte – miranti a superare in modo più o meno permanente i nostri limiti fisici e mentali attuali. Più in particolare tali tecnologie di potenziamento dovrebbero basarsi sull'ingegneria genetica, sulle nanotecnologie, sulla robotica, sull'intelligenza artificiale, sulle neurotecnologie, tutti ambiti disciplinari che, entro breve, dovrebbero convergere su di noi e renderci qualcosa di *più-che-umano*.

A seconda degli ambienti che frequentate, il termine "potenziamento umano" può essere sinonimo di miglioramento genetico dell'uomo, di fusione uomo/macchina, di protesi più o meno sofisticate, di uso e abuso di nootropi o di puro e semplice doping. Per Nick Bostrom lo human enhancement è cosa molto antica, visto che sarebbe iniziato già con gli alchimisti[1] – che, se non ricordiamo male, con la pietra filosofale miravano non solo a mutare il piombo in oro, ma anche le persone, restituendo innocenza e felicità agli stanchi del mondo. Secondo Julian Savulescu – studioso di etica dell'Università di Oxford e collega di Bostrom – l'enhancement è "qualunque mutamento nella biologia o nella psicologia di una persona che aumenti il normale funzionamento specie-specifico al di sopra di un certo livello definito statisticamente".[2] In altre parole, sei potenziato se fai qualcosa che è impossibile per tutti gli altri esseri umani.

Comunque lo si voglia definire, il potenziamento delle nostre capacità fisiche e mentali non è di certo una novità, per la nostra specie, e anzi, in determinati settori – come appunto lo sport, ma anche la tecnologia militare – è una pratica comune. Più in generale tale etichetta può essere usata per definire le attuali tecnologie riproduttive – come la diagnosi e la selezione pre-impianto degli embrioni ottenuti

---

[1] P. Moore, *Enhancing Me. The hope and the hype of human enhancement*, John Wiley & Sons, Chichester 2008, p. 15.
[2] Ibid. p. xi.

tramite fecondazione *in vitro*, una pratica che suscita molte controversie –; il potenziamento e il miglioramento fisico – dalla chirurgia plastica al doping, dalle protesi agli esoscheletri, dai pacemaker ai vari organi artificiali in fase di studio – e il potenziamento mentale – dai nootropi ai sistemi di neuro-stimolazione più o meno intrusivi. Volendo strizzare l'occhio ai post-umanisti alla Roberto Marchesini, potremmo pure dire che quella umana è una specie caratterizzata dall'ibridazione con il non-umano, e che quindi usare il computer, indossare gli occhiali o un apparecchio acustico, o anche solo tenere un'agenda degli impegni rappresentano in tutto e per tutto forme di potenziamento, e che l'umanità ha cercato di superare se stessa dal momento in cui è venuta al mondo.

Senza dilungarci troppo su queste classificazioni, vorremmo occuparci delle tecnologie più recenti, che ci sembrano anche le più intrusive in termini anatomici e, consentiteci il parolone, ontologici – in pratica relativi alla conservazione e al mutamento della natura umana. Se poi insistete a chiederci una definizione, ci caveremo d'impaccio dicendo – con una parafrasi della celebre frase del giudice americano Potter Stewart – che il potenziamento umano è come la pornografia: quando lo vedi, lo riconosci.

Come potete ben immaginare, si tratta di un tema controverso, in particolare per il fatto che può essere collegato – e i critici del transumanismo lo collegano – all'eugenetica e alla grave deriva subita da questa pratica a causa del nazionalsocialismo. Proprio per questo, al di là delle speculazioni relative alla natura del potenziamento umano – si può fare? In cosa consisterà? Quando arriverà? – i transumanisti hanno riflettuto a lungo sulle implicazioni etiche di tutto questo.[3] Quello che qui ci interessa è però l'aspetto scientifico della faccenda. Vorremmo cioè capire che cosa si fa già adesso in termini di potenziamento umano, che cosa fa concretamente questo o quel transu-

---

[3] J. Savulescu e N. Bostrom (a cura di), *Human Enhancement*, Oxford University Press, New York 2011. Inoltre: J. Hughes, *Citizen Cyborg: Why Democratic Societies Must Respond to the Redesigned Human of the Future*. Westview Press, Boulder 2004.

manista, che cosa si potrà fare nel prossimo futuro e soprattutto fin dove vorrebbero spingersi i transumanisti.

2. Doping genetico, nootropi e altre amenità

Cominciamo allora dando un'occhiata allo "stato dell'arte" in materia di potenziamento umano, e in particolare vediamo in cosa consiste e quanto è reale. Partiamo con i "nootropi". Noti anche come *smart drugs*, si tratta di un insieme molto variegato di sostanze – farmaci, integratori, erbe e così via – che hanno come scopo il rafforzamento delle capacità cognitive, della memoria, della concentrazione e della resistenza alla fatica mentale. Battezzati così per la prima volta nel 1972 dallo studioso romeno Corneliu E. Giurgea[4], i nootropi – dal greco *nous*, "mente", e *trepein*, "piegare" – hanno fatto molta strada negli ultimi decenni, diventando – almeno in certi ambienti, come quello studentesco e accademico – d'uso comune. E pure tra i transumanisti; non dimentichiamo infatti che questi ultimi, portati come sono per le idee eterodosse, cercano in genere di non lasciarsi sfuggire la possibilità di auto-migliorarsi utilizzando il meglio che la ricerca scientifica d'avanguardia può offrire. A ciò si aggiunga la loro tendenza intrinseca a sperimentare cose nuove, anche e soprattutto su se stessi. L'offerta di nootropi – legali o un po' meno legali – è varia tanto quanto lo sono i loro meccanismi d'azione: oltre a "blockbuster" come la caffeina e la nicotina, abbiamo per esempio stimolanti come l'Adderall e altre anfetamine; il Modafinil, farmaco usato per la narcolessia, e che stimola una veglia concentrata anche in coloro che non sono affetti da questo disturbo; il Ritalin, usato per la sindrome da iperattivazione e deficit d'attenzione, che dovrebbe aumentare il focus; il piracetam, utilizzato nella cura dell'Alzheimer, e molto altro ancora. Insomma, farmaci per pensare meglio, più chiaramente e magari più velocemente. Si tenga comunque presente un fatto: questi farmaci fanno effetto soprattutto su persone che soffrono di deter-

---

[4] C. Giurgea, *Vers une pharmacologie de l'active integrative du cerveau: Tentative du concept nootrope en psychopharmacologie*, in: «Actual Pharmacol.», n. 25, pp. 115–156. Parigi 1972.

minati disturbi, e ciò potrebbe indicare l'esistenza di una sorta di "soffitto di vetro" cognitivo, cioè di un tetto biologico che limita in modo insuperabile le nostre capacità, per estendere le quali dovremmo ricorrere a tipologie d'intervento non ancora all'orizzonte; nonostante ciò, rimane il fatto che gli stessi neurologi parlano da diversi anni della possibilità di usare farmaci specifici per la demenza per potenziare la memoria.[5] Oltre ai nootropi, la farmacologia ha messo a nostra disposizione un'altra classe di farmaci "potenzianti", gli anti-depressivi. Lo psichiatra Peter Kramer ha coniato il termine "psicofarmacologia cosmetica" per riferirsi all'uso di antidepressivi, e specialmente del Prozac, per alterare caratteristiche della personalità, per rendere la gente timida più sicura, le persone un po' ossessive più rilassate, le persone alienate più felici e contente di sé.[6] Si tratta di quello che viene definito "uso cosmetico degli anti-depressivi", per pazienti che vogliono il farmaco ma non hanno ricevuto una diagnosi di depressione clinica e non soffrono di altri problemi mentali; inoltre si sa da tempo che spesso musicisti e performer usano il propranololo per diminuire l'ansia.[7] È vero che filosofi e genetisti speculano già dagli anni Ottanta sulla possibilità di usare la terapia genica per potenziare le capacità mentali umane[8], tuttavia ciò non vuol dire che la farmacologia abbia fatto il suo tempo, anzi; è possibile che in futuro ci riservi altre sorprese. È il caso per esempio di U0126, un farmaco tutt'ora in fase di studio, che pare essere in grado di eliminare in modo selettivo specifici ricordi. Qualche anno fa il noto neuroscienziato Joseph LeDoux e il suo team della New York University sono riusciti appunto a rimuovere un ricordo specifico – legato a un evento pauroso – dal cervello di un gruppo di ratti.[9] Non si può quindi esclu-

---

⁵ D. Cardenas, 1993. *Cognition-enhancing drugs.* «Journal of Head Trauma Rehabilitation», Vol. 8(4), 1993, pp.112-114.

⁶ P. D. Kramer, *Listening to Prozac. A Psychiatrist Explores Antidepressant Drugs and the Remaking of the Self,* Penguin Books, New York 1993. Inoltre: D. J. Rothman, *Shiny, happy people: the problem with "cosmetic psychopharmacology",* «New Republic», n. 210(7), 1994, pp. 34-38.

⁷ J. Slomka, *Playing with propranolol,* «Hastings Center Report», n. 22(4), 1992, pp. 13-17.

⁸ J. Glover, *What Sort of People Should There Be? Genetic Engineering, Brain Control, and Their Impact on Our Future World,* Penguin Books, New York 1984.

dere che, in futuro, la farmacologia ci consenta un controllo preciso delle nostre memorie, una prospettiva a un tempo affascinante e inquietante.

Per quanto riguarda invece l'incremento delle nostre potenzialità fisiche c'è il doping classico, di cui s'è detto di tutto e di più, e su cui non vale la pena dilungarsi. La vera novità, se di novità si tratta, è il cosiddetto "doping genetico", cioè la possibilità di potenziare le capacità fisiche degli atleti professionisti mediante la terapia genica. L'interesse da parte del mondo dello sport c'è senz'altro[10], la certezza che il doping genetico sia già possibile no. È per esempio dell'anno scorso il caso di Ye Shiwen, sedicenne cinese due volte medaglia d'oro olimpionica per il nuoto a Londra 2012 e al centro di una polemica relativa al doping genetico. L'atleta cinese ha infatti migliorato i propri tempi personali enormemente nel corso degli ultimi giorni, al punto che l'americano John Leonard, direttore della World Swimming Coaches Association, ha dichiarato che il record della ragazza è "sospetto e incredibile", suggerendo che le autorità che l'hanno sottoposta all'antidoping la sottopongano anche a test specifici di tipo genetico. E, mentre un responsabile dell'autorità cinese per anti-doping, Jiang Zhixue, ha ribattuto che le affermazioni di Leonard sono del tutto irragionevoli, Ted Friedmann, presidente del comitato sulla genetica della World Anti-Doping Agency, ha dichiarato che "non sarebbe per nulla sorpreso" di scoprire che il potenziamento genetico sia già usato segretamente da alcuni degli atleti. Friedmann ha cercato di trovare sistemi per identificare casi di "doping genetico" e prevenire la sua diffusione. "Questa è una tecnologia matura per l'abuso", ha dichia-

---

⁹ K. Smith, *Wipe out a single memory.* http://www.nature.com/news/2007/070305/full/news070305-17.html.

¹⁰ È eloquente a questo proposito il caso di H. Lee Sweeney, ricercatore della University of Pennsylvania Medical School, che già alla fine degli anni Novanta ha inserito in alcuni topi un gene che stimola l'IGF1 – un fattore di crescita con proprietà anabolizzanti –, riuscendo ad aumentare a volte anche del trenta per cento la massa muscolare delle cavie. Sweeney racconta di aver ricevuto – a nemmeno una settimana dalla pubblicazione dei risultati – le telefonate di due coach di altrettante squadre sportive delle scuole superiori, desiderosi di sapere se ci fosse modo di sottoporre anche i propri atleti a tale trattamento. Cfr. http://legacy.jyi.org/volumes/volume11/issue6/features/iyer.php.

rato. C'è però da dire che le posizioni di Friedmann in materia sono piuttosto eterodosse e ben lontane dall'essere accettate nelle comunità medica e sportiva. Comunque sia, che dire di questa possibilità? I "franken-atleti" sono veramente dietro l'angolo? Senz'altro alcune forme di terapia genica – per esempio quella contro la fibrosi cistica – sono in corso di sperimentazione sull'uomo; che si possa alterare il DNA degli atleti – per esempio per aumentarne muscoli e vigore, o per rendere il loro sangue capace di trasportare più ossigeno del normale – è una cosa che potrebbe senz'altro verificarsi in un futuro molto vicino, e vale dunque la pena di parlarne già adesso.[11] Al momento la World Anti-Doping Agency non dispone di un metodo affidabile per stabilire se qualcuno si sia sottoposto a terapia genica potenziante e, per quello che ne possiamo sapere adesso, alcune caratteristiche anomale – un sangue più ricco del normale di globuli rossi, o un livello di ormoni più alto della media – potrebbero essere anche "semplici" caratteristiche di un corpo fuori dall'ordinario. Anna Baoutina, ricercatrice del National Measurement Institute in Sydney, sostiene che "il grande vantaggio del doping genetico è che è molto difficile da identificare rispetto al doping chimico. Il gene dopato è molto simile alle cellule naturali che si trovano nel corpo". Per Patrick Schamasch, direttore medico dell'International Olympic Committee (IOC), i virus usati per inserire geni dentro il corpo lasciano tracce che possono essere identificate; tuttavia è senz'altro possibile che entro breve si sviluppino nuovi virus ogm che non lasciano tracce. Dominic Wells, esperto di terapia genica che ha studiato la possibilità di modificare geneticamente gli atleti, ci rassicura però del fatto che non è ancora possibile usare la terapia genica per il doping, anche se, a dirla tutta, i franken-atleti non sono poi così lontani.[12]

---

[11] Cfr. A. Miah, *Genetically Modified Athletes. Biomedical Ethics, Gene Doping and Sport*, Routledge, Londra 2004.

[12] Cfr. J. Naish, *Genetically modified athletes: Forget drugs. There are even suggestions some Chinese athletes' genes are altered to make them stronger*, «Daily Mail», 1 agosto 2012. http://www.dailymail.co.uk/news/article-2181873/Genetically-modified-athletes-Forget-drugs-There-suggestions-Chinese-athletes-genes-altered-make-stronger.html#ixzz 2WNEBwD4F.

E a questo proposito l'ultimo grido in fatto di doping genetico – e probabilmente la prima forma di potenziamento genetico di cui gli atleti potranno fare uso illegalmente – è la Repoxygen. Sviluppata dalla Oxford Biomedica, si tratta di una forma di terapia genica che spinge il corpo a produrre riserve aggiuntive di eritropoietina, un ormone che regola la produzione dei globuli rossi e che può essere usato dagli atleti come sostanza dopante; la tecnica in questione si trova ancora nella sua fase pre-clinica di sperimentazione – sui topi – e non è ancora stata testata sistematicamente sugli esseri umani. A quanto pare, potrebbe essere impossibile rintracciarla nei corpi degli atleti. E se credete che non ci sia gente disposta a sottoporsi a misure così intrusive, vuol dire che non avete mai sentito parlare della cosiddetta "chirurgia migliorativa", cioè la pratica – diffusa per esempio tra i giocatori di baseball – di sottoporsi a interventi chirurgici atti appunto a migliorare le potenzialità atletiche – chirurgia oculistica al laser per potenziare la vista, lanciatori che si fanno ricostruire il gomito con legamenti più robusti presi da altre parti del corpo, e così via. Meno intrusiva della manipolazione genetica, certo, ma comunque significativa.

E dopo il doping genetico passiamo alle protesi, strumenti più o meno sofisticati che mirano a rimpiazzare una parte del corpo mancante a causa di condizioni congenite, traumi o patologie. Con questa definizione si può intendere un po' tutto ciò che di artificiale viene attaccato – in modo stabile – al nostro corpo, dai seni al silicone alle dentiere, dalle braccia artificiali alle gambe bioniche, dagli apparecchi acustici alla famosa "pompetta" in voga tra politici e imprenditori attempati. Certo, al momento nulla si avvicina per precisione, affidabilità e apparenza naturale alle gambe, al braccio e all'occhio artificiali di Steve Austin, il protagonista della famosa serie tv degli anni Ottanta *L'uomo da sei milioni di dollari*; vedrete però che, con la calma, ci arriveremo.

Attualmente le protesi per gambe e braccia vengono costruite con materiali che uniscono leggerezza e resistenza, come la plastica o la fibra di carbonio; a ciò bisogna aggiungere il crescente numero di ritrovati tecnologici atti ad aumentare il controllo consapevole dell'utente sul suo arto artificiale; per esempio gli arti mioelettrici dispongono di elettrodi che consentono loro di raccogliere i segnali elettrici provenienti dai muscoli del paziente – una tecnica nota come elettromiografia – e utilizzarli per azionare la protesi – per esempio chiudendo o aprendo una mano artificiale. Esistono anche sistemi più sofisticati, però: si può infatti trovare arti robotici dotati di biosensori che raccolgono segnali dal sistema nervoso dell'utente, e così via. Questo per quanto riguarda la tecnologia; e riguardo al potenziamento? Si può dire che i pazienti dotati di protesi bioniche siano "potenziati" nei confronti di coloro che posseggono un corpo integro? In genere le protesi vengono innestate allo scopo di sopperire a una carenza anatomica e funzionale del paziente, ossia per permettergli di condurre una vita più o meno normale. La nostra domanda ha però senso, visto che, in certi contesti, ci si è dovuti interrogare seriamente se una certa protesi concedesse o meno un vantaggio competitivo al suo possessore. È questo il caso, molto noto, di Oscar Pistorius, l'atleta sudafricano dotato di protesi inferiori transtibiali, le quali – a quanto pare – gli consentirebbero un risparmio energetico del venticinque per cento. Al momento si tratta di piccole cose, ma non c'è dubbio che le protesi bioniche diverranno sempre più efficienti, al punto da poter superare le prestazioni dei nostri arti naturali – un punto di svolta in cui ci si dovrà giocoforza chiedere, paradossalmente, se valga o meno la pena di sostituire gli arti naturali con quelli artificiali in una persona del tutto sana.

Nel nostro elenco non possono mancare gli organi artificiali, che mirano a restituire all'organismo funzioni essenziali che quest'ultimo non è più in grado di sostenere. L'esigenza di tale tecnologia è dettata anche dalla scarsità cronica di organi necessari per i trapianti, così come dal desiderio di prevenire il traffico d'organi. Nel corso degli anni vari sono stati i dispositivi sviluppati allo scopo di sopperire a questa o quella mancanza. Abbiamo per esempio i pacemaker cerebrali – stimolatori che agiscono su varie aree del cervello, più o meno "profonde" –, utilizzati un po' per tutto, dalla depressione all'epilessia, dai tremori causati dal morbo di Parkinson ad altri problemi neurologici.

Abbiamo poi gli impianti cocleari, che mirano a restituire almeno in parte l'udito a chi l'ha perso; le protesi oculari – in genere microtelecamere connesse alla retina o al nervo ottico dell'utente –, che al momento dispongono di una funzionalità limitata; vari modelli di cuore artificiale, che per ora riescono a sostenere i pazienti solo per periodi limitati di tempo. Per quanto riguarda il fegato qualcosa sembra si stia muovendo; la HepaLife sta sviluppando un modello di fegato bio-artificiale basato sulle cellule staminali – sempre a scopo di supporto, in attesa di un trapianto. Inoltre Colin McGucklin e i suoi colleghi della Newcastle University stanno lavorando a un fegato artificiale che potrebbe essere utilizzato tra qualche anno per riparare un fegato naturale parzialmente danneggiato, oppure che potrebbe essere utilizzato all'esterno del corpo del paziente per effettuare la dialisi epatica. Dal canto suo la MC3, una compagnia di Ann Arbor, sta lavorando allo sviluppo di veri e propri polmoni artificiali, mentre vari gruppi di ricerca stanno cercando di creare sostituti semi-biologici del pancreas – allo scopo di trattare il diabete. Gli organi che si sta cercando di sostituire con controparti artificiali non sono finiti qui, ma noi ci fermiamo – convinti di aver reso l'idea.

3. Super-poteri fai-da-te

Di sicuro i trasumanisti non intendono giocarsi la salute – anzi, l'immortalità – con il doping chimico o con farmaci più o meno rischiosi; non hanno però nemmeno l'intenzione di restarsene con le mani in mano, aspettando pazientemente che qualcun altro si metta al lavoro sullo human enhancement. Da ciò deriva la loro tendenza, più o meno diffusa, a sperimentare su se stessi, provando questa o quella soluzione. E infatti i primi esperimenti – amatoriali, più che altro – con individui sani sono già iniziati. È il caso questo di Todd Huffman, laureato in neuroscienze, transumanista e collaboratore della Alcor; con l'aiuto di alcuni artisti della "body modification" – un insieme di pratiche di modificazione del corpo anche piuttosto estreme, che include la bisezione della lingua, l'impianto di corna sottocutanee e simili – Huffman si è fatto impiantare un magnete nell'anulare sinistro.[13] La parte magnetica del piccolo impianto – grande come un granello di riso – è fatta di neodimio, un elemento appartenente al gruppo delle "terre rare". Uno dei concetti centrali di gran parte del transumanismo è la cosiddetta "indipendenza dal sostrato", per la quale determinate funzioni non dipendono dal tipo di sostrato materiale che le ospita o le produce. Per cui è concepibile che certe funzioni mentali e sensoriali vengano espletate da un sostrato non-biologico, a cui si può associare anche quello organico. L'obiettivo di Todd era quindi quello di capire se l'aggiunta di un tipo di senso del tutto nuovo – e legato a un sostrato non-organico – potesse spingere il suo cervello ad alterare la propria struttura e finire con il generare una nuova, inedita componente sensoriale della nostra visione del mondo – cambiando nel contempo il modo di funzionare del nostro intelletto. Si trattava in sostanza di sviluppare un metodo semplice ed elegante per creare un'esperienza sensoriale del tutto nuova, che non ricadesse nei cinque sensi classici – un po' come capita con altre specie animali, capaci di identificare per esempio campi magnetici o altre fonti non convenzionali di dati sensoriali.[14] L'intervento chirurgico – non così banale – è consistito nel mettere in contatto l'impianto con un set di centinaia di terminazioni nervose presenti nell'anulare; in tal modo il piccolo magnete ha potuto trarre vantaggio dai "sensori" di pressione altamente sviluppati situati sulla punta delle dita. Nessun nervo era connesso direttamente al magnete, ma quando quest'ultimo veniva stimolato da una fonte esterna, come un motore elettrico o un trasformatore, il magnete cominciava a oscillare e i "sensori" trasmettevano il tutto al cervello. Non si è trattato proprio di un nuovo organo di senso in fase embrionale, ma di un modo nuovo di utilizzare un senso classico, il tatto, educando il

---

[13] Cfr. http://www.wired.com/gadgets/mods/news/2006/06/71087.

[14] Cfr. per esempio: H. C. Hughes, *Sensory exotica. Delfini, api, pipistrelli e i loro sistemi sensoriali*, McGraw-Hill, Milano 2001.

cervello a riconoscere tali segnali. Un semplice inizio, quindi, o forse solo una provocazione. Ma con un *caveat*: l'ambiente chimico interno del nostro corpo è piuttosto corrosivo – altro che il sangue di Alien – e la corrosione del neodimio porta con sé diverse sostanze tossiche; in altre parole, non provate a farlo a casa vostra.

L'intervento subito da Huffman è stato piuttosto superficiale; niente a confronto di quelli subiti da Kevin Warwick. Ricercatore e docente di cibernetica presso l'Università di Reading, Warwick si è occupato di intelligenza artificiale, di "deep brain stimulation" e di robotica. Il lavoro che però lo ha reso famoso è il suo "Progetto Cyborg", iniziato nel 1998 con l'impianto – da lui subito – di una radio-trasmittente su chip nella parte superiore del braccio sinistro.[15] Il dispositivo trasmetteva un codice di identificazione, che veniva letto da alcuni trasponder inseriti nelle porte della sua area di lavoro; queste ultime poi si aprivano automaticamente al passaggio di Warwick. Altri transponder accendevano la luce, oppure facevano dire a un computer "Buon giorno, professor Warwick!". L'auto-proclamatosi cyborg ha tenuto l'impianto nove giorni; all'epoca Warwick ha dichiarato di sentire una "speciale connessione con il mondo" – per sua fortuna durante quel periodo la Legge di Murphy non si è fatta sentire, evitando così di lasciarlo al buio o di chiudergli una porta in faccia. Nel 2002 l'accademico-cyborg ha proceduto all'inserimento di un secondo impianto; questa volta si è trattato di una piccola piastrina a cui erano connessi cento elettrodi lunghi un millimetro e mezzo. A differenza del primo impianto – che consisteva in un semplice innesto sottocutaneo –, questo era connesso direttamente a un nervo, e collegato a un cavo che emergeva dal braccio di Warwick attraverso un'incisione. Grazie a esso il team di Warwick ha potuto raccogliere segnali provenienti dal nervo, o trasmetterne a esso. Per esempio uno dei test effettuati dallo studioso è stato quello basato su alcuni sonar simili a quelli dei paraurti high tech. Con essi Warwick

---

[15] Tra i libri pubblicati da Warwick su questi temi ricordiamo: *I, Cyborg*, University of Illinois Press, Champaign 2004; e *March of the Machines: The Breakthrough in Artificial Intelligence*. University of Illinois Press, Champaign 2004.

ha cercato di procurarsi una vera e propria "visione ultrasonica"; ogni volta che i suoi sonar si avvicinavano a qualcosa, mandavano una piccola scarica al suo nervo, consentendogli così di navigare attraverso il suo laboratorio a occhi chiusi. Una delle cose che lo studioso ha notato con maggior piacere è la velocità con cui il suo sistema nervoso ha imparato ad ascoltare il nuovo segnale.

Il secondo set di esperimenti ha preso in esame gli output del sistema nervoso di Warwick; in pratica gli studiosi hanno cercato di capire quali impulsi nervosi potessero essere raccolti con il chip e se essi potessero essere utilizzati per dirigere protesi robotiche indipendenti. Muovendo la mano, Warwick ha consentito al suo team di registrare gli impulsi nervosi a essa associati e di utilizzarli per far muovere un arto robotico connesso a un apposito computer. L'esperimento è stato effettuato con successo anche a distanza, via internet – Warwick si trovava negli States e il braccio robotico a Reading. Il terzo esperimento ha infine coinvolto anche la moglie del ricercatore, che ha subito l'impianto di un semplice elettrodo nel braccio sinistro, connesso all'impianto del marito con un cavo, di modo che, tramite impulsi elettrici, i due hanno potuto comunicare usando una sorta di codice Morse. Warwick ha tenuto in sé l'impianto per tre mesi e, dopo l'estrazione, si è sottoposto a esami medici per verificare che il collegamento diretto del chip al suo nervo non abbia danneggiato quest'ultimo – cosa che non è avvenuta. Nel fare un bilancio dell'esperimento, il giornalista britannico Pete Moore – che si è occupato con uno sguardo scettico ma curioso di human enhancement – ha sottolineato che questi impianti presentano un certo rischio d'infezione, in quanto l'incisione necessaria per far passare i cavi costituisce un punto d'accesso sempre aperto per i batteri; che si rischia comunque un danno permanente al nervo; e infine che non è da escludere un'eventuale reazione del sistema immunitario. Un altro punto che sottolinea Moore è che, nell'ambito del potenziamento umano, c'è molta *hype*, molta esaltazione, ma che i risultati pratici sono per ora molto limitati; per esempio la proposta di Warwick di dotare i vigili del fuoco di una "vista ultrasonica" utile per muoversi in ambienti invasi dal fumo si scontra con il fatto che gli occhi umani dispongono di sei milioni di coni e centoventi/centocinquanta milioni di bastoncelli – e che possono dunque catturare facilmente le onde luminose, molto corte –, mentre i sonar – che hanno a che fare con onde molto più lunghe – non potranno mai fornire la stessa risoluzione della nostra vista naturale. Si tratta solo di un esempio, e anche piuttosto specifico; tuttavia rende abbastanza bene il fossato che in quest'ambito separa le ambizioni dalle capacità concrete.[16] A ciò bisogna però aggiungere che, nel corso degli anni Duemila, è entrato in gioco un fattore nuovo, che potrebbe cambiare – e pure in modo radicale – le carte in tavola: l'esercito degli Stati Uniti.

4. La fantasia al potere

Lo stereotipo del militare è quello della persona disciplinata, ligia al dovere e soprattutto priva di fantasia. Chi lo pensa però deve aver preso troppo sul serio film come *Il dottor Stranamore*, oppure non deve aver conosciuto da vicino l'esercito americano e gli esperimenti – spesso ai confini della realtà – che esso ha organizzato nel corso degli scorsi decenni. Basti pensare per esempio all'MK-Ultra, il progetto che, sulla scorta di presunte iniziative analoghe dei comunisti cinesi, cercò di realizzare tra gli anni Cinquanta e Sessanta – ma senza successo – il "lavaggio del cervello". Oppure al Progetto Stargate – niente a che vedere con gli omonimi film e serie tv –, che tra gli anni Settanta e gli anni Novanta cercò di studiare i presunti fenomeni paranormali – per esempio la precognizione, la chiaroveggenza, i viaggi fuori dal corpo e così via – dal punto di vista delle possibili applicazioni militari. Ecco: non si dica che gli alti papaveri del Pentagono non sono persone di mente aperta. Proprio per questo non ci stupiamo più di tanto a leggere delle mirabolanti imprese di quella che è la massima incarnazione dello slogan "la fantasia al potere" (militare): il DARPA – Defense Advanced Research Projects Agency, l'agenzia federale per la ricerca militare in-

---

[16] P. Moore, Op. Cit. È interessante notare però che, secondo Moore, sebbene i transumanisti siano un gruppo relativamente ristretto, l'impatto del loro pensiero sul policy making di alcuni paesi – come gli States, ma non solo – sarebbe rilevante.

somma, molto segreta e molto ben finanziata. Fondato nel 1958, situato ad Arlington, in Virginia, il DARPA[17] dispone di un budget annuale di 2,8 miliardi di dollari e di soli 240 dipendenti fissi. La sua metodologia di lavoro è sostanzialmente indiretta, nel senso che i suoi responsabili ideano e pianificano questo o quel progetto, lo suddividono in sub-progetti la cui realizzazione viene poi delegata – ovviamente assieme a finanziamenti adeguati – a questo o a quel centro di ricerca universitario, a questa o a quell'azienda. Come capita spesso con le cose americane, anche questa agenzia nasce da uno shock, e in particolare dallo smacco tecnologico subito a causa dei sovietici, che nel 1957 lanciano lo Sputnik 1. Per evitare altre figuracce, e per garantire alle forze armate americane una costante superiorità tecnologica, Dwight D. Eisenhower decide appunto di creare tale agenzia – dandole inizialmente il nome di ARPA –, con la consegna di spingere le frontiere della ricerca scientifica e tecnologica molto al di là delle esigenze militari immediate. Ed è così che inizia la storia di questi "apprendisti stregoni" – molto fortunati, però –, che durante gli anni Settanta ci hanno regalato tra l'altro la prima versione embrionale di Internet – all'epoca chiamato, guarda caso, Arpanet. Questo per dire che diverse delle invenzioni sostenute e finanziate dal DARPA hanno poi esercitato un impatto significativo sulla società. Se la *mission* originale dell'agenzia era quella di *prevenire le sorprese tecnologiche* da parte degli avversari, quella attuale mira invece a *sorprenderli tecnologicamente*. Il lavoro del DARPA è quindi interdisciplinare e si è evoluto nel tempo; se alla fine degli anni Cinquanta ha contribuito alla nascita di quello che sarebbe diventato il GPS, durante gli anni Sessanta l'agenzia ha lavorato sui computer, sulle scienze del comportamento e sulle scienze dei materiali. Gli anni Settanta hanno visto non solo la nascita di Arpanet, ma anche un più generale impegno del DARPA verso la tecnologia aerea, marittima e di terra, per lo sviluppo di tecnologie laser per la difesa anti-missile dallo spazio, per la guerra sottomarina, e per l'applicazione della computazione alla difesa. Difficile riassumere il nu-

---

[17] www.darpa.mil.

mero e la varietà dei progetti a cui i "maghi del Pentagono" hanno lavorato, anche solo nel corso degli ultimi anni. Tra i più curiosi ricordiamo il progetto Battlefield Illusions – per creare illusioni sui campi di battaglia[18] –, il BigDog/Legged Squad Support System – robot dotati di gambe –, MeshWorm, un robot a forma di verme, capace di infilarsi in luoghi difficilmente accessibili, Proto 2 – un braccio artificiale controllato dal pensiero. E poi insetti robot controllati a distanza, diversi tipi di esoscheletro e pure Transformer, un'automobile volante corazzata. Nel 2011 il DARPA ha pure organizzato il simposio *100-Year Starship*, con lo scopo di spingere il pubblico a pensare seriamente al volo interstellare, con l'idea di arrivare a questo risultato entro un secolo[19] – mangia la polvere, *Star Trek*. E poi, ovviamente, c'è il programma per il super-soldato – o meglio i programmi, in quanto si tratta in realtà di un insieme molto variegato di progetti e di obiettivi. Del tema si è occupato a lungo, tra gli altri, Joel Garreau, docente dell'Arizona University e autore di *Radical Evolution. The Promise and Peril of Enhancing Our Minds, Our Bodies – and What It Means to Be Human*, libro in cui ha appunto trattato i temi in questione; Garreau ci tiene a ricordare che, per quanto stupefacenti, i progetti dell'agenzia non sono sogni a occhi aperti, ma tentativi reali di modificare radicalmente l'essere umano:

> Immaginate se i soldati potessero comunicare solo con il pensiero… Immaginate se la minaccia di un attacco biologico fosse priva di conseguenze. E contemplate, per un momento, un mondo in cui impa-

---

[18] Obiettivo del progetto è quello di "gestire la percezione sensoriale dell'avversario, allo scopo di confondere, ritardare, inibire o sviare le sue azioni". L'obiettivo sarà ottenuto grazie alla comprensione del modo in cui "gli esseri umani usano i propri cervelli per processare gli input sensoriali", il che permetterà di "sviluppare allucinazioni auditive e visive" che "forniranno un vantaggio tattico alle nostre forze".N. Shachtman, *Darpa's Magic Plan: "Battlefield Illusions" to Mess With Enemy Minds*, «Wired», 14 febbraio 2012. http://www.wired.com/dangerroom/2012/02/darpa-magic/.

[19] T. Casey, *Forget the Moon Colony, Newt: DARPA Aims for 100 Year Starship*, «CleanTechnica», 28 gennaio 2012. http://cleantechnica.com/2012/01/28/fmoon-colony-newt-darpa-has-100-year-starship/.

rare è facile tanto quanto mangiare, e la sostituzione di parti del corpo danneggiate è facile tanto quanto passare per un fast-food drive-thru. (...). È importante ricordare che stiamo parlando di scienza in azione, non di fantascienza.[20]

Insomma, il DARPA sembra aver preso molto sul serio il celebre slogan dell'esercito *be all you can be*, anzi, forse vuole ottenere anche qualcosa di più, cioè riuscire creare esseri umani che siano del tutto inarrestabili. Vediamo allora in che modo l'agenzia mira a realizzare questo obiettivo, dando un'occhiata ai progetti che ha scelto di divulgare.

Molto meglio di Iron Man. Gli esoscheletri sono macchine mobili costituite da una struttura indossabile contenente un sistema di motori che conferiscono agli utenti una forza molto maggiore di quella umana, così come la possibilità di compiere attività normalmente molto faticose per un tempo prolungato e praticamente senza sforzo. Normalmente messi a punto per scopi militari – per trasportare carichi pesanti dentro e fuori i campi di battaglia –, gli esoscheletri possono essere anche utilizzati dai vigili del fuoco in operazioni di soccorso particolarmente ardue o in ambito medico – per la riabilitazione di pazienti colpiti da ictus o paraplegici. I modelli sul mercato sono parecchi, per esempio l'XOS della Sarcos e – chiaro omaggio al quasi omonimo super-eroe della Marvel – l'HULC della Lockheed Martin. Se questi modelli hanno un uso militare, HAL 5 della Cyberdyne ha scopi medici – cioè serve ad aiutare le persone con problemi di deambulazione e mobilità. Con il programma "Future Warrior", il DARPA mira alla creazione di esoscheletri potenziati che permetteranno ai soldati di sollevare pesi incredibili senza fatica, camminare o correre per ore, e così via.

Dominio metabolico. Joe Bielitzki gestisce il programma "Metabolically Dominant Soldier". Molto ambizioso, il progetto in que-

---

[20] Joel Garreau, *Radical Evolution. The Promise and Peril of Enhancing Our Minds, Our Bodies – and What It Means to Be Human*, Doubleday, New York 2004, pp. 22-23, traduzione nostra.

stione mira a gingillarsi con il macchinario interno delle cellule umane – a partire dal metabolismo cellulare – allo scopo di aumentare la resistenza alla fatica e la forza fisica. Una delle opzioni prese in considerazione da questo programma è quella di manipolare il DNA mitocondriale e modificare il numero dei mitocondri all'interno delle cellule, in modo da aumentarne l'efficienza nel produrre energia – per esempio rendendo un soldato capace di camminare praticamente senza limiti con uno zaino da ottanta chili sulle spalle. Un altro obiettivo è quello di sviluppare tecnologie che consentano ai soldati feriti gravemente di andare in ibernazione; ciò permetterebbe loro di sopravvivere per un breve periodo anche senza ossigeno, in attesa dei soccorsi. Un altro obiettivo ancora è quello di ottimizzare l'utilizzo dell'ossigeno, consentendo ai soldati di fare sprint di quindici minuti a livelli olimpici con un respiro, facendo vergognare Usain Bolt; sembra infatti – a quanto dice Bielitzski – che gli esseri umani non gestiscano l'ossigeno in modo efficiente, sprecandone buona parte di quello che catturano con un singolo respiro. Un altro fronte è quello dell'alimentazione; in questo caso si vuole manipolare il DNA in modo da conferire ai corpi dei soldati la capacità di convertire il grasso in energia in modo più efficiente, così da poter rimanere per diversi giorni senza mangiare – eliminando tra l'altro la necessità di portare viveri con sé. Se coronato dal successo, un simile progetto – una volta diffuso al di fuori dell'ambito militare – spazzerebbe via in un attimo il business multi-milionario delle diete.

Proibito dormire. Un programma leggermente *over the edge* è poi "Continuous Assisted Performance", gestito da John Carney. Il suo obiettivo è quello di eliminare nei soldati il bisogno di dormire durante un'operazione, mantenendo allo stesso tempo un alto livello di performance fisica e mentale. Proprio per questo tale programma sta studiando i delfini e le balene, animali in cui, come è noto, gli emisferi cerebrali dormono a turno, in modo da evitare di sprofondare nel mare e affogare. L'idea sarebbe quella di trovare un modo per trasferire tale capacità a noi stessi. A questo proposito il DARPA sta finanziando la ricerca a 360 gradi; per esempio ha finanziato la sperimentazione di un farmaco – testato su piloti di elicotteri dell'esercito – in grado di spegnere l'"interruttore del sonno". Il composto ha permesso ai volontari di stare svegli più di quaranta ore, mantenendo un livello di concentrazione elevato – e che incredibilmente è migliorato dopo quasi due giorni senza sonno. In quest'ambito un'altra tecnologia di cui il DARPA sta testando le proprietà è la stimolazione magnetica transcraniale.

Vietato ammalarsi. Sempre affidato a Carney è il programma "Unconventional Pathogen Countermeasures", che vorrebbe mettere a punto una strategia capace di bloccare una volta per tutte qualunque tipo di agente patogeno, rendendo i soldati immuni a ogni malattia trasmissibile. Uno degli obiettivi è scoprire un nucleo genetico comune a tutte o quasi tutte queste forme di vita, e trovare un modo per bloccarlo. Un esempio potrebbe essere quello di riuscire a trovare un enzima presente solo nei batteri e non in noi. Un altro sistema potrebbe essere quella che Carney chiama "colla genomica", qualcosa che si attacchi al genoma dei patogeni in modo così saldo da non consentirgli di essere letto e replicato.

Zero ferite e zero dolore. Kurt Henry gestisce il programma "Persistence in Combat"; esso a sua volta ha finanziato una compagnia, la Rinat Neuroscience[21], allo scopo di sviluppare un "vaccino per il dolore" che dovrebbe bloccare il dolore intenso in dieci secondi e i cui effetti dovrebbero durare trenta giorni; in caso di successo, il trattamento in questione rivoluzionerebbe la terapia del dolore. Un altro studioso finanziato dal DARPA è Harry Whelan, neurologo del Medical College of Wisconsin. Lo scienziato sta studiando un processo noto come "fotobiomodulazione", una tecnica di stimolazione cellulare che consiste nell'utilizzo di luce quasi infrarossa per trattare lesioni e ferite, la cui guarigione questa procedura sembra accelerare. Henry sta inoltre lavorando con un certo numero di ricercatori – altro non sappiamo – che hanno scoperto che la cascata di reazioni corporee che fermano il sanguinamento può essere stimolata da segnali

---

[21] Poi acquisita dalla Pfizer.

provenienti dal cervello. Se ciò fosse in qualche modo controllabile consapevolmente, potremmo addestrare i soldati a fermare le emorragie nel giro di alcuni minuti.

Programmi di ogni tipo. Ovviamente questa è solo la punta dell'iceberg, e i progetti lanciati in passato o attualmente attivi sono molti di più. Al DARPA Alan Rudolph – biologo e attuale direttore dell'International Neuroscience Network Foudation – ha lavorato allo sviluppo di un'interfaccia cervello/computer, le cui possibili applicazioni militari sarebbero numerosissime: si pensi alla possibilità di controllare un caccia a distanza con la mente, oppure a quella di utilizzare un esoscheletro guidandolo direttamente con il pensiero, invece che con gli stimoli provenienti dai muscoli. Sarebbe come inserire il cervello in un veicolo diverso, togliendolo dal corpo umano e inserendolo in uno robotico, più grande e molto più forte. Sempre presso la benemerita agenzia Rudolph ha lavorato anche allo sviluppo di un chip capace di simulare i circuiti cerebrali, e quindi in grado, in futuro, di sostituirli, e forse di potenziarli – per esempio aumentando la velocità di processamento delle informazioni. Tra i progetti passati del DARPA di cui sappiamo qualcosa c'è quello dei "biomotori", un insieme di tecnologie che mirano a utilizzare come carburante le risorse che reperiscono nell'organismo umano – e che potrebbero essere usati per azionare dispositivi innestati nel nostro corpo. Poi abbiamo il programma "Engineered Tissue Constructs", che si basa sull'idea di ricostruire organi su misura e parti del corpo a richiesta, svolgendo inoltre il processo di costruzione all'interno del corpo, senza la necessità di un trapianto.

L'armatura dentro di noi. Quelli che vi abbiamo presentato or ora erano i progetti promossi pubblicamente dal DARPA nel 2002, e raccontateci con dovizia di particolari da Garreau nel suo libro. Col passare degli anni i programmi di ricerca dell'agenzia si sono evoluti e moltiplicati. E così, nel 2007, al DARPAtech – il convegno periodico dell'ente – Michael Callahan ha lanciato un nuovo slogan: "far sì che gli esseri umani agiscano di più come animali". Slogan a cui è associato ovviamente un nuovo programma: "Inner Armor" – "armatura interna", più o meno. Lo scopo del progetto è duplice.[22] Il primo obiettivo è quello di rendere i soldati capaci di agire in ambienti estremi – a grandi altitudini, in luoghi molto caldi e negli abissi marini. Per ognuna di queste condizioni, ci sono specie animali che sono in grado di gestire bene la situazione. E così per esempio l'oca indiana può volare per giorni ad altezze paragonabili a quelle dell'Himalaya senza una pausa. Alcuni microrganismi prosperano nei camini vulcanici, che emettono vapore bollente e in cui si registrano temperature paragonabili a quelle di Venere. C'è poi il leone marino, un animale capace di ridirezionare il flusso sanguigno e rallentare il battito cardiaco allo scopo di stare sott'acqua per ore. Callahan vorrebbe in sostanza studiare e applicare questi trucchi biologici ai soldati, ottenendo sommozzatori capaci di aumentare il flusso di ossigeno verso gli organi principali del 30 o 40 per cento, imitando il riflesso d'immersione[23]. Non sarebbe male se anche i sommozzatori potessero farlo in modo automatico; come il DARPA intenda ottenere questo risultato non ci è però dato sapere.

Il secondo obiettivo è rendere i soldati a prova di uccisione. Le discariche di materiali chimici e radiologici brulicano di microrganismi che resistono tranquillamente a tali condizioni e, a partire dallo studio di queste creature, Callahan vorrebbe creare un set di "vitamine sintetiche" che possano prevenire l'avvelenamento chimico e radioattivo, consentendo così ai soldati di aggirarsi in ambienti altrimenti letali. Non solo; le procedure oggi adottate dall'esercito prevedono la protezione dei soldati contro un numero limitato di pericolosi agenti patogeni; tra gli scopi di "Inner Armor" ci sarebbe dunque la realizzazione di cellule immunitarie universali preventive, che proteggano contro *tutti* i tipi di malattie infettive. A ciò si aggiunge un altro obiettivo, cioè lo sviluppo di un sistema per predire l'evoluzione dei pato-

---

[22] http://archive.darpa.mil/DARPATech2007/proceedings/dt07-dso-callahan-armor.pdf.

[23] Il riflesso di immersione è un insieme di reazioni che hanno luogo in molti mammiferi – soprattutto marini – al momento dell'immersione nell'acqua, al fine di ridurre il consumo di ossigeno. Esso include la riduzione del battito cardiaco e la concentrazione del sangue in alcuni organi, in particolare cuore e cervello.

geni, in modo da prevenire l'emergenza di un nuovo patogeno con un vaccino appunto preventivo.[24]

Silent Talk. Avete presente la famosa "fusione mentale" di Star Trek, con cui i vulcaniani riescono a entrare in comunicazione diretta con le menti altrui? Ecco, al DARPA hanno messo in piedi un progetto più o meno simile. Nome in codice: "Silent Talk". Scopo di questo programma è quello di esplorare tecnologie futuribili per la lettura della mente con appositi strumenti che possono rilevare i segnali elettrici nei cervelli dei soldati. L'obiettivo finale è quello di sviluppare elmetti high tech in grado di trasmettere e ricevere il pensiero – una sorta di internet telepatica, insomma –, consentendo così a interi eserciti di tenersi in contatto senza radio. È in quest'ottica che il DARPA ha finanziato le ricerche di Jack Gallant e del suo team dell'Università della California, a Berkeley. Nel 2011 questi studiosi hanno svolto il seguente esperimento: Gallant e colleghi hanno fatto guardare alcuni trailer di film hollywoodiani a un certo numero di volontari e, grazie a una semplice scansione dei loro cervelli tramite risonanza magnetica, sono riusciti a ricostruire alcuni fotogrammi di tali video-clip. E questo è solo uno degli innumerevoli studi in corso d'opera per quanto riguarda la lettura della mente; altre ricerche puntano per esempio a "estrarre" dal cervello le parole che quest'ultimo sta ascoltando.[25]

Meglio delle lucertole. Guidato da Robert Fitzsimmons, il programma "Regenesis" vuole studiare i meccanismi che consentono a certi animali – come le lucertole – di far ricrescere i propri arti – un fenomeno che, seppur in misura molto minore, è presente anche negli esseri umani.[26]

---

[24] N. Shachtman, *"Kill Proof," Animal-Esque Soldiers: DARPA Goal*, 7 agosto 2007. http://www.wired.com/dangerroom/2007/08/darpa-the-penta/.

[25] I. Morris, *Hitler would have loved The Singularity: Mind-blowing benefits of merging human brains and computers*, «Daily Mail», 6 febbraio 2012. http://www.dailymail.co.uk/debate/article-2096522/The-singularity-Mind-blowing-benefits-merging-human-brains-computers.html#ixzz2WNEJP4GE.

[26] Forse non tutti lo sanno, ma i bambini fino agli undici anni d'età sono spesso in grado di far ricrescere le dita tagliate – se il taglio riguarda solo la falange, articolazione esclusa. A scoprire il fenomeno è stata, negli anni Settanta, Cynthia Illingworth, pediatra del Children's Hospital di Sheffield, una scoperta di cui si è occupata anche la rivista *Time* nel 1975. Cfr. http://www.time.com/time/magazine/article/0,9171,913436,00.html.

Lo scopo è, al solito, quello di attivare questa capacità anche nei miliari americani.

Questi dunque i progetti che potrebbero portarci in futuro al super-soldato e a eventuali ricadute sui civili in termini di potenziamento umano. A ogni modo, dopo aver ricevuto alcuni feedback negativi da parte di stampa e pubblico, il DARPA ha deciso di "volare basso", ribattezzando i propri progetti con nome meno roboanti e più rassicuranti. E così lo "human enhancement" è diventato "optimization", mentre "Regenesis" ora si chiama "Restorative Injury Repair". A noi però rimane una domanda: come mai un'agenzia super-segreta come il DARPA è così ciarliera? Si tratta solo di una strategia di comunicazione che mira a "fare colpo" sul pubblico e a impressionare il nemico? Può darsi. C'è però un'altra possibilità, e cioè che, rispetto ai progetti che vi abbiamo illustrato, la divulgazione sui media significhi che la fase di progettazione è quasi finita e che i dirigenti dell'agenzia sono pronti a cercare di convincere il pubblico della necessità di accogliere i cambiamenti che questi progetti inevitabilmente porteranno.[27] Ma la domanda più importante riguarda le conseguenze che tali tecnologie potrebbero avere sulla nostra identità. In altre parole: un uomo che non mangia, non dorme, non prova dolore e non si ferma mai, è ancora riconoscibilmente umano? Al DARPA di queste questioni filosofiche ovviamente non si preoccupano; l'alterazione della natura umana prodotta da tali ricerche è, dal loro punto di vista, solo una conseguenza involontaria.

Non crediate però che il DARPA sia l'unico ente americano che prende seriamente in considerazione l'eventualità che, nel corso dei prossimi decenni, le capacità umane vadano incontro a un processo di potenziamento. Pubblicato nel 2002, *Converging Technologies for Improving Human Performance*[28] è un rapporto commissionato dalla

---

[27] M. Snyder, *U.S. Super Soldiers Of The Future Will Be Genetically Modified Transhumans Capable Of Superhuman Feats*, «The American Dream», 31 agosto 2012.

[28] M. C. Roco e W. S. Bainbridge (a cura di), *Converging Technologies for Improving Human Performance*. Springer, New York 2004. http://www.wtec.org/ConvergingTechnologies/Report/NBIC_report.pdf.

National Science Foundation e dal Dipartimento del Commercio e curato da Mihail C. Roco – il nanotecnologo della NNI – e William Sims Bainbridge – noto studioso specializzato, tra le altre cose, in sociologia della religione. Nelle sue 415 pagine, il rapporto raccoglie descrizioni e commenti sullo stato della scienza e della tecnologia in quattro campi tra loro connessi e noti collettivamente come NBIC – nanotecnologia, biotecnologia, tecnologia dell'informazione e scienza cognitiva. A essere considerato è, in particolar modo, il loro potenziale per migliorare la salute, superare la disabilità e per il potenziamento umano in ambito militare e industriale. Tra le prospettive esaminate c'è quella per cui comprendere la mente e il cervello ci permetterà di creare nuove specie di sistemi intelligenti artificiali che genereranno benessere economico a livelli inimmaginabili. Secondo gli estensori del rapporto entro cinquant'anni macchine intelligenti potrebbero creare la ricchezza necessaria a fornire cibo, vestiti, riparo, educazione, cure mediche, un ambiente pulito e sicurezza fisica e finanziaria per la popolazione del mondo intero. Insomma l'ingegnerizzazione della mente ci offre l'opportunità di portare l'umanità in una nuova età dell'oro. Fa una certa impressione vedere un documento ufficiale dichiarare che "è tempo di riaccendere lo spirito del Rinascimento" per raggiungere "un'età dell'oro che sarà un punto di svolta per la produttività umana e per la qualità della vita". Gli autori prevedono tra l'altro che la connessione diretta tra il cervello umano e le macchine trasformerà il lavoro in fabbrica, controllerà le automobili, garantirà la superiorità militare di chi l'adotterà, consentirà nuovi sport, forme d'arte e modi di interazione tra le persone; sensori indossabili potenzieranno la consapevolezza di ogni persona relativamente alle proprie condizioni di salute, al proprio ambiente, alle sostanze inquinanti, ai potenziali rischi e a informazioni d'interesse; il corpo umano sarà più durevole, sano, energico, facile da riparare e resistente a molti tipi di stress, minacce biologiche, e al processo d'invecchiamento; nuove tecnologie compenseranno molte disabilità fisiche e mentali e sradicheranno del tutto gli handicap che hanno afflitto le vite di milioni di persone;

ovunque nel mondo gli individui avranno accesso istantaneo alle informazioni di cui hanno bisogno; ingegneri, artisti, architetti e designer esperiranno abilità creative enormemente espanse, grazie anche al fatto che acquisiremo una maggior comprensione della natura e del funzionamento della creatività umana; le persone comuni, ma anche i politici, avranno una consapevolezza enormemente migliorata delle forze cognitive, biologiche e sociali che controllano le loro vite, e ciò permetterà un miglior adattamento, una maggiore creatività e più efficienti processi decisionali; l'istruzione formale sarà rivoluzionata da un'aumentata comprensione del mondo fisico dal livello nanometrico a quello cosmico.

Niente male, le prospettive aperteci dal DARPA e dalla National Science Foundation; però non abbastanza estreme da soddisfare le aspettative dei transumanisti. I quali, come al solito, hanno ben pensato di far da sé, elaborando una lunga lista di potenziamenti che amerebbero possedere.

5. La carne del futuro

Ovviamente gli *upgrade* della natura umana che i transumanisti vorrebbero veder realizzati vanno ben oltre le applicazioni militari e, se messi in pratica, modificherebbero in modo sostanziale l'organizzazione funzionale e la stessa composizione chimica del nostro corpo. Ci viene in mente a questo punto un vecchio film di David Cronenberg, *Videodrome*, in cui il protagonista va incontro a una serie di mutazioni progressive che lo portano a trasformarsi nella "Nuova Carne" – termine preso dal Vangelo, in realtà, ma che Cronenberg rilegge sotto una luce molto più inquietante –, un nuovo stato dell'essere che è anche caratterizzato da una più profonda comprensione della realtà e, per valutare gli aspetti etici del potenziamento umano come da loro inteso, i transumanisti hanno pure lanciato un progetto di ricerca sostenuto dall'Unione Europea – ribattezzato *ENHANCE* – che mira proprio ad approfondire tutte le questioni filosofiche relative al potenziamento cognitivo, alla life extension, al potenziamento dell'umore e all'aumento della performance fisica.[29] Finanziato dalla Commissione Europea nel contesto del Sesto Programma Quadro (2002-2006) e destinato a durare ventiquattro mesi, *ENHANCE – Enhancing Human Capacities: Ethics, Regulation and European Policy*, è iniziato nell'ottobre del 2005.[30] È interessante notare come a livello europeo – più che ufficiale, quindi – si riconosca che molte delle biotecnologie mediche *attualmente* in fase di sviluppo potrebbero essere usate in teoria per potenziare le capacità fisiche e mentali dell'uomo. Il bando del progetto ribadisce come tali tecnologie – assieme alle nanotecnologie – potrebbero essere applicate per far sì che gli esseri umani pensino meglio, si sentano più felici, migliorino le proprie capacità sportive o estendano la durata della propria vita. Si parla inoltre della possibilità che questi potenziamenti modifichino la nostra auto-percezione, trasformando la nostra società in una "società post-umana". Il progetto *ENHANCE* è stato varato insomma per indagare il grado di sviluppo all'interno di discipline come la biologia, la bio-gerontologia e le neuroscienze, nel quadro di quattro ambiti, cioè la cognizione, l'umore, la performance fisica e il longevismo. A coordinare il progetto sono stati lo studioso di etica medica Ruud ter Meulen e l'istituto a cui afferisce, il Centre for Ethics in Medicine dell'Università di Bristol, ma *ENHANCE* ha visto anche il coinvolgimento di diversi istituti e personaggi in odore di transumanismo, come Julian Savulescu del Centre for Practical Ethics dell'Università di Oxford, Nick Bostrom del Future of Humanity Institute e il neuroscienziato e transumanista svedese Anders Sandberg.[31]

Va da sè che l'enhancement di cui si è parlato nel corso di *EN-HANCE* è, dal punto di vista dei transumanisti, solo un inizio; ben altre meraviglie ci attendono nel prossimo futuro. Tanto per cominciare, secondo autori come George Dvorsky ci staremmo avviando

---

[29] http://ieet.org/index.php/IEET/more/the_eus_enhance_project.

[30] Questo il bando: http://www.unisr.it/view.asp?id=6124.

[31] Per quanto riguarda l'Italia, al progetto ha partecipato l'Università Vita-Salute del San Raffaele di Milano, presso la quale il responsabile locale del progetto, il filosofo morale Massimo Reichlin, si è occupato di etica dell'estensione della vita.

verso una vera e propria "civiltà telepatica".[32] La riflessione di Dvorsky parte dal lavoro di Chuck Jorgensen e del suo team del NASA's Ames Research Center; gli studiosi hanno sviluppato un sistema che raccoglie e converte i segnali nervosi che arrivano alle corde vocali in parole emesse da un sintetizzatore vocale, e ciò allo scopo di aiutare a comunicare coloro che hanno perso l'uso parola, così come gli astronauti o le persone che lavorano in ambienti rumorosi[33]. Il sistema opera all'inverso degli impianti cocleari, che catturano i segnali acustici e li convertono in segnali nervosi che il cervello può decodificare. Combinando queste due tecnologie con una radio trasmittente e con un dispositivo computerizzato di conversione acustica e neurale, si potrebbe aggirare completamente il mondo dei suoni, ed entrare nell'era della telepatia – da Dvorsky prontamente ribattezzata "teclepatia". Per il pensatore transumanista quella umana è destinata a diventare una specie telepatica – un cambiamento che altererà irrevocabilmente tutte le relazioni e le interazioni tra persone. Insomma, come abbiamo già potuto notare nel corso di questo capitolo, la tecnologia che si interfaccia direttamente con il nostro cervello si sta espandendo sempre di più, e la teclepatia è forse all'orizzonte – lo stesso Jorgensen ha confermato a Dvorsky tale possibilità. E infatti lo scopo finale di Jorgensen è quello di sviluppare un sistema computerizzato – basato su equazioni apposite che consentano la decifrazione dei segnali neurali – che sia completamente non-invasivo[34] e che registri allo stesso tempo i segnali neurali in entrata e in uscita.

Per Peter Passaro – ricercatore del laboratorio di ingegneria neu-

---

[32] G. Dvorsky, *Evolving towards telepathy. Demand for increasingly powerful communications technology points to our future as a "techlepathic" species*, «Sentient Developments», 12 maggio 2004. http://www.sentientdevelopments.com/2006/03/evolving-towards-telepathy.html.

[33] Cfr. http://www.nasatech.com/NEWS/May04/who_0504.html.

[34] Non è detto infatti che, per funzionare o effettuare performance ragguardevoli, una tecnologia debba essere per forza di cose innestata all'interno del corpo umano. A questo proposito il transumanista Alexander Chislenko ha coniato nel 1995 il termine "Fyborg", abbreviazione di *functional cyborg*, per indicare persone potenziate tramite dispositivi elettronici o meccanici non inseriti nel corpo. Esempi di fyborg li vediamo tutti i giorni, in coloro che usano cellulari, i-Pad, auricolari o semplici occhiali. Cfr. http://www.lucifer.com/~sasha/articles/techuman.html.

rale della Georgia Tech che si occupa di mappatura e decodifica dell'attività nervosa – la tecnologia per creare un cellulare impiantabile esiste già, si tratta solo di rimboccarsi le maniche e realizzarla. Secondo lui il prossimo passo sarebbe quello di connettersi direttamente ai centri del linguaggio, consentendo così di trasmettere direttamente il pensiero verbale. Anche Warwick è d'accordo con Dvorsky; secondo lui però non si potrà trasmettere solo pensieri o parole, ma – dopo un po' – tutti i tipi di segnale prodotti dal nostro cervello e dal nostro corpo, come i nostri stati emotivi, la nostra posizione, e così via.

Dvorsky prevede che l'avvento della prima civiltà telepatica avverrà in tre fasi. Prima si svilupperanno e useranno dispositivi di tipo subvocale; poi si arriverà alla trasmissione unidirezionale del pensiero; infine si avrà la comunicazione bidirezionale di pensieri, emozioni e quant'altro – forse attraverso una versione futura di internet. Grazie alla teclepatia, la cooperazione umana e il gioco di squadra – si tratti del lavoro di una squadra di salvataggio o del concerto di una rock band – saranno enormemente potenziati. A questo proposito, gli artisti potranno senz'altro creare espressioni artistiche ora inimmaginabili, trasferendo direttamente in modo telepatico esperienze emotive e concettuali; anche le relazioni intime e amorose potrebbero raggiungere un grado di intimità mai sognato nemmeno dai poeti romantici. Ed è pure possibile che i famosi "sei gradi di separazione" siano destinati a subire un drastico ridimensionamento.[35]

Di più. Se è vero – aggiungiamo noi – che "siamo tutti soli", ossia che siamo tutti rinchiusi nelle nostre teste e separati dagli altri dal

---

[35] Quella dei "sei gradi di separazione" è una teoria sociologica per la quale ogni essere umano è connesso a ogni altro essere umano attraverso una catena di relazioni personali che comprende al massimo sei persone. E così se prendiamo, per esempio, un abitante di Roma e uno di Ulan Bator, il primo conoscerà senz'altro una seconda persona, che ne conoscerà una terza, che ne conoscerà una quarta e così via fino all'abitante della capitale mongola, per un massimo di cinque intermediari. Lanciata per la prima volta nel 1929 dallo scrittore ungherese Frigyes Karinthy nel racconto *Catene*, questa teoria è stata poi studiata da diversi sociologi, tra cui Stanley Milgram. Dvorsky suggerisce la possibilità che la teclepatia riesca ad avvicinare persone che vivono lontane a tal punto da ridurre drammaticamente il numero medio dei gradi intermedi.

muro del linguaggio, allora si può vedere la storia umana come un progressivo percorso di avvicinamento reciproco dei singoli individui, per cui abbiamo imparato – tramite sistemi sempre più articolati di analisi e comunicazione interpersonale, tramite la letteratura, la filosofia, la psicologia – a capire sempre meglio che cosa passa nelle teste degli altri, come sia la loro esperienza soggettiva e la loro vita interiore. Forse con la teclepatia potremo esperire per la prima volta in modo diretto l'esperienza altrui – e, come è noto, quello della soggettività degli altri è un tema filosofico molto rilevante, che con la teclepatia potrebbe forse arrivare a una svolta.

Il futuro non ha in serbo per noi solo la telepatia, ovviamente; il transumanista Michael Anissimov si è divertito a questo proposito a stilare una lista dei potenziamenti che potremmo vedere nei decenni a venire.[36] Tanto per cominciare, tra trenta o quarant'anni potremmo disporre di anticorpi artificiali nanotech più rapidi ed efficienti di quelli naturali, fatti di polimeri o di diamante, capaci di comunicare tra di loro con impulsi acustici; grazie a essi potremo camminare in stanze contaminate da virus pericolosissimi in maglietta e pantaloncini.

E poi c'è la super-vista. Abbiamo già a nostra disposizione microscopi avanzatissimi che pesano molto poco; inoltre stiamo studiando la vista degli uccelli da preda, alcuni dei quali dispongono di una vista così acuta da poter vedere una lepre a ben più di un chilometro di distanza; abbiamo poi dispositivi compatti che possono esplorare tutto lo spettro elettromagnetico, dai raggi x alle onde radio, e tutto ciò che sta nel mezzo; esistono già retine artificiali che possono fornire una visione a bassa risoluzione ai ciechi. In futuro – ragiona Anassimov – combinando tutto queste tecniche e queste conoscenze, disporremo di una super-vista che copre tutto lo spettro e che può pure vedere dettagli a livello microscopico. In quest'ambito la sfida più grossa non è quella di creare un occhio artificiale superiore, ma quella di rimodellare la corteccia visiva in modo che

---

[36] Michael Anissimov, *Top Ten Cybernetic Upgrades Everyone Will Want*, http://www.acceler-atingfuture.com/michael/blog/2007/01/ten-transhumanist-upgrades-everyone-will-want/.

possa processare i dati e consegnarli al resto del cervello senza che questo si senta sovrastato o travolto.

Agli inizi del 2006 Ray H. Baughman e i suoi colleghi della University of Texas di Dallas hanno sviluppato muscoli artificiali in polimeri sintetici cento volte più forti dei nostri e alimentati da alcol e idrogeno. Se – armeggiando un po' con la bionica – riuscissimo a sostituire i nostri muscoli biologici con quelli polimerici, potremmo sollevare oggetti pesanti anche venti o trenta tonnellate. Al momento è solo fantascienza, ovviamente, ma nella vita non si sa mai; e poi chi non vorrebbe essere forte come l'Incredibile Hulk? I transumanisti amerebbero ovviamente dotarsi di tali fibre muscolari, anche per il vantaggio aggiuntivo che esse comportano, ossia il fatto che, grazie alle loro resistenza, potrebbero schermare il corpo umano da pallottole e altre forme d'aggressione fisica.

Angolo dell'estetista. È logico immaginare che le tecnologie attualmente usate per fini estetici – per esempio la liposuzione e la chirurgia plastica – finiscano per essere perfezionate a tal punto da diventare molto più precise e facili da eseguire, meno invasive e meno costose. Gli interventi estetici del futuro renderanno quindi l'estrema bellezza una cosa comune; questo implica che noi esseri umani non l'apprezzeremo più? Tutt'altro, ci rassicura Anassimov: il nostro cervello è programmato per apprezzare la bellezza comunque; una persona attraente è attraente, con o senza altre persone attraenti in giro – noi non siamo molto sicuri di ciò, ma per ora sospendiamo il giudizio.

Combinando poi le interfacce mente-cervello del futuro con la Utility Fog, potremo pure disporre di una forma di telecinesi – in pratica guidando la nostra personale "nuvoletta" nanotech potremo spostare oggetti di ogni tipo solo pensandolo. Anassimov però va oltre: fondendoci con le nanotecnologie, secondo lui potremmo diventare auto-poietici – cioè capaci letteralmente di creare noi stessi – e allopoietici – ossia capaci di creare altre cose – in un modo del tutto inedito. Potremmo inserire dentro di noi unità di manifattura nanotech, che ci permetteranno di produrre nano-robot e, usando materiali grezzi reperiti nell'ambiente, di costruire tutti gli oggetti che vogliamo a partire appunto dal nostro corpo e dalla nostra volontà. Potremo anche ricostruire parti di noi stessi danneggiate o amputate, infondendo letteralmente la vita nella materia inanimata che assorbiremo di volta in volta; in sintesi un *molecular manufacturing* personale autopoietico e allopoietico.

E ancora: vi piacerebbe volare? Non con un aereo o un elicottero, ma proprio volare come fanno gli uccelli? Negli ultimi anni sono stati sviluppati diversi tipi di ali a reazione portatili – da mettere sulla schiena, come quella costruita dall'ex-pilota militare svizzero Yves Rossy e utilizzata per volare sopra le Alpi. Con le nanotecnologie – magari con i fullereni –, nei prossimi anni la resistenza e la leggerezza di questi dispositivi aumenteranno a dismisura, mentre i costi crolleranno; potremmo così arrivare ad ali robotiche molto più leggere di noi, tanto da poterle flettere e indossare sotto i vestiti. Si arriverà insomma al volo personale – nel senso che non voleranno veicoli, ma proprio persone. Addio per sempre ai voli di linea?

Anche Natasha Vita-More ha una sua proposta in materia di potenziamento: la *smart skin*, ossia la "pelle intelligente", un tessuto biosintetico che mantenga e anzi potenzi le caratteristiche della pelle naturale.[37] Lo strato esterno dovrebbe essere composto da strutture di tipo cellulare assemblate con le nanotecnologie. La smart skin dovrà essere progettata in modo da riparare, ricostruire e sostituire se stessa; dovrebbe contenere nano-bot distribuiti attraverso l'epidermide e il derma per comunicare con il cervello e ottenere da esso indicazioni sulla conformazione e il tono superficiale da impostare. La smart skin trasmetterà di continuo al cervello dati sensoriali intensificati; per quanto riguarda invece il rapporto con il prossimo, essa potrà comunicare le emozioni che proviamo, riprodurre simboli, immagini, colori e simili. Infine sarà in grado di tollerare alte dosi di tossine ambientali e schermare l'organismo dalle radiazioni. Insomma, par di capire che, più che a levarci la pelle e sostituirla con una versione po-

---

[37] N. Vita-More, *Nano-Bio-Info-Cogno Skin.* http://ieet.org/index.php/IEET/more/vitamore20120318.

tenziata, la Vita-More miri a nanotecnologizzare quella che abbiamo già. Visto inoltre che, a quanto pare, la nostra pelle è popolata da quasi duecento specie di batteri, per la transumanista iniettare nella cute nano-bot potenzianti non dovrebbe essere poi così intrusivo.

Infine non potevano mancare – come al solito, *dulcis in fundo* – le proposte di Ray Kurzweil. Per l'inventore e futurologo nei prossimi decenni i sistemi fisici e mentali del nostro corpo subiranno un radicale aggiornamento; useremo nano-robot per potenziare e infine rimpiazzare i nostri organi.[38] Entro il 2030 avremo finito di retro-ingegnerizzare il cervello umano e l'intelligenza non-biologica si fonderà con i nostri cervelli biologici – ottimista come sempre, il nostro Kurzweil. Occhio però, che ora arriva il piatto forte. Come è noto, dalla rivoluzione sessuale in qua il sesso è stato separato dalla riproduzione – cioè si può fare sesso senza riprodursi e ci si può riprodurre senza fare sesso. Per Kurzweil lo stesso può accadere per cibo e nutrizione. In realtà ci sono già procedure rozze per effettuare questa separazione: si pensi ai farmaci blocca-carboidrati, che prevengono l'assorbimento dei carboidrati complessi, oppure ai vari sostituti dello zucchero. Nel frattempo, ci dice il nostro transumanista preferito, è in corso lo sviluppo di farmaci più sofisticati, che bloccano l'assorbimento calorico a livello cellulare. Ma tanto non ci fermeremo qui e, non appena le tecnologie adeguate saranno disponibili, procederemo a re-ingegnerizzare il nostro sistema digestivo, in modo da disconnettere gli aspetti sensoriali dal loro scopo originario, cioè fornire nutrimento – aggiornando così un sistema che la natura ha tarato sulla scarsità.

Per Kurzweil al corpo umano 2.0 ci si arriverà in modo progressivo, un pezzo – o organo – alla volta. In una fase intermedia, i nano-bot nel tratto digestivo e nel flusso sanguigno estrarranno in modo intelligente e preciso le sostanze nutritive di cui abbiamo bisogno, faranno richiesta di eventuali altre sostanze nutritive necessarie attraverso la nostra personale rete wireless locale ed elimineranno tutto il cibo che non serve. Già ora esistono macchine che possono navigare nel flusso sanguigno;

---

[38] Ray Kurzweil, *Human Body Version 2.0*. http://lifeboat.com/ex/human.body.version.2.0.

sono in corso infatti decine di progetti per la creazione di "biological microelectromechanical systems" (bioMEMS), robot micrometrici destinati a immergersi nel nostro sistema cardiocircolatorio, con varie funzioni, diagnostiche e terapeutiche – un rapido giro su Google vi darà un'idea di quanto sia vasto e fecondo quest'ambito di ricerca.

Negli anni venti del 2000 potremo introdurre nel nostro corpo le sostanze nutrienti di cui necessitiamo direttamente con i nano-bot; uno scenario possibile è quello dell'"abito nutritivo", cioè un indumento – come una cintura o una maglietta – contenente nano-bot carichi di sostanze nutritive che entrano ed escono dal corpo attraverso la pelle. E così – garantisce Kurzweil –, mentre noi gusteremo ogni tipo di menù, un processo del tutto separato immetterà nel nostro sangue tutte le sostanze nutritive di cui avremo bisogno. Si possono anche immaginare nano-bot eliminatori che compatteranno le sostanze di rifiuto, alleggerendo di molto il carico da eliminare attraverso l'intestino. "Si può dire – commenta Kurzweil – che alcune persone ottengano un qualche piacere anche dalla funzione eliminatoria, ma io sospetto che la maggioranza della gente sarebbe felice di farne a meno". Dopo un po' non avremo più bisogno nemmeno di abiti nutritivi; le riserve di nano-bot metabolici saranno disponibili ovunque, incastonate nell'ambiente circostante. Grazie ai nano-bot potremo mantenere nel nostro corpo ampie riserve di tutto, riuscendo così a stare senza mangiare per periodi molto lunghi. Una volta ottimizzato il processo nano-botico, potremo fare a meno completamente del sistema digestivo. E, a quanto pare, Kurzweil è un grande fan di Freitas; per il *baby-boomer* supremo con il sangue robotico freitasiano elimineremo il bisogno di un cuore, mentre con i respirociti potremo fare a meno dei polmoni – riuscendo così a recarci pure in luoghi dove non c'è aria da respirare. Ma non è finita qua. Nano-bot specifici potranno svolgere il lavoro dei reni, mentre altri nano-bot ci riforniranno di ormoni bio-identici. Comunque non vi preoccupate, tutti questi processi di cambiamento non saranno immediati, ma andranno incontro a diverse fasi di implementazione, con continui miglioramenti del design.

Dunque, vediamo un po'. Abbiamo eliminato cuore, polmoni, globuli rossi e bianchi, piastrine, pancreas, tiroide e tutti gli organi che producono ormoni, reni, vescica, fegato, la parte inferiore dell'esofago, stomaco e intestino. Ci rimangono lo scheletro, la pelle, gli organi sessuali, la bocca, la parte superiore dell'esofago e il cervello. Lo scheletro è stabile, ma potrà essere infuso di nano-bot, che lo renderanno ancora più solido, resistente e capace di autoripararsi. Anche la pelle potrà essere migliorata con materiali nano-ingegnerizzati che ci proteggeranno ancora di più dagli effetti fisici e termici dell'ambiente, aumentando nel contempo le nostre capacità di comunicazione intima ed edonica. Idem per bocca e parte superiore dell'esofago. Arriviamo finalmente al sistema nervoso. Abbiamo cominciato il nostro viaggio con computer che riempivano stanze intere, per poi ritrovarceli sulla scrivania e, poco più tardi, in tasca. Tra poco li metteremo direttamente nei nostri corpi e nei nostri cervelli e, alla fine, saremo più robotici che biologici. Entro il 2030, avremo miliardi di nano-bot dentro i capillari del nostro cervello, i quali comunicheranno tra di loro così come con i nostri neuroni. Una delle possibilità offerteci da questo cervello potenziato sarà quella di poterci immergere in una realtà virtuale totale, rimpiazzando i segnali normali dei nostri organi di senso con quelli generati dalle nano-macchine. Anzi, disporremo di una grande varietà di ambienti virtuali, in cui potremo cambiare aspetto, personalità e diventare altre persone; potremo inoltre proiettare le nostre esperienze sensoriali, così come i loro correlati neurologici, sul web, di modo che altre persone possano esperire ciò che esperiamo noi, e viceversa – un po' come nel curioso film *Essere John Malcovich*. Si potrà usare i nano-bot per espandere le nostre menti, aumentando in modo enorme il numero di interconnessioni neurali, aggiungendovi connessioni virtuali tramite la comunicazione con i nano-bot. Questo espanderà tutte le nostre capacità mentali, dalla memoria, al pensiero, al riconoscimento di schemi.

E non dimentichiamo poi la proposta di Kurzweil riguardo all'*upgrade* del nucleo cellulare, ossia la sostituzione di quest'ultimo con un'apposita coppia nanotech, ossia un nano-computer e un nano-bot.

Il nano-computer conterrà tutta l'informazione del DNA e, in connessione con un apposito nano-bot, potrà effettuare la sintesi delle proteine. Così potremmo sconfiggere tutti i patogeni biologici – tranne i prioni – ed elimineremmo tutti gli errori di trascrizione del DNA – una delle maggiori fonti d'invecchiamento, ammette l'inventore.[39]

Per quanto i progetti di Kurzweil e colleghi per il nostro corpo siano estremi, quelli per la mente – come abbiamo già cominciato a intravedere – lo sono ancora di più. È quindi giunto il momento di dare un'occhiata più da vicino al cervello umano, per capire come intendano riplasmarlo i transumanisti.

---

[39] Cfr. Ray Kurzweil, *The Singularity Is Near. When Humans Transcend Biology*, Penguin, New York 2005, pp. 232-233.

7. Colonizzare la mente

1. Dietro ai nostri occhi

Con una metafora destinata a diventare famosissima, nel 1942 il celebre neurofisiologo Charles S. Sherrington definì il cervello come "il telaio incantato".[1] Oltre che scienziato, Sherrington era pure un poeta, e non si lasciò sfuggire l'occasione di unire le sue due passioni e di colorare di poesia l'attività cerebrale. E incantato lo è davvero, quel bizzarro chilo e mezzo di materia che sta dietro i nostri occhi e che, per qualche ragione a noi ignota, pensa. Non che non ci abbiamo provato, a capire il cervello, anzi; soprattutto negli ultimi due decenni, grazie anche alla risonanza magnetica – che ci ha offerto l'opportunità di guardare dentro questo rompicapo biologico – le nostre conoscenze in materia sono cresciute notevolmente. Il mistero però rimane, come vediamo ora.

Innanzitutto chiediamoci: cosa c'è di preciso dentro la nostra scatola cranica? Vari infatti sono i modi di sezionare – metaforicamente – e organizzare la materia cerebrale, tanto che, nel corso degli anni, la ricerca neurologica ci ha offerto diversi modelli e metafore. Pur con tutti i limiti del caso, confessiamo senza pudore che le nostre simpatie vanno alle teorie del neurologo americano Paul MacLean, e in particolare alla sua teoria del cervello uno-e-trino.[2] Proposto per la prima volta nel corso degli anni Sessanta, questo modello parte dall'idea che il cervello umano sia il frutto di un processo di stratificazione iniziato ben prima della nascita della nostra specie. In sostanza il nostro cervello sarebbe composto in un certo senso da *tre* cervelli sovrapposti –

---

[1] C. S. Sherrington, *Man on his nature*, Cambridge University Press, Cambridge 1942, p. 178.
[2] P. D. MacLean, *Evoluzione del cervello e comportamento umano. Studi sul cervello trino*, Einaudi, Torino 1984.

e non per forza strettamente coordinati l'uno con l'altro, anzi, spesso autonomi –, quello rettiliano, quello mammaliano e quello più specificatamente umano; da vero e proprio *bricoleur*, la natura ha prodotto questo sistema un po' alla volta, per prove ed errori, scegliendo di volta in volta opportunisticamente la soluzione che sul momento le pareva più adatta. Il cervello rettiliano risale a trecento milioni di anni fa e rappresenta gli aspetti più primitivi del nostro sistema nervoso, regola le funzioni basilari della nostra fisiologia – respirazione, battito cardiaco, temperatura corporea – e le reazioni istintive – sesso, aggressività, nutrizione e fuga. Esso include il bulbo dell'encefalo; il ponte di Varolio, che ha varie funzioni, tra cui, a quanto pare, un ruolo importante nella produzione onirica; il mesencefalo, che tra le altre cose processa le informazioni sensoriali entranti; il cervelletto, legato al controllo motorio. Il cervello mammaliano, emerso circa cento milioni di anni fa – e che, come si può intuire dal nome, condividiamo con gli altri mammiferi – è invece capace di produrre risposte emotive più articolate e di acquisire memorie complesse. Le strutture chiave di questa sezione sono l'amigdala, sede di emozioni intense come la paura e la rabbia; l'ippocampo, legato alla memoria a lungo termine e alla navigazione spaziale; l'ipotalamo, che si occupa dell'attività endocrina e di molte funzioni somatiche; il giro cingolato, deputato al controllo corticale del battito cardiaco e della pressione sanguigna e legato all'attenzione volontaria. Infine c'è la neo-corteccia, particolarmente sviluppata nell'*Homo sapiens* – specie che, stando alle scoperte più recenti della paleoantropologia, sarebbe comparsa circa duecentomila anni fa. Nella neo-corteccia risiedono le cosiddette "facoltà superiori", linguaggio, pensiero astratto, auto-consapevolezza. In particolare essa è ramificata in un emisfero destro e uno sinistro, a loro volta suddivisi in lobi: il lobo occipitale – sito nel retro della testa e deputato al processamento degli stimoli visivi –, il lobo temporale – deputato alla visione, ai processi uditivi e al riconoscimento degli oggetti che vediamo –, il lobo parietale – che integra le informazioni provenienti dai sensi – e il lobo frontale – che ha un ruolo centrale nei processi decisionali. Si tratta solo di un modello, e che vi abbiamo pure presentato in modo semplicistico; abbiamo deciso di sposarlo, oltre che per la simpatia che ci suscita, anche per il fatto che esso sembra essere particolarmente caro ad alcuni transumanisti.

Non c'è però solo il cervello, tra i nostri interessi, ma anche un oggetto molto più sfuggente: la mente. Di che cosa si tratta? Visto che, come è noto, i filosofi non hanno raggiunto un accordo soddisfacente nemmeno sulla definizione della loro attività preferita – cioè la filosofia –, è facile immaginare come il concetto di mente sia altrettanto problematico. Possiamo definire la mente – così, su due piedi – come l'insieme delle facoltà cognitive che ci permettono di essere coscienti, di ricordare, di percepire, di pensare. Insomma, si tratterebbe dell'"equipaggiamento" minimo necessario per essere quello che siamo, per distinguerci dalle cose inanimate e, in un grado minore, dagli animali – in quanto pare che anche questi ultimi posseggano a loro modo una mente, chi più chi meno, a seconda della specie. Si parla poi spesso di "facoltà superiori" o "più elevate" della mente, come il giudizio, la capacità di pensare razionalmente, e così via – sebbene nel corso degli anni anche l'emotività sia stata riscattata in vari modi. Le facoltà mentali includono dunque il pensiero, l'immaginazione e la consapevolezza – auto-coscienza inclusa. E poi ci sono i "contenuti" della mente, "oggetti" che risiedono appunto lì: pensieri, ricordi, emozioni, intuizioni, "immagini". Quest'ultimo termine lo abbiamo virgolettato, data la sua enorme problematicità filosofica: si tratta di immagini reali, come quadri e fotografie, solo più sfocate? Oppure è solo un modo di dire? E se è vera la seconda, allora cosa sono le "immagini mentali"? Come vedete, si tratta di un ginepraio filosofico; meglio restarne fuori. Altrettanto intricati sono il problema del libero arbitrio – siamo davvero "liberi", responsabili delle nostre scelte e capaci di auto-determinarci, oppure siamo solo "marionette" nelle mani dei nostri geni, della nostra chimica cerebrale, o della nostra cultura di appartenenza? – e quello dello status dei nostri contenuti mentali – le nostre idee, i nostri concetti, esistono indipendentemente dalle nostre menti, e magari si trovano "da qualche parte", oppure sono solo segni o simboli di cui abbiamo bisogno, e che scompariranno con noi?

Tutti questi problemi – e molti altri ancora – rappresentano il cuore di una moderna disciplina nota come "filosofia della mente". Non che prima i filosofi non si occupassero di queste cose; e non che altri filosofi, lontani dalla filosofia della mente, non se ne occupino. I transumanisti ci sembrano però legati perlopiù alla cosiddetta filosofia analitica, o anglosassone, proprio come la filosofia della mente, e quindi ci interesseremo soprattutto a quest'ultima disciplina. La quale si occupa della natura della mente, degli stati mentali, delle proprietà mentali e del rapporto del mentale con il corporeo; in pratica, del rapporto mente-cervello, centrale per il pensiero filosofico contemporaneo, e centrale anche per uno dei concetti più cari ai transumanisti, il "mind uploading", ossia la possibilità di "caricare la mente" su un supporto diverso da quello biologico. Ecco, preparatevi ora a una bella serie di "-ismi", che nella filosofia della mente abbondano.

Il primo –ismo della lista è il "dualismo", l'idea cioè che la mente e il cervello siano due sostanze completamente diverse; se il padre spirituale di questa idea può esser considerato Platone – per il fatto che distingueva tra il mondo materiale, in divenire, e il mondo delle idee, eterno e immateriale –, il principale rappresentante moderno di essa è senz'altro Cartesio. Per quest'ultimo la *res extensa* – in parole povere, il corpo – era estesa, cioè occupava spazio, e meccanicamente determinata, cioè soggetta alle rigide leggi del rapporto di causa-effetto; la *res cogitans* – ossia la mente – era immateriale, cioè non occupava spazio alcuno, e dotata della capacità di pensare e di auto-determinarsi liberamente. Già qui si vede, *in nuce*, la problematicità filosofica di questa concezione: se mente e corpo sono due sostanze così diverse, al punto da interpenetrarsi e "ignorarsi" a vicenda, com'è possibile che le due comunichino, permettendo per esempio alla mia mente – cioè a me – di controllare il mio corpo? Cartesio cercava di cavarsela con la sua famosa ghiandola pineale – che avrebbe dovuto fungere da "luogo di contatto" tra res cogitans e res extensa –, ma senza molto successo. I massimi rappresentanti moderni del dualismo delle sostanze possono essere considerati Karl Popper e John Eccles, per i quali la mente "interagisce" in qualche modo con il corpo;

Popper ipotizzò l'esistenza di tre "mondi", il mondo degli enti materiali, quello delle entità culturali – idee matematiche e non solo – e quello della mente, in costante rapporto interattivo l'uno con l'altro.

Il monismo è invece un insieme di posizioni che, in buona sostanza e in misure diverse, *identificano* mente e cervello. Per il funzionalismo – tra i tanti nomi che vi afferiscono, vi possiamo citare Hilary Putnam e Jerry Fodor – gli stati mentali sono *funzioni* della mente e/o del cervello; da dove vengono fuori, allora? Una possibilità è che le funzioni o stati mentali *emergano* dal cervello; in pratica il mondo naturale sarebbe composto da *strati* l'uno sovrapposto all'altro, ognuno dotato di proprietà non semplicemente riducibili allo strato inferiore, ma in qualche modo emergenti da esso tramite un "salto" ontologico. E così il mondo organico emergerebbe da quello inorganico, le forme di vita più complesse da quelle meno complesse, e il pensiero – o la mente – dalla vita non-senziente. Comunque sia, il funzionalismo rappresenta una forma di "dualismo delle proprietà", cioè si parte dall'esistenza di una sostanza unica – la materia – ma si ammette l'esistenza di diversi tipi di proprietà, cioè quelle fisiche e quelle mentali. Non mancano poi approcci di tipo linguistico al problema mente-corpo, per esempio quello incarnato da Ludwig Wittgenstein – nella prima fase del suo pensiero – e dai suoi seguaci, che ritengono tale questione del tutto illusoria e destinata a essere sciolta nel corso di un processo di "purificazione" linguistica che rinunci a termini – come quelli metafisici, tipici di tanta filosofia della mente – apparentemente pregni di significato e che in realtà ne sono privi. Interessante è poi l'approccio comportamentista – ma qui usciamo dal territorio della filosofia della mente, e entriamo in quello della psicologia –, partito con John Watson e rilanciato in seguito da F. Burrhus Skinner. Il comportamentismo è, come è noto, ostile al concetto di introspezione e a favore di un'analisi della mente in termini di comportamenti osservabili e misurabili. Curioso è anche – se non altro per la sua origine terminologica, ispirata alla rock band americana Question Mark & the Mysterians – il misterianismo, incarnato, tra gli altri, da Colin McGinn, per il quale gli esseri umani sono "cognitivamente chiusi" riguardo alle proprie menti. Secondo lui saremmo privi delle procedure di formazione dei concetti necessarie per cogliere pienamente le catene causali che stanno alla base della nostra mente.

Particolarmente importante è, dal punto di vista del nostro discorso sul transumanismo, la scienza cognitiva e l'approccio computazionale alla mente umana, a sua volta associato agli studi sull'intelligenza artificiale. Il cognitivismo è un movimento interno alla psicologia nato attorno agli anni Sessanta e basato sull'idea che la mente sia paragonabile a un programma per pc: in pratica il cervello sarebbe l'hardware e la mente il software. Anche qui abbiamo semplificato notevolmente: il cognitivismo è molto più di questo e, nel corso dei decenni, ha subito un'evoluzione molto articolata, a volte intersecandosi con gli studi sull'AI, cioè l'intelligenza artificiale. All'interno poi di quest'ultimo settore, il noto filosofo della mente John Searle ha effettuato una distinzione destinata a fare scuola, cioè quella tra AI debole e AI forte. I fautori della prima mirano in parole povere a simulare in modo adeguato nelle macchine gli stati mentali presenti negli esseri umani, mentre i sostenitori della seconda vogliono realizzare una mente artificiale – contenuta ovviamente in un apposito computer – che sia effettivamente dotata di consapevolezza e intelligenza umane. L'obiettivo finale è quello di sviluppare una mente artificiale capace di superare il test di Turing – chiamato così dal nome del celebre pioniere della *computer science* Alan Turing. L'argomento dello scienziato procede più o meno così: sistemiamo un essere umano in una stanza e, tramite un apposito terminale, lo facciamo conversare con qualcun altro che si trova nella stanza a fianco, senza che il primo possa vedere o sentire in alcun modo l'interlocutore. C'è però una clausola: quest'ultimo potrebbe essere sia un essere umano, sia un computer. Se il primo soggetto non è in grado di capire se stia parlando con un uomo o con una macchina, cioè se quest'ultima è così sofisticata da riuscire a trarre in inganno il soggetto dell'esperimento, allora si può dire che essa è intelligente tanto quanto un membro della nostra specie, e il test è superato.

Non bisogna poi dimenticare che, accanto alla filosofia analitica e all'approccio cognitivo, c'è anche la cosiddetta "filosofia continentale", la quale, procedendo da Nietzsche, passa poi per Edmund Husserl, Martin Heidegger, Michel Foucault, Jacques Derrida e molti altri ancora; anche questi pensatori hanno qualcosa da dire relativamente all'uomo e ai saperi che lo riguardano. Per esempio Heidegger, pur non essendo in realtà un esistenzialista, ha elaborato in *Essere e Tempo* un'eccezionale analitica esistenziale, che prende in considerazione l'uomo come totalità "gettata nel mondo" e proiettata verso il futuro e verso la possibilità. E ancora: nel corso del Novecento abbiamo assistito all'avvento delle scienze umane, le quali, sotto forma di sociologia, linguistica, psicologia, antropologia culturale e quant'altro, hanno elaborato una messe di conoscenze, idee e teorie relative alla natura umana tali da far impallidire anche l'accademico più motivato a padroneggiarle. E pensate che non abbiamo neanche preso in considerazione le teorie della mente buddiste e indù – molto più sofisticate di quanto si creda comunemente.

Quelli che vi abbiamo presentato sono solo alcuni esempi, tanto per farvi capire che i saperi relativi all'umano sono moltissimi, articolati, a volte in contraddizione tra di loro; le vie d'accesso a quel mistero ambulante che è l'uomo sono numerosissime, in crescita e con tutta probabilità destinate a svilupparsi ancora vertiginosamente nel corso dei secoli e dei millenni a venire.[3]

I transumanisti però hanno le idee piuttosto chiare. O meglio, alcuni di essi le hanno e, come vedremo, tendenzialmente optano per una concezione relativamente riduzionista, che mescola scienza cognitiva, neuroscienze e intelligenza artificiale forte.

Si tratta a nostro parere di un approccio limitante, ma tutto sommato sensato: da qualche parte bisogna pur cominciare, se si vuole ricostruire la natura umana da cima a fondo, e in effetti ci pare che l'approccio neurologico-cognitivo-computazionale si presti meglio di altri a sviluppare proposte più o meno articolate su come il nostro

---

[3] Chi volesse procurarsi un'infarinatura di questi temi può rivolgersi a: M. Di Francesco, *Introduzione alla filosofia della mente*, Carocci, Roma 2002; E. Kandel, J. Schwartz e T. Jessell, *Principi di neuroscienze*, Casa Editrice Ambrosiana, Milano 2003.

prezioso telaio incantato andrebbe riplasmato tramite la tecnologia. Prima però di affrontare le idee transumaniste in merito, è meglio vedere che cosa siamo in grado di fare adesso.

2. Neurotecnologie: lo stato dell'arte

Difficile anche solo cominciare a riassumere il numero, l'estensione e la varietà dei programmi di ricerca che, in gradi diversi e secondo modalità differenti, coinvolgono il cervello umano e le tecnologie che a esso fanno riferimento. Al solito, cominciamo con una definizione: con il termine "neurotecnologie" si definiscono tutti quei dispositivi e quelle procedure capaci di interagire direttamente con il sistema nervoso umano e animale, così come tutte le ricerche relative a questo ambito. Le neurotecnologie sono in circolazione da circa cinquant'anni, ma hanno conosciuto uno sviluppo marcato solo nel corso degli ultimi due decenni. Questo campo di ricerca sembra destinato poi a subire una forte accelerazione in conseguenza del progetto internazionale "Decade of the Mind", lanciato nel 2007 allo scopo di stimolare forti investimenti pubblici a favore dello studio della mente e del radicamento di quest'ultima nell'attività cerebrale. Un ambito scientifico fortemente legato alle neurotecnologie è la cosiddetta neuro-ingegneria, una disciplina che mira a utilizzare tecniche ingegneristiche per studiare, riparare o – si spera – potenziare il cervello. Tale ambito mette assieme le neuroscienze computazionali, la neurologia, l'ingegneria elettrica ed elettronica, la robotica, la cibernetica, le nanotecnologie e l'ingegneria informatica. Attualmente la ricerca neuroingegneristica è focalizzata sulla comprensione del modo in cui i sistemi motori e sensoriali del nostro cervello codificano e trasmettono le informazioni, e ciò allo scopo di imparare come manipolarli, in modo da riuscire a connettere il cervello a neuro-protesi o a interfacce cervello-macchina. È un campo di ricerca piuttosto recente, tanto che la prima rivista scientifica dedicata, il *Journal of Neural Engineering*, è nata appena nel 2004 – in contemporanea con il *Journal of NeuroEngineering and Rehabilitation.*

Attualmente le neurotecnologie possono essere grossomodo divise in due rami, cioè l'imaging e la stimolazione. Nel primo caso citiamo innanzitutto la risonanza magnetica funzionale, che si basa sul rilevamento dell'afflusso di sangue e di ossigeno in questa o quell'area cerebrale, un fatto che corrisponde a una sua maggior attivazione – il che ci permette appunto di vedere il cervello "all'opera", capendo quale area fa che cosa. La tomografia computerizzata si basa sui raggi X, mentre la tomografia a emissione di positroni si basa sull'attivazione di specifici marker biologici – ossia monitora l'afflusso di sostanze utilizzate dal cervello, come il glucosio. Infine abbiamo la magnetoencefalografia, che si basa sulla mappatura dell'attività elettrica del cervello.

Nell'ambito della stimolazione[4], abbiamo innanzitutto la stimolazione magnetica transcraniale, che, come potete capire dal nome, mira a interferire con l'attività elettrica di questa o quell'area del cervello usando specifici campi magnetici. Questa tecnica viene usata per trattare un gran numero di condizioni, dall'emicrania alla depressione, dal disturbo ossessivo-compulsivo al morbo di Parkinson. Molto più invasivi sono i pacemaker cerebrali, dispositivi medici impiantabili nel cervello e la cui funzione consiste nell'inviare segnali elettrici al tessuto nervoso. A seconda dell'area in cui sono impiantati, si parla di stimolazione corticale o di *deep brain stimulation* – "stimolazione del cervello profondo". È possibile inoltre impiantarli in prossimità della colonna vertebrale o dei nervi craniali. Gli scopi di un tale intervento sono principalmente medici – preventivi o curativi. Tra le patologie trattate con

---

[4] La stimolazione elettrica del cervello è vecchia tanto quanto lo è la neurologia stessa. Se nel 1870 Eduard Hitzig e Gustav Fritsch dimostrarono che stimolare elettricamente il cervello dei cani produceva movimenti corporei, nel 1874 Robert Bartholow fece lo stesso riguardo agli esseri umani. Celebri sono gli esperimenti condotti tra gli anni Cinquanta e gli anni Settanta dal celebre fisiologo spagnolo José Delgado, che riuscì ad ottenere un certo controllo del comportamento umano e animale tramite la stimolazione elettrica. Lo studioso inventò lo "stimoceiver", un microchip radiocomandato impiantato nel cervello e capace di trasmettere impulsi elettrici allo scopo di modificare comportamenti e sensazioni di base, come l'aggressività e la percezione del piacere. In seguito Delgado scrisse un libro piuttosto controverso, *Physical Control of the Mind: Toward a Psychocivilized Society*. In esso l'autore sosteneva che, dopo aver domato e civilizzato la natura che lo circondava, l'uomo doveva civilizzare la propria interiorità – ovviamente tramite procedure analoghe a quelle da lui studiate. Cfr. J. Delgado, *Physical Control of the Mind: Toward a Psychocivilized Society*. Harper and Row, New York 1969.

questi dispositivi abbiamo l'epilessia – allo scopo di bloccare gli attacchi epilettici –, il morbo di Parkinson – per ridurre sintomi come i tremori, la rigidità degli arti e altro – e la depressione cronica. La deep brain stimulation si basa in genere su tre componenti: il generatore d'impulsi esterno – un neurostimolatore a batteria incastonato in una struttura di titanio –, un cavo isolato in poliuretano con alcuni elettrodi in lega di platino-iridio – inseriti nel cervello – e un ulteriore cavo isolato che connette i due. In genere il generatore d'impulsi è sistemato a livello sottocutaneo, nella clavicola o, a volte, nell'addome.

Entriamo ora nell'ambito delle protesi neurali, dispositivi capaci di affiancare o sostituire funzioni cerebrali mancanti stimolando il sistema nervoso e registrandone l'attività. In genere coinvolgono elettrodi che misurano l'attivazione dei nervi e che segnalano ai dispositivi prostetici i compiti da svolgere. Le tecnologie già disponibili o in fase di sviluppo più o meno avanzato sono diverse; tra di esse ricordiamo gli impianti cocleari, che restituiscono l'udito ai sordi. Le protesi visive si trovano ancora in una fase di sviluppo elementare. Allo studio abbiamo inoltre protesi motorie, che mirano a stimolare l'apparato muscolare al posto del cervello e del midollo spinale. Abbiamo poi gli arti artificiali, di cui abbiamo parlato in precedenza.

Gli impianti cocleari sono composti da diversi sotto-sistemi. Il suono viene raccolto da un microfono e trasmesso a un processore esterno – in genere sistemato dietro l'orecchio – che lo traduce in dati digitali; questi ultimi vengono poi tradotti in segnali radio trasmessi tramite un'antenna a un dispositivo situato all'interno del paziente, che li invia – sotto forma di impulsi elettrici – alla coclea. Le protesi visive si basano sulla stimolazione elettrica della retina, e prevedono tre approcci: quello epiretinale – elettrodi piazzati sopra la retina –, quello subretinale – sotto la retina – e quello transretinale extraoculare – che è appunto esterno all'occhio.

Ora è il turno degli impianti cerebrali, dispostivi connessi direttamente al cervello del paziente. Uno degli obiettivi principali di questi strumenti – a livello di ricerca – è quello di aggirare aree cerebrali danneggiate da ictus o da traumi alla testa. Gli impianti cerebrali agiscono stimolando, bloccando o registrando – il tutto tramite impulsi elettrici – i segnali prodotti da singoli neuroni o gruppi di neuroni. Uno dei loro scopi è la cosiddetta "sostituzione sensoriale", che consiste nello sviluppo appunto di sostituti della vista e dell'udito – un approccio che si affianca dunque a quello degli impianti visivi e cocleari. Molti sono i progressi conseguiti negli ultimi anni, e in particolare quelli relativi al controllo diretto – cioè tramite il pensiero – di dispositivi artificiali, come braccia robotiche e così via. Attualmente gli impianti cerebrali sono costituiti dai materiali più diversi, dal tungsteno al silicio, da una lega di platino-iridio all'acciaio inossidabile; presto però entreranno in gioco materiali più futuribili, come i nano-tubi di carbonio.

Arriviamo così alle BMI – brain–machine interface –, ossia tutte quelle tecnologie che mirano a costruire un'interfaccia diretta tra il cervello e uno o più dispositivi esterni, allo scopo di aiutare o potenziare il primo. Le BMI sono in realtà storia vecchia, nel senso che le prime ricerche sistematiche relative a esse sono iniziate già negli anni Settanta all'Università della California, sotto l'egida – indovinate un po' – del DARPA. La differenza principale tra neuro-protesi citate qui sopra e le BMI è data dal fatto le prime connettono il sistema nervoso a uno strumento, mentre le seconde connettono il cervello a un computer. Le neuro-protesi si possono connettere a qualunque parte del sistema nervoso – incluso quello periferico, dunque –, mentre le BMI si connettono al sistema nervoso centrale. Si tratta comunque di settori di ricerca e sperimentazione ampiamente sovrapposti, tanto che sovente gli studi sulle neuro-protesi sono strettamente connessi a quelli sulle BMI, in quanto l'utilizzo di pc dotati di programmi appositi è inevitabile.

Vari sono i laboratori in giro per il mondo che hanno sperimentato con successo le BMI sugli animali; per esempio è noto il caso della scimmia che nel 2008 – presso lo University of Pittsburgh Medical Center – è riuscita a far muovere un braccio robotico con il pensiero.[5]

---

[5] M. Baum, *Monkey Uses Brain Power to Feed Itself With Robotic Arm*, «Pitt Chronicle», 6 settembre 2008. http://www.chronicle.pitt.edu/story/science-technology-monkey-uses-brain-power-feed-itself-robotic-arm.

Tra gli studiosi principali di BMI ricordiamo il brasiliano Miguel Nicolelis[6], che lavora presso la Duke University, a Durham; l'approccio da lui promosso consiste nell'utilizzo di un gran numero di elettrodi sparsi lungo un'ampia area del cervello, in modo da ridurre la variabilità della risposta prodotta dal singolo elettrodo. Altri gruppi di ricerca di rilievo – che hanno sviluppato sia BMI, sia algoritmi in grado di decodificare i segnali neuronali – sono quelli di John Donoghue della Brown University, Andrew Schwartz della University of Pittsburgh e Richard Andersen del Caltech.

Una distinzione che possiamo fare tra i vari dispositivi di BMI è quella relativa al grado di invasività: e così abbiamo le BMI invasive, parzialmente invasive e non-invasive. Un esempio tipico di BMI invasiva è il celebre BrainGate della Cyberkinetics, un'azienda Usa legata al DARPA[7]; si tratta di un chip – fornito di novantasei elettrodi – impiantato nel 2005 per nove mesi nella corteccia motoria del cervello di Matt Nagle, un paziente tetraplegico che, grazie al dispositivo, ha potuto controllare per la prima volta un braccio meccanico. L'uomo è riuscito inoltre a muovere un cursore sullo schermo di un pc, a cambiare i canali della tv e ad accendere e spegnere le luci, il tutto con il pensiero. Le BMI parzialmente invasive si basano sull'impianto dei relativi dispositivi nel cranio dei pazienti, ma non direttamente nel cervello; esse utilizzano varie tecniche di misurazione dell'attività elettrica cerebrale, come l'elettrocorticografia – una procedura simile all'elettroencefalografia. Infine abbiamo le BMI non-invasive, che si definiscono tali in quanto leggono l'attività cerebrale basandosi appunto su tecniche non-invasive, come l'appena nominata elettroencefalografia o la risonanza magnetica.

Parallelamente alle neurotecnologie, citiamo un tema di grande interesse per i transumanisti, ossia quello della simulazione cerebrale – in altre parole, il tentativo di riprodurre al computer l'attività com-

---

[6] Di lui consigliamo un saggio, uscito or ora in Italia: M. Nicolelis, *Il cervello universale. La nuova frontiera delle connessioni tra uomini e computer*, Bollati Boringhieri, Torino 2013.

[7] http://www.cyberkinetics.com/.

plessiva del cervello di animali sempre più complessi, fino ad arrivare all'uomo. Svariati sono i cervelli animali mappati e, almeno in parte, simulati usando appositi software. Per esempio il cervello del *Caenorhabditis elegans* – un semplice verme nematode –, che consta di soli 302 neuroni interconnessi da circa cinquemila sinapsi, è stato mappato nel 1985[8] e parzialmente simulato nel 1993.[9] Tanto per capirci, pur avendo a che fare con un sistema nervoso semplice come quello del C. elegans, non siamo ancora riusciti a capire come esso produca il comportamento relativamente complesso di tale organismo.[10] Anche il cervello del moscerino della frutta è stato accuratamente studiato e ne è stata ricavata una simulazione semplificata.[11]

In questo campo il ruolo di "guru" tocca forse a Henry Markram, studioso sudafricano-israeliano a capo del "Blue Brain Project" della École Polytechnique Fédérale di Losanna.[12] Lanciato nel 2005, il progetto in questione rappresenta un tentativo di creare un cervello sintetico tramite la retroingegneria del cervello dei mammiferi, giù fino al livello molecolare; scopo finale è quello di studiare i principi architetturali e funzionali del cervello, con la speranza di fare un po' di luce sulla natura della coscienza.

Il Blue Brain Project si basa su un super-computer Blue Gene della IBM con installato il software NEURON – sviluppato da Michael Hines, studioso dell'Università di Yale –, capace non solo di simulare

---

[8] M. Chalfie, J. E. Sulston, J. G. White, E. Southgate, J. N. Thomson, S. Brenner, *The neural circuit for touch sensitivity in Caenorhabditis elegans*, «The Journal of Neuroscience», 5(4), pp. 956–996, 1985. http://www.jneurosci.org/content/5/4/956.full.pdf.

[9] E Niebur e P. Erdos, *Theory of the locomotion of nematodes: Control of the somatic motor neurons by interneurons*, «Mathematical Biosciences», 118(1), pp. 51–82, 1993. http://www.ncbi.nlm.nih.gov/pubmed/8260760.

[10] R. Mailler, J. Avery, J. Graves, N. Willy, *A Biologically Accurate 3D Model of the Locomotion of Caenorhabditis Elegans*, 2010 International Conference on Biosciences. pp. 84–90, 7–13 Marzo 2010. http://www.personal.utulsa.edu/~roger-mailler/publications/BIOSYSCOM2010.pdf.

[11] P. Arena, L. Patane, P. S. Termini, *An insect brain computational model inspired by Drosophila melanogaster: Simulation results*, The 2010 International Joint Conference on Neural Networks (IJCNN). http://ieeexplore.ieee.org/xpl/login.jsp?tp=&arnumber=5596513&url =http%3A%2F%2Fieeexplore.ieee.org%2Fxpls%2Fabs_all.jsp%3Farnumber%3D5596513.

[12] http://bluebrain.epfl.ch/.

una rete neurale, ma basato anche su modelli realistici dei neuroni. Lo scopo iniziale del progetto – raggiunto nel 2006 – era quello di simulare la colonna neocorticale di un ratto, ossia la più piccola unità funzionale della neocorteccia. Ora gli studiosi perseguono – sotto la dicitura di "Human Brain Project" – un duplice obiettivo, cioè portare la simulazione a livello molecolare – per studiare così gli effetti dell'espressione dei geni sul nostro sistema nervoso – e semplificare la procedura di simulazione della colonna corticale, in modo da poter poi simulare numerose colonne interconnesse – allo scopo di arrivare alla simulazione di un'intera neocorteccia umana, che è composta da circa un milione di colonne corticali.[13]

Quella che vi abbiamo fornito è solo un'infarinatura, e il campo delle neurotecnologie e della neuro-ingegneria è molto più di questo; invitandovi ad approfondire questo affascinante ambito per conto vostro, passiamo alle proposte avanzate dai traunsumanisti, cominciando con quella elaborata da uno dei padri della World Transhumanist Association, David Pearce. Con una postilla: in decisa controtendenza rispetto agli altri transumanisti, il filosofo britannico propone una ristrutturazione della mente umana basata non sulla neuro-ingegneria, ma sulle biotecnologie.

3. Il Giardino dell'Eden della mente

L'obiettivo di Pearce è quello di sradicare la sofferenza da tutta la vita senziente – regno animale incluso. Questo è il nocciolo del suo progetto "abolizionista" e a questo è dedicato il manifesto *The Hedonistic Imperative*, pubblicato online nel 1995.[14] Il pensatore ne ammette l'ambiziosità, ma ne sottolinea la fattibilità, in termini di ingegneria genetica e nanotecnologie; i post-umani finiranno dunque col riscrivere il genoma dei vertebrati e ricostruiranno pure l'ecosistema, in modo da eliminare per sempre qualunque esperienza dolorosa e garantire a tutti gli esseri viventi uno stato di beatitudine paradisiaca.

---

[13] http://www.humanbrainproject.eu/.
[14] http://www.hedweb.com/.

I *pathway* metabolici – in pratica i "sentieri" neurali, cioè le "cascate" di reazioni chimiche che si verificano nel nostro sistema nervoso, e il percorso neurale che seguono – del dolore e del malessere si sono evoluti a causa della loro utilità in termini di sopravvivenza. Questa caratteristica andrà però sostituita con un nuovo sistema motivazionale basato interamente su "gradienti di benessere", che ci consentiranno una felicità perpetua di un'intensità ora fisiologicamente inimmaginabile. Pearce mette però subito le mani avanti: non si pensi che questo suo progetto possa risultare in una forma di staticità sociale e intellettuale. Stimolando adeguatamente specifiche strutture neurali si potrà potenziare l'attività esplorativa e diretta verso qualche fine, mentre l'ampiezza e la diversità delle azioni che l'organismo trova soddisfacenti potranno essere accresciute. I suoi post-umani saranno dunque *high-achievers* – persone che si pongono obiettivi sempre più ambiziosi, e li conseguono – sereni e positivamente motivati, animati da gradienti di beatitudine, con una produttività molto più intensa della nostra.

La proposta del Paradise Engineering – ribadisce Pearce – può sembrare piuttosto strana, ma si deve tenere a mente che, prima dell'avvento degli anti-dolorifici e degli anestetici, anche l'idea di bandire la sofferenza fisica sarebbe sembrata altrettanto utopistica; in realtà il suo approccio non fa altro che continuare un trend già iniziato da un paio di secoli, e che continuerà fino a quando il dolore fisico e mentale non saranno spariti dalla nostra storia evolutiva. Di più: gli stati mentali dei post-umani raggiungeranno – in quella che Pearce chiama "era post-darwiniana" – un grado di diversificazione incomprensibile per noi, ma tutti saranno accomunati da una felicità sublime e onnipervasiva.

Per calarci meglio nel Paradise Engineering introduciamo ora alcuni concetti di base. Innanzitutto quello di *hedonic treadmill* – letteralmente "tapis roulant edonico". In termine in questione è stato introdotto dallo psicologo britannico Michael Eysenck[15] per indicare il fatto che la nostra psiche disporrebbe di una sorta di "termostato della felicità", che – dopo alcune momentanee variazioni verso l'alto o verso il basso, dettate da eventi piacevoli o spiacevoli – ci riporta inevitabilmente al livello di felicità medio su cui siamo tarati geneticamente – proprio come se la nostra psiche stesse camminando su un tapis roulant. Pearce allora si chiede: e se si potesse veramente regolare questo termostato?

Altro ruolo importante nella proposta pearceana ce l'hanno due neurotrasmettitori, la serotonina e la dopamina. La prima è sintetizzata da appositi neuroni serotoninergici e regola principalmente l'umore, il sonno, l'appetito e la sessualità; è presente soprattutto in alcune aree del mesencefalo. L'insieme dei *pathway* della serotonina formano il "sistema serotoninergico". In sostanza dalle suddette zone i neuroni serotoninergici si proiettano verso le strutture superiori, fino alla corteccia, di modo che il sistema in questione finisce con l'innervare l'intero encefalo. La dopamina viene prodotta in diverse zone del cervello, tra cui l'area μ tegmentale ventrale e la substantia nigra. I circuiti della dopamina formano appunto il "sistema dopaminergico", che ha, in parole povere, un ruolo di "facilitazione comportamentale" e controlla la motivazione e la motricità. Anche i circuiti dopaminergici innervano diverse aree cerebrali, controllando per esempio le sensazioni piacevoli e il processo di gratificazione – proprio per questo la dopamina pare essere coinvolta in diversi processi legati alla tossicodipendenza. A ciò si aggiunge il sistema oppioidergico, ossia l'insieme dei recettori per gli oppioidi, che accolgono molecole come le encefaline, le endorfine e le dinorfine, sostanza endogene che hanno funzioni di tipo analgesico; sono concentrati in modo particolare nella sostanza grigia periacqueduttale, situata nel mesencefalo. Sono di tre tipi, ma a Pearce interessa uno solo, il recettore μ (mu), che è il più diffuso ed è legato anche a sensazioni di tipo euforico. Insomma, manipolando adeguatamente il nostro sistema nervoso, potremmo combinare stabilità emotiva, resilienza e serenità "serotoninergica" con l'energia diretta a uno scopo, l'ottimismo e l'iniziativa di una "botta" dopaminergica. Le "esperienze di

---

[15] M. Eysenck, *Happiness: Facts and Myths.* Lawrence Earlbaum, Hove 1990.

picco" potranno essere incanalate, controllate e diversificate geneti-camente.[16] Si potrà essere estatici senza una ragione particolare, in modo costitutivo; felici di essere felici, insomma.

Ribadiamo che quello di Pearce non è un piano dettagliato, ma una proposta generica, che volutamente non tiene conto dei dettagli e della correttezza scientifica delle teorie abbozzate in quello che è, appunto, solo un manifesto. Il pensatore ammette che, con tutta pro-babilità, parte delle neuroscienze "pop" che utilizza è talmente sem-plicistica da sembrare una caricatura; idem per le relative questioni filosofiche, che dovrebbero in realtà occupare libri su libri. Il suo è dunque solo un primo tentativo di esplorare una *terra incognita*, per la quale ci sarà poi bisogno di una nuova rete di concetti, al fine di mappare i reami della coscienza straordinariamente alieni che ci aspettano.

Inoltre, sentendo parlare di neurotrasmettitori e di serenità e pia-cere indotti chimicamente o geneticamente, avrete cominciato con tutta probabilità a preoccuparvi. Magari vi sarà venuta in mente l'im-magine – nota a tutti coloro che si interessano a vario titolo di neuro-logia – del ratto a cui è stato impiantano un elettrodo in corrispon-denza dei centri del piacere, coincidenti più o meno con il sistema meso-limbico della dopamina. Comunque sia, se all'animale si offre la possibilità di auto-stimolarsi premendo una leva, il ratto lo farà di con-tinuo, non curandosi più né di mangiare né di dormire.[17] Non fatevi ingannare, però: l'auto-stimolazione continua *non* è l'obiettivo a cui punta Pearce. Il quale ci tiene a far notare che alcuni stati euforici gui-

---

[16] Il concetto di "esperienza di picco" è stato elaborato dallo psicologo americano Abraham Maslow; con esso si intende in breve tutti quei momenti più o meno rari in cui il soggetto si sente "in sintonia con il mondo", oppure "pienamente padrone di sé" ma nel contempo "fuso con il Tutto". È qualcosa di simile a un'esperienza quasi-mistica con una forte con-notazione esistenziale, per la quale il soggetto esperisce una forte "pienezza di significato" relativamente alla propria vita e al proprio posto nel mondo. Cfr. A. Maslow, *Religion, values and peak experiences*, Viking, New York 1964.

[17] È interessante notare che, stando ai dati sperimentali, il ratto non ha bisogno di un *low* per continuare ad apprezzare un *high* – contrariamente a quanto si è pensato a lungo in ambito filosofico, ritenendo cioè che l'apprezzamento pieno di un certo stato sia possi-bile solo dopo aver esperito pure il suo opposto.

dati dalla dopamina possono in realtà potenziare in modo generico il comportamento diretto verso un obiettivo: la motivazione può diventare dunque più intensa, non meno. Il filosofo transumanista ci garantisce dunque che i nostri discendenti non finiranno come i mangiatori di loto dell'Odissea, o come i cittadini de *Il Mondo Nuovo* di Aldous Huxley, istupiditi dalla sua droga immaginaria, il soma. Al contrario: i post-umani perseguiranno una serie incredibilmente fertile di attività produttive e dotate di scopo. Per esempio le esperienze estetiche verranno intensificate: i panorami diventeranno maestosamente belli, la musica toccherà l'animo più in profondità, il sesso sarà più squisitamente erotico, le rivelazioni mistiche incuteranno un timore reverenziale ancora maggiore e l'amore sarà molto più intenso di quanto ora possiamo comprendere.

Ad ogni modo, il Paradise Engineering non è un progetto edonistico nel senso classico del termine, visto che ciò che esso persegue non è il puro e semplice piacere sensoriale, ma piuttosto una forma di beatitudine che non interferisca minimamente con la nostra capacità di discriminazione intellettuale. Da un punto di vista teoretico e informazionale, ciò che conta non è la nostra localizzazione assoluta sull'asse dolore-piacere, ma se siamo "informazionalmente sensibili" a cambiamenti dell'ambiente interno ed esterno rilevanti per la nostra sopravvivenza e benessere. I gradienti di beatitudine possono bastare per motivarci e offrirci una ricca rete di meccanismi di retroazione. Quando ci troviamo a dover scegliere tra un male minore e uno maggiore, il fatto che scegliamo il primo non lo rende in qualche modo piacevole. Lo stesso vale per l'opposto, in termini di gradienti – cioè, secondo Pearce, un gradiente meno piacevole non è per questo percepito come doloroso. Per Pearce è senz'altro possibile immaginare un sistema per indurre l'organismo a evitare un danno o reagire a una minaccia senza far ricorso a sentimenti e sensazioni dolorose. È questo il caso della robotica, nel senso che in quest'ambito si lavora già da tempo a robot che siano capaci di imparare a evitare situazioni pericolose, e ciò senza che essi "provino" realmente dolore o terrore. In pratica negli automi si cerca di sviluppare meccanismi isomorfi al dolore – cioè che sortiscano lo stesso effetto senza essere per forza legati a un sistema sensoriale simile al nostro. Come a dire che, volendo, si potrebbe sviluppare qualcosa di simile anche nell'uomo.

Vediamo più in dettaglio la proposta di Pearce per il sistema mesolimbico della dopamina; in esso i neuroni dopaminergici ammontano a soli trenta/quarantamila, e ovviamente per il pensatore transumanista sarebbe possibile aumentarne il numero – e quindi la nostra capacità di provare piacere – tramite un apposito intervento di terapia genica. Una volta raggiunta l'età adulta, i neuroni dopaminergici tendono a morire a un tasso di più del dieci per cento ogni decennio; ciò fa sì che la senescenza sia segnata da un calo di motivazione, libido, piacere e intensità delle esperienze. Il programma biologico di Pearce punta a moltiplicare queste cellule, con l'obiettivo iniziale di centuplicare la capacità dell'organismo di provare benessere.

I neuroni dopaminergici mesolimbici innervano le più alte regioni corticali del cervello e hanno dunque un ruolo nella mediazione della cosiddetta "encefalizzazione dell'emozione", un processo per cui le emozioni vengono costruite e tarate in base agli obiettivi di sopravvivenza dell'organismo. Come effetto "collaterale" di tutto ciò, tendiamo a percepire la nostra felicità come inseparabile dalla presenza o dall'assenza di svariati "oggetti intenzionali", cioè oggetti verso cui sono dirette le nostre emozioni, e in realtà scelti dalla natura in base ai propri scopi. È quella che Pearce chiama "strategia periferalista", ossia il fatto che il focus della nostra intenzione è spinto verso qualcosa che è indipendente da noi. Per fare un esempio, la nostra coscienza è attratta da una serie di bisogni – come il riconoscimento sociale, il possesso, il successo sessuale e così via – che in realtà percepiamo come tali, cioè come bisogni da soddisfare a ogni costo, proprio perché ai nostri geni fa comodo così.

Ecco allora il bandolo della neuro-matassa di Pearce: grazie al suo progetto di riprogrammazione biologica, ci libereremo una volta per tutte dalla "Tirannia dell'Oggetto Intenzionale". Attualmente le emozioni sono così pervasivamente encefalizzate che crediamo che la felicità possa essere raggiunta e la frustrazione evitata solo inseguendo quello che per Pearce è "un folle mosaico di idoli intenzionali privi di valore inerente". Anche se ci immergessimo in mondi virtuali incredibilmente realistici, soddisfacendo tutti i nostri desideri e ottenendo un controllo pieno della nostra realtà, non rimarremmo felici a lungo; dopo un po' la noia e altri sentimenti negativi tornerebbero alla carica. È quindi probabile che, dopo la Transizione, alcuni oggetti intenzionali finiscano per sparire, mentre altri – per esempio il desiderio di conoscere sempre di più i segreti della natura – vengano conservati. In un'epoca in cui l'intenzionalità non sarà più legata alla darwiniana necessità di sopravvivenza, come saranno encefalizzate le emozioni? La verità è che nessuno vuole sul serio che le proprie emozioni siano de-encefalizzate. Non ci va l'idea di una frenesia orgasmica perpetua, troppo simile a quella dei ratti di cui sopra. L'innervazione limbica della neocorteccia ha funzionato così bene perché ci ha permesso di "sentire" alcuni oggetti intenzionali come istintivamente attraenti o repellenti. Insomma, vogliamo sentirci felici per buone *ragioni*. Ridisegnando la neocorteccia con un'innervazione dopaminergica e mu oppioidergica più ricca, il focus della futura felicità estatica potrà essere diretto verso un panorama imprevedibile di oggetti intenzionali – cioè cose e ragioni "per cui" si è felici. La vita sarà sempre interessante ed entusiasmante, il divertimento non cesserà mai e il tapis roulant edonico finirà finalmente in soffitta. Inoltre conservare oggetti intenzionali ben definiti e un comportamento diretto a uno scopo ci eviterà di sprofondare in un benessere paralizzante e in piaceri incompatibili con la sopravvivenza.

Prima o dopo l'ingegneria edonica diverrà una disciplina biomedica matura, una forma di ingegneria biochimica che ci consentirà di manipolare con precisione i nostri stati mentali. Grazie a essa lavoreremo sui sistemi dopaminergico, serotoninergico e oppioidergico, disabilitando inoltre diversi processi di compensazione che fungono da meccanismi di retroazione inibitoria – in pratica, meccanismi innati che dopo un po' bloccano la spirale ascendente del benessere. Così facendo, creeremo una nuova architettura biomolecolare del cervello.

Allo stesso modo, i neurotrasmettitori legati alla sofferenza – come la bradichinina, la nocicettina, la sostanza P – saranno banditi per sempre dal nostro apparato sensoriale. Sembra molto; è poco, se comparato al re-design del cervello che prenderà piede nei prossimi millenni. Usciremo progressivamente dal medioevo psico-chimico; per le generazioni che verranno e che si troveranno a vivere questa Transizione, sarà come risvegliarsi da un incubo – che ora, essendovi immersi, non siamo in grado di concettualizzare pienamente –, o come rendersi conto di aver passato metà della propria vita in una sorta di stato sonnambulico. Noi invece, al momento, siamo privi delle capacità semantiche necessarie per descrivere l'enorme varietà di stati di benessere che proveremo. Ovviamente i sistemi di neurotrasmettitori di cui abbiamo parlato fino a ora sono finemente interconnessi, e Pearce li tratta in isolamento solo per comodità espositiva. Prima di procedere alle modifiche si dovrà ricostruire le complesse e delicate interazioni e i cerchi di retroazione che essi formano. In una frase: ci aspettano secoli di lavoro. Scopo finale di questo re-design razionale è quello di riuscire a "elevarci" al di sopra del nostri desideri di prim'ordine, raggiungendo così la soddisfazione dei nostri desideri di second'ordine – desideri relativi a cosa desiderare. Insomma, potremo decidere chi e cosa vogliamo diventare. Non sappiamo cosa diventeremo, ma – giura Pearce – sarà sublime. Ci saranno molte più cose di cui "essere felici" di quante ne immaginiamo. Il che implica tra l'altro la costruzione di appositi sostrati biomolecolari che ci forniscano un senso di realtà di una vividezza senza precedenti, un sentimento di crescente pienezza di significato e un senso di elevata autenticità.

Lavorando in questo modo sulle aree del cervello deputato all'apprezzamento della musica, un musicista potrebbe letteralmente trasfigurare le proprie composizioni, rendendole divinamente belle: a loro confronto, la leggendaria "musica delle sfere celesti" sarebbe ben poca cosa. Anche le esperienze sessuali sarebbero trasfigurate. I pittori e gli amanti dell'arte potranno godere di milioni di diverse visioni "beatifiche". Le persone affette da un'autostima fragile e da un'autoimmagine traballante potranno cambiare tutto questo. Per la prima volta nella loro vita, molti esseri umani saranno capaci di amare con tutto il proprio cuore se stessi e le proprie auto-immagini corporee; gli *ego* feriti e mutilati saranno rafforzati.[18]

Per Pearce le sofferenze causate dall'amore sono il frutto della nostra programmazione genetica, che ci impone – per esempio – di soddisfare i nostri istinti a dispetto dei sentimenti. Non preoccupatevi, però, perché pure l'amore andrà incontro a un processo di ristrutturazione completo. Dopo la Transizione saremo in grado di amare qualcuno con un trasporto mai visto prima; ci sentiremo al sicuro, sapendo che chi ci ama non ci farà mai del male, né che noi gli faremo mai del male. Il vero amore potrà durare veramente per sempre – dopo aver preso precauzioni adeguate, ovviamente. Se due postumani desidereranno una relazione speciale e duratura potranno coordinare mutuamente il proprio design mentale, concordando il peso individuale nello spazio neurale dell'altro, in modo da garantire che la presenza reciproca sarà unica e pienamente soddisfacente; in pratica potremo scegliere quanto essere innamorati l'uno dell'altro. Scusate, ma non possiamo trattenerci: amore romantico 2.0?

Questione animale. I "centri del dolore", ci dice Pearce, sembrano mantenersi costanti – in termini filogenetici – nella linea dei vertebrati; i tracciati neurali che riguardano la serotonina, la bradichinina, la dinorfina, le grandi famiglie di oppioidi, la sostanza P e quant'altro sono esistiti molto prima della comparsa degli ominidi. Arriverà un momento specifico in cui si verificherà l'ultima esperienza spiacevole mai destinata ad accadere su questo pianeta – forse un dolore minore di un oscuro invertebrato marino. Molto prima della fine del quarto millennio, forse già alla fine del terzo, azzarda Pearce. Mentre con le biotecnologie potremo lavorare fin da subito su di noi, con le nanotecnologie entreremo in tutti i recessi del mondo, negli anfratti degli oceani, raggiungendo tutte le forme viventi e abolendo la soffe-

---

[18] Non solo gli aspetti più "elevati" saranno trasfigurati, ma pure quelli più "frivoli": per esempio, secondo Pearce la manipolazione della percezione del sapore renderà il più umile degli snack più delizioso dell'ambrosia degli dei.

renza *in toto*.[19] È possibile che le informazioni sui sostrati neurali del dolore e della depressione vengano conservati a scopo informativo, e che i post-umani vogliano provare queste esperienze – ma, prima di gettarsi in quello che per loro sarà un vero e proprio abisso, dovranno essere adeguatamente informati su che cosa li attende, anche se niente li potrà preparare veramente agli orrori che vivranno. È comunque probabile – o così almeno ritiene il filosofo transumanista – che i post-umani saranno privi del nostro interesse pruriginoso e morboso per la depravazione e l'oscenità.

Ma come passeranno allora le giornate i post-umani? Nuove, esotiche emozioni sono tanto inimmaginabili per noi quanto lo sono nuovi, esotici colori; per noi sono solo possibilità astratte e vuote, che possiamo indicare vagamente, ma nulla di più. L'intera vita interiore dei nostri discendenti post-umani e post-darwiniani è opaca e impenetrabile, per le nostre menti di cacciatori-raccoglitori. Anche se potessimo dare una sbirciata al futuro, saremmo come gatti che guardano uno schermo televisivo. Alla fine del terzo millennio, ci garantisce Pearce, la vita e la coscienza potrebbero essere più estranee alla nostra immaginazione di qualunque previsione stravagante mai fatta. Possiamo però azzardare almeno un'ipotesi.

Avendo il controllo dei sistemi dopaminergico, serotoninergico e

---

[19] Un mondo senza crudeltà e senza dolore prevede anche il sovvertimento completo dell'attuale ecosistema, che è appunto basato sulla predazione, ossia presenta un certo numero di specie carnivore. Si dovrà arrivare a un veganismo veramente *globale*; per fare ciò il primo passo sarà quello di produrre carne sintetica in laboratorio, ossia un sostituto biotech della classica bistecca che sia almeno altrettanto buono e altrettanto sano. Per quanto riguarda i predatori, bisognerà valutare se sia meglio – se non altro in alcuni casi – favorirne l'estinzione non violenta, magari tramite sterilizzazione. Come alternativa – per lo meno nel caso dei predatori a cui siamo più affezionati da un punto di vista simbolico, come leoni, tigri e così via – tali animali potranno essere controllati tramite innesti cerebrali che ne eliminino l'istinto predatorio, e nutriti tramite la carne sintetica di cui sopra. Se ora state pensando che un'operazione di questo tipo sconvolgerebbe l'equilibrio del nostro ecosistema, basato *appunto* sulla cosiddetta "catena alimentare" che prevede l'esistenza di tali predatori, non avete tenuto in conto la soluzione universale dei transumanisti, ossia le onnipotenti nanomacchine – che ci consentiranno di assumere il pieno controllo del nostro ecosistema e di ridisegnarlo in modo da escludere completamente la violenza. Cfr. D. Pearce, *Reprogramming Predators*, 2009. http://www.hedweb.com/abolitionist-project/reprogramming-predators.html.

oppioidergico, potremo "seminare" tutta la corteccia somatosensoria – in pratica, la nostra "interfaccia" con il mondo esterno –, interpenetrando tutta la nostra struttura esperienziale. Quindi: l'apoteosi orgasmica di tutto il corpo può essere estesa e impregnare il nostro punto di vista sul mondo – che, a tutti gli effetti, per noi *è* il mondo. Il sogno mistico di diventare tutt'uno con l'universo – sebbene solo "nella nostra testa" – può essere realizzato in un'estasi totale dei sensi.

In effetti, una volta padroneggiato in modo completo il sostrato neurologico di tutte le nostre sensazioni ed emozioni, tutto sarà possibile; e non preoccupatevi di annoiarvi, visto che il sostrato neurologico del tedio sarà abolito. Inoltre, se tutti gli stati di coscienza sono mediati chimicamente, è sbagliato chiamare qualcuno di essi "falso", "irreale" o "inautentico". In più, se come noi apprezzate alcuni aspetti della nostalgia e della malinconia, non vi preoccupate, perché nel paradiso neuro-chimico di Pearce esse non saranno abolite; anzi, questi aspetti potranno essere ingranditi, migliorati e così via. A essere abolite saranno le esperienze dolorose in modo non ambiguo.[20]

Che dire, del progetto di Pearce? Ai profani può sembrare freddo, tecnocratico e alla *Brave New World* – per non dire alla *Trainspotting*. Si tenga però presente che esso in realtà vuole innanzitutto eliminare le immani sofferenze che oggi affliggono esseri umani e non umani, e che in realtà, più che verso un paradiso edonistico e godereccio, Pearce vorrebbe proiettare la mente verso un nuovo stadio evolutivo, caratterizzato da nuove emozioni, stati mentali oltre-umani e molto altro ancora. A ciò possiamo aggiungere un'ultima considerazione, e cioè che il Paradise Engineering si basa sull'idea che gli esseri umani decidano di rimanersene nei propri corpi di carne, per quanto modificati dalle biotecnologie. C'è un'alternativa però, che a Pearce non sembra interessare più di tanto, ma che altri transumanisti adorano: stiamo parlando della possibilità di trasferire la propria mente su un supporto diverso, non-biologico. Eccoci arrivati finalmente al *mind uploading*.

---

[20] Potremo inoltre potenziare l'umano senso dell'umorismo – risate grasse 2.0?

4. In fuga dal corpo

Ennesimo *evergreen* del transumanismo, il mind uploading significa letteralmente "caricamento della mente", in gergo informatico, ma noto anche come *mind transfer* o *whole brain emulation* – ossia "simulazione dell'intero cervello". Si tratta in buona sostanza della copiatura o del trasferimento della mente cosciente individuale dal cervello che la ospita a un sostrato di tipo diverso, artificiale – ma comunque in grado di sostenerne tutte le funzioni. In pratica il cervello – vivo o morto che sia – andrà scannerizzato e mappato in modo estremamente dettagliato; i dati così raccolti dovranno essere caricati su un computer abbastanza potente – e, *ça va sans dire*, non ancora esistente –, il quale dovrà poi riprodurre tutti gli aspetti cognitivi e comportamentali del soggetto "uploadato". La mente così liberata dalla carne potrà poi occupare un corpo robotico o un altro corpo biologico sintetizzato per l'occasione, oppure potrà decidere di vivere nella Rete o in una realtà virtuale di suo gradimento – del tutto indistinguibile da quella reale.

Messa giù così sembra una questione meramente procedurale, ossia si tratta solo di attendere lo sviluppo di computer abbastanza potenti e tecniche di scannerizzazione sufficientemente avanzate, *et voilà*, l'immortalità digitale è servita. In realtà i problemi filosofici non mancano, come vedremo. Di certo c'è che la whole brain emulation è considerata da diversi studiosi *non* transumanisti lo sbocco naturale delle neuroscienze computazionali e degli studi sull'AI forte.

Per cominciare diamo però un'occhiata ai problemi più prettamente filosofici e scientifici, partendo dalla caratteristica principale del cervello umano, cioè la sua enorme complessità. Circa ottantasei miliardi di neuroni – secondo le stime più recenti[21] –, connessi attraverso "ganci" chiamati assoni e dendriti, che formano le sinapsi interneuronali, attraversate da segnali modulati da specifiche sostanze

---

[21] J. Randerson, *How many neurons make a human brain? Billions fewer than we thought*, «The Guardian», 28 febbraio 2012. http://www.theguardian.com/science/blog/2012/feb/28/how-many-neurons-human-brain.

chimiche, i neurotrasmettitori. E tutta questa incessante attività elettrochimica produce o "secerne" la mente. L'idea che sia possibile "caricare" quest'ultima su un sostrato diverso si basa sull'idea che essa non abbia alcuna qualità "spirituale" o, per meglio dire, che non sia una sostanza separata da corpo, immateriale e di pertinenza di Dio. Un altro presupposto è ovviamente quello per cui le macchine un giorno saranno capaci di pensare – idea sostenuta da alcuni eminenti neuroscienziati e studiosi di *computer science*, come per esempio Marvin Minsky[22], Douglas Hofstadter[23], Christof Koch e Giulio Tononi[24]. Questo presupposto è necessario per il fatto che poi la nostra mente uploadata ha bisogno di un sostrato computazionale che le consenta di continuare a "vivere" – cioè va fatta "girare" su un computer abbastanza potente da riprodurre *come minimo* le capacità e le caratteristiche umane. Al di sotto di tutto c'è quindi l'esigenza di disporre di una capacità computazionale sufficiente allo scopo, il che al momento non si dà – sebbene alcuni futurologi, come Kurzweil, ritengano che essa sarà disponibile nel giro di pochi decenni. A ogni modo, attualmente è difficile sapere quanta potenza di calcolo serva per tale impresa – possiamo però immaginare che essa debba essere elevata, vista la quantità astronomica di interconnessioni che bisognerà mappare.

Il problema centrale rimane però quello dell'identità della mente uploadata: gli scettici – e noi, ve lo confessiamo, siamo tra questi – ritengono che, anche se la mente riprodotta contenesse *esattamente* gli stessi ricordi, le stesse emozioni e gli stessi tratti psicologici dell'originale, non si identificherebbe comunque con quest'ultimo, ma rimarrebbe ciò che è, ossia una copia – un fatto che sarebbe ancor più evidente se la copiatura potesse essere effettuata in qualche modo senza sezionare il cervello originale, cioè con il soggetto ancora vivo.

---

[22] M. Minsky, *Conscious Machines*, in *Machinery of Consciousness*, Proceedings, National Research Council of Canada, 75th Anniversary Symposium on Science in Society, giugno 1991. http://kuoi.org/~kamikaze/doc/minsky.html.

[23] http://spectrum.ieee.org/computing/hardware/tech-luminaries-address-singularity.

[24] C. Koch e G. Tononi, *Can machines be conscious?*, «IEEE Spectrum», vol. 45 n. 6, pp. 55-59, 2008. http://ieeexplore.ieee.org/xpl/articleDetails.jsp?reload=true&arnumber=4531463.

Bisogna poi stabilire quanta parte delle memorie di una persona sia necessario conservare perché si possa parlare della "stessa" persona; per esempio, se manca qualche ricordo dell'infanzia, ve bene lo stesso?

Se però la persona è definibile come pura e semplice informazione, allora copiarla su un computer sarebbe una forma di immortalità, la cosiddetta "immortalità digitale". Il primo a fare questa proposta pare essere stato, nel 1971, un biogerontologo dell'Università di Washington, George M. Martin.[25] Che poi, sotto sotto, anche il mind uploading non è altro che un tentativo di ingannare la morte, procurandosi l'immortalità. Un'immortalità laica, che ci permetterebbe di sfuggire per sempre alla schiavitù della carne, tramite un nostro "avatar" – simile a quello di Second Life, ma con più dettagli.

In realtà però la questione è tutt'altro che risolta; i transumanisti a favore del mind uploading in genere se la cavano dicendo che le identità personali sono *fuzzy*, che hanno bordi offuscati. Per Bruce F. Katz, studioso di intelligenza artificiale e docente della Drexel University, a Philadelphia, il Sé è in realtà illusorio,[26] per cui si può immaginare di copiare determinate caratteristiche psicologiche su un nuovo supporto e considerare la copia in perfetta continuità con l'originale.[27] Anders Sandberg si toglie d'impaccio dichiarando che "se possiamo accettare di invecchiare possiamo probabilmente accettare di essere trasferiti su un computer".[28] Così facendo, il pensatore transumanista compie un vero e proprio salto concettuale, che aggira impropriamente il famoso problema della "nave di Teseo". Si tratta di un paradosso che sorge dal seguente interrogativo. Poniamo di avere un oggetto composto da più parti – come una nave, appunto, ma volendo anche un essere vivente –, e di sostituire queste ultime un po'

---

[25] G. M. Martin, *Brief proposal on immortality: an interim solution*, in: «Perspectives in Biology and Medicine», n. 14 (2), 1971.

[26] A questa affermazione si potrebbe però obiettare chiedendo il perché, essendo il Sé illusorio, ci si debba dare tanta pena per preservarlo o copiarlo.

[27] Cfr. B. F. Katz, *Neuroengineering the Future. Virtual Minds and the Creation of Immortality*, Infinity Science Press, Hingham 2008.

[28] P. Moore, *Enhancing Me. The hope and the hype of human enhancement*, John Wiley & Sons, Chichester 2008, p. 61.

alla volta. Alla fine, quando abbiamo sostituito *tutte* le parti, siamo o no alle prese con il *medesimo* oggetto di partenza? Del paradosso in questione ne parla Plutarco nella sua *Vita di Teseo* e, come si può immaginare, ha generato infiniti dibattiti filosofici sulla natura dell'identità e della continuità – anche prima che ne parlasse Plutarco, a dire il vero. Si tratta insomma del solito dilemma filosofico relativo all'identità e al cambiamento, ossia – se vogliamo metterla giù in termini più filosofici – al rapporto tra Essere e Divenire. Il che, applicato al tema che ci interessa, si risolve nell'interrogativo: se sostituiamo un po' alla volta il cervello di una persona con parti artificiali, o se "copiamo" la sua mente su un supporto diverso, alla fine siamo alle prese con la stessa persona o con una persona diversa? Inutile continuare a discuterne – credeteci, non ci caveremmo il proverbiale ragno dal buco –, ma sappiate che le ipotesi in materia sono tante, e tutte sembrano portare a proprio favore ragioni più o meno buone.

Questioni filosofiche a parte, come facciamo il mind uploading? Si potrebbe provare con uno scanning dettagliatissimo di tutte le connessioni inter-neuronali del cervello della persona che vogliamo uploadare – sempre che la nostra ipotesi di partenza, e cioè che la personalità umana sia "contenuta" nella micro-struttura cerebrale, sia corretta. Però, se il soggetto in questione non è già morto, allora si tratterebbe di omicidio, in quanto il suo tessuto cerebrale dovrebbe essere minuziosamente distrutto. Questo tipo di scanning distruttivo dovrebbe essere in minima parte già possibile; per esempio tre anni fa un team di Stanford è riuscito – grazie a uno speciale sistema fotografico ad altissima risoluzione – a mappare una piccola porzione di cervello murino identificando le sinapsi nei dettagli.[29] La strada è comunque ancora lunga e al momento ci mancano troppe cose, come per esempio l'epigenetica neuronale – cioè gli schemi di attivazione dei geni espressi nei neuroni. Inoltre, anche se potessimo scattare

---

[29] *New imaging method developed at Stanford reveals stunning details of brain connections*, «Medical Daily», 17 novembre 2010, http://www.medicaldaily.com/new-imaging-method-developed-stanford-reveals-stunning-details-brain-connections-234704.

un'istantanea del cervello, cattureremmo un singolo momento nel tempo, e non la sua natura dinamica, fatta di un flusso continuo di connessioni, più simile a un film che a una fotografia. Conoscere una connessione non basta: dobbiamo sapere anche cosa essa faccia, in che modo ogni singolo neurotrasmettitore passi attraverso di essa, e così via; ci serve in sostanza una mappa chimica super-precisa del cervello.

Un'altra possibilità sarebbe quella di congelare il cervello, e poi scannerizzare e analizzare nei dettagli l'organo in questione un pezzetto alla volta – in questo caso il paziente dovrebbe essere già morto e, meglio ancora, sottoposto a sospensione crionica. Così si potrebbe lavorare con molta calma, utilizzando per esempio un microscopio elettronico a scansione.

Nel caso si sia invece alle prese con un cervello ancora vivo, si potrebbe pure provare a creare una mappa tridimensionale funzionale dell'attività cerebrale, utilizzando per esempio uno dei già citati sistemi di imaging cerebrale – si tratta però di una cosa che non possiamo ancora fare, visto che la risoluzione degli attuali sistemi di imaging non è ancora sufficiente, così come non disponiamo di una sufficiente capacità computazionale. Come abbiamo detto, quello della simulazione neurale è un campo di ricerca esistente al di fuori del transumanismo e che ci ha portati a mappare e, per lo meno parzialmente, a simulare il sistema nervoso di diverse specie animali.

Secondo Sandberg avremmo bisogno di una specie di scanner ibrido: "non può essere un microscopio ottico tradizionale o un microscopio elettronico. (...) Sarà una combinazione di diverse tecniche; sarà un nuovo tipo di microscopio che non è stato ancora costruito. I componenti sembrano essere già in circolazione, più o meno".[30] Stando a Peter Peters, ricercatore olandese all'avanguardia nella microscopia elettronica, al momento si può scannerizzare solo 0,2 millimetri cubici di tessuto cerebrale al giorno, mentre il lavoro completo richiederebbe centonovanta milioni di giorni. Per il futuro

---

[30] P. Moore, *Enhancing Me. The hope and the hype of human enhancement*, John Wiley & Sons, Chichester 2008, p. 56.

Sandberg propone l'uso non di un singolo microscopio, ma di "una specie di catena di montaggio dell'uploading, con centinaia o addirittura migliaia di microscopi che effettuano una scansione automatica in contemporanea".[31] Rimane un problema di fondo, e cioè il fatto che si presuppone che il cervello funzioni come un computer – e noi sappiamo come funzionano i computer, perché li abbiamo costruiti –, mentre esso è probabilmente qualcosa di incredibilmente più complesso, e soprattutto che si auto-modifica dinamicamente, per cui conoscere lo stato del network cerebrale in un dato istante è solo l'inizio. Anche Sandberg ammette che attualmente non c'è alcuna tecnologia in grado di effettuare il mind uploading, e tanto meno di farlo senza ledere il cervello. Alla fine il pensatore chiama in causa le solite nanotecnologie, e in particolare propone di inondare il cervello con nano-macchine e lasciare che ognuna di esse si agganci a un particolare neurone e raccolga le informazioni che ci servono. Consapevoli poi delle problematiche filosofiche, Sandberg e il suo collega Nick Bostrom preferiscono parlare di whole brain emulation – di semplice simulazione, quindi. Dal canto suo, Katz i problemi filosofici li aggira abbracciando una delle ipotesi sopra esposte relativamente al carro di Teseo, e proponendo il "trasferimento progressivo della mente": si connette il cervello con protesi neurali, le quali diventano parte di esso; a esse si connettono poi altre protesi, e così via; infine si procede al graduale "spegnimento" del cervello originale, e tale gradualità dovrebbe garantire la continuità ontologica tra la coscienza originale e quella uploadata.

A questo punto ci chiediamo: immortalità a parte, per quale motivo dovremmo trasferire la nostra mente su un supporto non-biologico? In realtà, dicono i fautori del mind uploading, i vantaggi sarebbero tanti. Per cominciare la velocità: una mente uploadata potrebbe pensare molto più rapidamente di una contenuta in un cervello, pur non essendo per forza più intelligente. Mentre infatti i nostri neuroni si "messaggiano" tramite segnali elettrochimici a una

---

[31] Ibid. p. 57.

velocità massima di centocinquanta metri al secondo, una mente artificiale, andando alla velocità della luce – trecentomila chilometri, cioè trecento milioni di metri, al secondo – sarebbe due milioni di volte più veloce. Inoltre, mentre i neuroni producono al massimo mille "potenziali d'azione" – in pratica picchi d'attivazione – al secondo, i chip sono anche in questo caso due milioni di volte più veloci, e in crescita. In pratica, per una mente così, un anno soggettivo durerebbe una manciata di secondi.

In secondo luogo potremmo viaggiare nello spazio a costi irrisori – "caricando" su un'astronave un'intera comunità di persone virtuali, che potrebbero condurre la propria vita in un ambiente simulato in attesa di giungere a destinazione –, o potremmo addirittura trasmettere via wireless le menti degli astronauti da un luogo all'altro.

Si può pure immaginare la possibilità – invero curiosa – di "dividersi" in più copie di se stessi, che poi potrebbero vivere vite diverse, per riunificarsi alla fine, ricomponendo il sé iniziale – ovviamente arricchito oltre misura dalle nuove esperienze. Più in generale potremmo alterare e amplificare le nostre emozioni, disporre di un corpo virtuale capace di cambiare sesso e aspetto a nostro piacimento e immergerci in mondi virtuali iperrealistici. Poi potremmo prenderci una "vacanza psichica da noi stessi", modificando liberamente le nostre categorie psicologiche più o meno radicate per diventare un'altra mente/persona parzialmente o completamente diversa da noi. Infine c'è il tema del multitasking: gli esseri umani lavorano infatti in modo seriale, cioè prendono un compito, lo dividono in unità inferiori di attività, che poi eseguono una alla volta. Una mente uploadata potrebbe invece essere programmata per eseguire svariati compiti contemporaneamente, in parallelo.

Vediamo ora chi sono i fautori del mind uploading; il primo della lista è ovviamente Marvin Minsky. Poi abbiamo Joe Strout, un attivista che nel 1993 creò il primo sito web dedicato, battezzato Mind Uploading Home Page[32], seguito soprattutto dai crionicisti – i quali

---

[32] http://www.ibiblio.org/jstrout/uploading/.

vedono in tale possibilità un'alternativa alla resurrezione del corpo con mezzi scientifici. Poi abbiamo ovviamente i due punti di riferimento di tanta parte del transumanismo europeo, Anders Sandberg e Nick Bostrom, autori di un dettagliatissimo rapporto sulla simulazione del cervello umano: *Whole Brain Emulation: A Roadmap*.[33] Citiamo inoltre Kurzweil – di cui ci occuperemo nel prossimo capitolo –, per il quale le intelligenze artificiali prossime venture renderanno possibile il mind uploading e la retro-ingegneria del cervello umano.[34] Di sfuggita ricordiamo Ian Pearson – capo della *futurology unit* della British Telecom –, per il quale gli esseri umani saranno in grado di trasferire la propria coscienza sui computer, ottenendo così l'immortalità virtuale, entro il 2050.[35] Infine facciamo la conoscenza con Randal A. Koene, guru del mind uploading e studioso olandese di neuroscienze computazionali, neuro-ingegneria e teoria dell'informazione. Di area transumanista, direttore – tra il 2008 e il 2010 – del Dipartimento di neuro-ingegneria della compagnia spagnola high tech Tecnalia, Koene ha fondato la Society of Neural Prosthetics and Whole Brain Emulation Science[36], un'associazione espressamente dedicata al mind uploading. Poi ribattezzata carboncopies.org[37], l'organizzazione – in realtà un network – monitora i progressi tecnici che dovrebbero portarci dalla creazione di protesi neurali parziali alla simulazione prostetica delle funzioni cerebrali nel loro complesso, e nell'immediato mira a costruire una rete di ricercatori interessati a questo ambito. L'obiettivo a lungo termine è ovviamente la creazione di una SIM, cioè una Substrate-Independent Mind.

Queste dunque le idee e i personaggi legati al Mind Uploading. Nel frattempo il dibattito ferve; ne è prova il volume del giugno 2012

---

[33] A. Sandberg, N. Bostrom, *Whole Brain Emulation: A Roadmap*. Technical Report #2008 3, Future of Humanity Institute, Oxford University, Oxford 2008. http://www.fhi.ox.ac.uk/brain-emulation-roadmap-report.pdf.

[34] R. Kurzweil, *The Singularity is Near*, Viking Books, New York 2005, pp. 198–203.

[35] *Brain downloads 'possible by 2050'*, «CNN.com International», 23maggio 2005, http://edition.cnn.com/2005/TECH/05/23/brain.download/.

[36] http://www.minduploading.org/.

[37] http://www.carboncopies.org/.

dell'*International Journal of Machine Consciousness*, dedicato interamente al tema del mind uploading. E così per Michael Hauskeller, filosofo dell'Università di Exeter, non c'è alcuna ragione di credere che
una simulazione del cervello umano, per quanto accurata, finirà con
il produrre la coscienza, così come non è affatto ovvio – da un punto
di vista logico-metafisico – che la mente simulata sia da considerarsi
la continuazione del sé originale.[38] Stando a Randal A. Koene, per effettuare il mind uploading non c'è nemmeno bisogno di una comprensione piena del cervello umano, ma ci basta la capacità di
replicare il comportamento funzionale dei suoi elementi computazionali di base – cioè le risposte sinaptiche e così via –, un obiettivo
conseguibile secondo lui già con le tecnologie di oggi.[39]

Mentre secondo lo studioso di Harvard Kenneth J. Hayworth il
mind uploading è senz'altro possibile, ma molto oltre le nostre attuali capacità[40], per Patrick D. Hopkins – filosofo del Millsaps College –, il "trasferimento della mente" non è possibile, o meglio, non si
tratterebbe di un vero trasferimento, e questa concezione tradirebbe
un pregiudizio dualista di fondo – ossia, trattando la mente e gli
schemi mentali come "oggetti" che si possono trasferire, i transumanisti farebbero riferimento – contrariamente alle loro posizioni "ufficiali", di tipo materialista – a concetti non più chiari di quello di
"anima" o di "fantasma".[41] Infine c'è pure chi, come gli studiosi fin-
landesi Kaj Sotala e Harri Valpola, si diverte a immaginare scenari in

---

[38] Michael Hauskeller, *My brain, my mind, and I: some philosophical assumptions of mind-uploading*, «International Journal of Machine Consciousness», vol. 4, n. 1, 2012, pp. 187-200. http://www.worldscientific.com/doi/pdf/10.1142/S1793843012400100.

[39] R. A. Koene, *Experimental research in whole brain emulation: the need for innovative in vivo measurement techniques*, «International Journal of Machine Consciousness», vol. 4, n. 1, 2012, pp. 35-65. link «International Journal of Machine Consciousness», vol. 4, n. 1, 2012, pp. 187-200. http://www.worldscientific.com/doi/pdf/10.1142/S1793843012400033.

[40] K. J. Hayworth, *Electron Imaging Technology for Whole Brain Neural Circuit Mapping*, «International Journal of Machine Consciousness», vol. 4, n. 1, 2012, pp. 87-108. http://www.worldscientific.com/doi/pdf/10.1142/S1793843012400057.

[41] P. D. Hopkins, *Why Uploading Will Not Work, or, The Ghosts Haunting Transhumanism*, «International Journal of Machine Consciousness», vol. 4, n. 1, 2012, pp. 229-243. http://www.worldscientific.com/doi/pdf/10.1142/S1793843012400136.

cui le menti umane – uploadate o connesse tramite protesi neurali –
finiscono per fondersi in modo permanente, dissolvendo i confini
dell'identità personale.[42]

5. Intelligenza senza limiti

Implicita nell'idea di interfacciare cervello e computer o di trasferire
la mente su un supporto digitale è la possibilità di amplificare le nostre capacità intellettuali. Anzi, di estenderle ben al di là dei limiti
concessici dai quasi quattro miliardi di anni di evoluzione che ci
hanno preceduti.

L'idea di aumentare le capacità intellettive umane – nota come *intelligence amplification, machine augmented intelligence* e *cognitive
augmentation* – in realtà non è poi così recente, essendo stata proposta già negli anni Cinquanta e Sessanta da alcuni dei pionieri della cibernetica e della computer science. In parole povere si tratta – così, su
due piedi – dell'utilizzo della tecnologia informatica per aumentare
l'intelligenza umana.

A introdurre il concetto di *intelligence amplification* è stato lo studioso britannico William Ross Ashby, il quale – nella sua opera del
1956 *Introduction to Cybernetics* – ha appunto parlato di "amplificare
l'intelligenza". Per Ashby il "problem solving" è questione di un'adeguata selezione, nel senso che quasi tutti i problemi logici – come
quelli che si possono trovare nelle riviste di enigmistica – possono essere ridotti a una forma comune, che consiste nella richiesta – rivolta
al "problem solver" – di scegliere un certo elemento all'interno di un
insieme dato. E se l'intelligenza può essere ridotta a "capacità di scelta
appropriata", allora possiamo immaginare che tale capacità possa essere ampliata oltre i limiti attuali.

A proporre però un potenziamento dell'intelletto umano tramite
l'interazione con le macchine è stato Joseph C. R. Licklider, informa-

---

[42] K. Sotala e H. Valpola, *Coalescing Minds: Brain Uploading-Related Group Mind Scenarios*,
«International Journal of Machine Consciousness», vol. 4, n. 1, 2012, pp. 293-312.
http://www. worldscientific.com/doi/pdf/10.1142/S1793843012400173.

tico e psicologo americano, che in un celebre articolo tecnico del 1960, *Man-Computer Symbiosis*, ha ipotizzato che associare esseri umani e computer consentirebbe ai due termini della coppia di compensarsi a vicenda. Licklider immagina un futuro in cui il cervello umano e il computer entreranno in un rapporto simbiotico molto stretto, e che questa impareggiabile accoppiata sarà in grado di pensare come gli esseri umani non sono mai riusciti a fare e di processare dati molto meglio di un calcolatore.[43]

Dopo Licklider è il turno dell'ingegnere e inventore americano Douglas Engelbart, che con il primo condivide la visione per cui le macchine ci consentiranno di pensare meglio. In particolare per Engelbart la tecnologia ci consente di manipolare informazioni, e questo fatto risulterà nello sviluppo di tecnologie ancora più avanzate. L'obiettivo dello studioso è quello di sviluppare tecnologie in grado di manipolare l'informazione in modo diretto e di creare sistemi per facilitare il lavoro intellettuale nelle singole persone e nei gruppi. Il suo pensiero è espresso in un rapporto del 1962, *Augmenting Human Intellect: A Conceptual Framework*, in cui l'autore sostiene tra l'altro che "potenziare l'intelletto umano" significa

aumentare la capacità di un uomo di accostarsi a un problema complesso, di ottenere una comprensione adatta ai propri bisogni e di ricavare soluzioni per i problemi. Una capacità aumentata implica un miscuglio di comprensione più rapida, di comprensione migliore, di possibilità di ottenere un grado utile di comprensione in una situazione che prima era troppo complessa, di soluzioni più rapide, di soluzioni migliori e della possibilità di trovare soluzioni a problemi che prima sembravano insolubili.[44]

---

[43] Cfr. J. C. R. Licklider, *Man-Computer Symbiosis*, «IRE Transactions on Human Factors in Electronics», vol. HFE-1, pp. 4-11, marzo 1960. http://groups.csail.mit.edu/medg/people/psz/Licklider.html.

[44] D. Engelbart, *Augmenting Human Intellect: A Conceptual Framework*, Summary Report AFOSR-3233, Stanford Research Institute, Menlo Park, CA, ottobre 1962, traduzione nostra. http://www.dougengelbart.org/pubs/augment-3906.html.

Le "situazione complesse" di Engelbart includono problemi professionali di pertinenza di diplomatici, manager, scienziati sociali, biologi, fisici, avvocati e progettisti, a prescindere da quanto tempo questi problemi si pongano. Queste idee sono poi sfociate nella nascita dell'Augmented Human Intellect Research Center – presso lo Stanford Research Institute International, a Menlo Park – e hanno portato o contribuito alla nascita di strumenti fisici e concettuali come il mouse e gli ipertesti.

E arriviamo così finalmente all'*augmented cognition* – nome in codice AugCog –, un settore di ricerca contemporaneo che si muove tra informatica, neuroscienze e psicologia cognitiva. Dietro l'AugCog ci sono sempre loro, quelli del DARPA, che in questo caso mirano a sviluppare sistemi per misurare il processamento delle informazioni da parte dell'essere umano e lo stato cognitivo del loro utente. Un altro obiettivo dell'augmented cognition è quello di creare sistemi a circuito chiuso che modulino il flusso di informazioni che arrivano all'utente a seconda delle capacità cognitive di quest'ultimo. Poi c'è il potenziamento dell'attenzione, facoltà molto utile in situazioni in cui ci si trova a dover prendere decisioni molto rapidamente – come su un campo di battaglia. Insomma, pare che l'agenzia voglia sviluppare strumenti high tech specifici, come la CogPit, una cabina di pilotaggio "intelligente" che riesca a "mettersi in sintonia" con il pilota, per esempio monitorando le sue onde cerebrali, filtrando le informazioni inutili e così via.[45] Tutto questo ci porta idealmente a un ulteriore dispositivo – al momento puramente immaginario – caro a teorici dell'interazione uomo-macchina, scrittori di fantascienza e transumanisti: l'esocorteccia.

Il dispositivo in questione è un sistema di processamento delle informazioni artificiale ed esterno a noi che dovrebbe aumentare i processi cognitivi del cervello. Esso dovrebbe essere composto da

---

[45] Le idee del DARPA in merito sono molte di più, come si può vedere nel documentario apposito da loro realizzato *The Future of Augmented Cognition*. http://ieet.org/index.php/IEET/more/augcog2007.

processori, programmi e hard disk esterni capaci di interagire in modo sistematico con la corteccia cerebrale umana – in pratica tramite una connessione diretta con essa –, al punto che l'esocorteccia dovrebbe essere percepita dall'utente come un'estensione della propria mente. Il termine "esocorteccia" è stato coniato nel 1998 dallo psicologo cognitivo e *computer scientist* canadese Ben Houston, per indicare appunto lo stretto accoppiamento cervello/computer teorizzato da Licklider e Engelbart.[46] Prima di questa definizione formale, scrittori di fantascienza come William Gibson e Vernor Vinge – rispettivamente in *Neuromante* e *The Peace War*, entrambi usciti nel 1984 – hanno immaginato dispositivi analoghi. A diffondere però nel mondo della fantascienza questo concetto è stato uno scrittore molto caro ai transumanisti, il britannico Charles Stross, che in *Accelerando* – del 2005 – parla di esseri umani circondati da un'esocorteccia composta da agenti distribuiti e thread di personalità sostenuti da nuvole di Utility Fog.

L'esocorteccia ci prende quindi per mano e ci conduce verso un'altra nozione tipicamente transumanista, quella di "super-intelligenza" – termine con cui i nostri beniamini filosofici si riferiscono sia a un'ipotetica mente artificiale superiore alla nostra, sia alle capacità intellettuali condivise da quest'ultima e dai nostri discendenti postumani. Bostrom definisce la super-intelligenza come una mente "molto più intelligente dei migliori cervelli umani in praticamente ogni campo, inclusa la creatività scientifica, la saggezza generale e le abilità sociali".[47] Due sono le cose che vale la pena di notare. Innanzitutto che i transumanisti non hanno particolari pregiudizi verso i mezzi che bisognerebbe usare per conseguire questa super-intelligenza: ci si può infatti arrivare tramite le macchine – creando cioè menti artificiali capaci di auto-incrementarsi – oppure tramite le biotecnologie – cioè generando esseri umani sempre più intelligenti; quest'ultima è, tra l'altro, l'ipotesi avanzata da David Pearce, che a

---

46 http://exocortex.com/.
47 N. Bostrom, «Linguistic and Philosophical Investigations», vol. 5, n.1, 2006, pp. 2006., traduzione dell'autore. http://www.nickbostrom.com/superintelligence.html.

questo proposito parla di "bio-Singolarità".[48] Ci si può arrivare anche usando entrambi i mezzi, oppure fondendo macchine ed esseri umani in una sintesi superiore. In secondo luogo – alla faccia dei critici che pensano il transumanesimo sia filosoficamente ingenuo – i transumanisti distinguono tra super-intelligenza "debole" e "forte". La prima si trova al livello dell'intelligenza umana, ma è più veloce; essa può essere vista anche come un modo per superare in termini quantitativi i limiti computazionali dell'*Homo sapiens*, così come ce li illustra Bruce Katz.[49] Il nostro primo limite mentale è senz'altro quello della cosiddetta *working memory*, che qualcuno confonde con la memoria a breve termine, cioè la capacità di ricordare più o meno nel dettaglio eventi accaduti da pochi istanti. La working memory è in realtà la capacità di gestire un certo numero di oggetti mentali in contemporanea, una funzione governata dalla famosa regola del "magico numero sette, più o meno due". In sostanza la nostra consapevolezza immediata può gestire allo stesso tempo tra i cinque e i nove oggetti mentali, a seconda delle circostanze – si tratti di immagini, di numeri o quant'altro. A scoprire questo limite è stato, negli anni Cinquanta, lo psicologo di Princeton George A. Miller.[50] Tale capacità è fondamentale per i nostri processi cognitivi, in quanto più concetti riusciamo a maneggiare e più articolati saranno i nostri ragionamenti e le nostre deduzioni. Non è chiaro se questa capacità sia migliorabile o meno con l'esercizio, ma essa potrebbe essere senz'altro potenziabile con le nostre future interfacce mente-computer. Poi c'è la questione della memoria a lungo termine – di particolare importanza per tutti gli aspiranti immortali, visto che un sistema per archiviare in modo

---

[48] D. Pearce, *The Biointelligence Explosion. How recursively self-improving organic robots will modify their own source code and bootstrap our way to full-spectrum superintelligence*, 2012. http://www.biointelligence-explosion.com/.

[49] Bruce F. Katz, *Neuroengineering the Future. Virtual Minds and the Creation of Immortality*, Infinity Science Press, Hingham 2008.

[50] George A. Miller, *The Magical Number Seven, Plus or Minus Two: Some Limits on Our Capacity for Processing Information*, «Psychological Review», Vol. 101, No. 2, 1956, pp. 343-352. http://www.psych.utoronto.ca/users/peterson/psy430s2001/Miller%20GA%20Magical%20Seven%20Psych%20Review%201955.pdf.

efficiente le loro millenarie memorie lo dovranno pur trovare. Katz
cita il lavoro – un po' datato, a dire il vero – dello psicologo americano
Thomas Landauer, per il quale la nostra memoria a lungo termine ha
una capacità davvero risibile, circa cento megabyte, in pratica la capacità di un hard disk degli anni Ottanta – epoca a cui risale l'articolo
dello studioso.[51] Non garantiamo sull'affidabilità di questa ricerca –
cento megabyte ci sembrano pochini –, ma di certo la nostra memoria a lungo termine ha i suoi limiti, che le neurotecnologie del futuro
troveranno il modo di superare. Ma non è finita qui; a questo proposito Katz elenca i nostri limiti nella velocità e nell'efficienza del
processamento di informazioni, i limiti d'applicazione del pensiero
razionale – l'irrazionalità umana è cosa nota –, la capricciosità e la
casualità del processo creativo, l'impossibilità di concentrarsi su più
di un problema alla volta – alla faccia di coloro che predicano, forse
con l'obiettivo di mettere sotto pressione i dipendenti, le virtù del
multitasking.

La super-intelligenza "forte" rappresenta invece un livello intellettivo che si situa al di sopra di quello umano da un punto di vista
qualitativo. Siamo quindi in presenza di una mente che va al di là
della nostra, e che non siamo costitutivamente in grado di capire.[52]
Michal Anassimov ci dice a questo proposito che "la vera super-intelligenza è qualcosa di radicalmente differente – una persona capace
di vedere la soluzione ovvia che l'intera razza umana ha mancato,
concepire e implementare piani avanzati o concetti a cui i più grandi
geni non penserebbero mai, capire e riscrivere i propri processi cognitivi al livello più fondamentale, e così via".[53]

I transumanisti però, a quanto sembra, tendono ad affrontare le
questioni a 360 gradi, e questo vale anche per la questione dell'intel-

---

[51] T. K. Landauer, *How much do people remember? Some estimates of the quantity of learned information*, «Cognitive Science», 10, pp. 477-493, 1986 http://csjarchive.cogsci.rpi.edu/1986v10/i04/p0477p0493/MAIN.PDF.

[52] http://www.transvision2007.com/page.php?id=260.

[53] Michael Anissimov, *Top Ten Cybernetic Upgrades Everyone Will Want*, http://www.accelerating future.com/michael/blog/2007/01/ten-transhumanist-upgrades-everyone-will-want/.

ligenza. In particolare un tema di cui alcuni di loro si sono occupati – e che normalmente esula dagli interessi di teorici dell'intelligenza artificiale e di esperti di AugCog – è quello della saggezza. Di questa virtù si possono dare varie definizioni; a noi piace considerarla come la capacità – acquisita attraverso l'esperienza – di navigare fluidamente nella realtà di ogni giorno, di muoversi riducendo gli attriti che il vivere comporta e gestire al meglio le situazioni e le relazioni in cui ci troviamo, a prescindere dalla mano di carte che ci ha passato il caso. Senz'altro esseri umani immortali avrebbero come minimo secoli o millenni di vita davanti a sé, per cui possiamo senz'altro immaginare che un uomo biologicamente simile a noi, ma con mille anni di esperienza alle spalle, avrebbe una prospettiva sul mondo unica e uno stile di gestione della realtà infinitamente più lungimirante di quello di qualunque uomo saggio mai esistito. Nonostante ciò è possibile immaginare un ulteriore "aiutino" all'umana saggezza, nella forma della proposta avanzata da Natasha Vita-More, ossia quella di una nuova versione – o, se vogliamo, un *upgrade* – della saggezza classicamente intesa. La sua idea consiste nel combinare due tecnologie futuribili, l'AGI – *artificial general intelligence* – e il macrosensing nanotecnologico. La prima consiste in un ambito di ricerca *in fieri* che mira sviluppare un'intelligenza artificiale capace di apprendere, acquisendo quindi nuove conoscenze – a differenza di un'intelligenza artificiale tradizionale, dotata di conoscenze già incastonate nella propria programmazione e finalizzate al problem solving immediato. L'AGI è un concetto analogo a quello della Seed AI teorizzata da Yudkowsky, cioè un'intelligenza artificiale programmata per auto-modificarsi, auto-comprendersi e di innescare un circolo virtuoso di auto-miglioramento.[54] Il macrosensing nanotech è un'idea di Freitas, che consiste nel disseminare il corpo umano – e in particolare il sistema nervoso, ma non solo – di nano-sensori in grado di monitorare gli stati somatici ed extrasomatici, ossia le condizioni psico-fisiologiche del soggetto e i dati provenienti dagli organi di

---

[54] E. Yudkowsky, *What is Seed AI*, 2000, http://www.singinst.org/seedAI/seedAI.html.

senso, allo scopo di ottimizzare – più di quanto farebbe il nostro apparato sensoriale naturale – la gestione dei dati che ci arrivano dal mondo esterno e da quello interiore. Associare queste due tecnologie e combinarle poi con il cervello umano offrirebbe a quest'ultimo una guida permanente alle cose della vita, una sorta di "oracolo personale" insomma – quasi come il demone di cui parlava Socrate –, pronto a dispensarci consigli su richiesta, e con un grado variabile a piacere di intimità e di connessione con il nostro ego. Un Super-super-io diremmo, ma senza la funzione repressiva e psicopatogenica del Super-io freudiano.[55]

Toccando il tema della super-intelligenza e della super-saggezza si finisce però inevitabilmente per trattare tematiche ben più ampie di quella del puro e semplice potenziamento intellettuale, finendo così per percorrere un sentiero che ci porta dritti nel cuore della Singolarità tecnologica.

---

[55] N. Vita-More, *Wisdom [Meta-Knowledge] through AGI/Neural Macrosensing.* http://www.natasha.cc/consciousnessreframed.htm.

8. L'Apoteosi dei Nerd

1. Tra trent'anni

La valanga iper-tecnologica che ci travolgerà, trasfigurandoci, ha già una data d'arrivo, il 2045, e pure un nome: Singolarità.

Con questo termine – che oramai fa parte del gergo quotidiano di buona parte del transumanismo – si intende un presunto processo di accelerazione del progresso scientifico e tecnologico che, secondo i suoi sostenitori, interesserebbe la società umana nel suo complesso, e in particolare – per ovvi motivi – quella occidentale. La velocità con cui si ideano e si sviluppano nuove tecnologie starebbe crescendo, e questo processo sarebbe in procinto di culminare – entro pochi decenni – nella nascita di un'intelligenza artificiale *superiore* a quella umana. Dopo di questo evento, le vicende umane e post-umane sarebbero destinate a prendere una piega per noi incomprensibile; in altre parole, noi comuni esseri umani non siamo strutturalmente in grado di prevedere, né tanto meno di capire, quello che accadrà dopo l'avvento della Singolarità tecnologica.

Per Kurzweil – oggi il più noto sostenitore di questa idea – la Singolarità rappresenta un momento in cui il ritmo del cambiamento tecnologico sarà così rapido, il suo impatto così forte, che la tecnologia sembrerà espandersi a una velocità infinita; il mondo conoscerà nuovi progressi e cambiamenti radicali di istante in istante.

Già nel 1951 Alan Turing parla della possibilità che, un bel giorno, le macchine riescano a superare le capacità intellettuali umane.[1] La prima traccia dell'avvento di un punto di rottura radicale risale però

---

[1] A. M. Turing, *Intelligent Machinery, A Heretical Theory*, 1951, ristampato in «Philosophia Mathematica», 1996, vol. 4, n. 3, pp. 256–260. http://philmat.oxfordjournals.org/content/4/3/256.full.pdf.

alla metà degli anni Cinquanta; in particolare il matematico polacco-americano Stanislaw Ulam racconta di una sua conversazione con John von Neumann, in cui quest'ultimo gli parla di

> un progresso della tecnologia in continua accelerazione e cambiamenti nelle modalità della vita umana, che dà l'impressione dell'avvicinamento di una qualche singolarità essenziale nella storia della razza, oltre la quale gli affari umani, così come li conosciamo, non potrebbero continuare.[2]

Von Neumann non sembra riferirsi specificatamente alla nascita di macchine intelligenti, ma al progresso tecnologico in generale, così come l'abbiamo sempre conosciuto.

Nel 1965 il matematico britannico Irving John Good parla per la prima volta di una *intelligence explosion*; in pratica secondo lui se una macchina riuscisse a superare anche di poco l'intelletto umano, essa potrebbe migliorare il proprio design secondo modalità non prevedibili dai propri creatori, e questo darebbe origine a un processo di tipo ricorsivo – cioè che si auto-alimenta –, producendo così menti artificiali ancora più potenti. Queste ultime disporrebbero poi di capacità di auto-design ancora migliori, e ciò porterebbe a un potenziamento dell'intelligenza artificiale ancora più rapido, fino alla nascita di un'intelligenza molto al di là della nostra:

> Definiamo una macchina ultraintelligente come una macchina che può superare di gran lunga tutte le attività intellettuali di qualunque essere umano, per quanto intelligente egli sia. Visto che la progettazione di macchine è una di queste attività intellettuali, una macchina ultraintelligente potrebbe disegnare macchine ancora migliori; allora ci sarebbe indiscutibilmente un'"esplosione d'intelligenza", e l'intelligenza umana verrebbe lasciata molto indietro. Quindi la prima

---

[2] S. Ulam, *Tribute to John von Neumann*, «Bulletin of the American Mathematical Society», vol. 64, n. 3, parte 2, maggio 1958, pp. 1-49. traduzione nostra.

macchina ultraintelligente sarebbe l'ultima invenzione che l'uomo avrebbe bisogno di fare, posto che la macchina in questione sia abbastanza docile da dirci come tenerla sotto controllo.[3]

Nel 1983 è il turno di Vernor Vinge, già docente di matematica della San Diego State University, *computer scientist* e noto autore di fantascienza, considerato dai transumanisti una vera e propria icona del loro movimento. Vinge riprende l'idea di Good e la divulga, a partire da un articolo uscito appunto nel gennaio del 1983 sulla rivista *Omni*, in cui usa per il prima volta il termine "Singolarità" in relazione all'intelligenza artificiale:

> Presto creeremo intelligenze più grandi della nostra. Quando questo accadrà, la storia umana avrà raggiunto una specie di singolarità, una transizione intellettuale tanto impenetrabile quanto lo spazio-tempo annodato al centro di un buco nero, e il mondo supererà di molto la nostra comprensione. Questa singolarità, credo, ossessiona già un certo numero di scrittori di fantascienza. Essa rende impossibile ogni speculazione relativa a un futuro interstellare. Per scrivere una storia ambientata tra più di un secolo bisogna metterci nel mezzo una guerra nucleare... così che il mondo rimanga comprensibile.[4]

Dieci anni dopo, durante il simposio "VISION-21" – sponsorizzato dal NASA Lewis Research Center e dall'Ohio Aerospace Institute e tenutosi il 30 e 31 marzo del 1993 a Westlake –, Vinge presenta un articolo destinato a diventare una pietra miliare del movimento transumanista: *The Coming Technological Singularity: How to Survive in the Post-Human Era*.[5] L'incipit è decisamente fulminante: "Entro trent'anni disporremo dei mezzi tecnologici per creare un'intelligenza superumana. Subito dopo l'era umana finirà". In realtà nel testo ori-

---

[3] I. J. Good, *Speculations Concerning the First Ultraintelligent Machine*, in: F. L. Alt e M. Rubinoff (a cura di), *Advances in Computers*, Academic Press, Waltham 1965, vol. 6, pp. 31-88.
[4] V. Vinge, *First Word*, «Omni», gennaio 1983, p. 10. Traduzione nostra.
[5] http://www-rohan.sdsu.edu/faculty/vinge/misc/singularity.html.

ginale Vinge dice *will be ended*, cioè qualcosa del tipo "verrà termi-
nata", il che suona decisamente più inquietante. Questo progresso è
evitabile, si chiede l'autore? E se non lo è, possono gli eventi essere
guidati in modo da garantire alla nostra specie la sopravvivenza?

Secondo Vinge il cambiamento apportato dalla Singolarità è paragonabile – in termini di radicalità – alla comparsa dell'uomo sulla
Terra. Tale rivoluzione ontologica potrebbe avvenire almeno in quattro modi, ossia: la creazione di computer che sono dotati di auto-consapevolezza e di un'intelligenza superiore alla nostra; il "risveglio" di
un ampio network di computer in simbiosi con i propri utenti; la
creazione di un "ibrido" uomo-computer intellettualmente superiore
a noi; lo sviluppo neurologico dell'uomo tramite le biotecnologie.
Tanto per gettare alcune date nella mischia, Vinge dice che sarebbe
sorpreso se la Singolarità avvenisse prima del 2005 e dopo il 2030.

E quali sarebbero le conseguenze di questa Singolarità? Il progresso
diverrebbe molto più rapido, come conseguenza della creazione di
macchine ancora più intelligenti delle prime e in un arco di tempo ancora più breve. Eventi tecnologici che noi pensiamo possano avvenire
in un milione di anni, potrebbero avvenire entro il Ventunesimo secolo
– a questo proposito Vinge cita lo scrittore di fantascienza Greg Bear,
che nel romanzo del 1985 *La musica del sangue*[6] elabora uno scenario
in cui cambiamenti radicali di tipo evolutivo avvengono nel giro di alcune ore. All'arrivo della Singolarità i nostri vecchi modelli di pensiero
dovranno essere scartati e si manifesterà una nuova realtà; nonostante
ora si possano fare alcune ipotesi, i risultati di questa svolta ontologica
saranno senz'altro sorprendenti, anche per coloro che si occupano sistematicamente di questi temi. Alcuni sintomi indicheranno l'avvento
di questa rivoluzione; tra di essi abbiamo la comparsa di macchine capaci di sostituire l'uomo in lavori sempre più sofisticati e la circolazione sempre più rapida delle idee, incluse quelle più radicali.

Alla domanda "può la Singolarità essere evitata?", Vinge risponde
con un "dipende". Da cosa? Dal fatto che non sappiamo se l'intelli-

---

[6] G. Bear, *La musica del sangue*, Editrice Nord, Milano 1997.

genza artificiale sia o meno realizzabile, il che non è affatto pacifico. per esempio il noto filosofo John Searle in *Minds, Brains, and Programs* nega che ciò sia possibile[7]; più in generale il pensatore sostiene che la coscienza dipende dal sostrato e sarebbe quindi una conseguenza della biologia come noi la conosciamo. Lo stesso vale per Roger Penrose, fisico e promotore di una concezione della mente legata alla meccanica quantistica.[8] Ovviamente si tratta solo di opinioni ma, come abbiamo già visto in precedenza, il dibattito sulla natura della mente e sulla sua riproducibilità tecnica è lungi dall'essere concluso. Dunque: se creare un'intelligenza artificiale non è possibile, la Singolarità non la vedremo mai; in caso contrario, cioè se si può creare menti artificiali superiori alla nostra, allora prima o dopo la Singolarità *deve* arrivare.

Dati i rischi legati a tale evento – pensate solo a *Terminator,* in cui la rete informatica mondiale Skynet si risveglia e distrugge l'umanità – ci si potrebbe pure chiedere se non sia il caso che le nazioni della Terra proibiscano le ricerche in quest'ambito. Si tratta però di una pia illusione: l'unico risultato che otterrebbero restrizioni di questo tipo sarebbe quello di spingere la ricerca nella clandestinità, o di consentire alle nazioni che non ratificano tali misure di battere le altre sul tempo. Anche l'idea di realizzare tali menti artificiali in una situazione di "quarantena" – cioè immettendole in un sistema che impedisca loro la fuga o l'interferenza con il mondo esterno – sembra problematica. Per una mente superiore alla nostra trovare una via d'uscita da una trappola umana, per quanto astuta, sarebbe solo una questione di tempo. Il confino sarebbe dunque – almeno secondo Vinge – decisamente inefficace. Un'altra possibilità sarebbe quella di includere nella programmazione di queste macchine ultraintelligenti alcune regole – simili alle asimoviane "Tre Leggi della Robotica" – che le rendano intrinsecamente benevole. Anche qui ci sono però alcuni problemi, e in realtà vi riveliamo subito che il dibattito in materia è ancora in corso.

---

[7] J. Searle, *Minds, Brains, and Programs*, «The Behavioral and Brain Sciences», vol. 3, Cambridge University Press, Cambridge 1980.

[8] R. Penrose, Roger, *The Emperor's New Mind*, Oxford University Press, Oxford 1989.

Un'ulteriore possibilità avanzata da Vinge – che tra l'altro è la nostra preferita – sarebbe quella di amplificare appunto l'intelligenza naturale umana, tramite l'ingegneria genetica e la simbiosi uomo-macchina. O meglio, l'idea sarebbe quella di un approccio multiplo, che consideri sia lo sviluppo dell'intelligenza artificiale, sia quello dell'intelligence amplification.

A questo proposito Stephen Hawking ha commentato – nel corso di un'intervista concessa alla rivista tedesca *Focus* – che in alcuni decenni l'intelligenza dei computer supererà quella umana, suggerendo inoltre di sviluppare il prima possibile sistemi per connettere cervello e computer, in modo che i cervelli artificiali contribuiscano all'intelligenza umana invece che opporsi a essa.[9] Hawking non è l'unico ad aver sottolineato gli eventuali pericoli legati alla nascita di un'intelligenza artificiale super-umana. Pericoli di vario genere: essa potrebbe in effetti evolversi in modi imprevedibili, anche malevoli. Oppure potrebbe competere – vincendo – con l'umanità per le risorse materiali ed energetiche. In alternativa essa potrebbe diventare indifferente a noi – e quindi involontariamente pericolosa – o ancora potrebbe prendersi cura di noi fin troppo, privandoci della nostra autonomia.

Nell'aprile del 2000 Bill Joy – *computer scientist* americano e co-fondatore della Sun Microsystems – ha pubblicato su *Wired* un discusso articolo dal titolo *Why the Future Doesn't Need Us*, in cui ha affermato che le più potenti tecnologie del Ventunesimo secolo, cioè la robotica, l'ingegneria genetica e le nanotecnologie, rischiano di portare la nostra specie all'estinzione.[10] La pericolosità di queste tecnologie sta innanzitutto nel fatto che esse potrebbero essere facilmente utilizzate con intenti malevoli da singoli individui o da piccoli gruppi. Ma non è finita qui: continuando sulla strada dello sviluppo di macchine sempre più intelligenti, nel giro di trent'anni potremmo disporre di robot intelligenti come o più di noi, che potrebbero tranquillamente fare a meno degli esseri umani,

---

[9] http://www.zdnet.com/news/stephen-hawking-humans-will-fall-behind-ai/116616.

[10] Cfr. B. Joy, *Why the future doesn't need us*, «Wired», aprile 2000, http://www.wired.com/wired/archive/8.04/joy.html.

causando la nostra scomparsa; secondo lo studioso la biologia ci insegna infatti che le specie viventi non sopravvivono quasi mai all'incontro con specie concorrenti che si dimostrano superiori. Per Joy gli esseri umani tendono a sovrastimare le proprie capacità di progettazione, e questo non potrebbe che condurre a conseguenze involontarie dall'esito letale – per i progettisti stessi. In seguito, dopo la pubblicazione dell'articolo, Joy ha invitato gli scienziati a rifiutarsi di lavorare su tecnologie che potrebbero danneggiare la nostra specie.

Interessante è infine la teoria proposta dalla microbiologa americana Joan Slonczewski, cioè la cosiddetta "singolarità mitocondriale"; secondo la studiosa la Singolarità sarebbe solo il culmine di un processo graduale, iniziato secoli fa, consistente nel fatto che gli esseri umani hanno delegato un numero crescente di processi intellettuali alle macchine, al punto che in futuro potremmo assumere un ruolo di tipo "vestigiale" nei confronti della tecnologia – come semplici "fornitori di energia", un po' come successe ai mitocondri nei confronti delle cellule.[11]

Parlando poi di date, Kurzweil predice che la Singolarità arriverà attorno al 2045, mentre secondo il transumanista britannico Stuart Armstrong ci sarebbe l'ottanta per cento di probabilità che essa avvenga entro un secolo.

Per quanto riguarda Kurzweil, l'inventore fa il suo ingresso nel dibattito in questione con *The Age of Spiritual Machines*[12], libro in cui parla di intelligenza artificiale e dei progressi tecnologici a cui assisteremo nel corso del Ventunesimo secolo. Secondo lui l'intelligenza artificiale verrà creata dalla crescita esponenziale della capacità computazionale dei computer, più lo sviluppo di un sistema automatizzato di acquisizione del sapere e di alcuni tipi di algoritmi, come gli algoritmi genetici – in parole povere, complesse procedure di calcolo auto-correttive. Le macchine sembreranno a un certo punto dotate di libero arbitrio, e l'intelligenza si espanderà al di fuori della Terra, in tutto l'universo.

---

[11] http://ultraphyte.com/2013/03/25/mitochondrial-singularity/.
[12] R. Kurzweil, *The Age of Spritual Machines*, Penguin Books, New York 1999.

Uno dei concetti su cui insiste di più è la sua "legge dei ritorni accelerati". Dal Big Bang in qua, dice Kurzweil, la frequenza degli eventi di portata universale – in senso cosmologico – ha subito un rallentamento; di contro, l'evoluzione biologica ha conseguito gradi crescenti di ordine a una velocità sempre maggiore, fino ad arrivare alla nascita della tecnica. Non solo: ogni volta che una certa tecnologia si avvicina a un muro insuperabile, nascono nuove tecnologie che lo superano, e questa sarebbe l'essenza più intima della storia umana. In breve, grazie a un sistema di *feedback* positivi, l'evoluzione biologica accelera, portandoci all'evoluzione tecnologica, che a sua volta accelera, arrivando alla computazione, che poi arriva alla Singolarità. La legge dei ritorni accelerati indica dunque che, mano a mano che l'ordine cresce, la velocità – di sviluppo, di evoluzione, di cambiamento tecnologico – aumenta.

Per Kurzweil la mente non è un insieme di atomi, ma un raggruppamento di schemi, che può manifestarsi in mezzi differenti in momenti diversi – e quindi può essere riprodotta anche su un sostrato diverso da quello biologico. A suo dire l'esperienza spirituale consiste in una sensazione di star trascendendo i limiti fisici e mortali quotidiani, percependo una realtà più profonda; ne consegue che, nel Ventunesimo secolo, anche le macchine svilupperanno una dimensione spirituale – e non saranno quindi più definibili come macchine nel senso classico del termine.

Kurzweil fa poi un ampio uso della cosiddetta "Legge di Moore". Gordon Moore è un imprenditore americano co-fondatore della Intel – che, lo ricordiamo, produce chip – la cui fama è legata alla legge che porta il suo nome – divulgata per la prima volta in un articolo del 19 aprile 1965 sull'*Electronics Magazine*.[13] In quell'occasione Moore dichiara che, dato un prezzo fisso, il numero di elementi attivi in un computer è destinato a raddoppiare ogni due anni, aggiungendo che tale regola resterà valida per un decennio – mentre invece è ancora valida. Da essa ne consegue che la potenza – velocità di processamento,

---

[13] G. Moore, *Cramming more components onto integrated circuits*, «Electronics Magazine», 19 aprile 1965, p. 4. http://www.cs.utexas.edu/~fussell/courses/cs352h/papers/moore.pdf.

memoria e così via – dei computer e dei dispositivi digitali in generale continua a raddoppiare circa ogni due anni, seguendo quindi un andamento esponenziale. C'è da dire che il successo di tale regola è dipeso anche dal fatto che essa è stata utilizzata come linea-guida – in pratica, come obiettivo aziendale – da tutta l'industria dei semiconduttori. Nel libro del 1988 *Mind Children: The Future of Robot and Human Intelligence*[14], Hans Moravec prende la Legge di Moore e la generalizza, portandola a sostegno della possibilità che, in un prossimo futuro, i robot si evolvano in una nuova specie artificiale – a partire dagli anni Trenta/Quaranta di questo secolo. Dieci anni dopo, in *Robot: Mere Machine to Transcendent Mind*[15], Moravec generalizza ulteriormente le sue teorie, arrivando a posizioni analoghe a quelle di Vinge e soci. E così arriviamo a Kurzweil, secondo il quale la Legge di Moore "reggerà" fino al 2020, dopo di che si passerà a tecnologie diverse da quelle attuali, come i chip basati sul DNA, quelli sui nanotubi e, infine, la computazione quantistica.[16]

Kurzweil porta l'esempio di Deep Blue, il computer della IBM che nel 1997 ha battuto a scacchi Kasparov, per mostrare che l'intelligenza artificiale sta nascendo. Nel commentare il libro di Kurzweil[17], John Searle ribatte che le macchine possono solo manipolare simboli, senza comprenderne il significato. È il famoso esempio della stanza cinese, che si svolge più o meno così. Mettiamo un uomo che non parla il cinese in una stanza, e facciamo in modo che gli arrivino messaggi

---

[14] H. Moravec, *Mind Children: The Future of Robot and Human Intelligence*, Harvard University Press, Cambridge 1988.

[15] H. Moravec, *Robot: Mere Machine to Transcendent Mind*, Oxford University Press, Oxford 1999.

[16] La computazione quantistica è un campo di ricerca che mira a realizzare computer in grado di effettuare operazioni di calcolo utilizzando fenomeni di tipo quantistico. Il mondo sub-atomico è caratterizzato da regole molto lontane dalla nostra sensibilità comune; lungi dall'essere semplici "pallini" dotati di caratteristiche definite, le particelle hanno proprietà per noi bizzarre, come quella di potersi trovarsi in più posti in contemporanea. Stiamo semplificando, ovviamente; ciò che conta è che queste strane proprietà potrebbero essere sfruttate per costruire computer enormemente più veloci di quelli attuali.

[17] J. Searle, *I Married a Computer*, «The New York Review of Books», 8 aprile 1999. http://www.nybooks.com/articles/archives/1999/apr/08/i-married-a-computer/?pagination=false.

scritti in quella lingua; poi gli diamo un set di regole completo e articolato quanto basta, che gli spieghi come manipolare i simboli in questione. L'uomo allora produrrà le risposte del caso, e ciò senza aver realmente compreso il significato dei messaggi. La persona che scrive i messaggi, e che parla il cinese, potrebbe credere che chi sta dentro la stanza capisca realmente quella lingua, ma in realtà non è così. Per il filosofo la computazione è la manipolazione di simboli secondo delle regole, senza la *comprensione* del significato. L'aumento esponenziale della capacità computazionale promesso da Kurzweil non sposta di una virgola il problema, e l'unico modo per costruire una macchina cosciente è quello di comprendere la coscienza, cosa che siamo ben lontani dal fare.

Anche il filosofo Colin McGinn dice la sua sulle teorie di Kurzweil; in particolare sottolinea che il fatto che una macchina esibisca un comportamento esteriore di tipo umano non indica assolutamente che sia dotata di un'esperienza interiore simile alla nostra, e se non ce l'ha, uploadare un mente su un pc equivarrebbe a lasciarla dissolvere.[18]

Proseguendo con il suo ragionamento, Kurzweil si dirige verso una visione di amplissimo respiro, sostenendo che, una volta impregnato di intelligenza, l'universo sarà in grado di decidere del proprio destino, magari evitando il Big Crunch o la diluizione perpetua: sarà l'intelligenza a decidere. Per lui l'intelligenza è quindi la più grande forza dell'universo; mano a mano che la "densità computazionale" dell'universo aumenterà, l'intelligenza comincerà a rivaleggiare con le "grandi forze celesti".

In *The Singularity Is Near: When Humans Transcend Biology*[19], Kurzweil rincara la dose. L'inventore sottolinea che la Legge di Moore vale non solo per i circuiti integrati, ma anche per altri settori contigui — come quello dei transistor, dei relais e dei computer elettro-mec-

---

[18] C. McGinn, *Hello, HAL*, «The New York Times», 3 gennaio 1999. http://www.nytimes.com/1999/01/03/books/hello-hal.html?pagewanted=all&src=pm.

[19] R. Kurzweil, *The Singularity Is Near: When Humans Transcend Biology*, Penguin, New York 2005.

canici – e pure per settori più lontani, come quello della scienza dei materiali – leggi nanotecnologie – e quello delle tecnologie mediche. Inoltre, sebbene la Legge di Moore sia destinata per lui a esaurirsi – nei termini in cui la conosciamo ora – attorno al 2020, Kurzweil ha fiducia nella nascita di un nuovo paradigma – forse basato sui nano-tubi – che consentirà un'ulteriore prosecuzione della crescita esponenziale della capacità computazionale.

Comunque sia, Kurzweil non ha problemi ad ammettere che la crescita della capacità computazionale non potrà da sola creare l'intelligenza artificiale; il modo migliore per raggiungere questo risultato sarà tramite la retro-ingegneria del cervello umano – in pratica si dovrà studiare e imitare il nostro sistema nervoso centrale. Per fare ciò useremo le classiche tecnologie di imaging cerebrale, le quali sono destinate pure esse ad andare incontro a una crescita esponenziale della propria risoluzione – per poi essere sostituite, negli anni Venti del Ventunesimo secolo, da nano-bot che realizzareanno lo scanning del cervello dall'interno.

Secondo Kurzweil – e questo è anche il tema centrale del suo ultimo libro, *How to Create a Mind: The Secret of Human Thought Revealed*[20] – la corteccia di un essere umano adulto consiste in circa trecento milioni di "rilevatori di schemi"; per il futurologo essa disporrebbe di una struttura gerarchica che consente una crescente astrazione da una colonna corticale verticale all'altra. Ai livelli più bassi la neocorteccia può sembrare meccanica, in quanto prende decisioni semplici, ma ai livelli più alti della gerarchia è in grado di maneggiare concetti come la poesia, il senso dell'umorismo, la sensualità e così via. L'incremento quantitativo di questi livelli gerarchici è ciò che ha consentito il passaggio dall'intelletto dei primati a quello degli esseri umani, portando così alla nascita del linguaggio, delle arti e di tutta la cultura. In pratica un incremento quantitativo avrebbe portato a un salto di tipo qualitativo. E allora, si chiede Kurzweil, perché

---

[20] R. Kurzweil, *How to Create a Mind: The Secret of Human Thought Revealed*, Viking Press, New York 2012.

non perseguire un altro "salto", portando il numero dei nostri "rilevatori di schemi" da trecento milioni a un miliardo?

Ad ogni modo saranno l'ingegneria genetica, le nanotecnologie e la robotica, o meglio, la convergenza di queste tre discipline, a spingerci dentro la Singolarità. La vita umana verrà trasformata in modo irreversibile; trascenderemo i limiti dei nostri corpi e dei nostri cervelli biologici. Kurzweil sottolinea poi che le macchine del futuro saranno umane – al punto che, diciamo noi, è giusto chiedersi se avrà senso parlare di macchine, o piuttosto sarebbe meglio evitare questo tipo di terminologia, in favore di qualcosa di qualitativamente nuovo, tutto da inventare.

E così arriviamo alla fatidica data, il 2045. A un certo punto, dopo questa data, la crescita esponenziale di cui sopra toccherà un limite insuperabile, ossia il processo di miniaturizzazione e velocizzazione che caratterizza il mondo dei computer si fermerà, avendo raggiunto i limiti imposti dalle leggi di natura; allora, per aumentare ulteriormente la propria capacità computazionale, i computer dovranno aumentare le proprie dimensioni, e questo porterà le intelligenze artificiali prossime venture a muoversi "verso fuori". Per cominciare la Terra stessa verrà trasformata in un enorme sostrato computazionale, poi le intelligenze post-umane inizieranno a espandersi nello spazio solare e interstellare, alla ricerca di materia ed energia da ottimizzare per le proprie esigenze di sviluppo. Questo porterà a una progressiva conversione di tutta la materia cosmica in materia "pensante", fino ad arrivare a un vero e proprio "risveglio" dell'universo intero. La cavalcata della Singolarità continuerà con l'acquisizione di un grado crescente di complessità – avvicinandosi in pratica alla nostra classica concezione monoteistica di Dio, senza però mai raggiungerla. Nel caso poi che altri universi esistano, è senz'altro possibile che il nostro "universo intelligente" decida di espandersi ulteriormente verso di essi.

Kurzweil costruisce uno schema della storia universale che, a occhio e croce, ricorda molto le concezioni emergentiste difese dai "teorici della complessità", come Ilya Prigogine – per il quale i diversi livelli di complessità da cui è composta la realtà emergerebbero l'uno dall'altro, tramite appositi "salti" ontologici. Lo schema kurzweiliano identifica sei epoche nella storia evolutiva dell'universo, tutte lette alla luce della teoria dell'informazione. In pratica la Prima Epoca – quella della fisica e della chimica – sarebbe caratterizzata dal fatto che l'informazione, intesa come "ordine", sarebbe conservata solo nelle strutture atomiche; una quantità d'ordine limitata, dunque. Poi ci sarebbe la Seconda Epoca, quella della biologia, in cui l'informazione sarebbe conservata nella struttura del DNA. La Terza Epoca è quella dei cervelli, in cui gli schemi neurali riescono a conservare una quantità ancora maggiore di ordine. Poi la Quarta Epoca è quella della tecnologia, in cui assistiamo alla nascita di hardware e software. La Quinta Epoca, quella della Singolarità, assisterà alla fusione tra uomo e macchina, mentre la Sesta Epoca vedrà la saturazione dell'universo da parte della materia intelligente.

Kurzweil ritiene che civiltà extraterrestri avanzate in realtà non esistano. Stando alle legge dei ritorni accelerati, nel momento in cui una civiltà sviluppa una forma primitiva di tecnologia, allora nel giro di pochi secoli arriva alla Singolarità; quest'ultima porta poi l'intelligenza a espandersi rapidamente nel cosmo, e a gingillarsi con esso. Visto che, guardando il cielo, non notiamo segni di manipolazioni intelligenti della materia – galassie quadrate in giro non se ne vedono, per il momento –, da ciò si può dedurre che gli ET non esistono. Meglio per noi, visto che il nostro destino sarà quello di saturare l'universo, assorbendo tutta la materia e l'energia e ottimizzandole per la computazione.

Programma interessante, ma i critici e la scienza ufficiale cosa dicono? Tra le critiche che sono piovute addosso al libro di Kurzweil, la più comune è quella della "fallacia della crescita esponenziale"; in questo caso l'accusa consiste nell'aver preso un processo che al momento si è dimostrato essere esponenziale e averlo generalizzato, estendendolo allo sviluppo tecnologico *tout court*. Insomma, l'inventore avrebbe trasformato una semplice tendenza localizzata in una vera e propria legge che governerebbe in modo stringente la realtà umana. Vari sono inoltre gli autori che, in diversi modi, hanno contestato l'idea per cui il progresso starebbe accelerando; ve ne citiamo un paio. Secondo Bob Seidensticker – divulgatore e *insider* del mondo dell'industria high-tech –, l'idea stessa di accelerazione sarebbe il frutto di una lettura semplicistica del progresso tecnologico – per maggiori dettagli, vi rimandiamo al suo interessante libro, *Future-Hype. The Myths of Technological Change.*[21] Stando invece a Theodore Modis – fisico e futurologo – e Jonathan Huebner – fisico ed esperto di brevetti – il tasso di innovazione tecnologica non solo non starebbe crescendo, ma starebbe anzi subendo un rallentamento. Insomma, si tratta di questioni di storia della scienza e della tecnologia, e chi si occupa di queste tematiche sa bene quanto sia difficile, se non impossibile, elaborare interpretazioni attendibili e ben argomentate di eventi tutt'ora in corso. In altre parole, i giochi sono aperti.

C'è da dire che in genere la comunità scientifica – o almeno buona parte di essa – ha accolto le teorie di Kurzweil con un certo grado di scetticismo. Nel 2008 lo psicologo canadese Steven Pinker ha dichiarato che

> non c'è la minima ragione per credere nell'avvento della Singolarità. Il fatto che possiamo visualizzare un futuro nella nostra immaginazione non prova che esso sia probabile o anche solo possibile. Pensiamo alle città coperte da cupole, agli spostamenti con i jet-pack, alle città sottomarine, agli edifici alti chilometri o alle automobili nucleari – tutti esempi di fantasie futuristiche di quando ero un bambino, ma che non sono mai arrivati. La semplice capacità di processamento non è una polvere fatata che risolve magicamente tutti i nostri problemi."[22]

Nemmeno il noto psicologo cognitivo americano Douglas R. Hofstadter è molto tenero con la Singolarità. Per lui si tratta di un'idea confusa, mentre i libri di Kurzweil e Moravec sono "una bizzarra mi-

---

[21] B. Seidensticker, *FutureHype. The Myths of Technological Change*, Berrett-Koehler Publishers, San Francisco 2006.
[22] http://spectrum.ieee.org/computing/hardware/tech-luminaries-address-singularity.

stura di idee che sono fondate e valide con idee che sono folli". Il miscuglio è talmente omogeneo che è molto difficile separare le buone idee e le stupidaggini; si tratta di persone intelligenti, non di stupidi, sottolinea Hofstadter. Le stupidaggini per lui riguardano l'upload della mente su computer, l'immortalità digitale, la fusione delle personalità nel cyberspazio e la nozione di un'accelerazione del progresso. Lo studioso ammette però di non disporre di un modo facile per distinguere ciò che è corretto da ciò che è sbagliato, ed è senz'altro possibile che alcune delle cose che queste persone dicono si avverino, anche se il "quando" non ci è dato sapere.[23]

Per David J. Linden, neuroscienziato della Johns Hopkins University, Kurzweil confonde la raccolta di dati con la comprensione del cervello; la prima potrà anche seguire un progresso esponenziale – cioè gli strumenti per la raccolta di dati potranno raffinarsi in modo sempre più veloce –, ma la comprensione del funzionamento del sistema nervoso progredisce in modo più o meno lineare.[24]

Scrivendo su *Nature*, il fisico Paul Davies ha dichiarato che *The Singularity is Near* è molto divertente da leggere, ma deve essere preso con le pinze.[25]

Per il giornalista scientifico John Horgan, quella della Singolarità è una visione più religiosa che scientifica[26], mentre lo scrittore di fantascienza Ken MacLeod le ha attribuito la dicitura – vagamente dispregiativa – di "rapimento in cielo per nerd", riferendosi quindi al "rapimento in cielo" atteso a breve da molti cristiani fondamentalisti.

Infine aggiungiamo che non tutti sono convinti delle doti profetico-tecnologiche di Kurzweil – che invece sui media vengono spesso sottolineate. Per esempio nel 2010 il giornalista americano John Ren-

---

[23] G. Ross, *An interview with Douglas R. Hofstadter*, «American Scientist Online», Gennaio 2007. http://www.americanscientist.org/bookshelf/pub/douglas-r-hofstadter.

[24] D. Linden, *The Singularity is Far: A Neruoscientist's View*, «Boing Boing», 14 luglio 2011. http://boingboing.net/2011/07/14/far.html.

[25] P. Davies, *When computers take over*, «Nature», 23 marzo 2006, n. 437, pp. 421–422. http://www.singularity.com/When_computers_take_over.pdf.

[26] J. Horgan, *The Consciousness Conundrum*, «IEEE Spectrum», 1 giugno 2008. http://spectrum.ieee.org/biomedical/imaging/the-consciousness-conundrum/0.

nie si è divertito a riprendere in mano tutte le previsioni relative agli ultimi anni fatte dal pensatore transumanista e a effettuare un *reality check*, mostrando come, a suo dire, spesso le previsioni di Kurzweil più azzeccate sono anche quelle più vaghe e banali.[27]

Fingiamo però per un attimo che tutto ciò che dicono Kurzweil e soci sia vero senza ombra di dubbio. Ci troveremmo così ad aver a che fare – dopo il 2045 – con un mondo che trascende le nostre capacità di comprensione. Nonostante ciò – e pur condividendo queste idee –, diversi transumanisti hanno provato a elaborare scenari relativi al mondo che verrà, a cominciare dai tipi umani che ci vivranno.

2. Le genti del domani

Sanissimi. Con un controllo pressoché assoluto del corpo umano a livello molecolare, è ovvio che i nostri discendenti post-umani siano destinati a godere di una salute a confronto della quale la nostra – anche nei casi migliori – impallidisce. Dopo un po' gli ultimi "animali selvaggi" rimasti nel nostro ecosistema saranno virus e batteri e, mano a mano che le nanotecnologie progrediranno, anch'essi saranno "addomesticati". Ma non è finita qui: potenziando i nostri sensi naturali, e regalandocene di nuovi, la nanomedicina ci offrirà un accesso sistemico multi-livello senza precedenti ai nostri stati interni fisici e mentali, inclusa l'attività e le condizioni di organi, tessuti e cellule – anche di singoli neuroni, volendo. Diverse parti di noi stessi, alle quali oggi non abbiamo alcun accesso, finiranno nel raggio d'azione della nostra consapevolezza. Potremo analizzare nel dettaglio tutti i "sotto-sistemi" di cui si compone la nostra mente, i nostri "desideri conflittuali" e le "opinioni contrastanti" che nutriamo su un certo tema. Ricostruire e "curare" la nostra mente vorrà dire aprire letteralmente una finestra sulla struttura ultrafine dei nostri pensieri, diventando così "nudi per noi stessi" in un modo che non possiamo

---

[27] Chi voglia giudicare per conto proprio può dare un'occhiata a: J. Rennie, *Ray Kurzweil's Slippery Futurism*, «IEEE Spectrum», 29 novembre 2010. http://spectrum.ieee.org/computing/software/ray-kurzweils-slippery-futurism.

nemmeno immaginare – alla faccia degli sforzi che gli psicoterapeuti di oggi compiono per accedere all'interiorità dei loro pazienti. Finiremo insomma per godere di una forma di libero arbitrio oggi impensabile. La nanomedicina diverrà onni-pervasiva, eliminando una serie di condizioni che oggi riteniamo "naturali", ma che potrebbero spingere i post-umani a chiedersi come noi uomini del presente riuscissimo a restare concentrati sulle nostre faccende quotidiane: dipendenze di ogni tipo – caffeina, nicotina, droghe, dipendenze dal cibo e tutti comportamenti compulsivi che riducono la qualità della nostra vita, dalle superstizioni all'ipocondria, dalla dipendenza dal lavoro a quella dallo shopping. E poi tutte le allergie, le intolleranze, la nausea, i problemi gastrointestinali, i fastidi provocati dal caldo e dal freddo, il prurito, i brufoli. Ma anche le imperfezioni della pelle, i peli superflui, i capogiri causati da una rapida rotazione, le asimmetrie del corpo e del volto, il mal di testa, le unghie incarnite, il tinnito, il cerume, il naso chiuso, le flatulenze, la sonnolenza e ovviamente le mestruazioni. Per non parlare di fobie di ogni tipo, dalla paura dei ragni a quella dell'altezza o dei luoghi chiusi, così come tutti i nostri tratti comportamentali che non ci piacciono – è ovvio che se siete misantropi e vi piacete così, nessuno vi obbligherà a cambiare. Per concludere: i post-umani non avranno nemmeno un dolorino occasionale al ginocchio o nel fondoschiena.[28]

Corpi post-umani. Negli scorsi capitoli abbiamo già parlato diffusamente di tutti i possibili potenziamenti e cambiamenti a cui i nostri corpi biologici potrebbero andare incontro in un futuro più o meno lontano. Ora aggiungiamo qualche altra curiosità. Cominciamo con Natasha Vita-More che, da brava artista, ha pure creato una rappresentazione di un possibile corpo post-umano, da lei battezzato "Primo Posthuman".[29] Vari sono gli adattamenti proposti: andiamo dalla possibilità di cambiare sesso a piacimento – con relativa

---

[28] R. A. Freitas Jr., *Nanomedicine. Volume I: Basic Capabilities*, Landes Bioscience, Austin 1999. www.nanomedicine.com.

[29] N. Vita_more, Primo Posthuman – The New Human Genre. http://www.natasha.cc/primo.htm.

capacità di procreare –, a un meta-cervello dotato di sistemi di auto-correzione cognitiva potenziati e un archivio mnemonico nanotec-nologico, a un "sistema di riciclo rifiuti" molto efficiente – quello che possediamo ora è "disordinato", chiosa la Vita-More – a sensi poten-ziati e alla pelle nanotech di cui vi abbiamo già parlato.

In un articolo intitolato *Human Engineering and Climate Change*[30], i pensatori transumanisti S. Matthew Liao, Anders Sandberg e Re-becca Roache sostengono che gli esseri umani debbano modificarsi geneticamente in modo volontario per ridurre l'impatto ecologico della nostra specie; tra le proposte c'è quella di indurre in noi stessi l'intolleranza verso la carne – la cui produzione ha in effetti un im-patto ecologico notevole –, di acquisire le caratteristiche oculari dei gatti – in modo da ridurre le nostre esigenze di illuminazione – e di ridurre la nostra massa corporea.

Che poi in realtà – visto che si è deciso di dare libero sfogo alla fantasia – le possibili modifiche conferibili al corpo umano sono pra-ticamente senza fine: possiamo immaginare di acquisire le capacità fi-siche di questo o quell'animale, di creare menti collettive, di adattare i nostri corpi allo spazio esterno, di aumentare la nostra statura a di-smisura, di conferire alla nostra pelle i colori più strani, di cambiare il numero dei nostri cromosomi, di abolire il sonno, di rendere il no-stro scheletro flessibile o le nostre dita tentacolari, di sviluppare un udito selettivo – per sentire solo quello che ci va di sentire – o di farci crescere le ali; nel ottimo romanzo *Accelerando* lo scrittore di fanta-scienza Charles Stross si diverte a immaginare ibridi uomo-corpora-tion.[31] Insomma: chiedete e vi sarà dato. È quella che i transumanisti chiamano "libertà morfologica", la libertà di scegliere qualunque forma ci vada, e che per questi pensatori deve avere lo status di un qualunque altro diritto umano.[32] È una cosa di cui, ovviamente, si

---

[30] S. M. Liao, A. Sandberg e R. Roache, *Human Engineering and Climate Change*, 2 febbraio 2012, http://www.smatthewliao.com/wp-content/uploads/2012/02/HEandClimateChange.htm.

[31] C. Stross, *Accelerando*, Armenia Edizioni, Milano 2007.

[32] A. Sanberg, *Morphological Freedom – Why We not just Want it, but Need it.* http://www.aleph.se/Nada/Texts/MorphologicalFreedom.htm.

può parlare, ma con una certa cautela; magari ritrovarvi – così, tanto per fare un esempio – con un collega d'ufficio che ha deciso di farsi crescere un terzo, inquietante occhio in mezzo alla fronte potrebbe rendere la vostra giornata lavorativa un po' più animata e, magari, poco confortevole.

Niente sessi, siamo post-umani. George Dvorsky e James Hughes hanno preso atto – dal loro punto di vista, per lo meno – della progressiva erosione culturale dei generi sessuali, così come delle elaborazioni filosofiche del femminismo e dei movimenti a esso paralleli. In un articolo a quattro mani[33] prevedono dunque la scomparsa concreta dei generi sessuali – da loro visti come un'arbitraria limitazione delle potenzialità umane – sia dal punto di vista anatomico che neurologico, tramite le solite tecnologie. Nanotecnologie, ingegneria genetica, riproduzione in vitro, uteri artificiali, tecniche per il cambio di sesso, corpi virtuali simulati al computer: la tecnologia prossima ventura ci porterà secondo i due non solo a trascendere la nostra umanità, ma anche i generi sessuali. In cambio otterremo una maggiore fluidità psicologica e un'androginia che potremo dosare a nostro piacimento; in sostanza il postgenderismo non reclama la cancellazione delle differenze sessuali e di genere, ma il fatto che esse siano il frutto di una scelta e non di un'imposizione genetica e culturale.

Elogio nella neuro-diversità. Sempre Dvorsky[34] ci introduce all'interessante tema della neuro-diversità, sostenendo che in futuro disporremo di modalità di processamento cognitivo su misura; in pratica potremo alterare in modi specifici e altamente individualizzati il modo in cui, da un punto di vista squisitamente neurologico, percepiamo il mondo. Ossia: potremo modificare le nostre risposte emotive, le nostre modalità di interazione personale, il nostro coinvolgimento sociale, i nostri gusti estetici e le nostre priorità. Insomma,

---

[33] G. Dvorsky e J. Hughes, *Postgenderism: Beyond the Gender Binary*, IEET-03, marzo 2008. http://www.sentientdevelopments.com/2008/03/postgenderism-beyond-gender-binary.html.

[34] G. Dvorsky, *Designer Psychologies: Moving beyond neurotypicality*, «Sentient Developments», 29 maggio 2011. http://ieet.org/index.php/IEET/more/dvorsky20110528.

arriverà il giorno in cui saremo capaci di decidere il modo esatto in cui vogliamo rapportarci al mondo. Il pensatore transumanista introduce qui due termini coniati e diffusi originariamente dall'"Autism rights movement" – un movimento sociale internazionale che include associazioni e network che si occupano appunto di autismo –, ossia quelli di "neuro-tipicità" e "neuro-diversità". E l'autismo è appunto un esempio di quest'ultimo concetto; l'idea dietro a esso è che, lungi dall'essere interessati alle interazioni sociali – come la maggior parte degli esseri umani "neuro-tipici" –, gli autistici sono o sarebbero più che contenti di dedicarsi ai propri pensieri e alle proprie specifiche priorità, senza alcuna esigenza di essere "curati". Qui Dvorsky non sta di certo dicendo che dovremmo diventare tutti autistici, ma ci invita piuttosto a considerare il concetto di neuro-diversità, e di vederlo come un possibile arricchimento della società; in sostanza, si tratta di un invito – così transumanista – a sviluppare le neuroscienze in modo da disporre della possibilità di modificare le nostre psicologie personali a nostro piacimento. Il tutto si inscrive dunque in una nozione cara ai transumanisti, cioè quella di libertà cognitiva, che implica il nostro diritto a modificare la nostra mente come meglio crediamo. Tra i settori della nostra psiche su cui potremmo lavorare c'è il nostro senso estetico – che potremmo modificare in modo da apprezzare esteticamente cose a cui normalmente non penseremmo, quotidiane o meno. Potremmo anche decidere di mescolare canali sensoriali diversi, producendo in noi un fenomeno neurologico relativamente poco comune, quello della sinestesia. Un altro settore d'intervento abbastanza ovvio è quello della manipolazione delle risposte emotive; di contro, potremmo decidere di identificare ed eliminare volontariamente i nostri pregiudizi cognitivi, ottenendo una capacità di pensiero più chiara e razionale. Infine potremmo intervenire un po' come crediamo sulla nostra socialità e sulla nostra moralità. Gli strumenti da utilizzare sono sempre quelli: farmaci su misura, manipolazioni genetiche, impianti neurali e così via.

A proposito della natura umana. Ecco che risorge la solita domanda: che ne sarà della natura umana dopo tutte queste modifiche, mutazioni, ristrutturazioni? Ce la possiamo cavare in vari modi; si può dire che la natura umana sparirà, e che è meglio così; oppure che è nella nostra natura quella di superarci di continuo, per cui diventare post-umani è la cosa più umana che possiamo fare; o ancora che la natura umana non esiste, che è solo il prodotto della cultura, per cui il transumanismo non mette a rischio proprio niente. Su questo tema un punto di vista interessante lo adotta Larry Arnhart, studioso della Northern Illinois University e ideatore del "conservatorismo darwiniano", un approccio che radica appunto la mentalità conservatrice nel pensiero evoluzionista.[35] Non preoccupatevi, dice Arnhart, che tanto la natura umana è qui per rimanere. I nostri corpi, i nostri cervelli e i nostri desideri sono stati plasmati dall'evoluzione in modo da resistere alla manipolazione genetica. In particolare i nostri desideri sono il frutto di migliaia di anni di evoluzione e di adattamento all'ambiente, formano un sistema equilibrato che ci consente di vivere e che è difficilmente alterabile. Secondo il filosofo in noi albergherebbe una ventina circa di desideri naturali, come il desiderio di possedere un'identità sessuale, quello di disporre di benessere e salute, di praticare le arti, di comprensione intellettuale – desideri universali, sebbene soggetti a qualche variazione culturale. Se mai un giorno si riuscisse a sviluppare tecnologie potenzianti, difficilmente essere verrebbero utilizzate *contro* questi desideri di base; è più probabile invece che gli esseri umani le utilizzino per soddisfare in modo migliore i desideri che già hanno. Insomma, nessuno – a meno che non si tratti di un pazzo – sceglierebbe di distruggere il proprio corpo per rifugiarsi in un mondo virtuale tanto realistico quanto falso.[36]

Animali potenziati. Al vostro cane manca solo la parola? Tra poco gliela potrete dare. Mano a mano che le nostre tecnologie potenzianti si svilupperanno, ci avvicineremo alla possibilità di "elevare" intellettualmente le specie più "promettenti" del nostro pianeta, come gli

---

[35] L. Arnhart, *Il diritto naturale darwiniano. L'etica biologica della natura umana*, Giuffrè, Milano 2005.

[36] L. Arnhart, *Human Nature is Here to Stay*, «The New Atlantis», n. 2, estate 2003, pp. 65-78. http://www.thenewatlantis.com/publications/human-nature-is-here-to-stay

scimpanzé e i delfini – ma anche elefanti, balene e così via. Magari trovate inquietante l'idea di uscire un giorno di casa e di ritrovarvi nel mezzo di una manifestazione di mucche potenziate che protestano contro "secoli di sfruttamento" e simili. Il che non toglie che, almeno in linea teorica, se accettiamo la possibilità del potenziamento umano, allora dobbiamo ammettere che sarebbe possibile pure quello animale. Stiamo parlando del cosiddetto *uplift*, un concetto che nasce dalla fantascienza – e in particolare da un omonimo ciclo di romanzi dello scrittore di fantascienza americano David Brin – e che è stato prontamente adottato dai transumanisti, e in particolare da George Dvorsky.[37] Il tutto si dovrebbe realizzare tramite i soliti noti: nanotecnologie, biotecnologie, robotica – per fornire arti meccanici agli animali che, come i delfini e le balene, sono privi della capacità di manipolazione – e intelligenza artificiale. Se vi state sfregando le mani mentre pensate alla prospettiva di disporre di servitori sub-umani potenziati che facciano tutti i lavori "che i giovani non vogliono più fare", allora state correndo troppo: Dvorsky ci tiene infatti a precisare che gli animali scelti come candidati per l'uplift devono essere potenziati al nostro livello e che a essi bisogna garantire tutti i diritti "umani" di cui disponiamo noi. Per quanto possa sembrare strano, c'è pure chi – nella comunità scientifica *tout court* – sta tentando, anche se solo a scopo esplorativo, un esperimento del genere. In particolare nel 2005 Sue Savage-Rumbaugh e i suoi colleghi del Great Ape Trust dello Iowa, a Des Moines, hanno sistemato otto scimpanzé bonobo in una struttura equipaggiata con diversi strumenti che consentono agli animali di procurarsi il cibo, di decidere chi entra e chi esce e così via. Le scimmie hanno anche accesso a strumenti musicali, tv e molto altro ancora. L'obiettivo finale è quello di verificare se i membri di questa specie siano in grado di apprendere e comunicare nozioni più complesse di quelle che sono soliti fare, dimostrando così che tali ca-

---

[37] G. Dvorsky, *All Together Now: Developmental and ethical considerations for biologically uplifting nonhuman animals*, «Journal of Evolution and Technology», vol. 18, n. 1, maggio 2008, pp. 129-142 http://jetpress.org/v18/dvorsky.htm.

pacità non sono una prerogativa dell'*Homo sapiens*. Una forma molto rozza e primitiva di uplift, insomma.

Menti incorporee. Poi ci sono le intelligenze artificiali post-umane, che potranno essere di diversi gradi; a classificarle ha provveduto J.Storrs Hall.[38] Lo studioso le suddivide in: Hypohuman AI, non proprio intelligenti come noi, e a noi sottoposte; Diahuman AI, paragonabili agli esseri umani, e come noi capaci di apprendere; Parahuman AI, intelligenze amichevoli sviluppate per essere parte di noi, con cui possiamo entrare in simbiosi o addirittura fonderci; Allohuman AI, menti intellettualmente al nostro livello, ma dotate di modalità di percezione e motivazioni non sovrapponibili alle nostre, in pratica quasi aliene; Epihuman AI, intelligenze artificiali superiori a noi, ma non più di tanto, e che mantengono quindi con noi un rapporto di continuità. Infine abbiamo l'Hyperhuman AI, un'intelligenza artificiale capace di superare l'intera comunità scientifica umana in qualunque compito; in grado di comprendere il sapere scientifico nella sua interezza, come una totalità unitaria; la cui produttività intellettuale può rivaleggiare con quella dell'umanità intera.

Entra in scena l'infomorph. E non è detto nemmeno che le intelligenze artificiali post-umane rappresentino l'ultima parola in fatto di evoluzione; dopo di loro potrebbe esserci un tipo di entità ancora più aliena, l'"infomorph". A teorizzarlo è stato il transumanista russo Alexander Chislenko, in un articolo del 1996, *Networking in the Mind Age*.[39] Tecnicamente si tratterebbe di una creatura puramente "informazionale", un "info-essere distribuito"; si tratta in pratica in un "corpo virtuale di informazione" che può possedere tratti emergenti, come per esempio una vera e propria personalità. Se vogliamo, si tratta di un "agente software" dotato di intelligenza distribuita e che dispone di un'esistenza autonoma; esso rappresenta lo sbocco logico della nostra crescente dipendenza da tecnologie e sistemi composti

---

[38] J. Storrs Hall, *Kinds of Minds*. http://lifeboat.com/ex/kinds.of.minds.
[39] A. Chislenko, *Networking in the Mind Age*, 1996. http://www.lucifer.com/~sasha/mindage.html.

da elementi caratterizzati da prossimità funzionale invece che fisica; un esempio ne è la stessa rete internet, e in particolare la prospettiva prossima ventura di lavorare sul nostro terminale assemblando temporaneamente dati e funzioni provenienti da sedi – cioè server e database – fisicamente lontane le une dalle altre. Questa "precarietà ontologica" approfondirà il processo – già in atto – di liberazione delle strutture funzionali dal sostrato materiale, e porterà alla nascita di "entità informazionali avanzate"; informorph, appunto, entità prive di corpo e dotate di una capacità di maneggiare le informazioni quasi perfetta. Per semplificare una materia decisamente ostica: siamo abituati a pensare a noi stessi come entità ontologicamente "solide", unitarie, dotate di confini ben definiti, e tendiamo ad applicare lo stesso ragionamento anche alle presunte intelligenze artificiali che creeremo. Gli infomorph saranno costituiti invece da insiemi volatili e cangianti di informazioni, software, database, server, che potranno cambiare da un momento all'altro, e nonostante ciò – cioè nonostante il loro "io" sia fluido e assolutamente temporaneo – saranno capaci di comportamenti intelligenti. Tutto questo in realtà è il frutto di un processo iniziato molto tempo fa: interagendo con la natura, gli esseri umani hanno cominciato a "espellere" dal proprio organismo un numero crescente di elementi strutturali. E così, se inizialmente – come tutti gli altri animali – gli uomini hanno accumulato energia nel proprio corpo sotto forma di grasso, tramite il progresso culturale hanno cominciato a immagazzinare l'energia al di fuori di sé, creando il fuoco, accumulando legna, procurandosi fonti d'energia di ogni tipo e così via. Insomma, l'energia è diventata un qualcosa di "esosomatico" – cioè esterno al corpo –, distribuita e condivisa. Chislenko ci scherza su, dicendo che, al giorno d'oggi, le persone tendono ad attribuire un valore maggiore ai propri depositi bancari piuttosto che ai propri depositi di grasso. E questo discorso vale per moltissimi altri aspetti della vita umana, divenuti piano piano esosomatici; per il pensatore anche la medicina può essere letta in questo modo, cioè come una versione esosomatica del nostro sistema immunitario. In pratica gli esseri umani tendono a pensare in modo "automorfico" – cioè a identificare l'unità funzionale con l'unità oggettuale/materiale –, ma questo cambierà e, proprio come le risorse energetiche, così gli aspetti psicologici/mentali/cognitivi della nostra specie potrebbero diventare esosomatici, portando così agli infomorph. Entità che potrebbero pure avere alcuni vantaggi su di noi: per esempio non dovranno andare a scuola, visto che, se avranno bisogno di imparare qualcosa, non dovranno far altro che copiarlo dai loro simili.

3. Fine vita mai

Riprendiamo ora in mano il tema dell'immortalità – che a nostro parere è la questione più controversa del transumanismo. Le obiezioni sollevate contro il desiderio di vivere per sempre sono numerose; qui ne esamineremo solo alcune. Ricordate comunque che per ogni obiezione all'immortalità scientifica è possibile sviluppare una contro-obbiezione: è il pane quotidiano del transumanisti insomma, e per un panorama completo di questi dibattito vi rimandiamo ai tanti siti che abbiamo citato nel capitolo sull'immortalità. In genere la prima obiezione che viene sollevata è quella relativa alla sovrappopolazione: se infatti non muore più nessuno, dove metteremo tutti quanti? Qui le possibili risposte vanno da una moratoria sulla riproduzione – non proprio una buona idea, a nostro parere, ma se ne può discutere – all'espansione nello spazio – grazie alle solite nano-macchine tuttofare. Poi c'è la "questione gerontocratica", ossia quella per cui una società fatta di immortali sarebbe destinata alla stagnazione – in realtà qui si dimentica che, nell'ottica del transumanismo, non si vuole ringiovanire solo il corpo, ma anche la mente. Inoltre l'immortalità non impedirebbe di certo la nascita di nuove generazioni, le quali potrebbero appunto nascere e, volendo, cercar fortuna in giro per il cosmo. Altro problema: dittatori e leader politici odiosi diventerebbero immortali – ma, se è per questo, pure i grandi geni dell'umanità, che potrebbero continuare a creare e a scoprire cose nuove. In termini più generali possiamo dire che, per i transumanisti, la creatività umana è fecondissima, la nostra specie ha una grande capacità di adattamento e per ogni problema potremo trovare una soluzione; inoltre se le nostre vite fossero più lunghe, ci adatteremmo a esse, organizzando le cose in modo diverso, magari facendo piani di più ampio respiro, e così via.[40]

Ora però dobbiamo affrontare la questione più spinosa, cioè quella del nostro rapporto con un tempo senza fine. Provate a immaginare per un attimo che cosa significhi vivere *per sempre*, ossia per l'eternità: questo implica che, dopo miliardi e miliardi di anni, anche dopo che le stelle si sono spente, le galassie sono morte e l'universo si è diluito nel vuoto, voi avreste appena cominciato a sfiorare il tempo senza fine che vi rimane da vivere. Come ha detto Woody Allen, "L'eternità è molto lunga, soprattutto verso la fine". Il problema – sollevato da tutti gli avversari dell'immortalismo e del transumanismo – è quello della noia in cui tutti gli immortali sarebbero destinati prima o poi a sprofondare. Su questo tema il giornalista e divulgatore scientifico Ed Regis – che non è un transumanista – fa alcune interessanti riflessioni, umoristiche ma non troppo, e ci chiede di considerare i seguenti punti. Primo: la vita quotidiana ogni tanto è noiosa; e con ciò? Secondo: l'eternità potrebbe essere noiosa o eccitante tanto quanto la rendiamo tale noi. Terzo: essere morti è più stimolante? Quattro: se trovare la vita eterna noiosa, la potete terminare in qualunque momento.[41]

Poi c'è il problema della memoria: dopo migliaia, milioni o miliardi di anni, che ne faremo del carico di ricordi che avremo accumulato nel frattempo? Non rischieremmo di essere schiacciati da essi o, al contrario, di non riuscire a trattenerli nel nostro limitato spazio cerebrale, tramutandoci così a tutti gli effetti in una serie interminabile di Sé seriali, dimentichi l'uno dell'altro? In realtà – risponderebbero i transumanisti – non sarebbe così difficile immaginare una tecnologia futura in grado di accumulare e gestire adeguatamente i ricordi accumulati nel corso di periodi sempre più lunghi.

Altre risposte sono possibili ai dilemmi di cui sopra: si potrebbe

---

[40] Per un'analisi delle obiezioni all'immortalità scientifica e delle contro-obiezioni vi consigliamo: B. Bova, *Immortality. How science is extending your lifespan and changing the world*, Avon Books, New York 1998.

[41] E. Regis, *Great Mambo Chicken and the Transhuman Condition*, Penguin Books, New York 1990, p. 97.

immaginare un'evoluzione senza fine – questo sì che sarebbe interessante, muoversi di continuo da uno stato di complessità minore a uno stato di complessità maggiore – oppure una modifica radicale del nostro rapporto con il tempo – pensate alle speculazioni di Bernal che abbiamo affrontato nel primo capitolo – e così via.

C'è una questione più profonda, però, relativamente all'immortalità, affrontata – ma, a nostro parere, non pienamente colta dai critici – dal filosofo americano Bernard Williams nel suo celebre articolo *The Makropulos Case: Reflections on the Tedium of Immortality*.[42] Lo scritto parte, come è noto, dalla celebre opera teatrale del drammaturgo ceco Karel Capek[43]; in essa si racconta la storia di una donna, Elina Makropulos, alla quale – all'età di quarantadue anni – viene offerto un elisir d'immortalità che la "blocca" a quell'età, fermando il processo d'invecchiamento. Ora, la tanto desiderata vita eterna si rivela una maledizione, per la povera Elina, la quale – dopo trecento anni – finisce per sprofondare in uno stato di freddezza, di indifferenza e di apatia inimmaginabili per noi comuni mortali. Secondo Williams l'immortalità sarebbe appunto così, e per lui una tale condizione non sarebbe minimamente desiderabile. Proviamo a dare un'occhiata più approfondita al ragionamento del filosofo. Una vita eterna sarebbe – come dice il nome – *eterna*, e quindi durerebbe per sempre o comunque molto, molto a lungo. Ora, tutti noi esseri umani disponiamo di un carattere, di una personalità, il che comprende tutta una serie di comportamenti regolari, di abitudini, di fisime e di tratti caratteriali che ci rendono quello che siamo, ossia individui; abbiamo inoltre obiettivi, progetti, valori. Se riuscissimo a ottenere l'immortalità, noi – il nostro carattere, la nostra personalità – dovremmo misurarci con quel fatto; accetteremmo la vita eterna solo se la potessimo dedicare a quello che vogliamo noi, a perseguire i nostri progetti, a incarnare i nostri valori

---

[42] B. Williams, *The Makropulos Case: Reflections on the Tedium of Immortality*, in: J. M. Fisher (a cura di), *The Metaphysics of Death*, Stanford University Press, Stanford 1993, pp. 71-92.

[43] Se siete appassionati di fantascienza saprete di certo che è stato Capek – nell'opera *R. U.R.* – a utilizzare nell'accezione che tutti conosciamo la parola ceca *robot*, che letteralmente significa "facchino".

– magari prendendoci i nostri tempi, facendo le cose con la dovuta calma. Bene: se rimaniamo sostanzialmente uguali a noi stessi – pur con i dovuti aggiustamenti e la saggezza prodotta dall'età –, le situazioni in cui ci troveremmo immersi, e le reazioni – relativamente prevedibili – che avremmo nei confronti di esse rimarrebbero sempre uguali. Tutto diverrebbe enormemente ripetitivo. In buona sostanza, vivremmo più e più volte sempre le medesime situazioni. Per esempio, se ci dedichiamo a un certo sport o a una qualunque altra cosa, finiremmo per assistere sempre alle medesime dinamiche e non potremmo fare a meno di diventare freddi e distaccati. A questo punto potreste pensare: le persone in realtà cambiano, sviluppano nuovi interessi, nuovi valori, sono in fin dei conti entità in divenire. Ed è questo il nocciolo del problema: quanti sono i cambiamenti a cui andrà incontro un immortale dopo miliardi e miliardi di anni? Diventerà tutto e il contrario di tutto, perseguirà i propri obiettivi e quelli esattamente opposti, potrebbe addirittura subire cambiamenti radicali della propria identità – prima diventare uomo, poi donna, poi qualcos'altro, in una progressiva fluidificazione psicologica che lo priverebbe di ogni tratto essenziale, psicologico ed esistenziale che sia suo proprio. Non sarebbe più una persona vera e propria, sostiene Williams, ma un semplice fenomeno naturale. Cosa possono rispondere i transumanisti a quella che, a tutti gli effetti, sembra un'argomentazione inoppugnabile? L'unica possibile risposta l'abbiamo trovata non nella letteratura transumanista, ma in un romanzo di fantascienza di Greg Egan, un autore molto vicino alle tematiche transumaniste. In *Diaspora*, Egan descrive una società post-umana molto simile a quella auspicata dal transumanismo, e i cui membri si trovano ad affrontare proprio un problema analogo a quello posto da Williams. Problema che viene risolto tramite alcuni appositi programmi che questi post-umani inseriscono nella propria personalità, software che consentono agli utenti di coniugare la flessibilità con la stabilità, ottenendo sostanzialmente un controllo di second'ordine sui propri processi mentali, in modo da non rischiare di "dissolversi in una confusione entropica".[44] Si tratta comunque di una sorta di soluzione tappa-buchi, e il problema sollevato da Williams rimane a nostro parere ancora aperto.

Sul tema dell'immortalità e della noia il filosofo australiano-canadese Mark Walker fa poi una proposta interessante e decisamente transumanista: invece di perdere tempo in discussioni senza costrutto su questo tema, perché non effettuiamo un test di "etica sperimentale", e proviamo a ottenere concretamente la life extension, in modo da scoprire empiricamente se l'immortalità sia o meno noiosa?[45]

Infine sul tema dell'immortalità il transumanista Charles Tandy fa un paio di osservazioni piuttosto interessanti. Innanzitutto – potenziamento intellettivo a parte – l'immortalità consentirebbe all'uomo di lavorare per periodi lunghissimi sui problemi filosofici che hanno ossessionato da sempre il pensiero umano, e forse i futuri filosofi post-umani potrebbero addirittura arrivare a una soluzione, o almeno avvicinarsi a essa più di quanto non faremmo mai noi. In secondo luogo i post-umani potrebbero finalmente riuscire a fare una cosa che non è più riuscita a nessuno dai tempi del Rinascimento, ossia accumulare dentro un unico individuo tutto lo scibile umano. Dopo l'uomo rinascimentale ci ritroveremmo dunque con il super-uomo neo-rinascimentale. In terzo luogo, per Tandy l'immortalità ribalterebbe la storia – o meglio, il nostro rapporto con essa. Se infatti fino a ora l'individuo è sempre stato in qualche modo temporalmente e ontologicamente dipendente dalla civiltà o dalla comunità storica in cui era inserito, un immortale si troverebbe esattamente nella condizione opposta, cioè durerebbe più a lungo della propria nazione o società di appartenenza: in altre parole, i protagonisti unici e indiscussi della storia non sarebbero più le epoche storiche, le civiltà e le nazioni, ma i singoli individui – ovviamente immortali.[46]

---

[44] G. Egan, *Diaspora*, Mondadori, Milano 2003, p. 53.

[45] M. Walker, *Boredom, Experimental Ethics, and Superlongevity*, in: C. Tandy (a cura di), *Death and Anti-Death, vol. 4: Twenty Years After De Beauvoir, Thirty Years After Heidegger*, Ria University Press, Palo Alto 2006, pp. 389-416.

[46] C. Tandy, *Extraterrestrial Liberty and The Great Transmutation*, in: ibid. (a cura di), *Death and Anti-Death, vol. 4: Twenty Years After De Beauvoir, Thirty Years After Heidegger*, Ria University Press, Palo Alto 2006, pp. 351-368.

4. Colonizzare l'universo in otto semplici passi

D'accordo. Siamo diventati immortali, praticamente invulnerabili, controlliamo la nostra psiche, abbiamo costruito il paradiso della tecnica. E ora che si fa? Ma che domande: si va alla conquista dell'universo. Che altro, sennò?

E, com'è ovvio, anche qua i transumanisti hanno pronto un bel piano. Che poi in realtà non è proprio farina del loro sacco, ma riprende il progetto di colonizzazione della galassia messo a punto alla fine degli anni Ottanta dal futurologo americano Marshall T. Savage e illustrato in modo super-dettagliato in un apposito libro intitolato come il piano in questione, *The Millennial Project*.[47] La proposta di Savage portò alla nascita di – indovinate un po'? – un'apposita organizzazione, la First Millennial Foundation, che attrasse migliaia di persone in giro per il mondo. Savage comparve in diversi programmi televisivi dedicati al futuro e, dopo aver conseguito un certo successo mediatico, decise di ritirarsi a vita privata e di abbandonare la sua stessa fondazione – per ragioni mai chiarite. Nel 2006 il futurologo e architetto statunitense Eric Hunting – membro della suddetta organizzazione, nel frattempo ribattezzata Living Universe Foundation[48] – decise di aggiornare il progetto di Savage, combinandolo con le idee del transumanismo e lanciando *The Millennial Project 2.0*.[49] Ed ecco le varie fasi del progetto.

Fondazione. L'obiettivo di questo primo passo è quello di creare una comunità globale organizzata dotata di una struttura finanziaria comune per lo sviluppo dei progetti legati al Millennial Project; in particolare ci si preoccuperà di promuovere sui media e all'interno della comunità internazionale tali idee.

Aquarius. Come si intuisce dal nome, questo passaggio mira a costruire un'infrastruttura globale per le energie rinnovabili, partendo

---

[47] M. T. Savage, *The Millennial Project: Colonizing the Galaxy in Eight Easy Steps*, Little Brown & Co, New York 1994. Il libro è stato pubblicato originariamente nel 1992; la seconda edizione è unscita invece nel 1994, con un'introduzione di Arthur C. Clarke.

[48] http://www.luf.org/.

[49] http://tmp2.wikia.com/wiki/Main_Page.

con un'arcologia – ossia una comunità stabile e autosufficiente – nell'Oceano, che servirà tra le altre cose da centro di sperimentazione per tecnologie e stili di vita non-terrestri, che poi esporteremo nello spazio.

Bifrost. Questa fase prevede lo sviluppo su larga scala di un sistema di approvvigionamento energetico basato sulle fonti d'energia rinnovabili, così come la costruzione di un ascensore spaziale che parta dalle arcologie marine e che conduca i passeggeri in appositi habitat nello spazio circumterrestre.

Asgard. In questa fase stiamo già prendendo il volo, e in particolare assistiamo allo sviluppo di stazioni spaziali e strutture industriali orbitali.

Avalon. Finalmente si sbarca su altri pianeti, e in particolare si cerca di costruire habitat pressurizzati sulla Luna e su Marte, realizzando anche strutture sotterranee sulla falsariga delle arcologie già realizzate sulla Terra.

Elysium. Niente a che fare con l'omonimo film di Neill Blomkamp; questa fase riguarda in particolare Marte, e mira alla sua terraformazione, ossia all'utilizzo di nanotecnologie, biotecnologie e quant'altro per trasformarne l'ambiente, in modo da renderlo abitabile per gli esseri umani.

Solaria. In questa fase passeremo alla realizzazione di una Civiltà Solare, costituita da post-umani che risiederanno sui pianeti del nostro sistema, così come in numerosi habitat spaziali di varie forme e caratteristiche.

Galactica. Questa è – per ora – la fase finale del progetto, che mira a sviluppare un programma di colonizzazione interstellare basato su razzi nanotech guidati da intelligenze artificiali e alimentati ad antimateria; lanciate in ogni direzione, queste macchine si incaricheranno di esplorare la galassia, selezionando tutti gli ambienti adatti e preparandoli per l'arrivo degli esseri umani o post-umani che li abiteranno.

Hunting sottolinea i vantaggi della fusione del Millennial Project con il pensiero transumanista, e in particolare la possibilità – adattando il nostro corpo e utilizzando sostrati diversi da quello biologico – di vivere in ambienti del tutto inadatti ai normali esseri umani, incluso lo spazio vuoto, il quale a questo punto potrebbe diventare per noi un luogo di residenza come un altro. L'espansione nello spazio e l'adattabilità fisica dei post-umani potrebbero portare infine a un notevole grado di speziazione, ossia l'umanità potrebbe suddividersi in numerose specie, artificiali o meno, anche molto diverse tra di loro.

5. Grandi manovre al limitar del cosmo

Abbiamo già chiarito più volte che il mondo post-Singolarità dovebbe superare ogni nostra capacità di comprensione; la realtà che ci aspetta sarà inimmaginabile, e ora, facendo leva sui miseri strumenti cognitivi di cui disponiamo, possiamo sono cercare di intravedere la luce surreale che illuminerà le vite dei nostri discendenti del lontano futuro. Non di meno, i transumanisti – alcuni dei quali, già lo sapete, hanno in programma di restare in circolazione per un lunghissimo tempo – hanno cercato di elaborare qualche scenario realativo al loro paradiso materiale prossimo venturo. Prima di partire per questo nostro ultimo viaggio, ci sono due o tre cose che dobbiamo tenere a mente. La prima è una considerazione generale, e cioè che, se una data cosa non è esplicitamente proibita dalle leggi della fisica, allora dev'essere possibile: si tratta solo di un problema ingegneristico, ossia di mettere a punto un modo concreto per farla. La seconda considerazione è molto più banale, e cioè che, se siete immortali, il tempo non vi manca di certo, anzi, ne avete in abbondanza. Il che implica che disponete di tutto il tempo dell'universo, che potete impiegare per spassarvela, ma anche per compiere imprese che sfidano l'immaginazione più sfrenata. A patto che tali imprese non violino qualche principio fisico fondamentale. La terza questione è quella delle fonti: i transumanisti non sono di certo i primi a sforzarsi di immaginare come sarà il lontano futuro. Da più di un secolo infatti scrittori di fantascienza di tutto il mondo si guadagnano da vivere facendo proprio questo, con risultati alterni – alcune previsioni sembrano molto ingenue, altre invece paiono decisamente lungimiranti.[50] E poi ci sono le previsioni di questo o quello scienziato di fama che, tra una ricerca "seria" e l'altra, si diverte a speculare sul mondo che verrà. Tutte queste speculazioni sono ovviamente accomunate dai limiti di cui sopra, ossia dal fatto che non possiamo assolutamente immaginare come sarà il futuro, visto che, con tutta probabilità, esso sarà *molto più strano* di quello descritto da scienziati e scrittori di fantascienza. I quali, nondimeno, hanno elaborato un immaginario condiviso al quale i transumanisti attingono a piene mani; ne consegue che molte delle idee in cui ci imbatteremo adesso non sono prerogativa del transumanismo – cioè non sono state elaborate dai suoi seguagi –, ma in esso sono state incorporate senza alcuna fatica.

Conquista della galassia a parte, i transumanisti sono infatti inseriti più che bene nella comunità scientifica, il che consente una certa "osmosi delle idee": mentre le idee transumaniste stanno un po' alla volta penetrando nella cultura scientifica *mainstream*, diverse idee particolarmente originali provenienti da quest'ultima sono state accolte a braccia aperte dal transumanismo. È questo il caso della celeberrima "scala di Kardashev" – dal nome del suo ideatore, l'astronomo sovietico Nikolai Kardashev.[51] Si tratta di un metodo per misurare il grado di progresso tecnologico delle presunte civiltà aliene che forse incontreremo nel cosmo, un sistema basato sulla quantità di energia che una data civiltà è in grado di utilizzare. E così una civiltà di Tipo I è in grado di utilizzare tutte le risorse energetiche disponibili sul proprio pianeta, una civiltà di Tipo II quelle del proprio si-

---

[50] Neanche ci proviamo, a stilare un elenco di opere e autori di fantascienza che si sono cimentati in questa impresa. Lasciateci solo citare il filosofo e scrittore britannico Olaf Stapledon, autore di *Last and First Men* e *Star Maker*. In realtà non sappiamo nemmeno se le sue opere siano classificabili come "romanzi"; si tratta piuttosto di vere e proprie visioni del domani. Ricordiamo poi un altro autore imprescindibile, Arthur C. Clarke, che ne *La Città e le Stelle* ci ha accompagnati in un viaggio immaginifico sulla Terra del lontano futuro, tra più di un miliardo di anni.

[51] N. Kardashev, *Transmission of Information by Extraterrestrial Civilizations*, «Soviet Astronomy», n. 8, p. 217, 1964. http://adsabs.harvard.edu/full/1964SvA.....8..217K.

stema stellare e una civiltà di Tipo III quella della propria galassia. In seguito sono state proposte varie modifiche a questa scala; per esempio Carl Sagan ha proposto di introdurre il Tipo 0, così come i gradi intermedi – così che la Terra si collocherebbe al grado 0,7. Una civiltà di Tipo II sarebbe in grado di costruire una sfera di Dyson o uno sciame di Dyson – tra poco vediamo di cosa si tratta –, così come di effettuare il cosiddetto *star lifting*, la rimozione controllata di porzioni ragguardevoli della materia che costituisce la propria stella, da usare poi per altri scopi. Una civiltà di Tipo III dovrebbe essere in grado di fare lo stesso, ma in un ambito molto più ampio – galattico o intergalattico.

Zoltan Galantai, studioso del Politecnico di Budapest, ha proposto l'introduzione del Tipo IV per indicare le civiltà che controllano le risorse energetiche del proprio universo[52]; secondo il transumanista Milan Ćirković questa categoria dovrebbe riferirsi invece alle civiltà che controllano l'energia del proprio super-ammasso locale.[53] C'è chi è arrivato pure a proporre il Tipo V – civiltà che dispongono di più universi. Si tratta, come potete immaginare, di semplici speculazioni. Tra le proposte aggiuntive abbiamo quella dell'ingegnere aerospaziale americano Robert Zubrin, basata sull'utilizzo di un sistema di misurazione diverso, cioè la "padronanza" piuttosto che l'energia – ossia non l'utilizzo delle risorse energetiche, ma il grado di controllo sul proprio ambiente circostante.[54] Sagan ha proposto poi di utilizzare una scala basata sulla quantità d'informazione disponibile. La sua classificazione parte dal livello A – una civiltà che dispone di 10^6 bit differenti d'informazione, cioè una quantità inferiore a quella di qualunque civiltà umana conosciuta –, per arrivare al livello Z – una civiltà con 10^{31} bit, un livello che secondo lui nessuna civiltà

---

[52] Z. Galantai, *Long Futures and Type IV Civilizations*, 7 settembre 2003. http://mono.eik.bme.hu/~galantai/longfuture/long_futures_article1.pdf.

[53] M. Ćirković, *Forecast for the Next Eon : Applied Cosmology and the Long-Term Fate of Intelligent Beings*, «Foundations of Physics», vol. 34, n. 2, pp. 239–261, Febbraio 2004. http://arxiv.org/ftp/astro-ph/papers/0211/0211414.pdf.

[54] R. Zubrin, *Entering Space: Creating a Spacefaring Civilization*, Tarcher, New York 1999.

nel cosmo ha ancora raggiunto, in quanto l'universo sarebbe troppo giovane per ciò.[55]

In *Parallel Worlds*, Michio Kaku sostiene che una civiltà di Tipo IV dovrebbe essere in grado di maneggiare energie "extra-galattiche", come l'energia oscura[56]; dal canto suo, John D. Barrow propone una scala inversa, sulla base di quanto "in piccolo" una certa civiltà riesce a lavorare: i membri di una civiltà di Tipo I- riescono a manipolare oggetti della propria scala, per esempio possono costruire edifici, scavare miniere e così via; quelli del Tipo II- possono manipolare geni, sostituire organi e quant'altro; quelli del Tipo III- sono capaci di manipolare molecole e legami molecolari, creando nuovi materiali; quelli del Tipo IV- invece possono manipolare singoli atomi, creando le nanotecnologie e producendo forme di vita artificiale complesse; le civiltà del Tipo V- sono capaci di manipolare il nucleo atomico e ingegnerizzare i nucleoni che lo compongono; quelle del Tipo VI- possono manipolare le particelle elementari, come i quark e i leptoni, per creare con esse strutture articolate di dimensioni atomiche e sub-atomiche; infine le civiltà di Tipo Omega- possono manipolare la struttura dello spazio e del tempo al livello più fondamentale. Per Barrow la nostra civiltà sarebbe a cavallo tra il Tipo III- e il tipo IV-.[57]

C'è da dire che diversi autori – tra cui lo stesso Zubrin – hanno criticato la scala di Kardashev, per il fatto che essa presupporrebbe di poter sapere o capire le scelte e in generale il comportamento di civiltà molto più avanzate della nostra, riducendolo a una classificazione elaborata nei nostri termini. Quello che ci interessa è che, stando ai teorici della Singolarità, la nostra civiltà si appresterebbe appunto a compiere il "gran salto", e a diventare una civiltà di Tipo I. Il che ci offrirebbe un ampio spazio di manovra, e ci permetterebbe di dedicarci

---

[55] C. Sagan, *Cosmic Connection: An Extraterrestrial Perspective*, Cambridge University Press, Cambridge 2000.

[56] M. Kaku, *Parallel Worlds: The Science of Alternative Universes and Our Future in the Cosmos*, Doubleday, New York 2005, p. 317.

[57] J. Barrow, *Impossibility: Limits of Science and the Science of Limits*, Oxford University Press, Oxford 1998, p. 133.

a quello che sembrerebbe essere uno dei passatempi preferiti dei post-umani: l'ingegneria astronomica.

Quest'ultima è una disciplina puramente speculativa, che riguarda la possibilità – tramite mezzi tecnici al momento ignoti – di manipolare stelle e pianeti, ristrutturando interi sistemi stellari e attribuendo loro forme normalmente non presenti in natura. Vari studiosi si sono divertiti a immaginare diversi tipi di mega-strutture di scala stellare, da utilizzare come habitat, per la computazione o come sistemi di propulsione. Per esempio il "Globus Cassus", un progetto artistico dell'architetto svizzero Christian Waldvogel che rappresenta la ristrutturazione della Terra e la sua trasformazione in un mondo artificiale cavo molto più grande dell'originale. Si tratta di un gioco di fantasia, ma molto dettagliato, in cui l'autore delinea le procedure di progressivo smantellamento del nostro pianeta e di costruzione del nuovo mondo, il quale, una volta ultimato, raggiungerà più o meno le dimensioni di Saturno. Il progetto prevede inoltre la costruzione di un nuovo ecosistema e il ripopolamento da parte degli esseri umani.[58]

Il Propulsore di Shkadov – proposto dallo studioso russo Leonid Mikhailovich Shkadov[59] – è una superficie riflettente di proporzioni enormi, capace di accelerare il movimento di una stella attraverso lo spazio riflettendo o assorbendo in modo selettivo la luce da un lato di essa.

La sfera di Dyson, teorizzata – in qualità di semplice esperimento mentale – per la prima volta dal fisico e matematico britannico Freeman Dyson, è una mega-struttura artificiale a forma di guscio – costruita utilizzando il materiale derivato dallo smantellamento dei pianeti di un certo sistema stellare –, la quale avvolge una stella. Dyson – ispiratosi dichiaratamente al romanzo del 1937 *Star Maker* di Olaf Stapledon – la considera come una scelta logica da parte di una civiltà tecnologicamente più avanzata – e quindi più bisognosa di energia della

---

[58] C. Waldvogel, B. Groys, C. Lichtenstein, M. Stauffer. *Globus Cassus*, Lars Müller Publishers, Baden 2005.

[59] L. M. Shkadov, *Possibility of controlling solar system motion in the galaxy*, Trentottesimo Congresso dell'International Astronautical Federation, 10-17 ottobre 1987, Brighton.

nostra.[60] Ricostruendo infatti un sistema stellare in quel modo, si potrebbe catturare *tutta* l'energia emessa da una stella, e non solo una piccolissima parte – come fanno i classici pianeti. In seguito studiosi e scrittori di fantascienza hanno rielaborato questa idea in vari modi. Che poi in realtà l'idea di una vera e propria sfera compatta e conchiusa è il frutto di un'interpretazione letterale dell'articolo originale di Dyson; lo studioso riteneva che un guscio del genere non sarebbe stato stabile, e pensava più che altro a una distribuzione omogenea di materia attorno a una data stella, in pratica a uno sciame di oggetti – satelliti, habitat spaziali e così via – uniformemente e densamente distribuiti ma indipendenti l'uno dall'altro. La precisazione dello studioso ha prontamente fruttato un'ulteriore definizione, ossia "sciame di Dyson".

Il "disco di Alderson" – inventato dal ricercatore della NASA Dan Alderson – è un gigantesco disco spesso diverse migliaia di chilometri; il Sole è situato in un foro al centro del disco, il cui raggio esterno corrisponderebbe più o meno all'orbita di Marte o di Giove. Dotando tale struttura di adeguati sistemi di supporto vitale, la si potrebbe rendere abitabile su entrambi i lati, ottenendo così una quantità di spazio amplissima – sebbene immersa in un perenne crepuscolo.

Ma se volete qualche spunto di ingegneria cosmica *specificatamente* transumanista vi dovete rivolgere al Matrioshka Brain. È il frutto della mente del *computer scientist* e transumanista americano Robert Bradbury, che al tema ha dedicato un saggio divenuto rapidamente molto popolare, *Under Costruction: Redesigning the Solar System*.[61] Per Bradbury un giorno i nostri discendenti post-umani si rimboccheranno le maniche e ricostruiranno l'universo; dopo aver tolto di mezzo la morte, potranno infatti dedicarsi a progetti di respiro *molto* ampio. Si comincerà con lo smantellamento – via nanomacchine – degli asteroidi, che saranno trasformati in pannelli solari

---

[60] F. J. Dyson, *Search for Artificial Stellar Sources of Infra-Red Radiation*, «Science» vol. 131 n. 3414, pp. 1667–1668, 1969. http://www.islandone.org/LEOBiblio/SETI1.HTM.

[61] R. Bradbury, *Under Costruction: Redesigning the Solar System*, in: D. Broderick (a cura di), *Year Million. Science at the Far Edge of Knowledge*, Atlas & Co., New York 2008, pp. 144-167.

fluttuanti nello spazio, adatti a maneggiare l'intera produzione energetica del Sole – tra l'altro così si arriverebbe a una civiltà di Tipo 2. In sostanza smantelleremo i pianeti, li trasformeremo in computronio e li disporremo come sfere concentriche attorno al Sole – un po' come le omonime bamboline russe, da cui il nome –, riuscendo così a ottimizzare tutta l'energia della nostra stella. *Et voilà*, ecco il nostro Matrioshka Brain: un super-mega computer di computronio delle dimensioni del Sistema solare, dentro il quale simulare tutti gli universi virtuali iper-realistici che ci va di costruire, e in cui i nostri discendenti potranno vivere come simulazioni.

Se poi i post-umani si estenderanno nell'universo, trasformando un po' alla volta gli altri sistemi stellari in altrettanti Matrioshka Brain, il cielo finirà con l'oscurarsi. I Matrioshka Brain saranno nuove entità trascendenti, con un'aspettativa di vita di miliardi di anni; potranno anche interagire l'uno con l'altro, creando vere e proprie civiltà interstellari – o intergalattiche – di esseri come loro. Difficile immaginare cosa faranno tutto il giorno i Matrioshka Brain: per esempio, potranno gingillarsi con la struttura stessa dello spazio-tempo, saggiandone la malleabilità? È probabile che i "pensieri" che albergheranno in essi saranno molto al di là dei nostri.

Non che ci piacciano più di tanto, questi Matrioshka Brain; ci ricordano fin troppo gli "intelletti vasti e freddi" che, stando ad H. G. Wells, popolavano il Marte de *La guerra dei mondi*. Sembrano meno-che-umani, non più-che-umani; ma d'altronde immaginare qualcosa che va al di là dell'umano ci è sostanzialmente impossibile, e può darsi che, se mai questi super-cervelli di computronio esisteranno, essi saranno accompagnati da qualcosa altro di molto più bizzarro, ma anche più umano.

Noi esseri umani disponiamo di quelle che Ernst Cassirer chiamava "categorie dello Spirito", pezzi discreti della nostra umanità, insomma, come l'arte, la filosofia, la scienza e quant'altro. Sopravviveranno queste categorie dello Spirito all'evoluzione post-umana? Si modificheranno? E se sì, in che modo? Saranno affiancate da categorie nuove di zecca, per noi ora impensabili? Oppure il nostro stesso modo di ragionare in termini di categorie dello Spirito svaporerà, sostituito da qualcos'altro? Quella dei transumanisti è sovente una futurologia per loro stessa ammissione lacunosa e riduzionistica; si tratta più che altro di un gioco intellettuale. O almeno, a noi piace prenderla come tale.

Proseguiamo allora con il nostro gioco speculativo, e vediamo cosa si aspettano di trovare i transumanisti nel lontano futuro. Anche Steven B. Harris – medico, geriatra e crionicista americano – ha deciso di gingillarsi con il computronio.[62] Si tratta – ve lo ricordiamo – di materia computazionale, che possiamo far crescere e sviluppare a nostro piacimento, utilizzandola poi per costruire i nostri corpi. Corpi che, grazie alla natura del computronio, non avranno più bisogno di un cervello, essendo tutto cervello. Grazie alla malleabilità di questo "materiale universale" – che può "computare", ossia assumere ogni tipo di configurazione e di caratteristica materiale, diventando qualunque cosa – il corpo del lontano futuro sarà riplasmabile a nostro piacimento. Unico limite la fantasia – che, a quanto pare, sarà potenziata assieme a tutte le altre nostre facoltà. La distinzione tra materia vivente e materia inanimata scomparirà, e la carne del domani sarà sostituita da qualcosa di molto più resistente e relisiente. Anzi, è possibile che i centri principali del nostro pensiero non siano nemmeno situati nella nostra unità mobile – cioè il corpo –, ma siano al sicuro da qualche altra parte, con a disposizione pure sistemi di regolare *back up*, onde evitare ogni possibilità di distruzione completa. Comunque la si metta, i nostri discendenti post-umani continueranno ad aver bisogno di due cose: materia ed energia. E, visto che avranno in programma di restare in circolazione molto a lungo, è probabile che vogliano ottimizzare l'utilizzo della materia e dell'energia che hanno già a disposizione. Questo implica due cose: lo sfruttamento dell'energia delle stelle – tramite la rimozione e l'utilizzo dei loro strati esterni mediante tecnologie che ovviamente non

---

[62] S. B. Harris, *A Million Years of Evolution*, in: D. Broderick (a cura di), *Year Million. Science at the Far Edge of Knowledge*, Atlas & Co., New York 2008, pp. 42-84.

possiamo nemmeno immaginare – e il succitato smantellamento dei pianeti, in modo da ricavarne materiale da costruzione. Anzi: desiderosi di procurarsi tutto quello di cui hanno bisogno per potersi dedicare in pace a quello che sapranno fare meglio – cioè pensare –, i nostri lontani discendenti potrebbero arrivare a realizzare un vero e proprio "muro" di sonde in ogni direzione, in costante espansione nello spazio, alla ricerca di nuove stelle e nuovi pianeti da "ottimizzare" – leggi smantellare e ricostruire secondo schemi per noi difficili da immaginare. Il nostro naturale romanticismo non ci fa apprezzare molto l'idea di fare a pezzi stelle e pianeti, ed è senz'altro possibile che tali sentimenti alberghino anche nei post-umani che ci soppianteranno; questi ultimi potrebbero allora decidere di conservare – così, solo per ragioni sentimentali – questo o quel pianeta. Per esempio Saturno con i suoi anelli – ma non scommetteteci troppo, in fondo il "principe" del Sistema solare è ricco di materiali da costruzione ipercompressi –, oppure la madre Terra, che potrebbe assurgere al fedoroviano ruolo di museo delle origini dell'umanità.

Per la transumanista americana Amara D. Angelica nel futuro remoto l'Internet di adesso si sarà evoluta in qualcosa di più vasto, che si estenderà in tutta la galassia, e inizierà a superarne i confini, creando così l'Universenet.[63] Miliardi di sonde nanotecnologiche si diffonderanno nello spazio conosciuto, connettendo così tutti i lontani discendenti degli attuali IPI. Date le tempistiche estremamente dilatate – più veloce della luce le e-mail interstellari non andranno – i post-umani potranno scegliere di avvalersi dell'ingegneria astronomica, per esempio costruendo *worm-holes*, cioè tunnel spazio-temporali in grado di aggirare i limiti in questione. Il paragone con internet è ovviamente piuttosto metaforico: quello che qui si vuole dire è che, nel lontano futuro, è possibile che i post-umani decidano di costruire un sistema di scambio di informazioni interstellare per noi visualizzabile appunto con un paragone di questo tipo.

---

[63] A. D. Angelica, *Communicating with the Universe*, in: D. Broderick (a cura di), *Year Million. Science at the Far Edge of Knowledge*, Atlas & Co., New York 2008, pp. 212-227.

6. Hackerare il mondo

Ed eccoci alla fine. Abbiamo fatto praticamente tutto. Siamo diventati immortali, abbiamo colonizzato l'universo e poi, non paghi di ciò, lo abbiamo ricostruito da cima a fondo. Ci resta qualcos'altro da fare? Ma certo. Dobbiamo ancora hackerare la realtà. Questa idea, molto apprezzata dai transumanisti, non è stata inventata da loro; facciamo ora conoscenza con la "filosofia digitale".

Innanzitutto chiediamoci: da dove è venuto fuori il mondo? Che cosa sono il tempo, lo spazio e il pensiero? E che cosa c'è "sul fondo" della realtà? Non si tratta, come si può ben immaginare, di probemi nuovi, visto che sono vecchi tanto quanto lo è l'uomo; nuove risposte sono però sempre possibili, e una di queste è appunto la cosiddetta filosofia digitale. Si tratta di un approccio sviluppato nel corso di diversi decenni da alcuni matematici e teorici dell'informazione, cioè Konrad Zuse[64], Edward Fredkin[65] e Stephen Wolfram[66]. L'idea di base è che tutto ruoti attorno all'informazione, cioè che spazio, tempo, materia, energia e pensiero non siano altro che il frutto di un processo di calcolo, ossia della nostra cara, vecchia computazione. Il creato sarebbe insomma – metaforicamente ma non troppo – il prodotto di una sorta di super-computer cosmico di dimensioni e potenza inimmaginabili. Non è un caso che la teoria della computazione abbia provato a impadronirsi della cosmologia; negli ultimi anni i tentativi di inquadrare i più svariati fenomeni naturali – come il DNA – in termini computazionali si sono moltiplicati, e la filosofia digitale, con la propria visione pan-computazionalista, ne è solo la logica conseguenza. Già la meccanica quantistica ci ha obbligati a pensare che, a livello sub-atomico, la materia abbia una natura "spettrale", sia cioè priva di molte delle "solide" caratteristiche che le attribuiamo nella nostra vita quotidiana. E, scendendo di livello in livello, siamo arrivati prima agli atomi, poi alle particelle, poi – forse – alle super-

---

[64] K. Zuse, *Calculating Space*, 1969. ftp://ftp.idsia.ch/pub/juergen/zuserechnenderraum.pdf.
[65] http://www.digitalphilosophy.org/.
[66] S. Wolfram, *A New Kind of Science*, Wolfram Media, Champaign 2002.

stringhe. E più "in sotto"? Cosa c'è più in giù, sul fondo della realtà? Al di sotto di tutto ci sarebbe, secondo i filosofi digitali, solo una serie di "uno" e di "zero", di bit, entità semplicissime e irriducibili. Anche il fisico John Wheeler ipotizzava, negli anni Ottanta, che tutti i fenomeni fisici dovessero la propria esistenza a scelte di tipo binario: la realtà sarebbe in un certo senso il frutto di domande che presuppongono risposte del tipo "sì" e "no". Quando per esempio alcuni atomi si agganciano l'uno all'altro, è come se stessero calcolando in modo molto preciso la distanza e l'angolo secondo cui effettuare l'aggancio, le proprietà che devono nascere da questo incontro e così via. E se ora vi sono venute in mente le simulazioni fatte al computer di questo o quel fenomeno fisico, avete fatto centro: per i filosofi digitali il mondo è proprio così. Tra le simulazioni al computer e il mondo reale non c'è una differenza di natura, ma solo di grado. Le idee fondamentali dei filosofi digitali – condivise anche da molti transumanisti – riguardano il fatto che la computazione possa essere usata per descrivere qualunque cosa – fenomeni fisici e biologici, realtà sociali e storiche, opere artisitiche e letterarie. Se per Zuse l'universo intero "gira" su un sostrato computazionale, per Fredkin la cosa più concreta del mondo è l'informazione. Facciamo un esempio. Se possedete un computer abbastanza avanzato potete simulare, computandolo, un computer più vecchio – diciamo il Commodore 64 o il Vic 20 con cui giocavate da bambini. Il computer più avanzato può essere poi simulato da una macchina ancora più avanzata – in pratica, ricreato all'interno di quest'ultima, a livello formale. Quest'ultima può essere simulata a sua volta da un computer ancora più avanzato, fino ad arrivare ai processi computazionali più ampi, cioè l'uomo, la vita e il cosmo intero, che ospitano appunto i nostri computer. E l'universo, chi lo computa? Qual è il "computer" che genera l'intera realtà? Fredkin se la cava ipotizzando che la computazione della realtà fisica avvenga in un non meglio precisato "Altro", che potrebbe essere un altro universo, un'altra dimensione, un meta-universo superiore al nostro, oppure un "qualcosa" che dobbiamo ancora immaginare. In tempi più recenti il matematico Usa Stephen Wolfram ha ripreso in mano questo discorso, approfondendolo – in tutti i sensi, visto appunto che la sua riflessione arriva proprio sul fondo della realtà, cioè al livello della scala di Planck, un termine con cui definiamo un ordine di grandezza molto più piccolo di un protone. Al di sotto di questa grandezza non sappiamo come stiano le cose, ma pare che nel reame sub-planckiano le nostre familiari nozioni di spazio e tempo non valgano più; esse sarebbero infatti semplici approssimazioni di concetti più fondamentali che attendono di essere scoperti. E per Wolfram proprio a quella scala lì risiederebbe il sostrato computazionale che consente la computazione di spazio, tempo ed energia. E alcuni astrofisici, lungi dal vedere nell'opera dei filosofi digitali un'"invasione di campo", hanno scelto di adottare tali concezioni.[67]

Per quale motivo i transumanisti si interessano tanto di queste cose? Ma è ovvio, per "hackerare l'universo". O meglio: non loro in prima persona, ma le intelligenze post-umane che, nel lontano futuro, "risveglieranno" il cosmo. La capacità di leggere e modificare il "codice-sorgente" del creato consentirà loro di manipolare in modo più o meno sottile le leggi della fisica, ossia il "software" della realtà; di produrre, *pardon*, computare; un altro baby universo; oppure, in mancanza di meglio, di "aprire una connessione" con un'altra realtà parallela. Ricordiamo infine che l'idea che l'universo in cui viviamo possa essere a sua volta una simulazione computata da altre entità super-umane è uno dei cavalli di battaglia di Nick Bostrom, il quale ha dato vita a un vivace dibattito filosofico in merito.[68]

7. Piano C

Nel corso degli ultimi anni nei blog e nei siti transumanisti è emerso l'ennesimo "tema controverso" e, come al solito, completamente folle – d'altronde non ci aspettiamo nienti di meno, dai transumanisti;

---

[67] Cfr. C. Seife, *La scoperta dell'universo. I misteri del cosmo alla luce della teoria dell'informazione*, Bollati Boringhieri, Torino 2007; S. Lloyd, *Il programma dell'Universo*, Einaudi, Torino 2006.

[68] N. Bostrom, *Are you living in a computer simulation?*, «Philosophical Quarterly», vol. 53, No. 211, 2003, pp. 243-255. www.simulation-argument.com.

anzi, li vogliamo così. L'oggetto del contendere è la cosiddetta "archeologia quantistica", ossia quello che possiamo considerare alla stregua di un "piano C", nel caso che l'immortalità scientifica e la crionica falliscano. Prima di tutto partiamo dai presupposti, che sono cinque. Primo: l'universo è composto da eventi e da leggi che li governano – e fin qui tutto bene. Secondo: ci sono abbastanza tracce nel presente per ricostruire gli eventi del passato, a partire dalla statistica – e qui cominciamo già a innervosirci. Terzo: non c'è differenza tra i morti e gli altri dati storici – questa sembra un'affermazione apparentemente tranquilla, ma ci par già di capire già dove si vuole andare a parare. Quarto: le equazioni matematiche e la computazione necessarie per la resurrezione esistono già – eccoci, lo sapevamo. Il quinto presupposto riguarda il fatto che le tecnologie che ci servono per questa impresa sono già in fase di sviluppo.

Ecco che cos'è allora l'archeologia quantistica: una disciplina più o meno immaginaria il cui obiettivo sarebbe quello di far risorgere i morti anche quando di essi non è rimasta traccia alcuna. Di questo tema si è cominciato a parlare su uno dei forum di Kurzweil, Kurzweilai[69], a partire 2002; la fonte d'ispirazione originaria pare esser stata la già citata opera di Frank Tipler *La fisica dell'immortalità*, in cui si ipotizza – qui però in termini religiosi – la possibilità per un'entità super-intelligente del lontano futuro di riportare letteralmente in vita i morti proprio in questo modo. Come al solito poco interessati agli "aiutini" provenienti dall'Alto dei Cieli, i transumanisti hanno invece deciso di cavarsela da soli. E in effetti i conti tornano pure. Se il mondo è rigorosamente deterministico – e i sostenitori dell'archeologia quantistica credono in un rigido determinismo causale che arriva fino a livello sub-atomico, sposando così una particolare interpretazione della meccanica quantistica –, ricostruire tutte le catene causale di ogni singolo evento, anche incredibilmente minuto è solo una questione di capacità computazionale. Anche se si trattasse solo dello spostamento di un singolo atomo. Più potenti sono i computer, più siamo capaci di ricostruire il percorso di

---

[69] http://www.kurzweilai.net/.

tutti gli atomi in giro per il mondo, più dati possiamo raccogliere letteralmente su tutto. Se, come molti transumanisti, crediamo che le persone siano solo schemi, cioè informazioni, allora disporre di un numero sufficiente di informazioni ci potrebbe permettere letteralmente di ricostruire e riportare in vita – grazie alle solite nanotecnologie – tutti gli esseri umani mai vissuti su questo pianeta.

Dal lato pratico i sostenitori dell'archeologia quantistica propongono di spostare semplicemente un po' più avanti il lavoro che fanno gli archeologi ortosossi, ossia mettere assieme tutte le tecniche di polizia forense, di analisi computazionale e quant'altro per realizzare ricostruzioni fedeli del passato. Nel loro caso si tratta di raccogliere più dati possibile in attesa degli sviluppi futuri; in effetti il bello di questo approccio è che ci si può lavorare con molta calma. A medio termine il loro obiettivo è quello di realizzare la "Quantum Archeology Grid", la Griglia o Schema dell'Archeologia Quantistica; si tratta in pratica di mettere assieme tutte le griglie informatiche di cui già disponiamo – cioè le matrici virtuali che usiamo per esempio per la ricostruzione facciale al computer, per le previsioni del tempo, per l'analisi di questo o quel fenomeno naturale e così via – fino a formare una sorta di matrice universale in cui inseriremo mano a mano *tutti* i dati possibili e immaginabili relativamente a *qualunque* cosa ci capiti a tiro. Sarebbe insomma una sorta di mappa virtuale del mondo intero, che poi potremmo continuare ad arricchire di sempre nuovi dati. E, quando questi ultimi saranno sufficienti – tra qualche decennio o giù di lì, magari dopo la Singolarità tecnologica – potremmo cominciare, guarda un po', a riportare in vita i morti.[70]

---

[70] Tra l'altro i "resuscitati non si limiterebbero a possedere i propri ricordi originali. Grazie infatti alla Quantum Archeology Grid, essi potrebbero disporre di informazioni e punti di vista inediti sul proprio passato non in loro possesso quando hanno vissuto gli eventi ricordati o comunque durante il corso completo della loro vita. Una buona introduzione a questo tema controverso lo si può trovare in: https://sites.google.com/site/quantumarchaeologyfile/. Inoltre cfr. http://giulioprisco.blogspot.it/2011/12/quantum-archaeology.html.

Epilogo
Fare le scarpe a Dio

1. ... ovvero: come imparai a non preoccuparmi
e ad amare il transumanismo

Ne abbiamo inghiottita, di fantascienza e di speculazione selvaggia, nel corso di questo libro; ora vorremmo fare alcune osservazioni. La prima fa riferimento a un'affermazione che Peter Medawar fa in *The Threat and the Glory: Reflections on Science and Scientists*: "La grande gloria, così come la grande minaccia, della scienza è che ogni cosa che in linea di principio è possibile, allora può essere fatta, se l'intenzione di farla è sufficientemente risoluta." E, a quanto ci è parso di capire, il grosso delle cose che i transumanisti vogliono fare – manipolazioni genetiche, potenziamento, life extension e quant'altro – non sono proibite da particolari leggi fisiche. I nostri dubbi si concentrano casomai su tematiche di frontiera, come le nano-macchine, l'intelligenza artificiale e il mind uploading; non dubitiamo tuttavia che, dovessero queste cose risultare impossibili, i transumanisti daranno fondo al proprio ingegno e si faranno venire in mente qualcos'altro, magari di ancor più sorprendente.

La seconda osservazione riguarda la posizione particolare che il transumanismo ha – anche dal proprio punto di vista – nella storia del pensiero. Ci troviamo – è stato detto più volte – in un'epoca caratterizzata dal nichilismo. I valori supremi si sono svalutati, la fede in Dio è tramontata – almeno nei circoli di pensiero "che contano", ma in realtà anche tra il grande pubblico. Se volessimo essere giusto un po' melodrammatici, potremmo riempirci la bocca con frasi del tipo "l'uomo è solo di fronte al nulla" e simili. Rimane il fatto però che le certezze metafisiche che avevamo sono svaporate.

Che si fa? Urge trovare un qualche sostituto; nella nostra epoca di demolizioni controllate, l'unica cosa che ci rimasta è proprio lo strumento che adoperiamo ogni giorno per effettuare queste operazioni di repulisti, ossia la razionalità critica e tecno-scientifica. Non sarà questo granché, ma in mancanza di meglio ci dovremo accontentare. Tanto che, a un certo punto, persone scientificamente preparare, razionali e intellettualmente coraggiose – forse pure un po' folli – hanno deciso che vogliono vivere. Che preferirebbero mandare a quel paese la triste mietitrice, magari usando proprio gli strumenti della tecnoscienza. Ecco che nasce il transumanismo, un pensiero che parte da una constatazione inquietante – "è vero, veniamo dal nulla e probabilmente è là che ci stiamo dirigendo" –, ma che preferisce vedere tale situazione come qualcosa di temporaneo. "È vero, siamo in mezzo al guado – sembrano dirci i transumanisti –, ma si comincia già a intravedere l'altra riva". Una riva sulla quale ci aspetta, a loro dire, l'onnipotente scienza del futuro. E in alcuni di essi questa idea assume le vesti di una certezza incrollabile, al punto che, se un noto scienziato italiano voleva limitarsi a dare "un'occhiata alle carte di Dio", tra i transumanisti c'è qualcuno che a Dio vorrebbe pure fare le scarpe. Ma non vi preoccupate: per quanto alle volte possano sembrare inquietanti, i transumanisti sono praticamente innocui. Quello che fanno è, in buona sostanza, un gioco intellettuale: sono pensatori, insomma, che esplorano concetti nuovi e strani e cercano, per quanto è possibile, di condividerli con il prossimo, diffondendoli al di fuori del loro circolo ristretto. Ognuna delle loro proposte viene poi soppesata più e più volte, viene esaminata dal punto di vista etico e politico.

La nostra terza osservazione riguarda la differenza che intercorre tra la visione generale del transumanismo e i progetti specifici proposti da questo o quel transumanista. E così quello di De Grey è un progetto specifico, e può funzionare o meno; la Utility Fog di J. Storrs Hall è un progetto specifico, e potrebbe essere coronato dal successo o fallire. Tutti questi progetti non possono essere liquidati usando la sociologia – per esempio inquadrandoli come miti dell'età della tecnica o come mitologia contemporanea pseudo-razionale. Un discorso del genere lo si può fare – casomai – per la visione transumanista in generale; i progetti in questione sono invece proposte para-scientifiche, e come tali devono essere valutati *anche* dalle scienze naturali, per via empirica.

2. La carica degli amortali

Ci vengono poi in mente altre considerazioni sparse. Come abbiamo detto, al di là di alcuni concetti abbastanza critici – come quello di mind uploading –, molte delle proposte transumaniste sono probabilmente fattibili. La questione non è se, ma quando. Per esempio il longevismo radicale, non violando alcun principio fisico noto, prima o dopo arriverà; il potenziamento mentale e le interfacce mente-cervello prima o dopo arriveranno; e così via. Ovviamente i transumanisti sperano che queste cose arrivino in tempo utile, ossia, abbastanza presto da consentir loro di beneficiarne. Proprio per questo molti di essi si preparano in modo meticolosissimo – maniacale, direbbe qualcuno –, fanno sport, curano l'alimentazione, assumono integratori di ogni tipo, si tengono informati su tutti i progressi più recenti della medicina. Vogliono vivere, e sperano di farcela.

In questo però non si distinguono da quelle persone – e sono tante – che nella nostra società hanno deciso di vivere come se il tempo non passasse mai. Sono i cosiddetti "amortali" – ben rappresentati dalla giornalista britannica Catherine Mayer[1] –, uomini e donne, professionisti di ogni genere, gente dello spettacolo e del business, ma anche molte persone comuni, tutti uniti da rifiuto di invecchiare o anche solo di prendere in considerazione la prospettiva di uscire di scena. È un gruppo umano che non conosce confini nazionali, in rapida crescita, e che è disposto a investire tempo e denaro per garantirsi salute e vigore il più a lungo possibile. Proprio come i transumanisti.

E non è un caso che, tra i criteri che la Mayer utilizza per distinguere un amortale da una persona più tradizionale, c'è anche la fiducia più o meno inconscia nel fatto che, in qualche modo, la scienza riuscirà prima o dopo a risolvere pure il problema della morte. In altre parole, sembra che la mentalità transumanista sia uscita dal-

---

[1] C. Mayer, *Amortalità. Piaceri e pericoli del vivere senza età*, Iacobelli, Roma 2012.

l'angolo in cui si trovava e, piaccia o no, stia un po' alla volta impregnando silenziosamente la sensibilità comune.

Nel frattempo i transumanisti proseguono con il proprio lavoro di speculazione teorica. Non sappiamo se il post-umano arriverà, ma se lo farà, troverà già pronto un apparato teorico in grado di difenderlo, sostenerlo, promuoverlo. Il transumanismo non fa più ridere. Al contrario: in senso ideale, il post-umano è già qui, è diventato globale, e ci suggerisce con forza che, giuste o sbagliate che siano le idee che abbiamo trattato, il futuro sarà un posto molto più strano di quanto immaginiamo. Anzi, di quanto possiamo immaginare.

i blu – pagine di scienza

Volumi pubblicati

R. Lucchetti *Passione per Trilli. Alcune idee dalla matematica*

M.R. Menzio *Tigri e Teoremi. Scrivere teatro e scienza*

C. Bartocci, R. Betti, A. Guerraggio, R. Lucchetti (a cura di) *Vite matematiche. Protagonisti del '900 da Hilbert a Wiles*

S. Sandrelli, D. Gouthier, R. Ghattas (a cura di) *Tutti i numeri sono uguali a cinque*

R. Buonanno *Il cielo sopra Roma. I luoghi dell'astronomia*

C.V. Vishveshwara *Buchi neri nel mio bagno di schiuma ovvero L'enigma di Einstein*

G.O. Longo *Il senso e la narrazione*

S. Arroyo *Il bizzarro mondo dei quanti*

D. Gouthier, F. Manzoli *Il solito Albert e la piccola Dolly. La scienza dei bambini e dei ragazzi*

V. Marchis *Storie di cose semplici*

D. Munari *novepernove. Sudoku: segreti e strategie di gioco*

J. Tautz *Il ronzio delle api*

M. Abate (a cura di) *Perché Nobel?*

P. Gritzmann, R. Brandenberg *Alla ricerca della via più breve*

P. Magionami *Gli anni della Luna. 1950-1972: l'epoca d'oro della corsa allo spazio*

E. Cristiani *Chiamalo x! Ovvero Cosa fanno i matematici?*

P. Greco *L'astro narrante. La Luna nella scienza e nella letteratura italiana*

P. Fré *Il fascino oscuro dell'inflazione. Alla scoperta della storia dell'Universo*

R.W. Hartel, A.K. Hartel *Sai cosa mangi? La scienza del cibo*

L. Monaco *Water trips. Itinerari acquatici ai tempi della crisi idrica*

A. Adamo *Pianeti tra le note. Appunti di un astronomo divulgatore*

C. Tuniz, R. Gillespie, C. Jones *I lettori di ossa*

P.M. Biava *Il cancro e la ricerca del senso perduto*

G.O. Longo *Il gesuita che disegnò la Cina. La vita e le opere di Martino Martini*

R. Buonanno *La fine dei cieli di cristallo. L'astronomia al bivio del '600*

R. Piazza *La materia dei sogni. Sbirciatina su un mondo di cose soffici (lettore compreso)*

N. Bonifati *Et voilà i robot! Etica ed estetica nell'era delle macchine*

A. Bonasera *Quale energia per il futuro? Tutela ambientale e risorse*

F. Foresta Martin, G. Calcara *Per una storia della geofisica italiana. La nascita dell'Istituto Nazionale di Geofisica (1936) e la figura di Antonino Lo Surdo*

P. Magionami *Quei temerari sulle macchine volanti. Piccola storia del volo e dei suoi avventurosi interpreti*

G.F. Giudice *Odissea nello zeptospazio. Viaggio nella fisica dell'LHC*

P. Greco *L'universo a dondolo. La scienza nell'opera di Gianni Rodari*

C. Ciliberto, R. Lucchetti (a cura di) *Un mondo di idee. La matematica ovunque*

A. Teti *PsychoTech - Il punto di non ritorno. La tecnologia che controlla la mente*

R. Guzzi *La strana storia della luce e del colore*

D. Schiffer *Attraverso il microscopio. Neuroscienze e basi del ragionamento clinico*

L. Castellani, G.A. Fornaro *Teletrasporto. Dalla fantascienza alla realtà*

F. Alinovi *GAME START! Strumenti per comprendere i videogiochi*

M. Ackmann *MERCURY 13. La vera storia di tredici donne e del sogno di volare nello spazio*

R. Di Lorenzo *Cassandra non era un'idiota. Il destino è prevedibile*

A. De Angelis *L'enigma dei raggi cosmici. Le più grandi energie dell'universo*

W. Gatti *Sanità e Web. Come Internet ha cambiato il modo di essere medico e malato in Italia*

J.J. Gómez Cadenas *L'ambientalista nucleare. Alternative al cambiamento climatico*

M. Capaccioli, S. Galano *Arminio Nobile e la misura del cielo ovvero Le disavventure di un astronomo napoletano*

N. Bonifati, G.O. Longo *Homo Immortalis. Una vita (quasi) infinita*

F.V. De Blasio *Aria, acqua, terra e fuoco - Volume 1. Terremoti, frane ed eruzioni vulcaniche*

L. Boi *Pensare l'impossibile. Dialogo infinito tra arte e scienza*

E. Laszlo, P.M. Biava (a cura di) *Il senso ritrovato*

F.V. De Blasio *Aria, acqua, terra e fuoco - Volume 2. Uragani, alluvioni, tsunami e asteroidi*

J.-F. Dufour *Made by China. Segreti di una conquista industriale*

S.E. Hough *Prevedere l'imprevedibile. La tumultuosa scienza della previsione dei terremoti*

R. Betti, A. Guerraggio, S. Termini (a cura di) *Storie e protagonisti della matematica italiana* per raccontare *20 anni di "Lettera Matematica Pristem"*

A. Lieury *Una memoria d'elefante? Veri trucchi e false astuzie*

C.O. Curceanu *Dai buchi neri all'adroterapia. Un viaggio nella Fisica Moderna*

R. Manzocco *Esseri Umani 2.0. Transumanismo, il pensiero dopo l'uomo*

Di prossima pubblicazione

P. Greco *Galileo l'artista toscano*

M. Gasperini *Gravità, stringhe e particelle. Una escursione nell'ignoto*